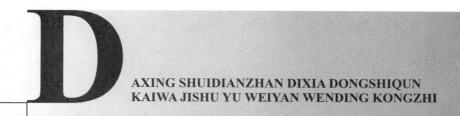

DAXING SHUIDIANZHAN DIXIA DONGSHIQUN
KAIWA JISHU YU WEIYAN WENDING KONGZHI

大型水电站地下洞室群
开挖技术与围岩稳定控制

袁平顺　周　强　肖厚云　著

四川大学出版社

项目策划：唐　飞
责任编辑：唐　飞
责任校对：蒋　玙
封面设计：墨创文化
责任印制：王　炜

图书在版编目（CIP）数据

大型水电站地下洞室群开挖技术与围岩稳定控制 /
袁平顺，周强，肖厚云著． — 成都：四川大学出版社，
2020.12
　ISBN 978-7-5690-3932-0

　Ⅰ．①大… Ⅱ．①袁… ②周… ③肖… Ⅲ．①水电站
厂房－地下洞室－围岩稳定性－研究 Ⅳ．① TV731

中国版本图书馆 CIP 数据核字（2020）第 208108 号

书名　　大型水电站地下洞室群开挖技术与围岩稳定控制

著　　者　袁平顺　周　强　肖厚云
出　　版　四川大学出版社
地　　址　成都市一环路南一段 24 号（610065）
发　　行　四川大学出版社
书　　号　ISBN 978-7-5690-3932-0
印前制作　四川胜翔数码印务设计有限公司
印　　刷　成都金龙印务有限责任公司
成品尺寸　185mm×260mm
印　　张　19.5
字　　数　471 千字
版　　次　2020 年 12 月第 1 版
印　　次　2020 年 12 月第 1 次印刷
定　　价　78.00 元

◆ 读者邮购本书，请与本社发行科联系。
　电话：(028)85408408/(028)85401670/
　(028)86408023　邮政编码：610065
◆ 本社图书如有印装质量问题，请寄回出版社调换。
◆ 网址：http://press.scu.edu.cn

四川大学出版社
微信公众号

前言

　　进入 21 世纪以来，随着我国西部大开发、西电东送等能源战略的深度开展，我国兴建了一大批以复杂大型地下洞室群为标志性建筑物的大型水电站，而此类水电站主要集中在我国云、贵、川、藏等地区。西南三江流域的河流谷深坡陡，构造应力大，卸荷作用强，地震烈度高，地下洞室群施工面临地质条件复杂、洞群效应显著、开挖扰动频繁、围岩变形响应复杂、安全风险高、工作条件恶劣、多工作面施工及通风难度大等严峻挑战。

　　自 20 世纪 50 年代以来，我国陆续有水电工程采用地下厂房方式。但是，水电地下工程是一个十分庞大的系统工程，包括压力管道、主厂房、主变室、尾调室、尾水连接洞、尾水洞等，洞室断面相异，长短不一，空间布置异常复杂。从工程规模、技术难度等方面综合分析，我国的水电站地下厂房大致经历了艰难起步、曲折发展、借鉴突破以及引领发展四个阶段。第一阶段为 50 年代以前，为艰难起步阶段，以古田溪一级地下厂房为代表，这个阶段的特点表现为发展缓慢、电站规模小及少；第二个阶段为 50—70 年代，建成了以刘家峡、白山等为代表的地下厂房，其特点为规模不大、数量不多且技术落后；第三个阶段为 80 年代—20 世纪末，建成了以二滩、天荒坪等为代表的地下厂房，其特点为规模较大，技术上已经紧跟国际领先技术，并逐渐形成了自己的理论技术体系；进入 21 世纪以来，随着西部大开发的深入进展，建成了以向家坝，溪洛渡，三峡，锦屏（一、二级），小湾等一大批巨型地下水电工程，其地下厂房具有单机大容量、洞室大跨度、开挖大规模、结构超复杂、稳定高难度等特点，标志着我国水电站地下厂房的设计施工技术已居于世界领先地位，引领着世界水电站地下工程技术的发展。

　　但是，随着市场经济的发展、竞争的激烈以及电力体制改革的不断深入，经济形势的变化和开发成本倒逼我国水电开发建设需要进一步转型升级。在当前新形势下，雅砻江杨房沟水电站成为国内首个探索应用设计施工总承包一体化模式（EPC）进行建设的百万千瓦级大型水电工程项目。杨房沟水电站作为雅砻江中游开发战略的重要工程，位于四川省凉山州木里县境内的雅砻江流域中游河段上，电站装机容量 150 万千瓦，由中国水利水电第七工程局有限公司、中国电建集团华东勘测设计研究院有限公司组成的联合体承建。该水电站引水发电系统采用地下洞室群布置方式，三大主洞室边墙高、跨度大（地下厂房最大跨度达 30m）、布局紧凑。

本书以杨房沟水电站为背景，详细介绍了其地下洞室群开挖支护关键技术及围岩稳定分析，可为后续类似工程建设提供借鉴参考，在水利水电、采矿、地下综合管廊、地铁车站等多个工程领域具有较高的应用推广价值。

由于作者水平有限，书中不当之处在所难免，敬请各位读者批评指正。

著 者
2020 年 7 月

目　录

1 概述

1.1 杨房沟水电站简介

杨房沟水电站位于四川省凉山彝族自治州木里县境内的雅砻江中游河段上（部分工程区域位于甘孜州九龙县境内），是雅砻江中游河段一库七级开发的第六级水电站，上距孟底沟水电站 37km，下距卡拉水电站 33km。电站坝址距西昌和成都的公路距离分别为 235km、590km，距木里县城约 156km。坝址控制流域面积 8.088 万 km²，多年平均流量 896m³/s。

杨房沟水电站工程的开发任务为发电，水库正常蓄水位 2094m，相应库容为 4.558 亿 m³，死水位 2088m，相应库容为 4.0195 亿 m³。水库总库容为 5.1248 亿 m³，调节库容为 0.5385 亿 m³，电站装机容量 1500MW，安装 4 台 375MW 的混流式水轮发电机组。电站单独运行时具有日调节性能，与中游河段"龙头"梯级水库两河口水电站联合运行时具有年调节性能。杨房沟水电站与两河口水电站联合运行时，保证出力 523.3MW，多年平均发电量为 68.557 亿 kW·h，装机利用小时数 4570h。

杨房沟水电站为一等大（1）型工程，工程枢纽主要建筑物由挡水建筑物、泄洪消能建筑物及引水发电系统等组成。挡水建筑物采用混凝土双曲拱坝，坝高 155m；泄洪消能建筑物为坝身表、中孔+坝后水垫塘及二道坝，泄洪建筑物布置在混凝土坝身，消能建筑物布置在坝后；引水发电系统布置在河道左岸山体内，地下厂房采用首部开发方式，尾水洞出口布置在杨房沟沟口上游侧。混凝土双曲拱坝、坝身泄洪建筑物、引水发电系统等主要水工建筑物为一级建筑物，坝后水垫塘及其他次要建筑物为三级建筑物。

项目可行性研究报告于 2012 年 11 月通过四川省发展和改革委员会、能源局审查，2015 年 6 月通过项目核准，2016 年 1 月正式开工建设，总工期为 95 个月，动态总投资约 200 亿元。杨房沟水电站计划 2021 年 7 月首台机组投产发电，2024 年工程竣工。

1.2 地下洞室群系统布置

杨房沟水电站地下厂房采用左岸首部开发方案，其地面高程 2240~2370m，上覆岩体厚度 197~328m，水平岩体厚度 125~320m，岩性为花岗闪长岩，岩体完整，岩质坚硬。

　　厂区建筑物由主副厂房洞、主变室、尾水调压室、压力管道、尾水洞、母线洞、出线竖井及出线平洞、厂房进/排风洞、电缆交通洞、进厂交通洞、通风兼安全洞及通风竖井、排水（灌浆）廊道、自流排水洞以及其他辅助洞室、地面开关站等组成。其中，主副厂房洞纵轴线方向为 N5°E，与压力管道轴线交角 90°。主副厂房洞、主变洞、尾水调压室等三大洞室平行布置，均采用圆拱直墙型断面，主副厂房洞与主变洞的净距为 45m，主变洞与尾水调压室的净距为 42m。主副厂房洞在平面布置上采用一字形布置，从左至右依次为副厂房、主厂房和安装间，洞室开挖尺寸为 230m×30m（28m）×75.57m（长×宽×高）。主变洞布置在主副厂房洞下游，洞室开挖尺寸为 156m×18m×22.3m（长×宽×高）。尾水调压室采用阻抗长廊式，与主副厂房洞、主变室平行布置，1# 和 2# 调压室尺寸分别为 69.5m×24m×63.75m（长×宽×高）、82m×24m×63.75m（长×宽×高）。两条尾水洞断面采用 17m×18.5m（宽×高）的城门洞形，长度为 516.4~667m，采用钢筋混凝土衬砌。另外，在尾水出口上游侧约 100m 处布置有尾水检修闸门室。

1.3　设计标准

1.3.1　洪水标准

　　根据《防洪标准》（GB 50201—2014）及《水电枢纽工程等级划分及设计安全标准》（DL 5180—2003）的有关规定，杨房沟工程为一等工程，工程规模为大（1）型。杨房沟水电站工程混凝土双曲拱坝、坝身泄洪建筑物、引水发电系统等主要水工建筑物为一级建筑物，坝后水垫塘及其他次要建筑物为三级建筑物。

　　根据《水电枢纽工程等级划分及设计安全标准》（DL 5180—2003）的有关规定：按照可靠度原理设计或验算结构安全性时，水工建筑物的结构安全级别应根据水工建筑物的级别确定。工程主要水工建筑物级别及结构安全级别见表 1.3.1－1，主要水工建筑物洪水标准及相应流量见表 1.3.1－2。

表 1.3.1－1　主要水工建筑物级别及结构安全级别

序号	建筑物名称	建筑物级别	建筑物结构安全级别
1	混凝土双曲拱坝	一	Ⅰ
2	坝身泄洪建筑物	一	Ⅰ
3	引水发电系统	一	Ⅰ
4	坝后消能防冲建筑物、下游河道护岸	三	Ⅱ

　　杨房沟水电站发电厂房洪水标准按 200 年一遇洪水设计，1000 年一遇洪水校核。

表 1.3.1－2　主要水工建筑物洪水标准及相应流量

建筑物名称	设计洪水		校核洪水	
	重现期（年）	洪峰流量（m³/s）	重现期（年）	洪峰流量（m³/s）
混凝土双曲拱坝	500	9320	5000	11200
坝身泄洪建筑物	500	9320	5000	11200
水垫塘及二道坝	100	7930	—	—
电站进水口	500	9320	5000	11200
发电厂房	200	8540	1000	9900

1.3.2　地震及抗震标准

根据中国地震局地震预测研究所提供的《四川省雅砻江杨房沟水电站地震安全性评价报告》和中国地震灾害防御中心提供的《杨房沟水电站坝址设计地震动参数补充工作报告》，本工程区域地震基本烈度为Ⅶ度。坝址场地不同超越概率标准的基岩水平地震动峰值加速度见表 1.3.2－1。

表 1.3.2－1　坝址场地不同超越概率标准的基岩水平地震动峰值加速度

概率	50 年超越概率			100 年超越概率	
	63%	10%	5%	2%	1%
基岩水平峰值加速度	51.0gal	144.5gal	191.5gal	302.4gal	378.4gal

根据《水电工程水工建筑物抗震设计规范》（NB 35047—2015）的有关规定：在地下结构的抗震设计计算中，基岩面下 50m 及其以下部位的设计地震取非壅水建筑物抗震设防标准峰值加速度的 1/2，即 95.75gal。

1.3.3　不利块体稳定安全系数标准

根据《水电站地下厂房设计规范》（NB/T 35090—2016），不利块体稳定计算方法采用刚体极限平衡法进行，其最小安全系数见表 1.3.3－1。

表 1.3.3－1　不利块体稳定最小安全系数

结构安全级别	悬吊型块体			滑移型块体		
	持久状况	短暂状况	偶然状况	持久状况	短暂状况	偶然状况
Ⅰ	2.00	1.90	1.70	1.80	1.65	1.50
Ⅱ	1.90	1.70	1.60	1.65	1.50	1.40
Ⅲ	1.70	1.60	1.50	1.50	1.35	1.25

1.4 地下洞室群特点

（1）杨房沟水电站地下洞室群规模大，具有"高边墙、大跨度"等特点，各洞室布置密集，上、中、下各高程洞室交叉口较多，施工过程中洞室之间相互影响作用突出，洞室群效应十分明显。

（2）围岩地质条件总体良好，但在施工中存在局部片帮、缓倾角断层、蚀变岩体、顺洞向多组中陡倾角结构面等问题；局部发生卸荷松弛，稳定问题突出；局部岩体完整性差～较破碎，浅表岩体易松弛塌落，易影响开挖成型质量。

（3）开挖和支护工程量较大，施工强度高；支护类型较多，有普通砂浆锚杆、喷射混凝土、预应力锚杆、预应力锚索等，工艺复杂，施工技术含量高，且施工工作面较多，多工序交叉施工持续时间长，施工组织和过程控制难度加大，施工期间安全问题突出。

（4）受开挖程序与开挖方式的影响，地下洞室群围岩松弛现象明显加大，局部监测数据超限，可能影响围岩稳定的作用效应问题突出。

基于上述特点，在杨房沟水电站地下洞室群施工全过程中，将遵循"以已建工程经验和工程类比为主，岩体力学数值分析为辅；以系统支护为主，局部加强支护为辅，系统与随机支护相结合"的原则。施工中充分注重安全、高效，合理进行施工布置，在做好开挖方法"平面多工序"的基础上，形成开挖与支护"流水化、标准化、工厂化"作业，即充分采用大型挖装、成套台车等机械设备实施开挖支护，替代传统排架、小型土制台车等进行施工的方式，不仅满足开挖与支护在同一平面流水作业，而且按照相关技术要求采用精细化管理，打造标准化作业工作面，最终实现水电工程工厂化作业。

2　地下洞室群地质条件

2.1　杨房沟水电站工程区基本地质条件

2.1.1　地形地貌

河流呈 S30°~40°E 流向流经坝址区，枯水期河面宽 56~102m，水位高程 1983~1985m，水深 1.5~6m 不等。河道从上游至下游依次变窄，然后又逐渐变宽。右岸年公沟口下游分布有漫滩堆积物，长约 400m，宽 25~60m。

两岸主要为陡坡地形，左岸山名为柏香栈，山顶高程 2690m，左岸高程 2110m 以下坡度总体 45°~60°，高程 2110~2300m 局部为悬崖；右岸山名为古呱梁子，山顶高程 2625m，坡度 50°~70°。两岸地形较完整，左岸坡局部稍显"凹"地形，右岸坡局部呈"凸"地形。左岸分布三梁二沟，上游沟深 3~5m，下游沟深 1~2m。

引水发电系统位于左岸山体内，系统洞室走向在 N60°E~N85°W 之间，沿线山体雄厚，地面高程 2020~2540m，地形坡度 45°~60°，局部为陡崖，建筑物埋深 50~570m，地表局部覆盖层厚 0.5~2m，地表多基岩裸露，沿线无较大冲沟，仅在尾水隧洞出口下游约 50m 处分布杨房沟，沟内常年流水。

2.1.2　地层岩性

上坝址出露地层主要为燕山期花岗闪长岩及三叠系上统杂谷脑组板岩夹砂岩、新都桥组变质粉砂岩，变质粉砂岩层内局部夹含炭质板岩等。左岸引水发电系统洞室围岩岩性均为花岗闪长岩。

1) 三叠系上统杂谷脑组（T_3z）

以中薄层灰色板岩夹砂岩为主，岩层产状：N10°~50°E NW∠30°~65°为主。分布于右岸年公沟至且波村一带，三岩龙断层的上盘。

2) 三叠系上统新都桥组（T_3xd）

为浅灰~深灰或灰黑色变质粉砂岩，呈互层~中厚层为主，局部为薄层状。其中，呈深灰~浅灰色变质粉砂岩以中厚层为主，为脆性坚硬岩，其原岩为砂岩及硅质含量较高的砂岩；局部夹薄层状灰黑色变质粉砂岩，经强烈石墨化，岩质软弱，且经过后期构造挤压，呈挤压破碎状，现场探硐揭露含炭质板岩，通过对其化学成分的分析，其原岩为泥岩。与下伏三叠系上统杂谷脑组呈断层接触。右岸分布于年公沟口至三岩龙断层之间，岩层产状以 N5°～30°E SE∠65°为主；左岸与侵入岩接触，岩性界线以 N8°E 方向延伸，分布于山内侧，岩层产状约 N5°E SE∠70°，在 PD47 厂房探碉 480m 处揭露产状为 N15°W NE∠30°～40°。

3）燕山期花岗闪长岩（$\gamma\delta_5^2$）

燕山期花岗闪长岩为上坝址枢纽区主要出露岩性，深灰～浅灰色，花岗结构为主，块状构造，出露宽 660～760m，左岸界线于左岸山脊背面凹沟沿 NNE 向延伸，靠河侧岸坡均为花岗闪长岩；右岸界线于上游凹地形处（高程约 2220m）向山体高处延伸，靠河侧岸坡均为花岗闪长岩。侵入岩接触带左岸产状为 N0°～10°W SE∠70°～80°，右岸产状为 N5°～30°W SE∠65°。

4）第四系全新统（Q_4）

（1）冲洪积层（Q_4^{apl}）：为漂石混合土，主要由漂石、块石、卵石及含砾石砂质粉土等组成。主要分布于杨房沟，厚 5～10m。

（2）冲积层（Q_4^{al}）：为混合土卵石，主要由卵石、漂石、块石、局部夹砂层及砾石层等组成。主要分布于雅砻江河床及两岸阶地，厚 9～32.1m。

（3）崩坡积层（Q_4^{col-dl}）：为碎石混合土，主要由碎石、含粉土砾石、局部含块石及施工弃碴等组成。局部分布于两岸山坡及冲沟内，厚 0.5～5m。

2.1.3 地质构造

厂引区西北侧为三岩龙断层，距厂引区距离 550 余米。羊奶向斜褶皱轴向为北北西方向，厂引区位于向斜的西翼，侵入岩大致沿向斜核部侵入，这种构造位置基本奠定了厂引区的构造轮廓。厂引区出现的构造形迹主要为小断层及构造节理裂隙。现分别叙述如下。

2.1.3.1 断层、破碎带

工程区结构面分级见表 2.1.3-1。厂引区构造较发育，共揭露 1 条Ⅲ级结构面（F_2），341 条Ⅳ级结构面，F_2 未延伸至厂引系统地下洞室。Ⅳ级结构面走向、倾角、宽度统计直方图分别见图 2.1.3-1～图 2.1.3-3，构造走向以 NWW、NEE 为主，NNE 向次之；倾角以中陡倾角为主；宽度以 1～3cm 为主，3～5cm 次之。

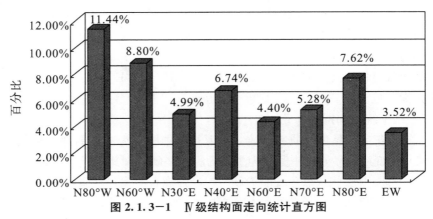

图 2.1.3-1　Ⅳ级结构面走向统计直方图

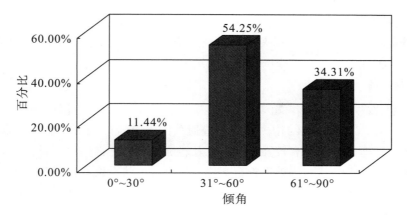

图 2.1.3－2 Ⅳ级结构面倾角统计直方图

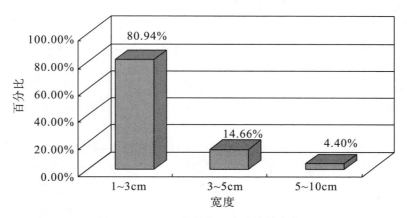

图 2.1.3－3 Ⅳ级结构面宽度统计直方图

表 2.1.3－1 工程区结构面分级表

结构面分级	类　别	破碎带宽度（m）	一般延伸长度（m）	工程地质意义
Ⅰ	断层（F）	>10	区域性断裂	对枢纽布置有影响
Ⅱ	断层（F）	1～10	>1000	对枢纽布置有影响
Ⅲ	断层（f）	0.1～1	100～1000	对枢纽布置有一定影响
Ⅳ	小断层（f）	<0.1	<100	对工程局部有影响
Ⅴ	节理裂隙			对工程局部有影响

2.1.3.2 节理

变质粉砂岩区主要发育 4 组节理：①N20°～35°E NW∠65°～75°；②N70°～80°W SW∠70°～80°；③N40°～50°E NW∠60°～80°；④N35°～55°W SW∠75°～85°。节理面多平直，铁锰质渲染为主，一般延伸长度 5～15m。

花岗闪长岩区主要发育 3 组节理：①N5°～20°E SE∠50°～80°（或 NW∠60°～90°），面平直，多铁锰质渲染或充填 1～3mm 钙质，延伸一般 5～10m 为主；②N80°～90°E NW∠40°～50°及∠60°～90°（或 SE∠40°～60°及∠70°～90°），面平直，铁锰质渲染或钙

质充填，部分面见擦痕，断续延伸，延伸一般 5~15m；③N70°~80°W SW∠55°~70°，面平直，铁锰质渲染为主，个别夹岩屑及面见擦痕，平行发育，间距 20~60cm 为主，局部表现为顺坡向，延伸一般 10~50m，个别大于 50m。

2.1.3.3　蚀变带

由岩石磨片矿物分析，花岗闪长岩主要矿物成分为斜长石、石英、钾长石、黑云母及普通角闪石等，花岗细粒结构。其中，普通角闪石有遭较强绿帘石化，偶有绿泥石化，常被轻微扭弯；黑云母有较强绿帘石化及轻绿泥石化，常微弯；斜长石常被钾长石石英交代蚕蚀而呈孤岛状，偶被钾长石交代而析出蠕虫状石英，显蠕英结构，少数被扭弯，遭轻重不一的绢云母化，次为绿帘石化、泥化、方解石化；钾长石有轻泥化，常被石英交代蚕蚀。

1）花岗闪长岩体蚀变类型及主要特征

坝区花岗闪长岩侵入后受岩浆期后热液作用和后期构造动力作用，局部产生蚀变，主要蚀变类型有绿泥石化、钠黝帘石化、绢云母化、方解石化、绿帘石化、硅化和玻化等。

2）花岗闪长岩岩体的蚀变分布及分带特征

坝段花岗闪长岩的蚀变分布和分带从空间形态上可分为两种，即面蚀变型和体蚀变型。

面蚀变型是指蚀变在空间上呈面状分布，即在二维方向的延伸远大于其第三个方向的延伸，在断面上往往呈带状延伸。从工程岩体结构的角度来说，面蚀变型的性状和程度及其空间分布，只是作为结构面单元来影响岩体的力学性状。其形态和延展主要受蚀变热液的运移通道控制，如绿帘石化蚀变和绢云母化蚀变都属面蚀变型。此外，部分顺构造裂隙发育的绿泥石化蚀变带也属面蚀变型。从蚀变强度来分析，受早期热液作用控制的蚀变，如绿帘石化蚀变和绢云母化蚀变，不会随着后期构造活动而增强；只有受构造动力作用控制的蚀变，如绿帘石化蚀变，随着构造的多期叠加改造，其蚀变程度增强，范围扩大。一般而言，蚀变随着断层规模的增强，多条构造带的交汇处，蚀变作用也增强。同时，后期的风化卸荷对蚀变岩体的力学强度也具有重要影响，但从本质上来说，风化卸荷并非是增强了原蚀变类型的蚀变强度，而是使蚀变矿物进一步朝着表生、低温稳定型矿物方向发展，如硅铝质的黏土矿物，其物理力学性状逐渐降低。

体蚀变型是指蚀变在空间的分布和分带在三个方向的延伸差别不大。从工程岩体结构的角度来说，体蚀变型的性状和程度及其空间分布具有一定的厚度规模，为层状结构，可以作为一个单独的力学介质单元。根据坝区岩石蚀变特征，体蚀变型主要为个别绿泥石化蚀变带。这种蚀变往往也是沿着断裂分布，但是其中一盘的蚀变程度较强，厚度较大，而且并不是沿整条断裂都有相同程度的蚀变，往往仅位于断裂起伏段和双裂面间的透镜体内。因此，体蚀变型在很大程度上受构造应力强弱控制。

根据钻孔、平硐、厂房探硐等洞室揭示，常伴随着有挤压或错动的结构面而产生，沿结构面两侧分布厚度一般为 2~5cm，部分为 5~20cm，局部达 30~200cm，其蚀变带往往伴随着后期风化蚀变作用。总体而言，花岗闪长岩体的蚀变主要以面蚀变为主，仅在局部有少量体蚀变型。因此，花岗闪长岩体的蚀变分布并无明显的规律性，往往沿岩体中各种随机的原生裂面和构造断裂及其两侧一定范围内发育。对于工程岩体的影响主要是弱化岩体中结构面的力学性质。

2.1.4　物理地质现象

厂引区裸露基岩多呈弱风化，局部因蚀变呈强风化。花岗闪长岩体与变质粉砂岩接触带附近局部存在囊状风化或风化深槽。根据钻孔、平硐揭露，岸坡强卸荷带水平深度一般 0~11.6m，垂直深度 0~15m；弱卸荷带主要表现为平行顺坡向节理发育，水平深度 0~32m，垂直深度 0~37m。弱风化上段垂直深度 2~25m，水平深度 0~28m；弱风化下限垂直深度 16~76m，水平深度 15~60m。

2.1.5　水文地质条件

（1）孔隙性潜水：分布于河床岸坡冲洪积层及山坡平缓处的崩坡积层中，其补给来源主要为大气降水。

施工过程中，1#尾水洞出口段受大坝基坑积水影响，局部锚杆孔出现涌水现象，出水点桩号为左侧边墙 1#尾 0+631m（高程 1975m）、1#尾 0+657m（高程 1976m）、1#尾 0+661m（高程 1980m）、1#尾 0+662m（高程 1979m）；右侧边墙桩号为 1#尾 0+668m（高程 1979m）、1#尾 0+669m（高程 1978m），水温 18.4℃~19.5℃，单个出水点最大流量 4L/min。2#尾水洞出口段受大坝基坑积水影响，局部锚杆孔出现涌水现象，涌水点位于右侧边墙，桩号 2#尾 0+516m（高程 1979m），流量 24L/min，水温 17.9℃。

（2）基岩裂隙水：由于厂引区地形较陡，降雨多迅速形成地表径流，只有少量渗入地下形成裂隙性潜水，向雅砻江排泄。厂房区 PD47 勘探平硐局部地段钻孔揭露的地下水有承压特性，钻孔 ZK150、ZK151、ZK155、ZK157 揭露的地下水均有一定程度承压，ZK150 钻孔承压水水头高 23m，流量约 37L/min；ZK151 钻孔承压水水头高 43~50m，流量约 33L/min；ZK155、ZK157 钻孔承压水水头高 86~91m，流量 1~3L/min。

地下洞室开挖过程中，未出现大量涌水现象，主要为渗滴水，个别洞段有股状流水现象。其中，厂房揭露 2 处股状流水：副厂房厂左 0+50.5m、高程 1974m 发育 W1 泉点，沿锚杆孔有股状流水，有轻微硫黄味，流量约 8L/min，后期逐渐枯竭，为裂隙性潜水补给；集水井左侧边墙厂下 0+4m、高程 1951m 发育 W2 泉点，散发硫黄气味，沿锚杆孔有股状流水，测得初期最大流量约 37L/min，一周后衰减明显，半月后停止流水，沿边墙有少量渗水，亦为源自岩性接触带的裂隙性潜水。1#尾水洞 0+5m~0+30m 洞段开挖过程中顶拱发育线状~股状流水，后期逐渐枯竭；1#尾水洞 0+20m~0+50m 段底板共揭露 3 处股状流水，流量 1~2L/min 不等，有轻微硫黄味。

可研阶段在厂房长探硐内钻孔 ZK150、ZK151 各取 1 组水样，技施阶段在厂房 W1 泉点取 2 组水样（编号 C1#、C2#）、在集水井 W2 泉点取 2 组水样（编号 C3#、C4#）分别进行了水质分析，水化学分析成果见表 2.1.5-1。左岸洞室地下水水样均为偏碱性的 $HCO_3 SO_4{}^{2-}-Ca$ 型，总硬度为 114~250mg/L，pH 值为 7.4~8.7。

根据《水力发电工程地质勘察规范》（GB 50287—2016）附录 K.0.3 环境水对混凝土的腐蚀性评价标准，左岸洞室 6 组水样对混凝土均无腐蚀性。

表2.1.5-1　左岸洞室地下水水化学分析成果

取样地点	阳离子						阴离子							水化学类型	pH值	总硬度	游离CO_2	侵蚀CO_2	对混凝土腐蚀性评价
	K^++Na^+		Ca^{2+}		Mg^{2+}		Cl^-		SO_4^{2-}		HCO_3^-								
	mg/L	mg%	mg/L	mg%	mg/L	mg%	mg/L	mg%	mg/L	mg%	nmol/L	mg/L	mg%			mg/L	mg/L	mg/L	
ZK150	12.3	9.3	70.7	64.8	17.1	25.9	25.0	13.0	104.1	40.0	2.55	155.7	47.0	$HCO_3 \cdot SO_4^2$ $-Ca$	7.40	247.0	16.0	3.5	无腐蚀性
ZK151	11.5	8.7	71.9	65.6	17.1	25.7	16.0	8.3	102.8	39.3	2.86	174.3	52.4	$HCO_3 \cdot SO_4^2$ $-Ca$	7.50	250.0	14.0	2.8	
C1#(W1)	31.0	29.6	46.7	50.1	11.5	20.3	39.6	22.5	98.4	41.3	1.80	109.7	36.2	$SO_4^{2-} \cdot Cl^-$ $-Ca$	7.80	163.9	4.0	1.1	无腐蚀性
C2#(W1)	31.0	29.6	46.9	50.1	11.5	20.3	39.6	23.9	98.5	43.9	1.51	92.0	32.3	$SO_4^{2-} \cdot Cl^-$ $-Ca$	7.83	164.6	3.0	0.9	
C3#(W2)	43.3	45.9	36.4	43.0	5.8	11.2	39.6	27.3	92.6	47.2	1.04	63.7	25.5	$SO_4^{2-} \cdot Cl^-$ $-Ca$	7.57	114.7	4.4	4.4	无腐蚀性
C4#(W2)	42.7	40.7	43.7	46.4	7.4	12.9	39.6	22.8	97.6	41.6	1.62	99.0	33.2	$SO_4^{2-} \cdot Cl^-$ $-Ca$	8.71	139.5	0.0	0.0	

2.1.6 地应力

PD47 平硐 320m 处洞深的厂房支硐洞顶出现片帮现象，说明厂引区岩体局部存在应力集中现象。

预可至可研阶段，在上坝址左岸 ZK137、PD47 厂房硐洞深 140m 的 ZK152、洞深 460m 的 ZK172 孔内进行了二维地应力测试，在上坝址左岸 PD1 及厂房 PD47 平硐内进行了 5 组三维地应力测试，其中左岸 PD1 进行 2 组，厂房 PD47 硐进行 3 组（分别在 ZK155、ZK156 和 ZK157 测试），试验方法采用水压致裂法。

根据二维地应力测试成果，左岸厂房硐最大水平地应力范围值为 5.34～ 15.52MPa，最小主应力范围值为 4.17～9.76MPa，平均值 11.54MPa，最大水平主应力方向范围 N79°W～N85°W。

根据三维地应力测试成果，PD47 厂房探硐测试区域的岩体的三组地应力测试成果综合分析，地应力方位按 σZK155 和 σZK156 两组考虑，即：第一主应力（σ_1）为 12.62～13.04MPa，方位 S61°～79°E，倾角 13°～18°；第二主应力（σ_2）为 10.83～ 11.08MPa，方位 S4°～9°E，倾角 -46°；第三主应力（σ_3）为 5.08～8.04MPa，方位 N23°～26°E，倾角 -41°～-38°。

由以上地应力测试结果综合分析得出，从上往下地应力测值随深度增加而增大，局部地应力测值的差异反映了不同测试段岩体完整性、结构面发育程度的不同。岩体完整性好的测试段，其水平主应力量值较大，反之则较小。根据三维地应力测试成果，厂引区最大主应力 σ_1 为 12.62～13.04MPa，最大水平主应力方向为 N67°～88°W，地应力属中等应力区。

2.1.7 地下洞室围岩分类及物理力学参数建议值

根据《水力发电工程地质勘察规范》（GB 50287—2016）和《四川省雅砻江杨房沟水电站可研性研究报告·4 工程地质》，主要结构面抗剪参数建议值见表 2.1.7－1，提出引水发电系统地下洞室群工程地质围岩分类及力学参数建议值见表 2.1.7－2。

表 2.1.7－1　杨房沟水电站坝址区岩体结构面抗剪参数建议值一览表

结构面类型		充填物特征	结合程度	两侧岩体	抗剪参数			
					$f_{剪}$	$c_{剪}$	f	c（MPa）
节理	无充填型	节理面无充填	好～较好	完整～较完整	0.60～0.65	0.15～0.20	0.50～0.60	0
节理或断层、挤压破碎带	岩块岩屑型	充填碎块、角砾和岩屑，粉黏粒含量少	好～较好	完整～较完整	0.50～0.60	0.1～0.15	0.40～0.50	0
	岩块岩屑夹泥型	充填岩块和岩屑为主，夹泥膜或泥质条带	一般～较差	较完整～较破碎	0.35～0.40	0.05～0.10	0.30～0.40	0
	泥夹岩屑型	充填以泥质为主，夹岩屑、碎块	差～很差	较破碎～破碎	0.20～0.30	0.01～0.05	0.20～0.30	0

表 2.1.7-2　杨房沟水电站坝址区洞室围岩分类及力学参数建议值一览表

围岩类别	岩性	岩体特征	岩体结构	岩体完整程度（完整程度）	结构面状态 结构面间距(cm)	张开程度(mm)	充填物	起伏状糙程度	地下水状态	单轴饱和抗压强度 MPa	变形模量 GPa	单位弹性抗力系数 MPa/cm	建议值 抗剪强度（岩/岩） f'	c' (MPa)	抗剪强度（岩/混凝土） f'	c' (MPa)	稳定性评价
II	花岗闪长岩	微风化~新鲜花岗闪长岩，结构面少发育，结合较好	块状	较完整~完整	40~100	0.5~1	无	平直	渗水	80~100	12~19	50~80	1.35~1.45	1.10~1.40	1.10~1.20	1.00~1.20	基本稳定
	变质粉砂岩	微风化~新鲜变质粉砂岩，结构面较发育，结合较好	厚层状							80~136	12~13						
III	花岗闪长岩	弱风化花岗闪长岩，结构面较发育，结合一般~较差	次块状~镶嵌	完整性差~较完整	20~80	1~2	岩块岩屑，个别见泥膜	平直，稍粗	渗水~滴水	40~80	5~12	25~50	0.90~1.30	0.80~1.30	0.90~1.00	0.65~1.00	局部稳定性差
	变质粉砂岩	弱风化变质粉砂岩，结构面较发育，结合一般~较差	中厚层状~层状互层							30~115	4~12						
IV	花岗闪长岩	弱风化上段、强卸荷带花岗闪长岩，结构面发育，结合差	碎裂~块状	较破碎~碎裂~完整性差	2~10		岩块岩屑，少量见泥膜	平直或弯曲	滴水	25~40	2.5~4.0	15~25	0.70~0.80	0.50~0.70	0.70~0.90	0.55~0.65	不稳定
	变质粉砂岩	弱风化上段、强卸荷带微风化变质粉砂岩含炭质板岩，结构面发育，结合差	薄层状~互层							20~50	1~3						
V	变质粉砂岩	弱风化上段变质粉砂岩，强卸荷带，结构面发育，结合差	碎裂~散体结构	破碎	<20	5~50	岩块岩屑，部分见泥膜	曲折，粗糙	连续滴水	<25	0.2~1.0	1.5~8.0	0.40~0.50	0.10~0.20	0.45~0.55	0.20~0.30	极不稳定

2.2 各主要洞室地质条件及围岩稳定评价

2.2.1 主副厂房洞

主副厂房洞开挖高程 1946.93～2022.5m，洞轴线桩号为厂左 0+51.5m～厂右 0+178.5m，其中 1♯机组中心线桩号为厂左（右）0+0m。

2.1.1.1 基本地质条件

1）地形地貌

主副厂房洞位于左岸山体内，轴线走向 N5°E，地面高程 2220～2350m，洞顶高程 2022.5m，上覆岩体厚度 200～330m，水平埋深 180～330m。

2）地层岩性

厂房围岩岩性为浅灰色花岗闪长岩（$\gamma\delta_5{}^2$），呈微风化～新鲜状，岩质坚硬，岩石的单轴饱和抗压强度为 80～100MPa。

3）地质构造

主副厂房洞共揭露 111 条构造，其中包括 33 条小断层和 74 条挤压带，除 f_{1-49} 和 f_{1-83} 为Ⅲ级结构面外，其余均为Ⅳ级结构面。主副厂房洞构造走向、倾角、宽度统计直方图分别见图 2.2.1-1～图 2.2.1-3，构造走向以 NWW、NEE 为主，NNE 向次之，倾角以中倾角为主，宽度以 1～3cm 为主。断层宽度一般 1～5cm，延伸长度一般 30～100m，除 f_{1-49}、f_{1-94} 为岩屑夹泥膜外，其余均为岩块岩屑型，其中 23 条断层为切洞向中陡倾角，2 条为切洞向缓倾角，8 条为顺洞向中陡倾角。挤压带宽度一般 1～3cm，延伸长度 7～45m 不等。

经统计，主副厂房洞 4 组优势节理见表 2.2.1-1。

表 2.2.1-1 主副厂房洞优势节理一览表

产状	与洞向夹角	发育位置	描述
N10°～30°E NW∠70°～85°	15°	全洞段	闭合，局部微张，面平直，断续延伸长
N65°～75°W SW∠65°～70°	70°～80°	全洞段	闭合，面平直，局部面附钙质，断续延伸长
N80°～90°E NW∠40°～50°	80°	全洞段	闭合，面平直粗糙，断续延伸较长
N80°～90°E SE∠40°～50°	75°	厂右 0+175m～厂左 0+25m	闭合，面平直粗糙，断续延伸

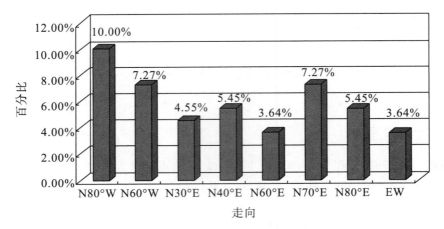

图 2.2.1-1　主副厂房洞构造走向统计直方图

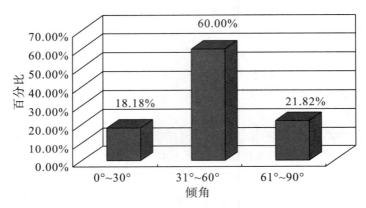

图 2.2.1-2　主副厂房洞构造倾角统计直方图

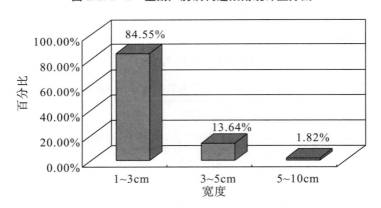

图 2.2.1-3　主副厂房洞构造宽度统计直方图

4）水文地质条件

地下厂房位于地下水位之下，为基岩裂隙水，岩体透水性较弱。第 I 层开挖过程中无大的出水点，局部顶拱见渗滴水，渗滴水部位主要位于以下三段顶拱：厂右 0+5m～0+50m、厂右 0+95m～厂左 0+105m、厂右 0+145m～厂左 0+160m。

副厂房开挖过程中，厂左 0+50.5m、高程 1974m 发育 W1 泉点，沿锚杆孔有股状流水，有轻微硫黄味，流量约8L/min，后期逐渐枯竭，为裂隙性潜水补给。

集水井开挖过程中，左侧边墙厂下0+4m、高程1951m发育W2泉点，散发硫黄气味，沿锚杆孔有股状流水，测得初期最大流量约37L/min，一周后衰减明显，半月后停止流水，沿边墙有少量渗水，亦为源自岩性接触带的裂隙性潜水。水质分析成果表明地下水对混凝土无腐蚀性。

其他部位未见较大的出水点，仅局部渗滴水，如下游侧边墙厂右0+15m～0+35m段和右端墙高程2002～2007m段。

5）地应力

根据地应力测试成果，厂区最大主应力σ_1值为12.62～13.04MPa，最大主应力方向为N61°W～N79°W，与厂房轴线夹角66°～84°，属于中等地应力区。

厂房中导洞开挖过程中，上游侧拱肩有片帮、应力破裂现象。第Ⅰ层上游侧扩挖时拱肩局部有应力破裂现象。第Ⅱ、Ⅲ层开挖过程中，下游边墙沿顺洞向中陡倾角结构面多见卸荷松弛，局部有应力破裂现象。

6）松动圈

主副厂房洞共布置了5个声波测试断面，第Ⅰ层开挖完成后（2016年11月）进行了顶拱松动圈测试，声波测试结果显示，厂房顶拱松弛深度0.7～2m，平均松弛深度为1.4m，上游拱肩平均松弛深度最大，下游拱肩次之，顶拱最小；松弛区岩体平均波速为4165m/s，非松弛区岩体平均波速为5150m/s。

第Ⅱ层开挖完成后（2016年12月—2017年7月）进行了边墙松动圈测试，声波测试结果显示，第Ⅱ层边墙松弛深度0.7～1.6m，平均松弛深度为1.2m，下游边墙比上游边墙松弛深度大；松弛区岩体平均波速为4416m/s，非松弛区岩体平均波速为5359m/s。

第Ⅳ层开挖完成后（2017年11月）进行了边墙松动圈测试，声波测试结果显示，第Ⅳ层边墙松弛深度0.8～2.5m，平均松弛深度为1.5m，下游边墙比上游边墙松弛深度大；松弛区岩体平均波速为4110m/s，非松弛区岩体平均波速为5115m/s。

第Ⅵ层开挖完成后（2018年1月）对第Ⅱ层、第Ⅳ层边墙进行了松动深度对比测试，声波测试结果显示，上游边墙松弛深度基本无变化，第Ⅱ层下游边墙平均松弛深度增加了0.3m，第Ⅳ层下游边墙平均松弛深度增加了0.55m，表明厂房第Ⅵ层开挖完成后，下游边墙岩体存在一定的卸荷松弛现象。

2.2.1.2 工程地质条件及评价

1）顶拱

（1）工程地质条件。

厂房顶拱尺寸为230m×30m（长×宽），桩号为厂右0+178.5m～厂左0+51.5m，高程为2013.95～2022.5m，岩性为花岗闪长岩，呈微风化～新鲜，岩质坚硬。

地下厂房顶拱共揭露10条断层（见表2.2.1-2），宽度1～5cm，延伸长度一般40～100m，除f_{1-49}为岩屑夹泥型外，其余为岩块岩屑型。其中，7条为切洞向中陡倾角断层，2条为顺洞向陡倾角断层，1条为切洞向缓倾角断层。发育3组优势节理：①N15°～20°E NW∠75°～80°；②N85°E NW∠40°～45°；③N65°～75°W SW∠65°～70°，与洞轴线的夹角分别为 $15°$、$80°$、$75°$。

表 2.2.1－2　地下厂房顶拱构造一览表

编号	产状	宽度（cm）	描述	发育部位
f_{1-19}	N85°E NW∠40°～45°	1～5	充填碎块岩、岩屑，带内岩体呈强风化，见擦痕	厂右 0+114m～0+134m
f_{1-40}	N55°W SW∠50°～60°	2～3	充填片状岩、岩屑，带内岩体蚀变，沿面渗水	厂右 0+52m～0+60m
f_{1-49}	N75°～80°E SE∠25°	1～5	充填碎块岩、岩屑，少量泥膜，带内岩体挤压破碎，局部两侧蚀变带宽 10～40cm 不等	厂右 0+63m～厂左 0+3m
f_{1-65}	N70°W SW∠55°～60°	2～3	充填碎块岩、岩屑，面潮湿	厂左 0+10m～0+21m
f_{1-68}	N80°W SW∠50°	1～3	充填碎块岩、岩屑，面潮湿	厂右 0+3m～厂左 0+26m
f_{1-71}	N75°～80°EW SW∠55°～60°	2～5	带内为碎块岩、岩屑充填	厂左 0+28m～0+30m
f_{1-72}	N80°E SE∠65°～70°	1～2	带内充填碎块岩、岩屑	厂右 0+18m～厂左 0+32m
f_{1-80}	N80°～85°W NE∠85°	1～2	充填碎裂岩、岩屑，面稍扭	厂左 0+49m～0+51.5m
f_{1-83}	N10°～15°E NW∠75°	1～2	充填碎块岩、岩屑，局部蚀变带宽 20～30cm	厂右 0+19m～厂左 0+51.5m
f_{1-85}	N18°E SE∠75°～85°	1～2	碎裂岩、岩屑，局部见石英脉	厂右 0+151.5m～0+178.5m

地下厂房位于地下水位之下，为基岩裂隙水，岩体透水性较弱，顶拱开挖过程中无大的出水点，局部顶拱见渗滴水，渗滴水部位主要位于以下三段顶拱：厂右 0+5m～0+50m、厂右 0+95m～厂左 0+105m 和厂右 0+145m～厂左 0+160m。

地下厂房中导洞开挖过程中，上游拱肩有片帮、应力破裂现象，破裂深度一般 20～40cm，上游侧扩挖时局部有应力破裂现象。厂房顶拱开挖成形总体较好，多为局部小掉块，但厂右 0+15m～厂左 0+7m 沿 f_{1-49} 掉块深度较大，掉块深度 0.4～1.9m 不等，方量约 40m^3。

（2）主要工程地质问题。

厂房顶拱揭露表明，岩性为花岗闪长岩，呈微新，多为次块状～块状结构，主要发育中陡倾角结构面，有利于顶拱围岩稳定，但部分洞段发育缓倾角断层或节理，对局部顶拱稳定不利。

①块体稳定。

顶拱少量发育的中缓倾角结构面，与其他结构面切割可形成不利组合块体，存在局部块体稳定问题。经分析，顶拱发育典型不利组合块体 6 个，块体发育特征见表 2.2.1－3。其中，1#～5#块体厚度 1～4m，规模较小，经系统和加强锚固处理后稳定性好。

厂右 0+15m～厂左 0+3m 段顶拱揭露缓倾角断层 f_{1-49}，性状较差，局部两侧蚀变带宽 10～40cm 不等。中导洞顶拱及上游扩挖顶拱开挖过程中沿 f_{1-49} 掉块，开挖过程中已采取超前锚杆和控制爆破措施，并沿 f_{1-49} 布置带垫板锁口锚杆。

表 2.2.1-3 厂房顶拱块体一览表

块体编号	所在位置	构成边界	
		主控结构面	切割结构面
厂1-1	顶拱厂右 0+133m～0+141m、高程 2022～2022.5m	f_{1-19}，N85°E NW∠40°～45°	（9）N15°E SE∠70° （17）N68°W SW∠85°～90° （109）N5°～10°E NW∠60°～70°
厂1-2	顶拱厂右 0+65m～0+75m、高程 2022～2022.5m	L_{1-36}，N50°～55°E SE∠30°	（20）N85°E NW∠40°～55° （24）N15°～20°E NW∠75°～80°
厂1-3	顶拱厂右 0+49m～0+59m、高程 2022～2022.5m	f_{1-40}，N55°W SW∠50°～60°	（20）N85°E NW∠40°～55° （24）N15°～20°E NW∠75°～80° （43）N30°W⊥
厂1-4	顶拱厂右 0+40m～0+42m、高程 2022～2022.5m	（45）N45°E SE∠25°	（25）N15°～20°E NW∠75°～80° （26）N65°～75°W SW∠65°～70°
厂1-5	顶拱厂右 0+2m～0+8m、高程 2022～2022.5m	（51）N30°～40°E SE∠40°～50°	（24）N15°～20°E NW∠75°～80° （26）N65°～75°W SW∠65°～70° （50）N80°W NE∠70°
厂1-6	顶拱厂右 0+13m～厂左 0+25m、高程 2014～2022.5m	f_{1-49}，N75°～80°E SE∠25°	（24）N15°～20°E NW∠75°～80° f_{1-68}，N80°W SW∠50° f_{1-83}，N10°～20°E NW∠75°～85°

分析表明：f_{1-49}、f_{1-80}、f_{1-83} 与 f_{1-71} 或 f_{1-68} 形成潜在组合块体。开挖过程中，依次采取锁口锚杆+预应力锚杆+锚索的支护措施。经加强锚固处理后，两个潜在组合块体安全系数均大于3，块体稳定性良好。

②应力型破坏。

厂区最大主应力 σ_1 值为 12.62～13.04MPa，与厂房轴线夹角 66°～84°。厂房中导洞上游拱肩有片帮、应力破裂现象，上游侧扩挖时局部有应力破裂现象，影响深度较小，一般 20～40cm。开挖过程中产生的应力型破坏主要威胁施工安全，不影响围岩整体稳定，经系统锚喷支护后，围岩稳定性好。

③喷层脱落。

厂区最大主应力 σ_1 值为 12.62～13.04MPa，与厂房轴线夹角 66°～84°，加之厂房跨度达 30m、最大高度约 75m，后续厂房下挖过程中顶拱围岩应力持续调整，局部喷层存在开裂风险。在顶拱应力调整、喷层厚薄不一、复喷层结合强度不足、地下水等因素的综合作用下，局部喷层发生开裂、脱落。

上游侧顶拱喷层脱落受多种因素影响，具有一定的随机性，因此，针对顶拱采用主动防护网进行防护，定期巡查、清除网中脱落喷层，为厂房顺利下挖提供保障。

厂房Ⅴ～Ⅸ层下挖过程中，陆续有喷层脱空掉落至主动防护网。脱落喷层均为复喷层脱落，呈片状，未见钢筋网片裸露。大部分位于上游顶拱，为顶拱应力集中、复喷层胶结较差等综合因素导致。后期利用小桥机平台，针对裸露钢筋网区域采取清理、复喷等措施。

（3）工程地质条件评价。

厂房顶拱岩性为微风化～新鲜花岗闪长岩，岩质坚硬，以次块状～块状结构为主，岩体较完整～完整性差，主要发育中陡倾角结构面，围岩整体稳定，但部分洞段发育缓倾角结构面对顶拱稳定不利，局部稳定性较差，顶拱属Ⅱ、Ⅲ类围岩，其中Ⅱ类围岩占 45.7%，Ⅲ1 类围岩占 45%，Ⅲ2 类围岩占 9.3%。

厂房顶拱系统支护参数：喷 15cm 混凝土＋挂网＋龙骨筋，系统锚杆 $L=6m/9m$ @1.5m×1.5m，拱肩布置 3 排 $L=9m$@1.0m×1.0m 预应力锚杆。顶拱的块体问题和上游侧局部片帮、应力破裂等问题通过系统支护和针对性的加强锚固处理后，厂房顶拱围岩稳定。

2）上游边墙

（1）工程地质条件。

上游边墙走向为 N5°E，全长 230m，桩号为厂右 0+178.5m～厂左 0+51.5m，高程 2013.95～1964.1m（桩号厂右 0+178.5m～0+115m、高程 1991.1m 为安装间平台），岩性为花岗闪长岩，呈微风化～新鲜。

上游边墙发育 19 条小断层和 13 条挤压带，见表 2.2.1－4。断层宽度 1～5cm，延伸长度一般 30～60m。挤压带宽度 1～3cm，延伸长度 7～15m。节理轻度～中等发育，主要有以下 4 组：①N85°E NW∠40°～55°节理，闭合，面平直粗糙，断续延伸，间距 0.5～3m；②N65°～75°W SW∠65°～70°节理，闭合，面平直，局部面附钙质，断续延伸较长，平行发育，间距 0.8～2m；③N15°～20°E NW∠75°～80°节理，闭合，面平直，断续延伸；④EW S∠40°～50°节理，闭合，面平直粗糙，断续延伸。

表 2.2.1－4　上游边墙构造一览表

编号	产状	宽度（cm）	描述	发育部位
f_{1-19}	N85°E NW∠40°～45°	1～5	充填碎块岩、岩屑，带内岩体呈强风化，面起伏见擦痕	厂右 0+114m～0+126m、高程 2013.95～1998.8m
f_{1-21}	N60°W NE∠45°～50°	0.5～1	充填片状岩、岩屑，高程 2000 以上两侧蚀变带宽约 10cm	厂右 0+147m～0+167.6m、高程 2009～1991.1m
f_{1-49}	N75°～80°E SE∠25°	1～5	充填碎块岩、岩屑，带内岩体挤压破碎，强度低，见绿泥石化蚀变，两侧蚀变带宽 10～40cm 不等，面平直，局部渗水	厂右 0+15m～0+84m、高程 2013.95～1987m
f_{1-68}	N80°W SW∠50°	1～3	充填碎块岩、岩屑，面潮湿	厂右 0+18m～厂左 0+17m、高程 2014～1979m
f_{1-71}	N75°～80°W SW∠55°～60°	2～5	带内为碎块岩、岩屑	厂左 0+27.5m～0+28.3m、高程 2013.95～2012.6m
f_{1-72}	N70°～80°E SE∠65°～70°	1～2	带内充填碎块岩、岩屑	厂右 0+18m～厂左 0+15m、高程 2013.95～1996.8m

编号	产状	宽度（cm）	描述	发育部位
f_{1-76}	N50°~60°W NE∠50°~55°	1~2	片状岩、岩屑充填，干燥	厂右0+165m~0+174m、高程2007~1991.1m
f_{1-80}	N80°~85°W NE∠85°	1~2	充填碎裂岩、岩屑，面稍扭	厂左0+50m~0+51.5m、高程2013.95~2011m
f_{1-82}	N85°W NE∠45°~50°	1~5	充填碎裂岩、岩屑	厂右0+53.3m~0+60m、高程2013.95~2007m
f_{1-89}	N35°E NW∠50°~55°	1	碎裂岩、岩屑充填，带内岩体呈强风化状，渗水，面稍扭	厂右0+35.5m~0+43.9m、高程2013.95~2007.3m
f_{1-90}	N40°~45°E SE∠35°~50°	2~5	片状岩、岩屑充填，干燥	厂右0+134.7m~0+175m、高程2006.9~1991.1m
f_{1-91}	N35°E SE∠60°	1~2	碎裂岩、岩屑充填，面平直光滑，带内岩体，见蚀变现象	厂右0+77m~0+105m、高程2012~1990m
f_{1-153}	N30°W SW∠65°	1~3	碎裂岩、岩屑充填	厂右0+66m~0+72m、高程1998.8~1990.7m
f_{1-185}	N60°W NE∠55°	1~2	片状岩、岩屑充填，干燥	厂右0+146m~0+138.6m、高程1996.7~1991.1m
f_{1-186}	N65°~70°W NE∠60°	1~2	片状岩、岩屑充填，干燥	厂右0+151.6m~0+144m、高程1998.9~1991.1m
f_{1-246}	N10°~15°W NE∠30°~40°	1~2	带内充填碎裂岩、岩屑，面稍扭，带内岩体，见蚀变现象	厂右0+115m~0+103m、高程1989~1990m
f_{1-249}	N30°~40°E SE∠70°~80°	1~2	带内充填碎裂岩、岩屑，面稍扭，带内岩体，见蚀变现象	厂右0+105.1m~0+115m、高程1989.8~1978.6m
f_{1-274}	N80°W SW∠15°~20°	1~2	带内充填片状岩、岩屑	厂左0+44m~0+51.5m、高程1988~1986m
f_{1-304}	N80°W~N80°E NE/NW∠30°~35°	1	带内充填碎裂岩、岩屑	厂右0+0~0+24m、高程1982~1969m
J_{1-96}	N80°~85°W NE∠45°	1~4	片状岩、岩屑充填	厂右0+83m~0+87.6m、高程2003.4~1998.8m
J_{1-97-1} J_{1-97-2}	N80°W NE∠40°~45°	1~3	局部宽5~7cm，充填岩块岩屑，见蚀变现象，两侧岩体完整	厂右0+73.1m~0+85.2m、高程2006.4~1996.6m
J_{1-155}	N25°E NW∠55°	1~2	两侧蚀变带宽约5cm，碎裂岩、岩屑充填	厂右0+18.6m~0+23.9m、高程1995.8~1998.8m
J_{1-187}	N65°~70°W NE∠60°	1	岩屑充填，干燥	厂右0+142.9m~0+147m、高程1996.1~1991.1m

编号	产状	宽度（cm）	描述	发育部位
J_{1-258}	N60°W SW∠25°~30°	1~3	带内充填岩屑，见蚀变现象	厂右0+2m~0+11.6m、高程1990~1986m
J_{1-259}	N75°W SW∠20°~25°	0.5~1	带内充填岩屑	厂右0+12m~厂左0+3m、高程1990.9~1984m
J_{1-307}	N25°E NW∠25°~30°	1~2	带内充填片状岩、岩屑	厂左0+45.1m~0+51.5m、高程1985.4~1984.4m
J_{1-308}	N85°W NE∠67°	1~2	带内充填片状岩、岩屑，影响带宽10~20cm	厂左0+49.5m~0+51.5m、高程1984.7~1980m
J_{1-333}	N60°E SE∠35°~40°	1	带内片状岩充填，面起伏粗糙	厂右0+5m~厂左0+3.2m、高程1974~1969m
J_{1-360}	N70°~75°W NE∠85°~90°	1~3	带内充填片状岩、岩屑	厂左0+51.4m~0+51.5m、高程1980.3~1976m
J_{1-400}	N10°E NW∠5°~15°	1	带内充填片状岩、岩屑	厂右0+8m~0+21m、高程1969.5~1965m
J_{1-401}	N5°~10°E NW∠60°	1	带内充填片状岩、岩屑	厂右0+7m~0+24m、高程1965.5~1965m

　　上游边墙干燥为主，仅局部渗滴水。上游边墙开挖成型好，残孔率高，仅局部沿NNE向结构面发生小规模掉块，深度一般10~30cm，局部40cm。

　　（2）主要工程地质问题。

　　上游边墙为块状~次块状结构，典型不利组合块体5个，块体发育特征见表2.2.1-5。f_{1-90}、f_{1-91}与边墙夹角30°~35°，倾向壁外45°~60°，构成8#~11#块体的底滑面，可能产生掉块，施工过程中已针对上盘岩体进行加强锚固。上游边墙块体厚度3~5m，经锚固处理后稳定性较好。

表2.2.1-5　厂房上游边墙块体一览表

块体编号	所在位置	构成边界	
		主控结构面	切割结构面
厂1-7	厂右0+159~0+169m、高程1995~2004m	f_{1-90}，N40°~45°E SE∠35°~50°	(23) N80°E SE∠40°~50° (24) N15°~20°E NW∠75°~80°
厂1-8	厂右0+156.5~0+151.5m、高程1999~2006.5m	f_{1-90}，N40°~45°E SE∠35°~50°	(16) N80°E NW∠80° (20) N85°E NW∠40°~55°
厂1-9	厂右0+147~0+151.5m、高程2000.5~2014m	f_{1-90}，N40°~45°E SE∠35°~50°	(16) N80°E NW∠80° (25) N75°W SW∠80°
厂1-10	厂右0+134~0+138.5m、高程2006~2012m	f_{1-90}，N40°~45°E SE∠35°~50°	(16) N80°E NW∠80° (20) N85°E NW∠40°~55°
厂1-11	厂右0+81~0+94m、高程1998~2015m	f_{1-91}，N35°E SE∠60°	(20) N85°E NW∠40°~55° (26) N65°~75°W SW∠65°~70°

（3）工程地质条件评价。

上游边墙岩质坚硬，为块状~次块状结构，岩体较完整，局部完整性差，围岩整体稳定性较好，局部块体稳定性较差，以Ⅱ类为主，占比 90.2%，局部Ⅲ1 类占比 9.8%。上游边墙系统支护参数：喷 15cm 混凝土＋挂网＋龙骨筋，系统锚杆 $L＝6m/9m$ @1.5m×1.5m，200t 无黏结预应力锚索 6 排。通过系统锚喷、局部加强支护后，上游边墙围岩稳定性好。

3）下游边墙

（1）工程地质条件。

下游边墙走向为 N5°E，全长 230m，桩号为厂右 0＋178.5m~厂左 0＋51.5m，高程 2013.95~1964.1m（桩号厂右 0＋178.5m~0＋115m、高程 1991.1m 为安装间平台），岩性为花岗闪长岩，呈微风化~新鲜，断层影响带呈弱风化。

下游边墙发育 11 条断层和 48 条挤压带（见表 2.2.1－6），宽度一般 1~3cm，个别宽 5~8cm，延伸长度一般 20~100m。节理中等发育~较发育，主要有以下 5 组：①N15°~20°E NW∠75°~80°；②N65°~75°W SW∠65°~70°；③N85°E NW∠40°~55°；④N30°~40°E NW∠40°~50°；⑤N0°~20°E NW∠30°~45°。

表 2.2.1－6　下游边墙构造一览表

编号	产状	宽度（cm）	描述	发育部位
f_{1-19}	N85°E NW∠40°~45°	1~5	充填碎块岩、岩屑，带内岩体呈强风化，面起伏见擦痕	厂右 0＋122.2m~0＋126m、高程 2010.8~2013.95m
f_{1-79}	N70~80°E SE∠35°~40°	2~3	充填片状岩、岩屑	厂右 0＋43.2m~0＋60.6m、高程 2008.4~1996.2m
f_{1-81}	N40°E SE∠40°	1~2	充填片状岩、岩屑，面扭曲，干燥	厂右 0＋44.8m~0＋65m、高程 2008.4~1999.2m
f_{1-83}	N10~20°E NW∠75°~85°	3~15	充填碎块岩、岩屑，面见擦痕，两侧影响带宽 0.5~3.4m，沿节理面有挤压蚀变现象	厂左 0＋21.8m~0＋39m、高程 1976.4~2013.95m
f_{1-94}	N70°E SE∠40°	1~4	充填碎块岩、岩屑夹泥	厂左 0＋45.7m~0＋51.5m、高程 1996.5~1998.4m
f_{1-98}	N40°~50°E SE∠35°	2~3	充填片状岩、岩屑，局部石英脉贯入	厂右 0＋82m~0＋122m、高程 2008~1991m
f_{1-99}	N60°~70°W SW∠35°~40°	1~2	带内充填片状岩、岩屑，面稍扭，干燥	厂右 0＋61m~0＋74.1m、高程 2008~2000m
f_{1-123}	N15°~20°E NW∠55°	1	碎裂岩、碎块岩充填，面稍扭	厂右 0＋63m~0＋73m、高程 1998~1996m
f_{1-151}	N10°~20°E SE∠75°~85°	5~8	碎裂岩、碎块岩、岩屑充填，局部石英脉，带内岩体蚀变破碎	厂右 0＋111m~0＋122.1m、高程 1999.2~1991.1m

编号	产状	宽度（cm）	描述	发育部位
f_{1-277}	N45°W SW∠50°	1～2	带内充填片状岩、岩屑	厂左 0＋36.8m～0＋51.5m、高程 1994.4～1973m
f_{1-372}	N50°～70°E NW∠35°～40°	1～2	带内充填碎裂岩、岩屑，两侧岩体较完整	厂右0＋77m～0＋86m、高程 1974～1970m
J_{1-56}	N25°W NE∠45°～50°	2～3	带内由碎块岩、片状岩、岩屑充填	厂右 0＋7m～厂左 0＋10m、高程 2013.95～2006.7m
J_{1-77}	N65°～75°W SW∠65°～70°	1～3	带内充填片状岩、岩屑，稍扭	厂右 0＋74.9m～0＋82.9m、高程 2012.3～1996m
J_{1-78}	EW S∠10°～15°	1～3	片状岩、岩屑充填，面扭曲，干燥	厂右 0＋72.7m～0＋81.6m、高程 2000.3～1998.2m
J_{1-86}	N30°～45°E NW∠55°～60°	0.5～1	带内夹片状岩、岩屑，面扭曲	厂左 0＋25m～0＋31.5m、高程 2014～2009m
J_{1-88}	N10°W SW∠80°	1	充填片状岩、岩屑，面稍扭，同产状节理发育	厂左 0＋169m～0＋172.1m、高程 2013.95～2009.4m
J_{1-92}	N5°E NW∠65°～70°	1～3	带内充填碎裂岩、岩屑，面扭曲、起伏粗糙	厂左 0＋31m～0＋51.5m、高程 2003.9～2002.8m
J_{1-141}	N60°E NW∠40°	1～3	充填碎裂岩、岩屑，上下盘影响带宽 10～30cm	厂右 0＋3.1m～0＋40m、高程 2003.1～1985.1m
J_{1-142}	N85°E NW∠40°～45°	3～5	局部达 10cm，片状岩充填，上盘平行节理发育，岩体蚀变	厂右 0＋22.1m～0＋31.1m、高程 2003.1～1996.2m
J_{1-144}	N50°E SE∠55°～60°	1～2	岩屑充填，面平直光滑，平行节理发育	厂左 0＋17.5m～0＋10.9m、高程 2003.5～1999.2m
J_{1-145}	N5°E NW∠60°～65°	2～3	局部 10～20cm，带内充填碎裂岩、岩屑，面起伏粗糙	厂左0＋6.2m～0＋30.8m、高程 2005～2003.3m
$J_{1-146-1}$ $J_{1-146-2}$	N35°E NW∠45°～50°	1～3	带内为碎块岩、岩屑，面起伏粗糙，平行节理发育	厂左0＋1m～0＋10m、高程 2003.1～1999.3m
J_{1-147}	N20°W NE∠80°～85°	3～5	带内蚀变，影响带宽20～30cm，岩体较硬，同产状节理发育	厂右0＋4.9m～0＋6m、高程 2003.1～1999.2m
J_{1-148}	N60°～80°E NW∠20°～30°	1～3	碎裂岩、岩屑充填，见蚀变，面扭曲，平行节理发育	厂右 0＋5.3m～厂左 0＋5.2m、高程 2001.7～1995.2m

编号	产状	宽度（cm）	描述	发育部位
J_{1-150}	N0°~10°E NW∠50°~60°	2~4	局部8~10cm，碎裂岩、碎块岩、岩屑充填，面扭曲	厂右0+53.6m~0+79.5m、高程2006.1~2002.7m
J_{1-152}	N70°~80°E SE∠20°	0.5~1	局部2~4cm，碎裂岩、夹1mm泥膜，上盘2~3cm轻微蚀变	厂右0+125m~0+132m、高程1996~1998.7m
J_{1-158}	N0°~10°E NW∠50°~60°	3~5	碎块岩、岩屑充填，浅表松弛张开，两侧平行节理断续延伸，局部见蚀变	厂右0+10m~0+31m、高程1998.2m
J_{1-164}	N5°E NW∠50°~60°	2~5	片状岩充填，面稍扭，两侧平行节理断续延伸	厂右0+6.6m~0+22.3m、高程1998.9m
J_{1-169}	N70°E SE∠60°	0.5	充填片状岩、岩屑，平行节理发育	厂左0+4.6m~0+11.6m、高程2004.8~1995.6m
J_{1-173}	N70°E SE∠50°	1~2	充填片状岩、岩屑	厂左0+14.2m~0+25.1m、高程2002.3~1992.6m
J_{1-192}	N40°E~N20°W NW/SW∠10°~15°	0.5~1	面扭曲，充填岩屑，局部石英脉贯入	厂右0+68.7m~0+80m、高程1994.2~1992.7m
J_{1-201}	N15°~20°E SE∠65°	0.5~1	充填岩屑，面见蚀变	厂左0+3.8m~0+10m、高程1994.2~1991.9m
J_{1-202}	N55°E SE∠35°	0.5~1	充填岩屑，面见蚀变	厂左0+4.5m~0+10.4m、高程1993.6~1990.7m
J_{1-253}	N40°E NW∠85°	0.5~1	带内充填岩屑	厂右0+92.7m~0+94.5m、高程1993.9~1985.3m
J_{1-254}	N0°~10°E NW∠40°~50°	2~3	带内充填碎块岩、岩屑	厂右0+75m~0+93m、高程1986.6~1985.1m
J_{1-310}	N60°E NW∠55°	0.5~2	带内充填片状岩、岩屑，面稍扭	厂左0+17.3m~0+24.3m、高程1986.8~1980m
J_{1-311}	N10°E SE∠60°	1~3	带内充填片状岩、岩屑，面稍扭	厂右0+18.2m~0+23.3m、高程1986~1983.6m
J_{1-329}	N15°E NW∠40°	1~2	带内充填片状岩、岩屑	厂右0+48.1m~0+65.7m、高程1981.2~1974.5m
J_{1-330}	N5°E NW∠45°~50°	2~4	带内充填片状岩、岩屑，面扭曲	厂右0+77.1m~0+88.2m、高程1978.4m
J_{1-341}	N80°E NW∠40°~45°	0.5	带内充填岩屑，面起伏粗糙	厂左0+17m~0+24m、高程1976.9~1970.4m

编号	产状	宽度（cm）	描述	发育部位
J$_{1-342}$	N60°～65°W NE∠45°	1～5	带内充填片状岩、岩屑，面稍扭	厂左0+13m～0+18.6m、高程1975.4～1970.4m
J$_{1-343}$	N60°～65°W NE∠80°	1～2	带内充填片状岩、岩屑，面见轻微蚀变	厂右0+1.1m～0+2m、高程1975.4～1970.4m
J$_{1-345}$	N75°W SW∠55°	0.5	带内充填岩屑，面平直光滑	厂右0+16.5m～0+25m、高程1982.1～1970.4m
J$_{1-347}$	N65°W NE∠40°～50°	1～2	带内充填片状岩、岩屑	厂右0+0m～厂左0+5m、高程1974.3～1969.3m
J$_{1-348}$	N65°W SW∠25°	1～2	带内充填片状岩、岩屑，沿面见渗水	厂右0+22.3m～0+32m、高程1974.1～1969.6m
J$_{1-352}$	N10°～15°E NW∠40°～50°	0.5	面扭曲，带内充填岩屑	厂右0+41m～0+56m、高程1970.6～1969.4m
J$_{1-368}$	N5°～10°E NW∠85°～90°	0.5～1	带内充填岩屑，上盘岩体见轻微蚀变现象	厂右0+59.7m～0+59.9m、高程1975～1970.4m
J$_{1-369}$	N70°W SW∠20°～30°	1～3	带内充填蚀变岩、岩屑，面扭曲	厂右0+52.8m～0+62m、高程1974.7～1970.4m
J$_{1-376}$	N25°W SW∠65°	1	带内充填片状岩、岩屑，面扭曲起伏	厂右0+82.7m～0+87.3m、高程1972.5～1970m
J$_{1-379}$	N50°～55°W NE∠60°～70°	1	带内充填片状岩、岩屑，面扭曲起伏	厂右0+105m～0+107.4m、高程1982～1969m
J$_{1-386}$	N70°W SW∠45°	0.5	带内充填岩屑	厂右0+87.1m～0+95.5m、高程1978.4～1970m
J$_{1-388}$	N5°～10°E NW∠50°～60°	1～2	带内充填片状岩、岩屑	厂右0+86.5m～0+95.5m、高程1972.5～1970.3m
J$_{1-419}$	N5°～10°SE∠5°～10°	0.5	带内充填片状岩、岩屑，延伸长	厂左0+12.5m～0+31.5m、高程1952～1951.5m
J$_{1-423}$	EW S∠30°～35°	1～2	带内充填片状岩、岩屑	厂左0+30m～0+40.5m、高程1965～1966m
J$_{1-428}$	N40°W SW∠10°～15°	0.5～1	带内充填片状岩、岩屑	厂左0+23m～0+31.5m、高程1949～1948m
J$_{1-429}$	N85°E SE∠45°～50°	1～2	带内充填碎块岩、岩屑，同产状节理发育	厂左0+22m～0+31.5m、高程1949～1939.5m
J$_{1-449}$	N10°～15°E NW∠75°～85°	2～4	带内充填碎裂岩、岩屑，面扭曲	厂右0+80m～0+88m、高程1965～1964m
J$_{1-451}$	N30°W SW∠40°～45°	1	带内充填片状岩、岩屑	厂左0+16.5m～0+22.5m、高程1944～1948m

下游边墙潮湿，副厂房厂左0+50.5m、高程1974m发育W1泉点，沿锚杆孔有股

状流水，有轻微硫黄味，流量约 8L/min，后期逐渐枯竭，为裂隙性潜水补给。其他部位未见较大的出水点。

下游边墙开挖总体成型较好，局部较差，其中，厂右 0+178.5m～0+5m 段总体成型较好，沿 NNE 向陡倾角节理易发生小规模掉块形成光面，深度一般 20～50cm；母线洞底板附近成型较差，超挖较大；厂右 0+5m～厂左 0+51.5m 段发育 f_{1-83} 及其影响带，影响带内沿结构面多见挤压蚀变现象，岩体完整性差～较破碎，浅表岩体易松弛塌落，该段下游边墙开挖成型较差，超挖深度 10～70cm。

（2）主要工程地质问题。

下游边墙结构面中等发育，局部较发育，主要为次块状～镶嵌结构，岩体完整性差～较完整，局部较破碎，无大规模构造通过，围岩整体稳定。但下游边墙发育近洞向陡倾角结构面，局部发育节理密集带，对下游边墙稳定不利，存在块体稳定问题；厂房跨度大、挖空率高，第一主应力 σ_1 与边墙夹角 66°～84°，发育 NNE 向陡倾角优势节理，在以上因素的共同作用下，带来厂房下卧过程中的高边墙变形问题。

①近洞向不利节理。

下游边墙高程 2013.95～1992m 范围多发育近洞向陡倾角节理，对边墙稳定不利，统计走向范围为 N5°～30°E，倾向 NW（倾壁外），详见表 2.2.1-7。开挖后顺洞向陡倾壁外节理易卸荷松弛，与其他结构面切割，易形成不利组合块体，对下游边墙和岩台开挖成型不利，NNE 向优势节理为下游边墙开挖成型的控制性结构面。为保证岩台的开挖成型，现场在岩台区开挖前已全部完成边墙保护层区的系统支护，并在岩台区布置 2～3 排玻璃纤维锚杆，采取严格控制孔距、装药量等措施。通过项目部精心组织，下游岩台开挖成型总体较好，92% 以上洞段能形成完整岩台面；岩台上拐点以上边墙成型一般，沿 NNE 向结构面多见掉块。

表 2.2.1-7　近洞向陡倾角节理统计表

发育位置	产状	地质描述
全洞段	N15°～20°E NW∠75°～85°	闭合，面平直粗糙，延伸较长～长，平行发育，间距 0.5～2.0m
厂左 0+10m～0+30m，厂右 0+90m	N25°～30°E NW∠50°～65°	闭合，面平直粗糙，延伸较短
厂右 0+90m～0+142m	N5°～10°E NW∠60°～70°	闭合，面扭曲，延伸长
厂右 0+10m～0+50m	N10°E NW∠45°～60°	闭合，面起伏粗糙，局部夹岩屑
厂左 0+5m～0+10m	N10°～20°E NW∠60°～70°	闭合～微张，面平直粗糙，延伸一般
厂左 0+30m～0+20m	N10°E NW∠75°～80°	闭合～微张，面轻微蚀变，延伸中等

②节理密集带。

厂右 0+18m～0+40m、高程 2003～1995m 段发育挤压带 J_{1-141}、J_{1-142}、J_{1-158}：J_{1-141} 产状为 N60°E NW∠60°，宽 1～3cm；J_{1-142} 产状为 N85°E NW∠40°～45°，宽 3～5cm；J_{1-158} 产状为 N0°～10°E NW∠50°～55°，宽 3～5cm，碎块岩、岩屑充填，表层张开掉块，两侧平行节理发育，与洞向夹角 0°～5°。节理中等发育～较发育，主要见以下 4 组：

①N15°～25°E NW∠75°～80°；②N40°E NW∠45°；③N85°E NW∠40°～55°；④N50°E⊥。

本段边墙为次块状～镶嵌结构，岩体完整性差～较完整，局部较破碎，部分边墙发育节理密集带，密集带内沿节理面轻微蚀变，表层岩体卸荷松弛，属Ⅲ2类围岩。

其中顺洞向J_{1-158}构成潜在底滑面，对边墙稳定不利。

厂右0+18m～0+40m、高程2003～1995m段部分边墙节理密集发育，顺洞向陡倾角J_{1-158}带内性状较差，对厂右0+10m～0+30m段边墙稳定不利，现场复核了岩台基础抗滑稳定问题，并采取扶壁墙+预应力锚杆进行了加强支护。

③f_{1-83}及其影响带。

厂房第Ⅰ层下游侧顶拱扩挖后，厂右0+10m～厂左0+2m揭露f_{1-83}，产状为N10°～20°E NW∠75°～85°，顶拱刚揭露时宽度较小，宽1～2cm，带内充填碎裂岩、岩屑，未见蚀变带。厂左0+21m～0+30m、高程2012～2010m段沿断层面掉块，掉块深度0.3～0.5m，此处f_{1-83}断层宽度变为3～5cm，两侧岩体有蚀变现象，蚀变带宽10～15cm，上盘岩体稳定性差，现场采取了预应力锚杆加强支护。

第Ⅱ层开挖后，该段边墙节理较发育，表层岩体松弛现象明显，开挖成型较差。

第Ⅲ层下游边墙厂右0+5m～厂左0+31.5m段发育f_{1-83}及其影响带和J_{1-145}、J_{1-164}对边墙和岩锚梁稳定不利。f_{1-83}产状为N10°～20°E NW∠75°～85°，宽3～15cm，带内充填碎裂岩、岩屑，面见擦痕SW195°∠50°，2010m高程以下断层两侧影响带宽0.5～3.4m不等，影响带内断层伴生节理发育，间距10～50cm，沿节理面有挤压蚀变现象，影响带岩体完整性差～较破碎。J_{1-145}出露于厂左0+31m～0+5m、岩锚梁高程附近，产状为N5°E NW∠60°～65°，宽1～3cm，表层张开1～2cm，带内充填碎裂岩、岩屑，面扭曲、起伏粗糙，延伸长，厂左0+18m～0+6m段沿J_{1-145}发生掉块。J_{1-164}出露于厂左0+25m～0+6m、高程1998.5m附近，产状为N5°E NW∠45°～60°，宽2～5cm，片状岩充填，面稍扭，两侧平行节理断续延伸。

为查明f_{1-83}影响带的宽度和高度，确定影响带分布范围，在厂房Ⅱ、Ⅲ层开挖过程中，分别于高程2010m、2004m、2000m附近布置钻孔电视及声波测试孔12个，其中水平孔8个，垂直孔4个。

经检测，纵波速从3000m/s至3500m/s有一个明显的跳跃，结合钻孔电视成果进行分析，纵波速从3000m/s至3500m/s的变化带可判定为f_{1-83}影响带的边界。

f_{1-83}影响带水平厚度结果见表2.2.1-8，下游边墙岩锚梁段f_{1-83}影响带厚度为0～3.6m，其中岩锚梁下拐点2002.7m高程厚度为2.1～3m，平均波速为2903～3248m/s。高波速带距下游边墙水平距离为1.9～4.8m，平均波速为4500～5007 m/s。

表2.2.1-8 f_{1-83}影响带水平厚度统计表

横剖面位置	下拐点高程厚度（m）	下游边墙厚度（m）	平均波速（m/s）
厂左0+30m	2.6	0～3.4	2903
厂左0+17m	2.4	0～2.7	3248
厂左0+5m	1.9	0～2.4	2925

为查明 f_{1-83} 影响带范围岩体抗压强度，在 1999m 高程沿 f_{1-83} 影响带取芯 4 组，于 3 个水平孔（ZHK6、ZHK7、ZHK8）每孔取 1 组共 3 组岩样进行抗压强度试验。f_{1-83} 影响带范围共取 7 组岩芯进行单轴饱和抗压强度试验，试验结果见表 2.2.1-9，f_{1-83} 影响带岩体单轴饱和抗压强度平均值为 40.4MPa。

表 2.2.1-9　f_{1-83} 影响带岩体抗压强度统计表

组号	试件编号	取样深度（m）或桩号	饱和抗压强度（MPa）
ZHK8	1-1	3.3~3.4	65.5
	1-2	1.4~1.5	17.9
	1-3	3.4~3.5	28.8
ZHK7	2-1	3.5~3.6	37.9
	2-2	2.7~2.8	32.3
	2-4	2.1~2.2	29.8
ZHK6	3-1	1.5~1.6	58.6
	3-2	1.7~1.8	69.4
	3-3	2.6~2.7	41.9
1	1-1	厂左 30	4.3
	1-2	厂左 30	12.3
	1-3	厂左 30	20.8
2	2-1	厂左 25	58.2
	2-2	厂左 25	62.2
	2-3	厂左 25	76.8
3	3-1	厂左 15	37.6
	3-2	厂左 15	54.9
	3-3	厂左 15	47.0
	3-4	厂左 15	73.1
4	4-1	厂左 20	25.2
	4-1	厂左 20	19.7
	4-3	厂左 20	15.0
平均值			40.4
大值平均值			60.8
小值平均值			23.5

根据 f_{1-83} 下盘影响带的岩体特征和发育范围，采取了以下处理措施：

a. 针对岩台增加一排玻璃纤维锚杆，有利于开挖成型；加密下拐点的锁边锚杆，部分锁边锚杆位置应根据 J_{1-145} 出露迹线调整。

b. 由于影响带岩体可能沿顺洞向结构面产生松弛张裂，该段岩台采取控制爆破措施，减小爆破开挖对影响带岩体的损伤。

c. 陡倾角 J_{1-145} 位于岩锚梁基础附近，挖除岩台范围内 J_{145} 及其上盘岩体，清除岩台上的局部蚀变岩体。

d. 岩锚梁以上采用加密锚杆+系统预应力锚索措施；针对岩台以下 J_{1-146} 抗滑稳定和蚀变问题，采用预应力锚杆+扶壁墙+预应力锚索措施。

另外，厂左 $0+31.5m\sim0+51.5m$ 段为副厂房（无岩锚梁），该段下游边墙位于 f_{1-83} 上盘，影响带内断层伴生节理发育，沿节理面有挤压蚀变现象，上盘影响带岩体完整性差。J_{1-92} 发育于高程 2003m 附近，产状为 N5°E NW∠65°～70°，宽 2～5cm，带内充填碎裂岩、岩屑，面扭曲、起伏粗糙。局部边墙沿 J_{1-92} 掉块。该段 f_{1-83} 影响带的水平厚度 2～5m，边墙岩体完整性差，局部较破碎，属Ⅲ2类围岩。f_{1-83} 及其伴生结构面倾角高陡，边墙稳定性差。采取分层开挖并及时支护措施，尽量减小爆破开挖对影响带岩体的损伤，采用预应力锚杆+系统带垫板锚杆等加强支护措施处理后，边墙围岩稳定。

④其他块体。

下游边墙发育的典型不利组合块体 11 个，其中 4 个位于 f_{1-83} 及其影响带，4 个典型块体发育特征见表 2.2.1-10。块体厚度一般 1～4m，在系统和加强锚固处理后，稳定性好。

表 2.2.1-10　厂房下游边墙块体一览表

块体编号	所在位置	构成边界	
		主控结构面	切割结构面
厂1-15	厂右 0+87m～0+95m、高程 1985～1995m	J_{1-254}，N0°～10°E NW∠40°～50°	J_{1-253}，N40°E NW∠85° (26) N65°～75°W SW∠65°～70° (53) N35°～45°E NW∠40°
厂1-17	厂右 0+69m～0+78m、高程 1996～2002m	f_{1-123}，N15°～20°E NW∠55°	(26) N65°～75°W SW∠65°～70° (132) SN W∠10°～15°
厂1-18	厂右 0+49m～0+66m、高程 1977～1986m	J_{1-329}，N15°E NW∠40°	(261) SN W∠10° (324) N50°～55°E NW∠45° (325) N50°W SW∠35°～45°
厂1-21	厂左 0+22m～0+29m、高程 1979～1984m	(338) N5°E NW∠50°	J_{1-310}，N60°E NW∠55° (210) N5°～15°E SE∠85°～90° (281) N0°～5°E NW∠85°～90°

⑤高边墙变形问题。

厂区最大主应力值为 12.62～13.04MPa，与厂房轴线夹角 66°～84°；厂房跨度 30m，主变洞跨度 18m，下游边墙岩墙厚度 40～44m，挖空率高（岩墙范围分布有母线洞、尾水扩散段和尾水支管等）；下游边墙 N10°～30°E 陡倾角优势节理相对发育。在上述条件共同作用下，厂房下挖过程中，岩墙必然发生应力、应变持续调整。这是一个随着厂房开挖支护过程的反复再平衡过程，同时存在应力松弛和集中现象。其外在表现包括表层岩体卸荷松弛、岩墙向临空面变形。

岩墙向临空面变形是岩墙中应力、应变持续调整过程和结果的动态反映，具有一定的时效性。在监测图形上表现为厂房爆破开挖后的小台阶状增长，其后变形缓慢增长。

下游边墙总变形量最大的 4 个监测点，各变形曲线增长期为 2017 年 9 月中下旬至 2018 年 1 月上旬，与Ⅳ2 层至Ⅶ层开挖时段相对应，期间开挖高程为 1995.8～1968m，总高度约 27m，平均每月下卧约 7m。2017 年 8 月各曲线近水平。主开挖期高程 2006m 两个多点位移计总增量分别为 21mm、16mm，高程 1998m 两个多点位移计总增量分别为 50mm、52mm，变形曲线大致呈 4 段小台阶＋平缓增长过程。主开挖期过后，曲线逐渐趋于收敛。截至 2018 年 6 月 6 日，各测点累积变形量分别为 69.2mm、54.4mm、59.9mm、65.2mm。

开挖完成后监测成果表明，下游边墙各检测点的变形曲线已收敛，边墙稳定。

（3）工程地质条件评价。

下游边墙岩性为微风化～新鲜花岗闪长岩，岩质坚硬，主要为次块状～镶嵌结构，局部块状结构，岩体完整性差，局部较完整，主要为Ⅲ类围岩，占比约 85.1%，其中Ⅲ1 类围岩占 67.7%，Ⅲ2 类围岩占 17.4%；部分Ⅱ类围岩，占比约 14.9%；局部断层带为Ⅳ类。

下游边墙系统支护参数：喷 15cm 混凝土＋挂网＋龙骨筋，系统锚杆 $L=6m/9m@$ 1.5m×1.5m，200t 无黏结预应力锚索 6 排。在第一主应力方向不利、厂房跨度大、挖空率高、NNE 优势节理等综合因素作用下，下游边墙中部随厂房下卧持续变形，累积变形量较大，采用系统锚喷＋系统预应力锚索＋局部预应力锚杆、扶壁墙支护后，下游边墙多点位移计均已趋于收敛，下游边墙围岩稳定。

4）右端墙

（1）厂房右端墙。

厂房右端墙走向为 N85°W，宽 30m（厂上 0＋12.9m～厂下 0＋17.1m），高程为 2013.95～1991.1m，厂房机组段右端墙高程为 1991.1～1964.1m，岩性为花岗闪长岩，呈微风化～新鲜，岩质坚硬。

右端墙发育断层 f_{1-85}，产状为 N85°W NE∠45°～50°，宽 1～5cm，碎裂岩、岩屑，局部见石英脉贯入，高程 2008m 以下尖灭为闭合节理。节理轻度～中等发育，主要见以下 4 组：①N85°E NW∠40°～45°，闭合，面平直粗糙，平行发育多条，断续延伸，间距 1～3m，与端墙夹角 10°；②N15°～20°E NW∠75°～80°，闭合，面平直，断续延伸，平行发育，间距 1～2m，与端墙夹角 75°～80°；③N80°W SW∠50°～55°，闭合，断续延伸，平行发育多条，间距 1～2m，与端墙夹角 5°；④N60°～70°W NE∠70°，面平直粗糙，局部挤压破碎，见于高程 1999～2004m，与端墙夹角 15°～25°。

右端墙潮湿，中部多处渗滴水。右端墙开挖成型较好，主要为块状结构，岩体较完整，围岩整体稳定，局部发育组合块体稳定性较差，属Ⅱ类围岩。

高程 2003～1999m 发育节理④，在厂下 0＋2m 附近张开 5～10mm，与其他节理切割形成不利组合，局部稳定性较差。

（2）机组段右端墙。

机组段右端墙走向为 N85°W，岩性为浅灰色花岗闪长岩，呈微新，以块状～次块状结构为主。发育 f_{1-246} 和 J_{1-367}、J_{1-383}、J_{1-384}、J_{1-385}：f_{1-246} 产状为 N10°~15°W NE∠30°~40°，宽 1~2cm，带内充填碎裂岩、岩屑；J_{1-367} 产状为 N10°~20°E SE∠60°~65°，宽约 0.5cm，带内充填岩屑；J_{1-383} 产状为 N15°W NE∠15°，宽约 0.5cm；J_{1-384} 产状为 N15°W SW∠10°，宽约 0.5cm；J_{1-385} 产状为 N40°W NE∠30°~35°，宽约 0.5cm。节理中等发育，面闭合为主，主要见以下 4 组：①N60°~70°E NW∠35°~45°；②N55°~60°W NE∠30°~35°；③N40°E SE∠80°~85°；④N65°W SW∠65°~75°。

机组段右端墙高程 1991.1~1980m 段岩体完整性差~较完整，发育节理②对边墙稳定不利，属Ⅲ1类围岩。其中，高程 1991.1~1985m 段受爆破震动影响，岩体卸荷松弛，经加密锚杆加强锚固处理后，围岩稳定性好。

高程 1985~1964.1m 段为块状结构，岩体较完整，局部完整性差，挤压带与端墙大角度相交，对端墙稳定影响较小，属Ⅱ类围岩。

5）左端墙

左端墙走向为 S85°E，宽 28m（厂上 0+11.9m~厂下 0+16.1m），高程为 2013.95~1986m，岩性为花岗闪长岩，呈微风化~新鲜，岩质坚硬。

发育断层 f_{1-94}、f_{1-95}：f_{1-94} 产状为 N70°E SE∠40°，宽 1~4cm，充填碎块岩、岩屑夹泥，平行节理发育；f_{1-95} 产状为 N30°E NW∠60°~70°，宽约 1cm，局部 10cm，上宽下窄，片状岩、岩屑充填，平行节理发育。节理中等发育，主要见以下 4 组：①N80°~90°W NE/SW∠85°~90°，闭合，面平直粗糙，延伸长，与端墙夹角 0°~5°；②N65°~75°W SW∠65°~70°，闭合，面平直，延伸较长，与端墙夹角 15°~20°；③N60°~70°E NW∠65°~75°，闭合，面平直，延伸较长，间距 0.5~1m；④N20°E NW∠40°~45°，闭合，面平直粗糙，延伸较长，与端墙夹角 65°。左端墙未见渗滴水点。

左端墙多组节理与端墙夹角小于 30°，发育组合块体对端墙稳定不利，浅表多见掉块现象，断层 f_{1-94} 与节理切割组合，形成不利组合块体。其中，高程 2022.5~1986m 段岩体完整性较差~较完整，开挖成型较差，属Ⅲ1类围岩；高程 1986~1972.6m 段岩体完整性差，不利组合块体较发育，局部沿挤压带见蚀变现象，属Ⅲ2类围岩。

已针对 f_{1-94} 增加锁边锚杆+预应力锚杆加强支护，不利节理较发育段边墙已采取带垫板锚杆+预应力锚杆加强支护，经系统锚喷和加强支护处理后，左端墙围岩稳定。

6）机窝

（1）1#机窝。

1#机窝右边墙走向为 N85°W，岩性为浅灰色花岗闪长岩，呈微新，以次块状结构为主。发育挤压带 J_{1-397}，产状为 N50°~55°W NE∠30°，宽 1~2cm，带内充填片状岩、岩屑（倾厂左方向）。节理中等发育，面多闭合，主要见以下 4 组：①N80°E NW∠80°；②N5°~10°E NW∠80°~85°；③N65°~75°W SW∠65°~70°；④N85°E NW∠40°~45°。边墙潮湿，岩体完整性差，节理相互切割，多见掉块现象，属Ⅲ1类围岩。

1#机窝右边墙厂下 0+16.1m~0+2m 段上部岩体卸荷松弛（平台附近），浅表见掉块，现场已从平台和边墙两个方向进行加强锚固，加强支护后围岩稳定性好。

（2）2#机窝。

厂房 2#机窝左边墙走向为 S85°E，岩性为浅灰色花岗闪长岩，呈微新，以次块状结构为主。节理中等，面多闭合，主要见以下 4 组：①N80°E NW∠40°～50°；②N5°～10°E NW/SE∠80°～90°；③N65°～75°W SW∠65°～70°；④N5°～10°E NW∠45°～50°。边墙潮湿，岩体完整性较差，属Ⅲ1类围岩。节理③对边墙稳定不利，已增加锁边锚杆进行加强锚固处理。

厂房 2#机窝右边墙走向为 N85°W，岩性为浅灰色花岗闪长岩，呈微新，以次块状结构为主，发育挤压带 J_{1-439}，N70°～75°W NE∠50°～55°，宽 1～2cm，片状岩、岩屑充填，面起伏粗糙，与边墙夹角 10°～15°。节理中等发育，面多闭合，主要见以下5组：①N80°E NW∠40°～50°；②N80°～90°W SW∠80°；③N65°～75°W SW∠65°～70°；④N50°W NE∠55°；⑤N70°～75°W NE∠50°～55°。右边墙节理较发育，岩体完整性差，以Ⅲ2类围岩为主，部分为Ⅲ1类围岩。针对节理较发育段边墙，已增加挂网措施。

（3）3#机窝。

厂房 3#机窝左边墙走向为 S85°E，岩性为浅灰色花岗闪长岩，呈微新，以次块状结构为主。节理中等发育，面多闭合，主要见以下 4 组：①N50°W SW∠35°～45°；②N50°～60°E NW∠35°～45°；③N65°～75°W SW∠65°～70°；④N5°～10°W NE∠15°～20°。边墙岩体完整性差～较完整，属Ⅲ1类围岩。

3#机窝右边墙走向为 N85°W，岩性为浅灰色花岗闪长岩，呈微新，以次块状结构为主。节理中等，面多闭合，主要见以下 3 组：①N65°～75°W SW∠65°～70°；②N25°E SE∠70°；③N70°W NE∠40°～45°。右边墙岩体完整性差～较完整，节理③对局部边墙稳定不利，属Ⅲ1类围岩。针对节理③已增加锁边锚杆加强支护。

3#机窝边墙完成系统锚喷＋局部加强锚固后，边墙稳定性好。

（4）4#机窝。

4#机窝高程 1964.1～1958m 段左边墙走向为 S85°E，岩性为浅灰色花岗闪长岩，呈微新，以次块状结构为主。节理中等发育，面多闭合，主要见以下 3 组：①N65°W SW∠70°；②N50°E NW∠45°；③N65°～75°W NE∠25°～30°。边墙干燥，岩体完整性差～较完整，顺边墙节理①陡倾壁外，对边墙稳定不利，主要为Ⅲ1类围岩，局部为Ⅲ2类围岩。

厂下 0+5m～0+16m 段边墙受节理①影响，不利组合块体较发育，多见掉块、超挖，已增设预应力锚杆加强支护。

厂房 4#机窝高程 1964.1～1958m 段右边墙走向为 N85°W，岩性为浅灰色花岗闪长岩，呈微新，为块状～块状结构。节理轻度发育，面闭合，主要见以下 3 组：①N75°W SW∠55°～60°；②N65°～75°W NE∠25°～30°；③N75°E SE∠35°～45°。边墙干燥，岩体较完整，局部完整性差，以Ⅱ类围岩为主，局部为Ⅲ1类围岩。

7）集水井

（1）工程地质条件。

集水井尺寸为 22m×15m（长×宽），底高程为 1939.5m，岩性为花岗闪长岩，呈微风化～新鲜。

集水井共揭露 11 条Ⅳ级结构面，详见表 2.2.1－11，宽度 0.5～3cm，延伸长度一般 7～23m，均为岩块岩屑型。节理中等～轻度发育，面闭合，主要发育以下 4 组：

①N65°~85°W SW∠35°~45°；②N5°~15°E SE/NW∠80°~90°；③N80°~90°W SW∠70°~80°；④N70°~80°E NW∠65°~85°。

表 2.2.1-11　集水井构造一览表

编号	产状	宽度（cm）	描述	发育部位
J_{1-389}	N80°~90°W NE∠50°	1~3	带内充填碎块岩、岩屑，面起伏粗糙，潮湿	下游边墙高程 1958~1964m、厂左 0+30m~0+35m
J_{1-423}	EW S∠30°~35°	1~2	带内充填片状岩、岩屑	左边墙高程 1965~1966.5m、厂上 0+00m~厂下 0+16m
J_{1-419}	N5°~10°SE∠5°~10°	0.5	带内充填片状岩、岩屑，延伸长	下游边墙高程 1952~1953m、厂左 0+16.5m~0+31.5m
J_{1-428}	N40°W SW∠10°~15°	0.5~1	带内充填片状岩、岩屑	下游边墙高程 1948~1949m、厂左 0+22.5m~0+31.5m
J_{1-429}	N85°E SE∠45°~50°	1~2	带内充填碎块岩、岩屑，同产状节理发育	下游及左边墙高程 1939.5~1952.5m、厂左 0+22m~0+31.5m
J_{1-450}	N55°~60°W SW∠50°~60°	2~3	局部 5~8cm，带内充填碎块岩、片状岩、岩屑，局部石英脉	下游边墙高程 1939~1948m、厂左 0+27m~0+31.5m
J_{1-451}	N30°W SW∠40°~45°	1	带内充填片状岩、岩屑	下游及右边墙高程 1944~1948m、厂左 0+16.5m~0+22.5m
J_{1-470}	N50°E NW∠50°~55°	1~2	带内充填片状岩、岩屑	左边墙高程 1958~1966m、厂上 0+5m~厂下 0+4m
J_{1-471}	N50°W SW∠5°~10°	0.5~2	带内充填碎块岩、岩屑，带内岩体见蚀变	左边墙高程 1946~1947m、厂上 0+7m~厂下 0+0m
J_{1-472}	N60°W SW∠50°	1	带内充填片状岩、岩屑，面稍扭	左边墙高程 1939.5~1943.5m、厂上 0+1m~0+9m

集水井边墙潮湿，左边墙厂下 0+4m、高程 1951m 发育 W2 泉点，散发硫黄刺激性气味，沿锚杆孔有股状流水，测得初期最大流量约 37L/min，一周后衰减明显，半月后停止流水，沿边墙有少量渗水。根据水质分析成果，该泉点水化学成分与厂区基岩裂隙水基本一致。

（2）主要工程地质问题。

集水井左边墙高程 1959.5m 附近发育小断层 $f_{(1)}$，EW S∠40°~47°，宽 2~4cm，带内充填碎块岩、岩屑，上盘影响带宽 0.5~1.5m，下盘影响带宽 0.4~0.6m，影响带内沿节理面见蚀变现象，厂下 7.5m 上盘有渗水点。高程 1960.5m 附近发育挤压带 J_{1-389}，N80°~90°W NE∠50°，宽 1~3cm。断层上盘发育同产状节理①，EW S∠35°~45°，闭合，面平直粗糙，延伸较长，间距 0.1~0.3m，与端墙夹角 5°。

断层 $f_{(1)}$ 与边墙近平行，倾角约 45°，构成潜在底滑面。高程 1962~1968.5m 段边墙开挖后，上部副厂房底板桩号厂下 0+3m~0+10m 出现宽 2~2.5cm 的裂隙，与底板裂隙对应位置的电缆沟边墙喷层出现宽约 1cm 的裂隙，存在潜在不稳定块体，块体稳定性差~极差。

经分析计算，决定挖除潜在不稳定块体，挖除底高程为 1958m。挖除后，未发现新的潜在不稳定块体，边墙整体稳定，发育 NWW 向中缓倾角节理形成的随机组合块体，局部块体稳定性较差，属Ⅲ1类围岩。

（3）工程地质条件评价。

集水井岩性为花岗闪长岩，岩质坚硬，为次块状~块状结构，节理中等~轻度发育，岩体完整性差~较完整，为Ⅱ~Ⅲ1类围岩。其中，上游边墙岩体较完整，局部完整性差，围岩整体稳定，属Ⅱ类围岩；下游边墙岩体完整性较差，发育顺边墙节理引发浅表局部掉块，局部稳定性差，属Ⅲ1类围岩；右边墙岩体完整性差~较完整，围岩整体稳定，局部小掉块，属Ⅲ1类围岩；左边墙发育由 $f_{(1)}$ 控制的潜在不稳定块体，经挖除处理后，边墙整体稳定，岩体完整性差~较完整，局部块体稳定性较差，属Ⅲ1类围岩。

集水井左边墙不稳定块体已挖除，后期采用回填混凝土+锚索措施，各边墙完成系统锚喷支护，围岩稳定。

2.2.1.3 工程地质结论

主副厂房洞岩性为新鲜的花岗闪长岩，岩质坚硬，以次块状~块状结构为主，局部镶嵌结构，地下水为基岩裂隙水，对混凝土无腐蚀性。岩体完整性差~较完整，总体成洞条件较好，但存在块体稳定问题，如顶拱缓倾角断层 f_{1-49}，下游边墙 f_{1-83} 及其影响带、顺洞向不利结构面等，以及一些浅层的应力破裂和小块体，局部稳定性较差，主要为Ⅱ、Ⅲ1类围岩，局部为Ⅲ2类围岩，局部断层带为Ⅳ类围岩。主副厂房洞围岩分类统计见表 2.2.1-12。

表 2.2.1-12　主副厂房洞围岩分类统计表

部位	Ⅱ类围岩占比（%）	Ⅲ1类围岩占比（%）	Ⅲ2类围岩占比（%）
顶拱	45.7	45.0	9.3
上游边墙	90.2	9.8	0.0
下游边墙	14.9	67.7	17.4
左端墙	3.5	68.3	28.2
右端墙	87.3	12.7	0.0
总计	52.5	38.8	8.7

上游侧顶拱喷层脱落受多种因素影响，具有一定的随机性，施工过程中已采用主动防护网进行防护，保障了施工安全。局部的浅层应力破裂或块体问题，已进行加强锚固处理。集水井左边墙发育的潜在不稳定块体已挖除，针对 f_{1-49}、f_{1-83} 已采取预应力锚固等加强支护。

在第一主应力方向不利、厂房跨度大、挖空率高、NNE 优势节理等综合因素作用下，下游边墙随厂房下卧持续变形；下游边墙 1985m 以下未发现较大的潜在底滑面，岩墙不存在贯穿性裂缝；下游边墙采用系统锚喷+系统预应力锚索+局部预应力锚杆和扶壁墙支护后，变形曲线趋于平缓；主副厂房洞完成系统支护和加强支护后，围岩稳定。

2.2.2 主变洞

2.2.2.1 基本地质条件

1）地形地貌

主变洞位于左岸山体内，轴线走向 N5°E，地面高程 2350～2390m，洞顶高程 2012.7m，上覆岩体厚 340～380m。

2）地层岩性

主变洞围岩岩性为浅灰色花岗闪长岩（$\gamma\delta_5^2$），呈微风化～新鲜状，岩质坚硬，岩石的单轴饱和抗压强度为 80～100MPa。

3）地质构造

主变洞共揭露 11 条 Ⅳ 级结构面，见表 2.2.2-1。断层宽度一般 1～3cm，个别 5～10cm，延伸长度一般 20～70m，均为岩块岩屑型，其中 9 条断层为切洞向中陡倾角，2 条为顺洞向中陡倾角。主要发育 3 组优势节理：①顺洞向陡倾角：N20°～30°E NW∠75°～85°；②切洞向中倾角：N80°～90°W SW/NE∠40°～55°；③切洞向陡倾角：N70°E NW∠65°～75°。

表 2.2.2-1 主变洞构造一览表

编号	产状	宽度（cm）	描述	发育部位
f_{2-1}	N70°E SE∠45°	1～3	带内充填片状岩、岩屑，面潮湿	顶拱和上游边墙：厂右 0+72m～0+92m
f_{2-2}	N75°～80°W NE∠70°	1～3	带内充填片状岩、岩屑，面潮湿	顶拱及两侧边墙：厂右 0+47m～0+55m
f_{2-3}	N60°～65°W NE∠50°～60°	3～5	片状岩、岩屑充填，局部石英脉贯入，面扭曲	顶拱及两侧边墙：厂右 0+14m～0+33m
f_{2-4}	N80°E SE∠85°～90°	1～3	带内充填碎屑岩	顶拱：厂左 0+6m～0+10m
f_{2-5}	N0°～10°E SE∠55°～75°	5～10	带内充填片状岩	顶拱及左端墙：厂右 0+20m～厂左 0+29.2m
f_{2-6}	N5°～10°E SE∠50°～55	1～2	带内充填片状岩，面干燥	顶拱：厂右 0+10m～0+40m
f_{2-7}	N70°W NE∠75°～90°	2～5	片状岩、碎屑岩充填，面干燥	顶拱及下游边墙：厂右 0+72m～0+77m
f_{2-8}	N70°W NE∠55°～60°	3～5	片状岩、碎屑岩充填，面干燥	顶拱及下游边墙：厂右 0+87m～0+90m
f_{2-9}	N50°W NE∠45°～50°	1～3	碎屑岩充填，面扭曲，下部倾角约70°，面干燥	下游边墙：厂右 0+65m～0+70m
f_{2-10}	N80°W NE∠70°	1～3	片状岩、碎屑岩充填，面干燥	上游边墙：厂右 0+90m～0+92m
f_{2-11}	N75°W NE∠55°～60°	1～3	局部宽 5～10cm，带内充填片状岩、岩屑，面潮湿	下游边墙：厂左 0+21m～0+26m

4）水文地质条件

主变洞位于地下水位之下，为基岩裂隙水，岩体透水性较弱。第Ⅰ层开挖过程中无大的出水点，局部顶拱见渗滴水。第Ⅱ、Ⅲ层开挖过程中无渗滴水。

5）松动圈

主变洞共布置了 4 个声波测试断面，声波测试结果显示，主变洞顶拱松弛深度 0.8～2.0m，平均松弛深度为 1.3m，上游拱肩平均松弛深度最大，下游拱肩次之，顶拱最小；松弛区岩体平均波速为 4189m/s，非松弛区岩体平均波速为 5233m/s。

第Ⅱ层开挖完成后进行了边墙上部松动圈测试，声波测试结果显示，第Ⅱ层边墙松弛深度为 0.6～1.6m，平均松弛深度为 1.1m，下游边墙比上侧边墙松弛深度略大；松弛区岩体平均波速为 4119m/s，非松弛区岩体平均波速为 5234m/s。

2.2.2.2 工程地质条件及评价

1）顶拱

（1）工程地质条件。

主变洞顶拱尺寸为 156m×18m（长×宽），桩号为厂右 0＋126.8m～厂左 0＋29.2m，高程 2012.7～2007.135m，岩性为花岗闪长岩，呈微风化～新鲜状，岩质坚硬。

顶拱岩体内无Ⅲ级及以上构造发育，共揭露 6 条Ⅳ级构造，宽度 1～5cm，除 f_{2-3} 延伸约 140m 外，延伸长度一般 30～80m，均为岩块岩屑型。其中，4 条断层为切洞向中陡倾角，分别为 f_{2-1}、f_{2-2}、f_{2-3}、f_{2-4}；2 条断层为顺洞向中陡倾角，分别为 f_{2-5}、f_{2-6}。发育 3 组优势节理：①N20°～30°E NW∠75°；②EW S∠45°；③N55°W NE∠50°。与洞轴线的夹角分别为 20°、85°、60°。

主变洞位于地下水位之下，为基岩裂隙水，岩体透水性较弱，顶拱开挖过程中无大的出水点，局部顶拱见渗滴水。主变洞中导洞开挖过程中，上游侧拱肩有片帮、应力破裂现象。顶拱开挖成形总体较好，局部有小掉块。

（2）主要工程地质问题。

①块体稳定。

主变洞顶拱岩质坚硬，主要为次块状～块状结构，顶拱发育 6 条小断层，均为中陡倾角，发育 3 组中陡倾角优势节理，有利于顶拱围岩整体稳定。但浅表局部发育的不利组合块体，爆破开挖后易引起小掉块。针对随机结构面切割形成的浅层组合块体，现场已增设随机锚杆加强锚固。

主变洞顶拱未发现大规模组合块体，不存在深层稳定问题。小断层、中缓倾角节理构成的随机块体，对顶拱稳定不利。顶拱发育典型的不利组合块体 4 个，规模均块体发育特征见表 2.2.2－2。稳定性分析计算结果表明，4 个块体安全系数满足规范要求。

表 2.2.2-2　主变洞顶拱块体一览表

块体编号	所在位置	构成边界	
		主控结构面	切割结构面
主2-1	顶拱厂右 0+54m~0+84m、高程 2007~2012.7m	f_{2-1}，N70°~75°E SE∠40°~45°	f_{2-2}，N75°~80°W NE∠70° (1) N20°~30°E NW∠75°~85°
主2-2	顶拱厂右 0+30m~0+42m、高程 2007~2012.7m	f_{2-3}，N50°~55°E SE∠30°	(1) N20°~30°E NW∠75°~85° (20) N80°W SW∠40°~45°
主2-3	顶拱厂左 0+6m~0+10m、高程 2010~2012m	(30) N70°~75°W NE∠45°	f_{2-4}，N80°E SE∠80°~85 f_{2-5}，N0°~10°E SE∠70°~85
主2-4	顶拱厂左 0+11m~0+19m、高程 2008~2012m	(29) N45°W SW∠45°	(1) N20°~30°E NW∠75°~85° (35) N80°E SE∠85°~90°

②应力型破坏。

开挖过程中，主变中导洞上游侧拱肩有片帮现象，上游侧扩挖时局部有应力破裂现象，但影响深度较小，一般 20~40cm。开挖过程中产生的应力型破坏主要威胁施工安全，不影响围岩整体稳定，经系统锚喷支护后，围岩稳定性较好。在顶拱应力调整作用下，上游侧与中导洞交接部位喷层厚薄不一，局部喷层产生裂缝。通过采取人工清撬排险措施，解除喷层脱落的安全隐患。

（3）工程地质条件评价。

主变洞顶拱开挖成形总体较好，局部发育不利组合块体引发掉块，岩体较完整~完整性差，围岩整体稳定，局部稳定性差，以Ⅱ类、Ⅲ1 类围岩为主，其中Ⅱ类围岩占36.2%，Ⅲ1 类围岩占 57.3%，Ⅲ2 类围岩占 6.5%。顶拱系统支护参数：喷 15cm 混凝土＋挂网＋龙骨筋，系统锚杆 $L=5m/7m@1.5m×1.5m$，拱肩各设 2 排 $L=8m@1.0m×1.0m$ 预应力锚杆。经系统锚喷支护、局部加强锚固处理后，顶拱围岩稳定。

2）上游边墙

（1）工程地质条件。

上游边墙走向为 N5°E，全长 156m，桩号为厂右 0+126.8m~厂左 0+29.2m，高程 2007.135~1985m，岩性为花岗闪长岩，呈微风化~新鲜。

上游边墙发育 4 条小断层，分别为 f_{2-1}、f_{2-2}、f_{2-3}、f_{2-10}，断层宽度 1~3cm，在边墙延伸 5~20m 不等。节理主要有以下 4 组：①N20°~30°E NW∠75°~85°，闭合，面平直粗糙，延伸长；②N85°W⊥，闭合，面平直粗糙，断续延伸；③EW S∠45°，闭合，面平直粗糙，延伸长，间距 0.5~1m；④N55°W NE∠40°~50°，闭合，面平直粗糙，延伸长。

上游边墙潮湿，未见渗滴水。主变边墙开挖残孔率高、成型好，局部沿 NNE 向结构面发生小规模掉块，深度一般 10~30cm。

（2）主要工程地质问题。

上游边墙构造不发育，节理多为切洞向中陡倾角，面闭合，边墙岩体稳定性较好。

但少量发育的近洞向倾洞内节理对局部边墙稳定不利，存在局部浅表掉块问题，主要表现为沿顺洞向陡倾角节理发生浅表小掉块，沿 NNE 向节理掉块形成光面。经统计，上游边墙发育典型不利组合块体 3 个，块体发育特征见表 2.2.2－3。上述块体规模小，经锚固处理后稳定性好。

表 2.2.2－3　主变洞上游边墙块体一览表

块体编号	所在位置	构成边界	
		主控结构面	切割结构面
主 2－5	上游边墙厂右 0+102m～0+110m、高程 1995～2000m	(61) N15°W NE∠45°～50°	(2) N80°W NE∠50° (10) EW S∠45°
主 2－6	上游边墙厂右 0+47m～0+57m、高程 1991～1997m	(69) N5°E SE∠55°～60°	(12) N55°W NE∠40°～50° (20) N80°W SW∠40°～45°
主 2－7	上游边墙厂左 0+18m～0+27m、高程 1993～1999m	(22) N30°E SE∠60°	(30) N70°～75°W NE∠45° (36) N85°E SE∠45°

（3）工程地质条件评价。

上游边墙岩性为花岗闪长岩，为块状～次块状结构，节理轻度～中等发育，岩体较完整，局部完整性较差，结构面走向多为切洞向，围岩整体稳定性较好，属Ⅱ类围岩。上游边墙系统支护参数：喷 15cm 混凝土＋挂网＋龙骨筋，系统锚杆 $L=5m/7m$@1.5m×1.5m，200t 无黏结预应力锚索 2 排。局部发育不利结构面已采取加强锚固措施，系统和加强支护完成后，围岩稳定性好。

3）下游边墙

（1）工程地质条件。

下游边墙走向为 N5°E，全长 156m，桩号为厂右 0+126.8m～厂左 0+29.2m，高程 2007.135～1991.2m，岩性为花岗闪长岩，呈微风化～新鲜。

下游边墙发育 6 条小断层，分别为 f_{2-2}、f_{2-3}、f_{2-7}、f_{2-8}、f_{2-9}、f_{2-11}，宽度 1～5cm，均为切洞向中陡倾角断层。节理轻度～中等发育，主要有以下 4 组：①N20°～30°E NW∠75°～85°，闭合，面平直粗糙，延伸长；②N85°W⊥，闭合，面平直粗糙，断续延伸；③N80°W SW∠40°～45°，闭合，面平直粗糙，延伸长；④N80°～85°W NE∠50°～55°，闭合，面平直粗糙，延伸长。

下游边墙潮湿为主，未见渗滴水，开挖成型总体较好，但沿 NNE 向结构面多产生小规模掉块，深度一般 10～30cm，局部 40～50cm。

（2）主要工程地质问题。

下游边墙构造不甚发育，边墙整体稳定。但边墙发育 NNE 向优势节理，倾向洞内，爆破开挖后表层岩体易产生卸荷松弛，对表层岩体稳定不利。有代表性的典型不利组合块体 2 个，块体发育特征见表 2.2.2－4。下游边墙与主 2－9 类似的块体较发育，但位于表层，影响深度不大，经系统和加强锚固处理后，块体稳定性满足设计要求。

表 2.2.2－4　主变洞下游边墙块体一览表

块体编号	所在位置	构成边界	
		主控结构面	切割结构面
主2－8	下游边墙厂右 0+115m～0+124m，高程 2003～2007m	(66) N5°～10°E NW∠55°～60°	(10) EW S∠45° (12) N55°W NE∠40°～50°
主2－9	下游边墙厂右 0+115m～0+124m，高程 1999～2007m	(1) N20°～30°E NW∠75°～85°	(9) N70°W SW∠80° (55) N75°W SW∠45°～50°

下游边墙与出线下平洞交叉口两面临空，两侧开挖后，岔口岩体经历应力集中—损伤—松弛的过程，岩体卸荷松弛引起喷层裂缝，后经加强锚固处理，岔口围岩稳定。

（3）工程地质条件评价。

下游边墙岩性为花岗闪长岩，以次块状结构为主，岩体完整性差～较完整，断层均为切洞向中陡倾角，对边墙稳定影响不大，边墙整体稳定，但 NNE 向优势节理陡倾洞内，对边墙局部稳定不利，见卸荷松弛现象引发小规模掉块，局部稳定性差，下游边墙主要为Ⅲ1类围岩，占比 95.8%；局部为Ⅲ2类围岩，占比 4.2%。

下游边墙系统支护参数：喷 15cm 混凝土＋挂网＋龙骨筋，系统锚杆 $L=5m/7m@1.5m×1.5m$，200t 无黏结预应力锚索 2 排。经系统锚喷支护、局部加强锚固处理后，下游边墙围岩稳定性好。

4）右端墙

右端墙走向为 N85°W，宽 18m（厂下 0+61.1m～0+79.1m），高程 2004～1990.4m，岩性为花岗闪长岩，呈微风化～新鲜，岩质坚硬。节理中等发育，主要有以下 4 组：①N20°～30°E NW∠75°～85°；②N55°W NE∠40°～50°；③N70°～80°W SW∠50°～60°；④N5°～10°E NW∠55°～60°。端墙潮湿，开挖后期见渗水。

主变洞右端墙Ⅱ、Ⅲ层为 3 个洞室交叉口，主变排风洞与主变进风洞垂直厚度约 8m，开挖后围岩沿结构面发生松弛，节理多见微张现象，节理②对端墙稳定不利，开挖成型一般。

右端墙为次块状结构，岩体完整性较差，围岩整体稳定，岔洞口部位岩体沿结构面产生明显的松弛现象，局部块体稳定性较差，属Ⅲ1类围岩。现场已针对右端墙和主变进风洞采取加强锚固措施，右端墙经系统和加强支护处理后，围岩总体稳定。

5）左端墙

左端墙走向为 S85°E，宽 18m（厂下 0+61.1m～0+79.1m），高程 2004～1985m，岩性为花岗闪长岩，呈微风化～新鲜，岩质坚硬。发育断层 f_{2-5}，N0°～10°E SE∠70°～85°，宽 5～10cm。节理轻度发育，主要有以下 4 组：①N20°～30°E NW∠75°～85°；②N45°W SW∠45°；③N85°E SE∠45°；④N80°E SE∠85°～90°。左端墙未见渗滴水，开挖成型较好，仅局部沿节理④发生小掉块。

左端墙岩性为花岗闪长岩，为块状～次块状结构，发育 f_{2-5} 与端墙大角度相交，节理轻度发育，岩体较完整，围岩整体稳定性较好，属Ⅱ类围岩。经系统锚喷支护后，左端墙围岩稳定。

2.2.2.3 工程地质结论

主变洞开挖尺寸为156m×18m×22.3m（长×宽×高），岩性为新鲜的花岗闪长岩，为块状~次块状结构，开挖成型总体较好，局部小掉块，断层均为切洞向中陡倾角，洞室整体稳定性较好；下游边墙表层岩体沿NNE向优势节理卸荷松弛，局部发育小规模不利组合块体，局部稳定性较差，以Ⅱ类、Ⅲ1类围岩为主，其中Ⅱ类围岩占46.1%，Ⅲ1类围岩占50.2%，Ⅲ2类围岩占3.6%。主变洞围岩分类统计见表2.2.2-5。经系统锚喷支护、局部加强锚固处理后，主变洞围岩稳定性好。

表2.2.2-5 主变洞围岩分类统计表

部位	Ⅱ类围岩占比（%）	Ⅲ1类围岩占比（%）	Ⅲ2类围岩占比（%）
顶拱	36.2	57.3	6.5
上游边墙	100.0	0.0	0.0
下游边墙	0.0	95.8	4.2
左端墙	78.2	21.8	0.0
右端墙	27.6	72.4	0.0
总计	46.1	50.2	3.6

2.2.3 尾水调压室

2.2.3.1 基本地质条件

1）地形地貌

尾水调压室轴线走向N5°E，地面高程2370~2470m，室顶高程2030.75m，上覆岩体厚度340~440m。

2）地层岩性

尾调室围岩岩性为浅灰色花岗闪长岩（$\gamma\delta_5^2$），呈微风化~新鲜状，岩质坚硬，岩石的单轴饱和抗压强度为80~100MPa。

3）地质构造

尾调室揭露85条Ⅳ级结构面，包括43条小断层和42条挤压带。Ⅳ级结构面走向、倾角、宽度统计直方图分别见图2.2.3-1~图2.2.3-3，构造走向以NWW、NEE为主，NNE向次之，倾角以中陡倾角为主，宽度主要为1~5cm。断层延伸长度一般60~100m，其中27条为切洞向中陡倾角断层，6条为切洞向缓倾角，9条为顺洞向中陡倾角，1条为顺洞向缓倾角。挤压带宽度一般1~3cm，延伸长度10~25m不等。

经统计，尾调室主要发育4组优势节理：①顺洞向陡倾角：N10°~25°E NW∠75°~90°；②切洞向陡倾角：N75°~85°W SW∠65°~75°；③切洞向中倾角：N60°~85°W SW∠40°~55°；④切洞向中倾角：N70°~80°E NW/SE∠40°~50°。

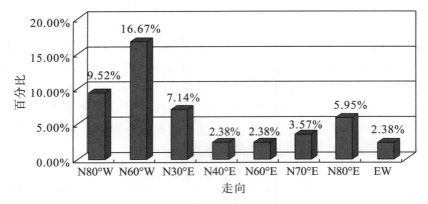

图 2.2.3－1　尾调室Ⅳ级结构面走向统计直方图

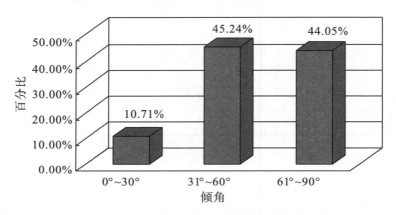

图 2.2.3－2　尾调室Ⅳ级结构面倾角统计直方图

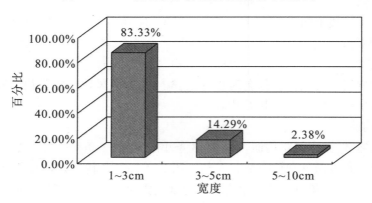

图 2.2.3－3　尾调室Ⅳ级结构面宽度统计直方图

4）水文地质条件

调压室位于地下水位之下，为基岩裂隙水，岩体透水性较弱。开挖过程中无大的出水点，仅局部渗水。

5）松动圈

尾调室共布置了 4 个声波测试断面，声波测试结果显示，尾调室顶拱松弛深度 0.5～2.3m，平均松弛深度为 1.32m，上游拱肩、顶拱中心、下游拱肩松弛深度基本相当；松弛区岩体平均波速为 4405m/s，非松弛区岩体平均波速为 5173m/s。

第Ⅱ层开挖完成后进行了边墙上部松动圈测试，声波测试结果显示，第Ⅱ层边墙松弛深度 0.5～2.2m，平均松弛深度为 1.25m，上游边墙比下游边墙松弛深度略大；松弛区岩体平均波速为 4148m/s，非松弛区岩体平均波速为 5099m/s。

第Ⅲ层开挖完成后进行了边墙上部松动圈测试，声波测试结果显示，第Ⅲ层边墙松弛深度 0.8～1.4m（不包括中隔墩），平均松弛深度为 1.25m，上下游边墙松弛深度基本相同；松弛区岩体平均波速为 3841m/s，非松弛区岩体平均波速为 4991m/s。

2.2.3.2 工程地质条件及评价

1）顶拱

（1）工程地质条件。

尾调室顶拱尺寸为 166.1m×24m（长×宽），桩号为厂右 0+126.3m～厂左 0+39.8m，高程 2030.75～2024.5m，岩性为花岗闪长岩，呈微风化～新鲜状，岩质坚硬。

顶拱共揭露 10 条断层（见表 2.2.3-1），宽度 0.5～5cm，延伸长度一般 60～100m，与洞向夹角 50°～85°不等，其中 5 条为陡倾角断层，3 条为中倾角断层，2 条为缓倾角断层。发育 3 组优势节理：①N20°～25°E NW∠75°～85°；②N75°～90°W SW∠30°～40°；③N60°～85°W NE∠45°～55°。与洞轴线的夹角分别为 15°、80°、70°。

表 2.2.3-1 调压室顶拱构造一览表

编号	产状	宽度（cm）	描述
f_{3-1}	N60°～65°W NE∠45°～65°	2～5	局部宽 8cm，充填片状岩、岩屑，局部夹石英脉，面扭曲
f_{3-2}	N50°W NE∠20°～30°	2～3	充填碎屑岩，弱风化状，蚀变，面见擦痕，滴水
f_{3-3}	N50°～55°E SE∠80°～85°	1～2	充填碎屑岩
f_{3-6}	N80°W⊥	0.5～1	充填碎屑岩
f_{3-7}	N60°W NE∠85°～90°	0.5～1	充填碎裂岩、岩屑
f_{3-8}	N60°W NE∠70°	1～3	充填片状岩、岩屑，带内岩体蚀变，两侧岩体较完整
f_{3-9}	N70°W NE∠80°～85°	1～3	充填片状岩、岩屑，面潮湿
f_{3-10}	N60°W NE∠40°～45°	1～3	充填片状岩、岩屑
f_{3-13}	N45°～55°W NE∠15°～25°	1～2	充填碎裂岩、岩屑
f_{3-15}	N70°W NE∠35°～45°	0.5～2	局部宽 10～20cm，充填碎裂岩、岩屑，面稍扭

调压室位于地下水位之下，为基岩裂隙水，岩体透水性较弱，顶拱开挖过程中无大的出水点，局部顶拱见渗滴水，主要位于桩号厂右 0+45m～0+60m 段顶拱。

调压室中导洞开挖过程中，桩号厂右 0+70m～0+90m、厂右 0+08m～0+20m 两段上游侧拱肩有片帮现象。顶拱开挖成形总体较好，局部掉块深度 30～80cm。

（2）主要工程地质问题。

①块体稳定。

尾调室顶拱岩性为花岗闪长岩，呈微新，主要为次块状～块状结构，局部镶嵌结构。顶拱主要发育中陡倾角结构面，有利于顶拱围岩稳定。但部分洞段发育缓倾角断层或节理，对局部顶拱稳定不利。

顶拱共揭露10条断层，宽度小于5cm，与洞向夹角均大于50°。其中，8条为切洞向中陡倾角，对洞室稳定影响不大；中倾角断层 f_{3-1}、f_{3-10}、f_{3-15} 对局部顶拱稳定不利，已布置锁口锚杆进行加强支护；f_{3-2}、f_{3-13} 为切洞向缓倾角断层，对顶拱稳定不利。

对调压室顶拱分析表明：f_{3-2} 和优势节理①与优势节理②、J_{3-1} 或 f_{3-1} 形成不利组合，对厂右 0+55m～0+70m 段顶拱稳定不利；f_{3-13} 和优势节理①与 f_{3-9}、f_{3-8}、f_{3-7} 或优势节理②均可形成不利组合，对厂右 0+00m～0+30m 段顶拱稳定不利；优势节理①②与 f_{15} 或 f_{10} 可形成不利组合，对厂左 0+10m～0+30m 段顶拱稳定不利。

顶拱发育不利组合块体5个，块体发育特征见表2.2.3-2，尾3-3块体厚度2～9m，其他块体厚度2～5m。

经计算复核，在系统和加强锚固条件下，上述组合块体的安全系数均大于2.0，满足规范要求。

表 2.2.3-2　尾调室顶拱块体一览表

块体编号	所在位置	构成边界	
		主控结构面	切割结构面
尾 3-1	厂右 0+87m～0+95m、高程 2028～2030.75m	(12) EW S∠30°～45°	(2) N60°W NE∠50°～55° (6) N10°～20°E SE∠85°～90°
尾 3-2	厂右 0+51m～0+71m、高程 2025～2030.75m	f_{3-2}，N50°W NE∠20°～30°	f_{3-1}，N60°～65°W NE∠45°～65° f_{3-3}，N50～55°E SE∠80°～85° J_{3-1}，N60°W NE∠80° (18) N10°～25°E NW∠75°～90°
尾 3-3	厂右 0+6m～0+32m、高程 2025～2030.75m	(18) N10°～25°E NW∠75°～90°	f_{3-7}，N60°W NE∠85°～90° f_{3-9}，N70°W NE∠80°～85°
尾 3-4	厂右 0+10m～厂左 0+6m、高程 2025～2030.75m	f_{3-13}，N45°～55°W NE∠15°～25°	f_{3-9}，N70°W NE∠80°～85° (18) N10°～25°E NW∠75°～90°
尾 3-5	厂左 0+19m～0+33m、高程 2025～2030.75m	f_{3-10}，N60°W NE∠40°～45°	(18) N10°～25°E NW∠75°～90° (34) N75°W SW∠35°～45°

②应力型破坏。

开挖过程中，尾调室中导洞上游拱肩有片帮、应力破裂现象，影响深度一般20～40cm，经系统锚喷支护后，围岩稳定性较好。尾调室下挖过程中，顶拱围岩应力持续调整，在喷层厚薄不一、复喷层结合强度不足等因素作用下，局部复喷层发生脱落。

（3）工程地质条件评价。

调压室岩性为微风化～新鲜花岗闪长岩，岩质坚硬，以次块状～块状结构为主。顶拱岩体完整性差～较完整，发育中缓倾角结构面可形成不利组合块体，顶拱局部稳定性较差，顶拱围岩以Ⅱ、Ⅲ类为主，其中Ⅱ类围岩占 37.3%，Ⅲ1 类围岩占 43.3%，Ⅲ2 类围岩占 19.4%。

顶拱系统支护参数：喷 15cm 混凝土＋挂网，系统锚杆 $L=6m/9m@1.5m×1.5m$，拱肩各设 2 排 $L=9m$ 预应力锚杆。经系统锚喷支护、局部加强锚固处理后，尾调室顶拱围岩稳定。

2）上游边墙

（1）工程地质条件。

上游边墙走向为 N5°E，全长 166.1m，桩号为厂右 0+126.3m～厂左 0+39.8m，高程 2024.5～1969m（厂右 0+42.2m～0+56.8m、高程 2008.5m 以下为中隔墩），岩性为花岗闪长岩，呈微风化～新鲜。

上游边墙发育 19 条小断层和 12 条挤压带，见表 2.2.3－3。断层宽度一般 1～5cm，延伸 20～50m。节理主要有以下 4 组：①N15°～20°E NW（SE）∠75°～90°；②N80°W SW∠35°～50°；③N60°W NE∠50°～55°；④N80°W SW∠75°～85°。

表 2.2.3－3　尾调室上游边墙构造一览表

编号	产状	宽度（cm）	描述	发育部位
f₃₋₁	N60°～65°W NE∠45°～65°	2～5	局部宽 8cm，充填片状岩、岩屑，局部夹石英脉，面扭曲	厂右 0+40m～0+75m
f₃₋₂	N50°W NE∠20°～30°	2～3	充填碎屑岩，弱风化状，蚀变，面见擦痕，沿面滴水	厂右 0+0m～0+65m
f₃₋₄	N25°～35°W NE∠40°～45°	2～5	充填片状岩、碎屑岩，面干燥	厂右 0+13m～0+42m
f₃₋₅	N70°E NW∠55°	1～2	充填片状岩、岩屑，下盘蚀变带宽约 20cm，面干燥	厂右 0+30m～0+40m
f₃₋₆	N80°W⊥	0.5～1	充填碎屑岩	厂右 0+35m～0+40m
f₃₋₁₁	N10°～20°E SE∠30°～40°	1～2	充填碎裂岩、岩屑，局部见蚀变，面扭曲	厂右 0+0m～0+25m
f₃₋₁₂	N80°E NW∠60°～65°	0.5～2	充填片状岩，绿泥石化蚀变，面扭曲	厂右 0+30m～0+50m
f₃₋₁₄	N80°W NE∠70°～75°	2～4	局部宽 10cm，充填碎块岩、片状岩、岩屑，面平直潮湿	厂右 0+55m～0+62m
f₃₋₁₇	N40°～50°W NE∠50°～60°	0.5～3	充填片状岩	厂右 0+80m～0+110m
f₃₋₁₈	EW N∠60°	3～5	充填碎裂岩、岩屑	厂右 0+45m～0+50m
f₃₋₂₂	N25°W NE∠60°	2～3	局部宽 5cm	厂右 0+80m～0+94m
f₃₋₂₃	N20°～30°E NW∠40°～50°	1～3	带内充填片状岩	厂右 0+75m～0+95m
f₃₋₂₄	N35°～55°W SW∠75°	20	带内充填强风化状蚀变岩、碎块岩	厂右 0+70m～0+75m

编号	产状	宽度（cm）	描述	发育部位
f_{3-25}	N65°W NE∠75°	3～5	局部宽10cm	厂右0+60m～0+65m
f_{3-26}	N60°W SW∠50°	1～2	带内充填片状岩、碎块岩	左端墙及上游边墙
f_{3-28}	N60°W NE∠60°～65°	0.5～1	局部宽约5cm	厂右0+120m～0+126m
f_{3-32}	N80°W NE∠65°	0.5～1	充填片状岩、岩屑，干燥	厂右0+77m～0+82m
f_{3-34}	N50°W NE∠22°	0.5～1	充填碎裂岩、岩屑，正断层，错动约20cm。	厂右0+58m～0+67m
f_{3-37}	N80°W NE∠20°～30°	1～2	带内充填片状岩、岩屑，潮湿	上游边墙及左端墙：厂左0+29m～0+40m
J_{3-7}	N45°W NE∠60°	2～3	带内充填片状岩、岩屑，面起伏	厂右0+111.2m～0+118m、高程1987～1995m
J_{3-8}	N80°W NE∠55°～60°	1～2	带内充填片状岩、岩屑，局部较破碎	厂右0+30m～0+36.6m、高程1983.2～1997.4m
J_{3-9}	N80°～90°W NE∠70°～75°	1～2	带内充填片状岩、岩屑，面稍扭	厂右0+68m～0+70.7m、高程1990.3～1994.7m
J_{3-15}	N60°W NE∠60°～65°	1～2	面扭曲，带内充填片状岩、岩屑，局部石英脉贯入	厂右0+121m～0+124.7m、高程1985.5～1992m
J_{3-16}	N55°～60°W SW∠60°～65°	1～2	带内充填片状岩、岩屑，高程1990m以上倾角80°～85°	厂右0+67.8m～0+69.6m、高程1987～1993.6m
J_{3-25}	N20°～30°W NE∠20°～25°	1～3	带内充填碎块岩、岩屑，面起伏	厂右0+267.8m～厂左0+15.6m
J_{3-33}	N10m～20°E SE∠30m～35°	1	带内充填片状岩、岩屑，面稍扭	厂右0+95.4m～0+110m、高程1981～1991.3m
J_{3-34}	N65°～70°W NE∠60°～65°	1～2	带内充填片状岩、岩屑	厂右0+121m～0+126.3m、高程1980.5～1990m
J_{3-36}	N40°W SW∠75°～85°	0.5	带内充填岩屑，面扭曲	厂右0+77.7m～0+80m、高程1972～1981m
J_{3-40}	N5°～10°E NW∠55°～65°	1	带内充填片状岩、岩屑	厂右0+3m～厂左0+12m、高程1977.5～1978.5m
J_{3-42}	N65°～70°W NE∠30°～35°	0.5	带内充填岩屑，面平直光滑	厂右0+76m～0+75m、高程1976.5～1968m

  尾调室上游边墙潮湿，未见渗滴水。上游边墙开挖残孔率高、成型好；部分边墙沿NNE向陡倾角节理发生小掉块，掉块深度一般10～30cm。

  （2）主要工程地质问题。

  上游边墙结构面以切洞向为主，面闭合，边墙整体稳定。但少量发育的近洞向倾洞内节理对局部边墙稳定不利，局部块体稳定性较差。

经统计，上游边墙发育典型不利组合块体 5 个，块体发育特征见表 2.2.3－4。除尾 3－10 外，其他块体厚度 2～5m，经系统和加强锚固后，宽体稳定性好。尾 3－10 块体规模较大，经系统锚杆＋系统锚索＋锁边锚杆支护处理后，块体稳定性满足规范要求。

表 2.2.3－4　上游边墙块体一览表

块体编号	所在位置	构成边界	
		主控结构面	切割结构面
尾 3－6	厂右 0+96m～0+103m、高程 1982～1985m	J_{3-33}，N10°～20°E SE∠30°～35°	(17) N80°W SW∠75°～85° (155) N60°～70°E NW∠35°～40°
尾 3－7	厂右 0+69m～0+75m、高程 1971～1979m	(213) N15°W NE∠45°	J_{3-42}，N65°～70°W NE∠30°～35° (94) N80°E SE∠45° (156) N70°E NW∠70°
尾 3－8	厂右 0+58m～0+63m、高程 2015～2024m	(72) N35°E SE∠45°～55°	f_{3-14}，N80°W NE∠70°～75° (17) N80°W SW∠75°～85°
尾 3－10	厂右 0+19m～0+41m、高程 1998～2012m	f_{3-4}，N25°～35°W NE∠40°～45°	(2) N60°W NE∠50°～55° (34) N75°W SW∠35°～45°
尾 3－11	厂右 0+32m～0+41m、高程 1973～1978m	(233) N10°～30°E SE∠45°～50°	(44) N60°W SW∠45° (235) N40°E NE∠50°～55°

（3）工程地质条件评价。

尾调室上游边墙岩质坚硬，为块状～次块状结构，岩体较完整～完整性差，围岩整体稳定，主要为Ⅱ类围岩，占比 60.1%；部分边墙发育顺洞向陡倾角节理可形成组合块体引发掉块，局部稳定性差，为Ⅲ1 类围岩，占比 39.5%；局部节理密集，属Ⅲ2 类围岩，占比 0.4%。

尾调室上游边墙系统支护参数：喷 15cm 混凝土＋挂网，系统锚杆 $L=6m/9m@$ 1.5m×1.5m，200t 无黏结预应力锚索 7 排。完成系统锚喷＋系统预应力锚索以及局部加强锚固处理后，围岩稳定性好。

3）下游边墙

（1）工程地质条件。

下游边墙走向为 N5°E，全长 166.1m，桩号为厂右 0+126.3m～厂左 0+39.8m，高程 2024.5～1969m（厂右 0+42.2m～0+56.8m、高程 2008.5m 以下为中隔墩），岩性为花岗闪长岩，呈微风化～新鲜。

下游边墙发育 21 条小断层和 25 条挤压带，见表 2.2.3－5。断层宽度 1～5cm，延伸长度 30～60m。节理主要有以下 4 组：①N15°～20°E NW（SE）∠75°～90°；②N80°～90°W SW∠35°～50°；③N50°～60°W NE∠35°～40°；④N60°～80°W SW/NE∠75°～90°。

表 2.2.3－5　尾调室下游边墙构造一览表

编号	产状	宽度（cm）	描述	发育部位
f_{3-1}	N60°~65°W NE∠45°~65°	2~5	局部宽 8cm，充填片状岩、岩屑，局部夹石英脉，面扭曲	顶拱及边墙：厂右 0+40m~0+75m
f_{3-2}	N50°W NE∠20°~30°	2~3	充填碎屑岩，弱风化状，蚀变，面见擦痕，沿面滴水	顶拱及边墙：厂右 0+0m~0+65m
f_{3-3}	N50~55°E SE∠80°~85°	1~2	充填碎屑岩	顶拱及边墙：厂右 0+35m~0+70m
f_{3-6}	N80°W⊥	0.5~1	充填碎屑岩	顶拱及边墙：厂右 0+35m~0+40m
f_{3-7}	N60°W NE∠85°~90°	0.5~1	充填碎裂岩、岩屑	顶拱及边墙：厂右 0+25m~0+35m
f_{3-8}	N60°W NE∠70°	1~3	充填片状岩、岩屑，带内岩体蚀变，两侧岩体较完整	顶拱及边墙：厂右 0+5m~0+30m
f_{3-9}	N70°W NE∠80°~85°	1~3	充填片状岩、岩屑，面潮湿	顶拱及边墙：厂右 0+3m~0+12m
f_{3-10}	N60°W NE∠40°~45°	1~3	充填片状岩、岩屑	顶拱及左端墙：厂左 0+25m~0+39.8m
f_{3-13}	N45°~55°W NE∠15°~25°	1~2	充填碎裂岩、岩屑	顶拱及左端墙：厂右 0+5m~厂左 0+39m
f_{3-15}	N70°W NE∠35°~45°	0.5~2	局部宽 10~20cm，充填碎裂岩、岩屑，面稍扭	顶拱及左端墙：厂左 0+25m~0+39.8m
f_{3-21}	N40°W NE∠30°~35°	1~2	充填片状岩、岩屑	下游边墙：厂右 0+10m~0+50m
f_{3-27}	N50°~60°E SE∠50°	1~3	带内充填碎块岩	左端墙及下游边墙
f_{3-30}	N35°W NE∠20°	1~2	充填片状岩、岩屑	下游边墙：厂右 0+60m~0+75m
f_{3-33}	N30°W NE∠55°~60°	1	充填碎裂岩、岩屑，面干燥	下游边墙：厂右 0+95m~0+112m
f_{3-35}	N80°E SE∠65°~70°	1	充填碎裂岩及灰白色泥膜，平行节理发育	下游边墙：厂右 0+60m~0+75m
f_{3-36}	N10°W~N10°E NE/SE∠65°~80°	2~4	充填碎块岩、碎裂岩、岩屑，两侧影响带宽度 10~35cm 不等，岩体较破碎，沿面见轻微蚀变	下游边墙：厂右 0+81m~0+84m
f_{3-38}	N80°W NE∠20°~30°	1~2	带内充填片状岩、岩屑，潮湿	下游边墙及左端墙：厂左 0+33m~0+39.8m
f_{3-41}	N50°~60°E SE∠60°~70°	3~5	带内充填碎块岩、岩屑、石英脉，带内岩体局部见蚀变现象	厂右 0+81.4m~0+91m，高程 1991~1971m

编号	产状	宽度（cm）	描述	发育部位
f_{3-42}	N50°～55°W NE∠75°	1～3	带内充填碎块岩、片状岩、岩屑，上盘见5cm的蚀变带	厂右0＋114m～0＋116.5m、高程1981～1973m
f_{3-43}	N5°～15°E SE∠60°～65°	1～3	带内充填片状岩、岩屑，面扭曲	厂右0＋25.3m～0＋39.5m、高程1985～1986m
J_{3-6}	N80°E NW∠35°	2～4	带内充填碎块岩、岩屑，带内岩体见蚀变现象	厂右0＋98.8m～0＋104m、高程1994.6～1998m
J_{3-10}	N10°W NE∠40°～50°	2～3	带内充填片状岩、岩屑	厂右0＋2m～厂左0＋10.7m、高程1991.5～1995m
J_{3-11}	EW S∠60°～70°	2～3	带内充填片状岩、岩屑，平行节理发育	厂左0＋19.8m～0＋22.7m、高程1987.5～1996.2m
J_{3-12}	N20°～30°E NW∠40°～50°	2～3	面扭曲，带内充填片状岩、岩屑，带内岩体蚀变	厂左0＋20.8m～0＋40.3m、高程1978.8～1990.6m
J_{3-13}	N30°W NE∠55°～60°	1	带内充填碎裂岩、岩屑	厂右0＋103.4m～0＋107m、高程1989.8～1993m
J_{3-14-1} J_{3-14-2}	N45°W NE∠60°～65°	0.5～1	面扭曲，带内充填岩屑，平行发育两条，间距30cm	厂右0＋100.9m～0＋109m、高程1980.5～1993m
J_{3-17}	N65°E NW∠65°～70°	1～2	带内充填片状岩、岩屑	厂左0＋35.5m～0＋39.1m、高程1982～1991.9m
J_{3-18}	N30°W NE∠45°～50°	1～2	带内充填片状岩、岩屑	厂右0＋123.2m～0＋126.3、高程1985.1～1987m
J_{3-19}	N65°W NE∠65°	0.5～1	带内充填岩屑，下盘影响带宽15～30cm	厂右0＋36.7m～0＋41m、高程1980～1989.5m
J_{3-20}	N5°E～N5°W SE/NE∠60°～65°	1～3	带内充填片状岩、岩屑，面扭曲	厂右0＋25.3m～0＋39.5m、高程1985～1986m
J_{3-21}	N25°W NE∠40°	0.5～1	带内充填片状岩、岩屑	厂右0＋67.6m～0＋74.7m、高程1983～1986m
J_{3-22}	N15°E SE∠45°	0.5～1	带内充填片状岩、岩屑	厂右0＋92m～0＋97.3m、高程1983.1～1984m
J_{3-23}	N15°E SE∠15°～20°	0.5～1	带内充填片状岩、岩屑，平行节理发育	厂右0＋92.4m～0＋100m、高程1984.7～1985m
J_{3-24}	N20°W NE∠50°～55°	0.5～1	带内充填片状岩、岩屑，面扭曲	厂右0＋108m～0＋119.2m、高程1980.5～1986m
J_{3-26}	N30°～40°W NE∠40°～50°	1～3	带内充填碎块岩、岩屑，面扭曲	厂左0＋23.9m～厂右0＋12m、高程1971～1978.2m
J_{3-27}	N35°W NE∠40°～45°	0.5	带内充填岩屑	厂右0＋23.9m～0＋31.8m、高程1972～1976.1m

编号	产状	宽度（cm）	描述	发育部位
J$_{3-28}$	N80°E SE∠35°	2～5	带内充填碎块岩、岩屑及石英	厂右 0+27.8m～0+33.1m、高程 1970.8～1974m
J$_{3-29}$	N70°W NE∠65°～70°	1～2	带内充填片状岩、岩屑，干燥	厂右 0+57.6m～0+61.6m、高程 1972.5～1981.8m
J$_{3-30}$	N40°W NE∠30°～35°	1	带内充填片状岩、岩屑，干燥	厂右 0+69.7m～0+85.3m、高程 1972.5～1978.5m
J$_{3-31}$	N65°W NE∠65°	0.5	带内充填岩屑	厂右 0+82.6m～0+85.9m、高程 1972.5～1979.7m
J$_{3-32}$	N70°～80°W SW∠65°～75°	0.5	带内充填岩屑	厂右 0+85m～0+86m、高程 1972.5～1977.7m
J$_{3-37}$	N60°W NE∠85°～90°	1	带内充填岩屑	厂右 0+96.5m～0+98.2m、高程 1981～1969m
J$_{3-38}$	N60°W NE∠80°～85°	1～3	带内充填碎块岩、岩屑，带内岩体局部见蚀变现象	厂右 0+89m～0+90m、高程 1981～1971m
J$_{3-39}$	N60°W NE∠60°～65°	1	带内充填片状岩、岩屑	厂右 0+120m～0+124.5m、高程 1980.3～1973m

下游边墙潮湿，未见渗滴水。下游边墙开挖成型一般，局部成型较差，边墙多沿NNE 向陡倾角节理发生掉块，掉块深度 20～50cm 不等。

（2）主要工程地质问题。

下游边墙发育 NNE 向优势节理，倾向洞内，爆破开挖后表层岩体易产生卸荷松弛，对边墙稳定不利；发育顺洞向断层 f$_{3-36}$，两侧影响带宽度 10～35cm 不等，对边墙稳定不利。下面分别描述这些地质问题。

①NNE 向优势节理。

下游边墙桩号厂右 0+5m～0+42m、高程 2008.5～2001.5m 段边墙由于 NNE 向节理①发育，发育率 0.1～0.4m/条，开挖后产生卸荷松弛，局部张开，沿节理①掉块形成超挖，深度一般 0.3～0.6m，边墙稳定性差，属Ⅲ2 类围岩。现场已采取内插锚杆加强锚固处理。

下游边墙厂右 0+10m～0+34m、高程 1980.5～1969m 段节理较发育，主要有以下5 组：①N35°～40°E NW∠45°～50°；②N40°W NE∠55°～65°；③N40°E SE∠45°～50°；④N50°E NW∠60°～65°；⑤N20°～25°E NW∠75°～80°。该段边墙以镶嵌结构为主，岩体完整性差～较破碎，不利组合块体较发育，浅表多见掉块，围岩稳定性差，属Ⅲ2 类围岩。边墙位于 1#尾水洞上方，属于应力集中区，且不利组合块体较发育，为确保交叉口段围岩稳定，前期增设预应力锚杆加强锚固处理。

②f$_{3-36}$ 及其影响带。

厂右 0+126.3m～0+56.8m、高程 2002.5～1986m 段开挖成型一般，发育断层f$_{3-36}$，N10°W～N10°E°NE/SE∠65°～80°，宽 2～4cm，充填碎块岩、碎裂岩、岩屑，两

侧影响带宽度 10~35cm 不等，影响带内平行节理发育，间距 5~10cm，岩体较破碎，沿面见轻微蚀变。节理中等发育，岩体完整性差、局部较破碎，断层 $f_{(36)}$ 与边墙近平行，对边墙稳定不利，属Ⅲ2 类围岩，已进行加强锚固处理。

③块体稳定。

经统计，下游边墙发育 6 个有代表性的典型不利组合块体，发育特征见表 2.2.3－6。6 个块体厚度 2~5m，规模均不大，经系统和加强锚固处理后，块体安全系数满足规范要求。

表 2.2.3－6 尾调室下游边墙块体一览表

块体编号	所在位置	构成边界	
		主控结构面	切割结构面
尾3－12	厂右 0+32m~0+41m、高程 2003~2011m	(76) N30°W NE∠40°	f_{3-20}，N15°~20°W NE∠25°~30° (3) N70°W NE∠85°~90° (12) EW S∠30°~45°
尾3－13	厂右 0+20m~0+25m、高程 1972~1977m	(198) N35°~40°E NW∠45°~50°	(38) N60°W NE（SW）∠85°~90° (197) N40°E SE∠45°~50°
尾3－14	厂右 0+8m~0+14m、高程 1969~1973m	(198) N35°~40°E NW∠45°~50°	(34) N75°W SW∠35°~45°
尾3－15	厂左 0+15m~0+20m、高程 1977~1982m	(175) N20°~25°E NW∠55°~65°	f_{3-27}，N50°~60°E SE∠50° (2) N60°W NE∠50°~55° (168) EW S∠60°~70°
尾3－16	厂左 0+17m~0+29m、高程 2006~2013m	(56) N35°E NW∠60°	(34) N75°W SW∠35°~45° (42) EW N∠45°~50°
尾3－17	厂左 0+23m~0+30m、高程 1986~1990m	J_{3-12}，N20°~30°E NW∠40°~50°	(121) N80°~90°W SW∠60°~70° (136) N5°~10°E SE∠50°~60°

（3）工程地质条件评价。

下游边墙岩性为花岗闪长岩，岩质坚硬，以次块状~镶嵌结构为主，部分块状结构。发育顺洞向断层 f_{3-36} 对部分边墙稳定不利，发育 NNE 向优势节理易引起表层岩体卸荷松弛，部分边墙稳定性较差，以Ⅲ类围岩为主，其中，Ⅲ1 类围岩占 69.6%，Ⅲ2 类围岩占 18.6%；部分边墙岩体较完整，属Ⅱ类围岩，占比 11.8%。

下游边墙系统支护参数：喷 15cm 混凝土＋挂网，系统锚杆 $L=6m/9m@1.5m\times1.5m$，200t 无黏结预应力锚索 7 排。完成系统支护以及针对性的加强锚固处理后，下游边墙围岩稳定。

4）右端墙

右端墙走向为 N85°W，宽 24m（厂下 0+121.1m~0+145.1m），高程 2024.5~1969m，岩性为花岗闪长岩，呈微风化~新鲜，岩质坚硬。

发育断层 f_{3-28}、f_{3-29}：f_{3-28} 产状为 N60°W NE∠60°~65°，宽 0.5~1cm，局部宽约5cm，带内充填碎裂岩、岩屑，局部石英脉贯入；f_{3-29} 产状为 N5°W NE∠65°~70°，宽1~3cm，带内充填片状岩、岩屑，局部石英脉贯入。节理轻度~中等发育，主要见以下

4 组：①N10°～25°E NW∠75°～90°，闭合，面平直粗糙，延伸长，间距 1～2m，与端墙夹角 70°；②N60°W NE∠50°～55°，闭合，面平直粗糙，延伸长，与端墙夹角 25°；③EW S∠35°～40°，闭合，面平直光滑，延伸长，与端墙夹角 5°；④EW N∠85°～90°，闭合，面平直粗糙，延伸长，与端墙夹角 5°。

右端墙潮湿，以次块状结构为主，岩体较完整，局部完整性差，开挖成型较好，围岩整体稳定，属Ⅱ类围岩。高程 2011m 附近节理②与其他节理组合形成掉块，已沿节理②增设锁边锚杆。

5）左端墙

左端墙走向为 S85°E，宽 24m（厂下 0+121.1m～0+145.1m），高程 2024.5～1969m，岩性为花岗闪长岩，呈微风化～新鲜，岩质坚硬。

左端墙发育断层 f_{3-10}、f_{3-15}、f_{3-26}：f_{3-10} 产状为 N60°W NE∠40°～45°，宽 1～3cm，带内充填片状岩、岩屑，在端墙上错开约 80cm；f_{3-15} 产状为 N70°W NE∠40°～50°，宽 0.5～2cm，充填碎裂岩、岩屑，面稍扭，断距约 50cm；f_{3-26} 产状为 N60°W SW∠50°，宽 1～2cm，带内充填片状岩、碎块岩，上盘面外侧岩体蚀变，厚度 3～7cm，下盘面呈镜面。节理中等发育，主要见以下 5 组：①N75°～80°E SE∠45°～50°，闭合，面平直粗糙，延伸长，间距 1～3m，与端墙夹角 15°～20°；②N15°～20°E NW∠75°～80°，闭合，面平直，断续延伸，平行发育多条，与端墙夹角 75°～80°；③N60°～70°W SW∠30°～40°，闭合，断续延伸长，平行发育多条，间距 1～2m，与端墙夹角 25°～35°；④N40°W SW∠45°～50°，闭合，面平直粗糙，延伸长，平行发育多条，与端墙夹角 45°；⑤N30°E NW∠45°～55°，闭合，面平直粗糙，延伸较长，与端墙夹角 70°。

左端墙岩体完整性差～较完整，沿结构面多见掉块现象，围岩整体稳定，但发育不利结构面对局部端墙稳定不利，属Ⅲ1 类围岩。端墙与上层汇水洞交叉口沿节理面见张裂现象，岔口部位内插锚杆已进行加强锚固。

6）尾水岔管

（1）工程地质条件。

尾水岔管位于尾水调压室下部，连接尾水连接管和尾水洞，尾水岔管顶部高程 1969m。尾水岔管围岩岩性为花岗闪长岩，呈微风化～新鲜状，岩质坚硬。

尾水岔管共揭露 16 条构造，均为Ⅳ级结构面，详见表 2.2.3-7，其中断层 5 条，宽度 1～3cm，延伸长度一般 8～12m，为岩块岩屑型；挤压带 11 条，宽度 1～2cm，延伸长度一般 6～20m。主要发育 4 组优势节理：①N10°～20°E NW/SE∠70°～80°；②N70°E SE∠40°～60°；③N75°W SW∠45°～50°；④N80°～85°E NW∠50°～60°。

表 2.2.3-7　尾水岔管构造一览表

编号	产状	宽度（cm）	描述	发育位置
f_{3-71}	N30°W NE∠45°～50°	1～3	带内充填碎块岩、岩屑，面潮湿，带内岩体见蚀变	1#尾水岔管左侧边墙
f_{3-72}	N80°W SW∠40°～45°	1	带内充填片状岩、岩屑，面平直光滑	1#尾水岔管右侧边墙

编号	产状	宽度（cm）	描述	发育位置
f_{3-73}	N50°W NE∠65°	2～5	带内充填碎块岩、片状岩、岩屑，面扭曲光滑	2#尾水岔管分流墩
f_{3-74}	N10°W NE∠30°	0.5～1	带内充填岩屑，上盘蚀变带宽20～30cm，下盘蚀变带宽50～60cm	2#尾水岔管右侧边墙
f_{3-75}	N55°～60°W NE∠60°	1	带内充填岩屑	2#尾水岔管右侧边墙
J_{3-71}	N25°W NE∠45°	1～2	带内充填片状岩、岩屑，上盘同产状节理发育	1#尾水岔管分流墩
J_{3-72}	N25°W NE∠40°	1	带内充填片状岩、岩屑	1#尾水岔管右侧边墙
J_{3-73}	N70°W NE∠25°	0.5～1	带内充填岩屑	1#尾水岔管左侧边墙
J_{3-74}	N35°～40°E SE∠55°～60°	0.5～1	带内充填片状岩、岩屑，面稍扭光滑	1#尾水岔管分流墩
J_{3-75}	N10°W NE∠40°～47°	1～3	带内充填片状岩、岩屑，带内蚀变	1#尾水岔管分流墩
J_{3-76}	N30°W NE∠40°	1～2	带内充填片状岩，面平直光滑，同产状节理发育	2#尾水岔管分流墩
J_{3-77}	N75°W⊥	1～3	带内充填片状岩、岩屑，面光滑	2#尾水岔管分流墩
J_{3-78}	N70°～75°W NE∠65°	0.5～1	带内充填片状岩	2#尾水岔管右侧边墙
J_{3-79}	N70°W NE∠75°～80°	1～2	带内充填片状岩、岩屑	2#尾水岔管右侧边墙
J_{3-80}	N20°E SE∠50°	0.5～1	带内充填蚀变片状岩	2#尾水岔管右侧边墙
J_{3-81}	N60°W⊥	0.5	带内充填岩屑	2#尾水岔管右侧边墙

尾水岔管位于地下水位之下，为基岩裂隙水，岩体透水性较弱，开挖过程中无渗滴水，洞壁潮湿。

（2）主要工程地质问题。

①1#尾水岔管隔墙。

1#尾水岔管隔墙发育挤压带J_{3-75}，N10°W NE∠40°～47°，宽1～3cm，带内充填片状岩、岩屑，上盘同产状节理发育。节理中等发育～较发育，J_{3-75}上盘岩体卸荷松弛，岩体完整性差，局部较破碎，J_{3-75}上盘岩体稳定性差，属Ⅲ2类围岩；J_{3-75}下盘岩体完整性差～较完整，属Ⅲ1类围岩。J_{3-75}前缘块体滑塌形成超挖。

隔墙四面临空，开挖后J_{3-75}上盘岩体卸荷松弛现象明显，由于锚固施工过程存在安全风险且锚杆孔成孔困难，决定挖除挤压带J_{3-75}上盘岩体。

②2#尾水岔管隔墙。

2#尾水岔管隔墙发育挤压带J_{3-76}，N30°W NE∠40°，宽1～2cm。节理中等发育，主要有以下4组：①N30°W NE∠40°；②N20°～30°W SW∠60°～70°；③N25°W NE

∠60°~65°；④N80°W SW∠75°~85°。隔墙岩体完整性较差，属Ⅲ1类围岩。

J_{3-76}对隔墙稳定不利，与节理②④等切割形成不利组合块体，开挖过程中组合块体沿J_{3-76}发生塌滑，造成厂右0+75.2m~0+80m、厂下0+132m~0+128m段形成超挖。鉴于J_{3-76}延伸至厂下0+126m附近，潜在不稳定块体厚度4~7m，首先采取挖除J_{3-76}上盘倒悬岩体，再布置预应力锚杆进行加强支护。经挖除倒悬体并加强锚固处理后，隔墙整体稳定。

（3）工程地质条件评价。

尾水岔管岩性为花岗闪长岩，岩质坚硬，以次块状结构为主，局部镶嵌结构，节理中等发育，岩体完整性较差~差，围岩整体稳定，局部块体稳定性较差，主要为Ⅲ1类围岩，局部为Ⅲ2类围岩。

1♯尾水岔管隔墙J_{3-75}上盘岩体岩体卸荷松弛，稳定性差，已全部挖除；2♯尾水岔管隔墙J_{3-76}上盘倒悬体全部挖除。尾水岔管完成系统支护和局部加强支护后，围岩稳定。

7）中隔墙

（1）工程地质条件。

中隔墩位于尾水调压室中部，隔墙厚14.6m，桩号为厂右0+42.2m~0+56.8m，高程2008.5~1969.0m。围岩岩性为新鲜花岗闪长岩，岩质坚硬，为次块状~块状结构。

中隔墩共揭露8条Ⅳ级结构面，详见表2.2.3-8，宽度2~5cm，延伸长度一般13~20m，为岩块岩屑型。主要发育4组优势节理：①N15°~25°E NW∠65°~75°；②N65°~75°E SE∠35°~50°；③N70°~80°W SW/NE∠80°~85°；④N80°~85°W SW/NE∠35°~45°。

表2.2.3-8 中隔墩构造一览表

编号	产状	宽度（cm）	描述
f_{3-1}	N60°~65°W NE∠45°~65°	2~5	局部宽8cm，充填片状岩、岩屑，局部夹石英脉，面扭曲
f_{3-4}	N25°~35°W NE∠40°~45°	2~5	充填片状岩、碎屑岩，干燥
f_{3-25}	N65°W NE∠75°	3~5	局部宽10cm，带内充填碎块岩、岩屑，面扭曲光滑
f_{3-31}	N15°~20°W NE∠50°~60°	5~8	充填碎裂岩、片状岩、岩屑，面干燥
f_{3-40}	N30°W NE∠35°	2~3	带内充填碎块岩、片状岩、岩屑
J_{3-3}	N50°~60°E SE∠50°	2~5	带内充填片状岩、岩屑，面见蚀变现象
J_{3-4}	N40°W NE∠70°~85°	1~2	带内充填片状岩、岩屑，面见蚀变现象
f_{3-35}	N20°W NE∠30°~35°	1	带内充填片状岩、岩屑

中隔墩开挖过程中无渗滴水，洞壁潮湿。

（2）主要工程地质问题。

①块体问题。

中隔墩岩体为次块状~块状结构，构造与中隔墩大角度相交，围岩整体稳定；但节理②和④与边墙夹角小，与节理①③切割易形成不利组合块体，表层见掉块，局部块体稳定性较差。中隔墩右端墙开挖多见掉块形成光面，右端墙开挖成型一般～较差。左端墙开挖局部见掉块，左端墙总体成型一般。

中隔墩无较大的不利结构面，表层存在不利组合块体，深度一般 1～4m，完成系统锚喷+系统锚索支护后，块体稳定。

②松弛变形问题。

中隔墩分别于高程 2005m、高程 1991m 布置多点位移计和锚索测力计。截至 2018 年 7 月下旬，高程 2005m 多点位移计累积变形量 38.28mm，变形主要发生于尾调室第 Ⅴ～Ⅵ 层开挖期间（1991～1969m），开挖完成后基本收敛；锚索荷载约 1170kN（设计荷载 1000kN），趋于收敛。高程 1991m 多点位移计累积变形量 30.2mm，变形主要发生于尾调室第 Ⅵ～Ⅶ 层开挖期间（1980.5～1960m），第 Ⅶ、Ⅷ 层开挖对中隔墙变形也有一定影响，开挖完成后基本收敛；锚索荷载约 1717kN（设计荷载 1500kN），测值增长主要发生于尾调室第 Ⅵ～Ⅶ 层 1980.5～1960m 开挖期间，测值缓慢增长。

综上，中隔墙变形和锚索的测值与隔墙开挖高度相关，测值增长主要发生在测点下部 10～30m 段洞室开挖期间，其后逐渐趋于平缓。

测值过程线与测点下部 10～30m 段开挖响应敏感，反映中隔墩受力状态与尾调室开挖高度之间的关系，中隔墩起到优化上下游边墙受力状态并限制其变形的设计预期目的。但高程 2005m 和高程 1991m 锚索测值超过设计荷载，现场已增加锚索加强锚固处理。

（3）工程地质条件评价。

中隔墩岩性为花岗闪长岩，岩质坚硬，为次块状～块状结构，构造多与中隔墩大角度相交，围岩整体稳定，岩体完整性较差，节理②和④与边墙夹角小，易形成不利组合块体，表层多见掉块，局部块体稳定性较差，主要为Ⅲ1类围岩，局部为Ⅱ类围岩。

中隔墩完成系统锚喷+系统锚索支护后，围岩总体稳定；但中上部锚索测值超过设计荷载，已增加预应力锚索进行加强锚固。

2.2.3.3　工程地质结论

尾水调压室开挖尺寸为 166.1m×24m（22m）×61.75m（长×宽×高），岩性为新鲜花岗闪长岩，岩质坚硬，主要为次块状结构为主，局部块状或镶嵌结构，围岩整体稳定，岩体完整性差～较完整，顶拱中缓倾角结构面可形成不利组合块体，存在局部掉块，下游边墙发育顺洞向断层 f_{3-36} 对部分边墙稳定不利，发育 NNE 向优势节理易产生卸荷松弛，部分边墙稳定性较差，围岩以Ⅱ类、Ⅲ1类为主，部分为Ⅲ2类，其中，Ⅱ类围岩占比 34.8%，Ⅲ1类围岩占比 53.9%，Ⅲ2类围岩占比 11.3%。尾调室围岩分类统计见表 2.2.3-9。

完成系统锚索+锚喷支护和局部加强锚固处理后，尾调室围岩稳定。

中隔墩完成系统锚喷+系统锚索支护后，围岩总体稳定；但中上部锚索测值超过设计荷载，已增加锚索加强锚固处理。

表 2.2.3－9 尾调室围岩分类统计表

部位	Ⅱ类围岩占比（%）	Ⅲ1类围岩占比（%）	Ⅲ2类围岩占比（%）
顶拱	37.3	43.3	19.4
上游边墙	60.1	39.5	0.4
下游边墙	11.8	69.6	18.6
左端墙	0.0	81.8	18.2
右端墙	45.2	54.8	0.0
总计	34.8	53.9	11.3

2.2.4 尾水检修闸门室

2.2.4.1 工程地质条件

尾闸室靠近尾水出口边坡，轴线走向为 S57°E，尺寸为 85m×10m（8m）×42m（长×宽×高），高程 2033.5～1991.4m，地面高程 2085～2145m，上覆岩体厚度 50～110m，水平埋深 20～110m，围岩岩性为花岗闪长岩（$\gamma\delta_5^2$），呈弱风化～微风化。

尾闸室共揭露 26 条Ⅳ级结构面，详见表 2.2.4－1，包括 12 条小断层和 14 条挤压带。断层宽度一般 1～5cm，延伸长度一般 30～100m，其中 10 条断层为切洞向中陡倾角，2 条为顺洞向中陡倾角。挤压带宽度一般 1～3cm，延伸长度 5～30m 不等。

表 2.2.4－1 尾闸室揭露构造一览表

编号	产状	宽度（cm）	描述	发育部位
f_{4-1}	N60°E NW∠50°	1～2	带内充填片状岩、岩屑，面附铁锰质	上游边墙：RW0＋71.5m～0＋85m、高程2011.5～2030m
f_{4-5}	EW S∠45°	0.5～1	带内充填片状岩、岩屑，两侧岩体较完整，受 f_{4-9} 切割，错开约 0.6m	顶拱及两侧边墙：RW0＋55m～0＋85m、高程2019～2037m
f_{4-9}	N40°E NW∠70°	1～2	带内充填片状岩、岩屑，面平直粗糙，铁锰质渲染	顶拱及两侧边墙：RW0＋69m～0＋75m、高程2020.5～2037m
f_{4-11}	N25°～30°E NW∠50°～55°	1～3	带内充填碎块岩、岩屑，面扭曲，铁锰质渲染严重	顶拱及两侧边墙：RW0＋59m～0＋74.5m、高程2016～2037m
f_{4-12}	EW S∠50°	1～2	局部 5cm，强风化状，带内充填碎块岩、岩屑，面平直，铁锰质渲染	顶拱及两侧边墙：RW0＋49m～0＋71m、高程2016～2037m
f_{4-17}	N50°E NW∠55°～60°	3～5	带内充填碎块岩、片状岩、岩屑，面平直，铁锰质渲染	顶拱及两侧边墙：RW0＋26m～0＋39.5m、高程2016～2037m

编号	产状	宽度（cm）	描述	发育部位
f_{4-25}	N40°～45°E NW∠45°～50°	0.5～1	带内充填片状岩、岩屑，面平直，铁锰质渲染	顶拱及两侧边墙：RW0＋12m～0＋31m、高程2012～2037m
f_{4-32}	N15°E NW∠50°～55°	1～3	带内充填片状岩、岩屑，铁锰质渲染严重	顶拱、右端墙及两侧边墙：RW0＋00m～0＋04m，高程2028～2037m
f_{4-39}	N75°E SE∠55°～60°	5～8	带内充填碎块岩、岩屑，带内岩体见蚀变，局部夹泥膜，下盘完整性差	下游边墙：RW0＋20m～0＋22m、高程2016～2020m
f_{4-78}	N40°W NE∠35°～40°	局部3～5cm，0.5～2	带内充填片状岩、岩屑，面扭曲，RW0＋60m～0＋75m段倾角转为10°～20°	上游边墙及左端墙：RW0＋59m～0＋85m、高程2011.5～2012m
f_{4-109}	N15°E SE∠55°	0.5	带内充填片状岩、石英脉	RW0＋12m～0＋20m、高程2001.5～2012.5m
f_{4-118}	N60°W NE∠35°～45°	0.5～1	带内充填片状岩、岩屑，面平直粗糙	RW0＋00m～0＋10m、高程2007～2007.5m
J_{4-18}	N50°E NW∠55°～60°	1～3	带内充填片状岩、岩屑，面附铁锰质	RW0＋26m～0＋38m、高程2037～2021.5m
J_{4-34}	N70°W NE∠30°	1～3	带内充填片状岩、岩屑	RW0＋53m～0＋69m、高程2019～2017m
J_{4-38}	N10°E SE∠45°	1～2	带内充填片状岩、岩屑，面见蚀变，铁锰质渲染	上游边墙：RW0＋20m～0＋27m、高程2011～2020.5m
J_{4-44}	N70°W NE∠45°～55°	1～2	带内充填片状岩、岩屑	上游边墙：RW0＋01m～0＋04m、高程2019～2020m
J_{4-65}	EW N/S∠80°～90°	0.5～1	带内充填碎裂岩、岩屑，铁锰质渲染	上游边墙：RW0＋08m～0＋10m、高程2009～2015m
J_{4-67}	N30°E SE∠45°～50°	0.5～1	带内充填碎裂岩、岩屑，铁锰质渲染	上游边墙：RW0＋15m～0＋25m、高程2004.5～2020.5m
J_{4-97}	N80°W NE∠50°	1～2	带内充填碎裂岩、岩屑，见蚀变，发育平行节理1条	下游边墙：RW0＋61m～0＋68m、高程2006～2007.5m
J_{4-103}	N55°～60°E SE∠85°～90°	2～5	带内充填碎块岩、岩屑	下游边墙：RW0＋49.5m～0＋50m、高程2003～2008m

编号	产状	宽度（cm）	描述	发育部位
J$_{4-106}$	N10°～15°E SE∠45°	0.5～1	带内充填岩屑，两侧蚀变带宽1～2cm	上游边墙：RW0＋21m～0＋30.5m、高程2004～2009m
J$_{4-107}$	N35°～40°E NW∠40°	0.5～1	带内充填片状岩、岩屑	上游边墙：RW0＋27m～0＋31m、高程2004～2008.5m
J$_{4-111}$	N80°W⊥	0.5～1	影响带宽0.2～1.0m，带内充填碎裂岩、岩屑	上游边墙：RW0＋20.5m～0＋21m、高程2004～2008.5m
J$_{4-116}$	N35°E NW∠30°～35°	1～3	带内充填片状岩、岩屑、石英，铁锰质渲染	上游边墙：RW0＋08m～0＋10m、高程2005～2006.5m
J$_{4-117}$	N70°E⊥	1～3	带内充填片状岩、岩屑、石英，铁锰质渲染，与J$_{4-116}$相交后，下部尖灭为节理，平行闭合节理发育	上游边墙：RW0＋10m～0＋10.5m、高程2006.5～2008.5m
J$_{4-123}$	N85°E SE∠85°～90°	1～2	带内充填碎块岩、片状岩、岩屑，铁锰质渲染，面见轻微蚀变	下游边墙：RW0＋02m～0＋03m、高程2004m～2009m

节理中等发育，主要有以下4组：①N5°～10°E NW∠60°～75°；②EW S∠50°；③N50°E NW∠55°～60°；④N80°W SW∠65°～80°。与洞室轴线的夹角分别为62°～67°、33°、73°、23°。尾闸室地下水不发育，洞壁干燥。

2.2.4.2　主要工程地质问题

尾闸室洞室围岩岩质坚硬，为次块状～镶嵌结构，未揭露较大规模断层，地下水不发育，洞室整体稳定。但顶拱发育中缓倾角结构面，对顶拱稳定不利；边墙发育近EW向优势节理且倾向洞内，对上游边墙稳定不利；存在不利组合块体问题。

1）顶拱中缓倾角结构面

顶拱桩号RW0＋49m～0＋72m段发育断层f$_{4-5}$、f$_{4-12}$：f$_{4-5}$产状为EW S∠45°，宽0.5～1cm，与洞向夹角33°；f$_{4-12}$产状为EW S∠50°，宽1～2cm，局部5cm，与洞向夹角33°。节理中等发育，主要见以下4组：①N60°E SE∠35°；②EW S∠50°；③N10°W SW∠65°；④N80°W SW∠65°～80°。为次块状～镶嵌结构，断层及节理①②与节理②等切割在顶拱形成组合块体，对顶拱稳定不利，开挖过程中浅表多见小掉块，属Ⅲ2类围岩。

2）顺洞向优势节理

尾闸室岩锚梁优势节理②和优势节理④与边墙夹角小，与其他切洞向陡倾角节理切割，易形成不利组合块体，存在块体稳定问题，开挖过程中已内插锚杆进行加强支护。

根据上述结构面发育特征，顺洞向优势节理对岩锚梁开挖成型很不利，岩台易产生块体松弛、滑塌问题，不容易成型。为确保岩台成型，项目部采取了加密爆破孔距、超前预锚、锁口锚固等综合措施，解决了岩台滑塌、松弛现象，岩台开挖成型总体较好。

2.2.4.3 工程地质条件评价

尾水检修闸门室岩性为弱风化～微风化花岗闪长岩，为次块状～镶嵌结构，岩体完整性差，发育 f_{4-5}、f_{4-12} 和 NWW 优势节理④、EW 向优势节理②与洞室轴线的夹角小于 33°，与其他结构面切割，易在边墙形成不利组合块体，对洞室边墙稳定不利，属Ⅲ类围岩，其中Ⅲ1 类围岩占 65.3%，Ⅲ2 类围岩占 34.7%。

尾闸室已完成系统锚喷+预应力锚索支护，针对不利组合块体进行内插锚杆加强锚固处理后，尾闸室围岩稳定性好。

2.2.4.4 工程地质结论

尾水检修闸门室岩性为弱风化下段～微风化花岗闪长岩，为次块状～镶嵌结构，岩体完整性差，发育 f_{4-5}、f_{4-12} 和 NWW 优势节理、EW 向优势节理与洞室轴线的夹角较小，与其他结构面切割，易在边墙形成不利组合块体，对洞室边墙稳定不利，属Ⅲ类围岩，其中Ⅲ1 类围岩占 65.3%，Ⅲ2 类围岩占 34.7%。

顺洞向结构面易产生块体松弛、滑塌问题，严重影响岩锚梁成型，通过采取超前预锚、锁口锚固等综合措施，岩台开挖成型总体较好。

经系统锚喷+锚索支护、局部加强锚固处理后，尾闸室围岩稳定性好。

2.2.5 母线洞

2.2.5.1 工程地质条件

1#～4#母线洞位于厂房与主变洞之间，平行布置，主断面尺寸为 9m×7.5m、底板高程为 1985.5m，洞长均为 45m，桩号为厂下 0+16.1m～0+61.1m，洞轴线走向为 S85°E。

母线洞围岩岩性为浅灰色花岗闪长岩（$\gamma\delta_5{}^2$），呈微风化～新鲜状，岩质坚硬。母线洞发育共揭露 4 条Ⅳ级结构面（见表 2.2.5－1），宽度 1～3cm，延伸长度 15～30m。节理中等发育～轻度发育，主要有以下 4 组：①N10°～30°E NW∠70°～90°；②N60°～80°W SW∠40°～45°；③N60°～80°W SW∠65°～75°；④N0°～10°W⊥。

表 2.2.5－1 母线洞揭露构造一览表

编号	产状	宽度（cm）	描述	发育部位
f_{2-12}	N80°～90°W SW∠50°～55°	2～3	带内充填碎裂岩、岩屑、石英脉	2#母线洞，厂下 0+31m～0+46m
J_{2-1}	N60°～70°W SW∠55°	1～3	局部宽 10cm，带内充填片状岩、岩屑，面起伏粗糙	1#母线洞，厂下 0+32m～0+46m
J_{2-2}	N20°～30°E SE∠60°～65°	2～5	带内充填片状岩、岩屑，见绿泥石化蚀变，两侧岩体较完整	3#母线洞，厂下 0+53m～0+58m
J_{2-3}	N20°E NW∠70°	1～3	带内充填片状岩、岩屑，干燥	3#母线洞，厂下 0+34m～0+35m

母线洞洞壁潮湿，无较大的出水点，仅个别部位有渗滴水。洞室开挖成型一般～较好。

2.2.5.2 主要工程地质问题

1）块体稳定

母线洞为次块状～块状结构，未揭露较大规模断层，4条Ⅳ级结构面均为中陡倾角，优势节理均为中陡倾角结构面，未发现较大规模不利组合块体，但存在浅表组合块体，对洞室稳定影响较小。经系统锚喷支护后，浅表随机组合块体稳定性好。

2）应力型破坏

（1）表层岩体应力松弛。

各母线洞开挖时间与厂房第Ⅳ层基本一致，母线洞开挖成型总体较好，右拱肩附近有片帮、应力破裂现象。厂房下卧过程中，岩墙应力持续调整，为抑制各母线洞表层围岩应力破裂、松弛现象进一步发展，针对右顶拱和右边墙采取增设预应力锚杆等加强锚固措施。

（2）喷层裂缝。

随着厂房Ⅴ～Ⅷ层下挖，母线洞所在岩墙的应力状态处于持续调整中。厂房下卧过程中，各母线洞内均出现喷层裂缝，喷层裂缝的发育程度和张开度与下游边墙距离相关。母线洞裂缝总体分布规律为：厂下0+16.1m～0+28m段（距厂房下游边墙0～12m）裂缝宽度一般3～4mm，部分宽度为6～12mm，厂下0+28m～0+56m段裂缝宽度一般1mm。喷层裂缝以环向为主（与厂房下游边墙近平行），断续延伸，延伸长度一般2～6m，少量延伸8～16m；右拱肩至右边墙发育少量纵向近水平裂缝。

母线洞围岩所处部位挖空率较高，两端两面临空，应力状态持续调整，卸荷松弛现象比较明显，加上发育NNE向节理会在一定程度上加大环向裂缝的开裂程度和影响深度。随着主厂房的开挖，边墙增高，加上爆破震动的影响，母线洞近主厂房端卸荷松弛较深，喷层环向裂缝较多。母线洞已进行加强锚固处理，围岩稳定性较好。

母线洞受应力集中影响，右拱肩至右边墙局部发育纵向裂缝，局部有开裂脱空现象，可能引发局部喷层脱落，已采取清撬补强等措施。

（3）底板岩体裂缝。

1#～4#母线洞底板清理前，靠近厂房下游边墙附近发育多条张开裂缝，裂缝宽度2～5mm不等。底板松动岩块清理后进行地质素描，各母线洞底板微张裂缝宽度一般0.5～2mm。

4条母线洞发育微张裂缝主要集中于厂下0+16.1m～0+25m范围（距厂房下游边墙0～9m），个别裂缝距离下游边墙约13m。裂缝多呈微张状态，宽度一般0.5～2mm，裂缝沿原生节理发育，主要沿切洞向NNE向陡倾角节理断续延伸。对比清除前后裂缝张开度来看，浅表40cm岩体裂缝张开度为下部岩体裂缝的2～3倍。

4#母线洞发育1条张开5～8mm裂隙，距离厂房下游边墙2～3.5m，产状为N20°ENW∠85°，长约5m，但未向两侧边墙延伸。

根据母线洞底板素描成果，距离厂房下游边墙0～9m深度范围内，母线洞底板沿

NNE向节理存在微张松弛现象（个别张开5～8mm），但都延伸不长，未发现岩石被拉裂现象，无贯穿母线洞底板的裂缝。

对比边顶拱喷层裂缝和底板岩体裂缝来看：①边顶拱喷层裂缝与底板岩体裂缝分布范围不同，边顶拱喷层裂缝分布范围较广，而底板岩体裂缝仅分布在距离厂房下游边墙4.4～7.7m范围内；②裂缝宽度不一样，边墙喷层裂缝最大宽度约10mm，而底板岩体裂缝最大约2mm。

为进一步查明喷层裂缝与岩体裂缝之间的相关性，现场沿喷层裂缝凿开，沿裂缝凿开喷层的位置分别位于距离厂房下游边墙5m、10m、15m。

从现场凿开情况来看，在距离厂房下游边墙5m、10m和15m处的喷层裂缝，凿开后并未发现对应的岩体开裂，特别是距离厂房下游边墙5m处，喷层裂缝宽达10mm，但是凿开后岩体没有发现裂缝。

（4）底板垫层裂缝。

根据厂房下游边墙和母线洞素描成果，绘制母线洞底板高程1985.5m平切图进行分析可知，底板以下无贯穿性潜在底滑面。

各母线洞底板垫层混凝土于2018年3月份浇筑完成，在厂房第Ⅷ～Ⅸ层开挖期间，底板垫层混凝土均出现裂缝。垫层裂缝发育范围为厂下0+30m～0+55m，宽度一般1～3mm，个别3～7mm。母线洞底板验收素描时，厂下0+30m～0+55m基岩未见张开裂缝。垫层侧面为电缆沟，垫层裂缝对应电缆沟位置未见裂缝延伸。

为查明岩墙是否存在贯穿性裂缝，在厂房与主变洞之间布置了2个对穿孔，桩号分别为厂右0+19m和厂右0+45m，与垫层裂缝对应位置即孔深1～35m段电视图像中未发现张开裂缝。结合母线洞建基面素描和岩墙钻孔电视成果，可排除岩墙发育贯穿性张裂缝的推测。

厂房第Ⅷ～Ⅸ层下卧过程中，岩墙应力状态持续调整，母线洞底板浅表局部岩体向临空面产生轻微变形，这是底板垫层裂缝产生的原因。

综上，厂房第Ⅷ～Ⅸ层开挖期间，母线洞底板厂下0+30m～0+55m范围垫层出现裂缝，但垫层裂缝未向电缆沟内延伸；同时基岩面素描时厂下0+30m～0+55m岩体未见裂缝。分析认为：厂房下卧过程中，岩墙应力持续调整，导致底板浅表岩体局部松弛变形，这是形成底板垫层裂缝的原因。结合母线洞建基面素描和岩墙钻孔电视成果，岩墙不存在贯穿性裂缝；厂房下游边墙1985m以下未发现较大的潜在底滑面。监测成果显示，岩墙的变形和锚索载荷测值均趋于平缓；厂房下游边墙在系统锚索基础上增加5排预应力锚索加强支护后，围岩稳定。

2.2.5.3　工程地质条件评价

母线洞岩性为新鲜的花岗闪长岩，岩质坚硬，为次块状～块状结构，构造不甚发育，节理中等～轻度发育，岩体完整性较差～较完整，开挖过程中，右侧拱肩局部有应力破裂现象，局部浅表岩体松弛、小掉块，为Ⅱ～Ⅲ1类围岩，其中Ⅱ类围岩占比约43%，Ⅲ1类围岩占比约57%。

厂房下挖过程中，岩墙应力持续调整，各母线洞表层围岩均出现明显的卸荷松弛，主要现象有：边墙和顶拱喷层均出现裂缝，发育程度和张开度随开挖逐渐增加；靠下游边墙 0~9m 段洞周沿节理张开松弛，底板浅表裂缝张开 2~5mm，清除松动岩块后裂缝张开 0.5~2mm；底板垫层浇筑后，先后发育宽 1~3mm 的裂缝。经系统锚喷和预应力锚杆加强锚固处理后，母线洞围岩稳定。

底板裂缝为局部应力调整导致，岩墙不存在贯穿性裂缝，厂房下游边墙 1985m 高程以下未发现较大的潜在底滑面，监测曲线趋于平缓，系统和加强锚索支护完成后，厂房下游边墙围岩稳定。

2.2.5.4　工程地质结论

1♯~4♯母线洞洞长均为 45m，岩性为新鲜的花岗闪长岩，岩质坚硬，为次块状~块状结构，构造不甚发育，节理中等~轻度发育，岩体完整性差~较完整，开挖过程中，右侧拱肩局部有应力破裂现象，局部浅表岩体松弛、小掉块，为Ⅱ、Ⅲ1 类围岩，其中Ⅱ类围岩占比约 43%，Ⅲ1 类围岩占比约 57%。

经系统锚喷支护后，浅表随机组合块体稳定性好；由于厂房下挖过程中岩墙应力持续调整，母线洞表层围岩出现明显的卸荷松弛现象，经系统锚喷和加强锚固处理后，围岩稳定。

2.2.6　压力管道

1♯~4♯压力管道平行布置，连接进水口与主副厂房洞，分为上平段、竖井段和下平段。

2.2.6.1　工程地质条件

1）上平段

（1）地形地貌。

上平段位于左岸山体内，洞室走向为 N60°E 转 N58°E，地面高程 2102~2172m，顶板高程为 2072m，上覆岩体厚度 30~100m。

（2）地层岩性。

围岩岩性为浅灰色花岗闪长岩，主要为微风化~新鲜状，洞口段存在少量弱风化岩体，岩质坚硬，岩石的单轴饱和抗压强度为 80~100MPa。

（3）地质构造。

洞室内无大规模的断层通过，构造形迹主要为断层及节理裂隙，共发育 12 条断层，见表 2.2.6-1。其中，1♯压力管道上平段发育断层 8 条，2♯压力管道上平段发育断层 1 条，3♯压力管道上平段发育断层 3 条；主要以走向 NEE、NW~NWW、NNW 向中陡倾角结构面为主，除 f$_{1Y-7}$ 为岩屑夹泥型外，其余为岩块岩屑型，结构面宽度一般 0.5~2cm 为主，带内一般充填碎裂岩、岩屑、片状岩等，面见铁锰质渲染，多扭曲，滴（渗）水；节理发育，主要发育以下 3 组：①N10°E SE∠80°；②N80°E NW∠60°~80°；③N75°W NE∠50°~60°。与洞轴线的夹角分别为 50°、20°、47°，面多闭合，平直粗糙，断续延伸，平行发育间距 0.5~1.0m。

表 2.2.6－1 压力管道上平段揭露断层一览表

洞室名称	编号	产状	宽度(cm)	描述	发育部位
1#压力管道	f_{1Y-1}	N75°~80°W NE∠70°~80°	1~2	充填碎块岩、岩屑，面铁锰质渲染轻微，扭曲	管（1）0+000m~0+015m
	f_{1Y-2}	N80°W NE∠40°~45°	0.5~1	充填岩屑，面潮湿	管（1）0+026m~0+046m
	f_{1Y-3}	N55°~60°W NE∠55°~65°	1~2	充填碎块岩、岩屑，面稍扭曲、潮湿	管（1）0+027m~0+044m
	f_{1Y-4}	N40°~55°W NE∠70°	1~2	充填碎块岩、岩屑，面扭曲、潮湿	管（1）0+069m~0+075m
	f_{47-65}	EW N∠75°	2~3	充填碎块岩、岩屑，面铁锰质渲染、潮湿	管（1）0+046m~0+055m
	f_{1Y-5}	N60°W NE∠70°~75°	0.5~2	充填碎块岩、岩屑，面铁锰质渲染、潮湿	管（1）0+011m~0+017m
	f_{1Y-6}	N70°E NW∠60°	0.5~1.5	充填碎块岩、岩屑，面铁锰质渲染、扭曲	管（1）0+000m~0+017m
	f_{1Y-7}	N50°E SE∠35°~45°	3~5	充填碎块岩、岩屑，少量泥膜，岩体呈强风化状，面潮湿	管（1）0+000m~0+018m
2#压力管道	f_{47-14}	N70°W NE∠40°~50°	1~2	碎裂岩夹岩屑，扭曲，呈强~弱风化状	管（2）0+016m~0+040m
3#压力管道	f_{3Y-1}	N10°W SW∠80°	1~2	充填碎裂岩，岩屑，面扭曲、潮湿	管（3）0+032m~0+040m
	f_{3Y-2}	N10°W SW∠40°	0.5~2	充填碎块岩、岩屑，面潮湿	管（3）0+000m~0+017m
	f_{3Y-3}	N60°~80°W NE∠80°~90°	1~3	充填碎块岩、岩屑，面铁锰质渲染、扭曲、潮湿	管（3）0+001m~0+008m

（4）水文地质条件。

洞室位于地下水位以下，为基岩裂隙水，岩体以微透水为主，局部为弱透水，开挖过程中无大的出水点，仅顶拱局部见滴（渗）水现象，洞壁潮湿。

2）竖井段

（1）地形地貌。

竖井段包括上弯段、下弯段及竖井直段，竖井段高程 1973.9~2066.0m，高92.1m，上覆岩体厚度 50~260m。

（2）地层岩性。

围岩岩性为浅灰色花岗闪长岩，微风化~新鲜状，岩质坚硬，岩石的单轴饱和抗压强度为 80~100MPa。

（3）地质构造。

洞室内无大规模的断层通过，构造形迹主要为断层及节理裂隙，共发育 2 条断层

（见表 2.2.6－2），属岩块岩屑型，结构面宽度一般 1～2cm，带内充填碎裂岩、岩屑、片状岩等，面潮湿。节理发育，主要发育以下 3 组：①N5°～10°E NW∠70°～80°；②N80°E NW∠60°～80°；③N60°W SW∠50°～60°。面闭合，平直粗糙，断续延伸，平行发育间距 0.5～1.0m。

表 2.2.6－2　压力管道竖井段揭露断层一览表

洞室名称	编号	产状	宽度 (cm)	描述	发育部位
3# 压力管道	f_{3Y-4}	N70°～80°E NW∠60°～70°	1～2	充填片状岩夹岩屑，呈强～弱风化状	管（3）0+061m～0+074m
4# 压力管道	f_{4Y-2}	N0°～5°W NE∠60°	1～2	充填碎裂岩、岩屑，面潮湿	管（4）0+088m～0+093m

（4）水文地质条件。

洞室位于地下水位以下，为基岩裂隙水，岩体微透水，开挖过程中无大的出水点，顶拱局部存在滴（渗）水现象，洞壁潮湿。

3）下平段

（1）地形地貌。

下平段终点与地下厂房上游边墙相衔接，底板高程 1969.3m，上覆岩体厚 190～264m，洞室走向 S85°E。

（2）地层岩性。

围岩岩性为浅灰色花岗闪长岩，新鲜，岩质坚硬，岩石的单轴饱和抗压强度在 80～100MPa 之间。

（3）地质构造。

洞室内无大规模的断层通过，构造形迹主要为断层及节理裂隙，共发育 4 条断层和 1 条挤压破碎带（见表 2.2.6－3），属岩块岩屑型，结构面宽度一般 1～2cm，带内充填碎裂岩、岩屑、片状岩等，面滴（渗）水。节理发育，主要发育以下 3 组：①N10°E SE∠80°～90°；②SN W（E）∠75°～80°；③N80°W SW∠60°～70°。面闭合，平直粗糙，断续延伸，平行发育间距 0.5～1.5m。

表 2.2.6－3　压力管道下平段揭露断层一览表

洞室名称	编号	产状	宽度 (cm)	描述	发育部位
2# 压力管道	f_{2Y-1}	N60°～70°W SW∠65°	2～3	充填碎块岩、岩屑，面稍扭曲、潮湿	管（2）0+148m～0+170m
	f_{2Y-2}	N70°～85°W SW∠60°	0.5～2	充填岩屑，面见蚀变，两侧岩体较破碎，面见滴水	管（2）0+130m～0+165m
3# 压力管道	J_{3Y-1}	N30°W NE∠45°	1	充填碎块岩、岩屑，面见蚀变、潮湿	管（3）0+146m～0+162m

洞室名称	编号	产状	宽度（cm）	描述	发育部位
4#压力管道	f_{4Y-1}	N50°～55°E SE∠40°	2～3	充填碎裂岩，面见擦痕、扭曲，沿面见滴水	管（4）0+102m～0+122m
	f_{4Y-3}	N60°W NE∠60°～65°	1～2	充填碎裂岩、岩屑，面潮湿	管（4）0+102m～0+143m

（4）水文地质条件。

洞室位于地下水位以下，为基岩裂隙水，微透水，开挖过程中无大的出水点，顶拱局部存在滴（渗）水现象，洞壁潮湿。

2.2.6.2 工程地质条件评价

1）上平段

上平段起始端设置渐变段连接进水口闸门塔体段与压力管道上平段，长15m，轴线方位角为N60°E，渐变段后上平段长8.21～65.04m，轴线方位角为N60°E～N58°E；上平段隧洞间距26～26.7m，洞间岩柱厚度14～14.7m。

上平段围岩岩性为花岗闪长岩，主要为微风化～新鲜岩体，洞口段少量弱风化下段岩体，岩质坚硬，洞室内无大规模的断层通过，构造形迹主要为断层及节理裂隙，共发育12条断层，均为Ⅳ级结构面。其中，顺洞向断层f_{1Y-7}为岩屑夹泥型，对洞室稳定不利，已在断层上盘布置锁口锚杆加强支护；其余为岩块岩屑型，且中陡倾角为主，对洞室稳定影响较小。

上平段开挖成形总体较好，局部发育不利组合块体引发掉块，岩体较完整～完整性差，围岩整体稳定，局部稳定性较差。

围岩分类以Ⅲ1类围岩为主，其中Ⅱ类围岩约占29%，Ⅲ1类围岩约占40%，Ⅲ2类围岩约占31%。各压力管道上平段围岩分类见表2.2.6－4。现场已完成系统锚喷支护，且针对局部稳定性差洞段增加随机锚杆加强支护，系统及局部加强支护完成后洞室稳定。

表 2.2.6－4 压力管道上平段围岩分类一览表

洞室名称	Ⅱ类围岩占比（%）	Ⅲ1类围岩占比（%）	Ⅲ2类围岩占比（%）
1#压力管道	43	41	16
2#压力管道	44	39	16
3#压力管道	0	58	42
4#压力管道	0	0	100

2）竖井段

上、下弯段转弯半径为30m，中心线长47.12m，竖井直段高32.1m，竖井段岩性为花岗闪长岩，微风化～新鲜，岩质坚硬。

洞室内无大规模的断层通过，发育2条断层，均为Ⅳ级结构面，岩块岩屑型，其中

顺洞向断层 f_{3Y-4}，对洞室稳定不利，切洞向陡倾角断层 f_{4Y-2}，对洞室影响较小。

洞室位于地下水位以下，为基岩裂隙水，开挖过程中无大的出水点，仅顶拱局部见滴（渗）水现象，主要发育桩号为管（1）0+085m～0+090m、管（4）0+053m～0+063m。

竖井段开挖成形总体较好，局部发育不利组合块体引发掉块，岩体较完整，围岩整体稳定，局部稳定性较差。

围岩分类以Ⅱ、Ⅲ1类围岩为主，少量为Ⅲ2类围岩，其中Ⅱ类围岩约占24%，Ⅲ1类围岩约占61%，Ⅲ2类围岩约占15%。各压力管道竖井段围岩分类见表2.2.6-5。现场已完成系统锚喷支护，针对局部稳定性差洞段增加随机锚杆加强支护，系统及局部加强支护完成后洞室稳定。

表 2.2.6-5　压力管道竖井段围岩分类一览表

洞室名称	Ⅱ类围岩占比（%）	Ⅲ1类围岩占比（%）	Ⅲ2类围岩占比（%）
1#压力管道	31	39	30
2#压力管道	39	61	0
3#压力管道	0	81	19
4#压力管道	26	62	12

3）下平段

下平段上覆岩体较厚，最薄为190m，围岩为新鲜花岗闪长岩，次块状～块状，岩质坚硬。

洞室内无大规模的断层通过，发育4条断层和1条挤压破碎带，均为Ⅳ级结构面，岩块岩屑型，其中3条为顺洞向断层，对洞室稳定不利，2条切洞向陡倾角结构面，对洞室稳定影响较小，NWW向优势节理对洞室边墙不利。

洞室位于地下水位以下，为基岩裂隙水，开挖过程中无大的出水点，仅顶拱局部见滴（渗）水现象，主要发育桩号为管（2）0+155m～0+175m、管（3）0+120m～0+125m洞段。

下平段开挖成形总体较好，局部发育不利组合块体引发掉块，岩体较完整，围岩整体稳定，局部稳定性较差。

围岩分类以Ⅱ、Ⅲ1类围岩为主，少量为Ⅲ2类围岩，其中Ⅱ类围岩约占48%，Ⅲ1类围岩约占49%，Ⅲ2类围岩约占3%。各压力管道下平段围岩分类见表2.2.6-6。现场已完成系统锚喷支护，且针对局部稳定性差洞段增加随机锚杆加强支护，系统及局部加强支护完成后洞室稳定。

表 2.2.6-6　压力管道下平段围岩分类一览表

洞室名称	Ⅱ类围岩占比（%）	Ⅲ1类围岩占比（%）	Ⅲ2类围岩占比（%）
1#压力管道	85	15	0
2#压力管道	48	52	0

洞室名称	Ⅱ类围岩占比（%）	Ⅲ1类围岩占比（%）	Ⅲ2类围岩占比（%）
3#压力管道	7	93	0
4#压力管道	52	35	13

2.2.6.3 工程地质结论

1#～4#引水上平段岩性为花岗闪长岩，呈弱风化下段～微风化，岩质坚硬，洞室内无大规模的断层通过，发育12条小断层，岩体较完整～完整性差，围岩整体稳定，顺洞向断层 f_{1Y-7} 对洞室稳定不利，局部发育不利组合块体，局部稳定性差，以Ⅲ类围岩为主，其中Ⅱ类围岩约占29%，Ⅲ1类围岩约占40%，Ⅲ2类围岩约占31%。

1#～4#竖井岩性为微风化～新鲜花岗闪长岩，发育2条小断层，洞壁干燥，局部滴（渗）水，岩体较完整，围岩整体稳定，顺洞向断层 f_{3Y-4} 对洞室稳定不利，局部发育不利组合块体，局部稳定性差，以Ⅱ、Ⅲ1类围岩为主，少量为Ⅲ2类围岩，其中Ⅱ类围岩约占24%，Ⅲ1类围岩约占61%，Ⅲ2类围岩约占15%。针对局部稳定性差洞段采取加强支护，支护完成后洞室稳定。

1#～4#下平段岩性为新鲜花岗闪长岩，次块状～块状，下平段开挖成形总体较好，岩体较完整，围岩整体稳定，发育3条顺洞向断层对洞室稳定不利，NWW向优势节理对边墙不利，局部稳定性差，以Ⅱ、Ⅲ1类围岩为主，少量为Ⅲ2类围岩，其中Ⅱ类围岩约占48%，Ⅲ1类围岩约占49%，Ⅲ2类围岩约占3%。

压力管道围岩整体稳定，已针对局部稳定性差洞段采取加强支护措施，系统和局部加强支护完成后，围岩稳定。

2.2.7 尾水扩散段及尾水连接管

2.2.7.1 工程地质条件

1#～4#尾水扩散段及尾水连接管位于厂房与尾调室之间，平行展布，其间岩墙厚度36m，洞向为N85°W，洞长均为107m，桩号为厂下0+16.1m～0+123.1m，尾水扩散段与尾水连接管分界桩号为厂下0+45.27m。洞室围岩岩性为新鲜的花岗闪长岩（ $\gamma\delta_5^2$ ），以次块状结构为主。

尾水扩散段及尾水连接管无大规模的断层通过，仅揭露9条小断层和1条挤压带（见表2.2.7—1），宽度0.5～3cm，岩块岩屑型，延伸长度一般20～50m，面多扭曲。其中，1条为缓倾角断层，8条为中陡倾角断层。发育3组优势节理：①N60°～90°W SW∠60°～90°；②N15°～30°E NW/SE∠65°～85°；③N75°～85°E NW∠30°～40°。与洞轴线的夹角分别为0°～20°，65°～80°，10°～20°。

表 2.2.7-1 尾水扩散段及尾水连接管构造一览表

洞室名称	编号	产状	宽度（cm）	描述	发育部位
1#尾水连接管	f_{1L-1}	N50°W SW∠40°~50°	1~2	充填碎块岩、岩屑，岩体呈强风化状，面潮湿，下盘岩体见蚀变现象	厂下 0+71m~0+101m
2#尾水连接管	f_{2L-1}	N30°E NW∠50°~60°	2~3	充填碎块岩、岩屑，面潮湿	厂下 0+54m~0+64m
3#尾水连接管	f_{3L-1}	N45°~55°W SW∠60°~70°	0.5~2	充填碎裂岩、岩屑，局部夹石英，沿断层面见滴水	厂下 0+90m~0+114m
	f_{3L-2}	N30°E SE∠70°~80°	0.5~1	充填碎块岩、岩屑，面潮湿	厂下 0+60m~0+68m
4#尾水连接管	f_{4L-1}	N50°W NE∠35°~40°	1~2	充填碎裂岩，面见擦痕、扭曲，影响带宽30~50cm	厂下 0+100m~0+123m
	f_{4L-2}	N50°~70°W NE∠55°~70°	1~3	充填碎裂岩、岩屑，面扭曲，沿断层面见滴水	厂下 0+60m~0+104m
	f_{4L-3}	N10°W NE∠25°~40°	0.5~2	充填碎裂岩夹岩屑，面扭曲、潮湿	厂下 0+76m~0+94m
	f_{4L-4}	N50°W NE∠60°~70°	0.5~2	充填碎裂岩，面见擦痕，面潮湿	厂下 0+74m~0+82m
	f_{4L-5}	N10°~20°E SE∠25°~30°	1~2	充填碎裂岩、岩屑，面潮湿	厂下 0+96m~0+112m
	J_{4L-1}	N40°E SE∠50°~60°	1	充填片状岩、岩屑，平行节理发育	厂下 0+28m~0+34m

洞室位于地下水位以下，为基岩裂隙水，微透水，开挖过程中无大的出水点，仅顶拱局部见滴（渗）水现象，主要发育范围为1#尾连厂下 0+45m~0+50m、1#尾连厂下 0+70m~0+90m、2#尾连厂下 0+60m~0+70m、4#尾连厂下 0+45m~0+80m。后期顶拱渗滴水逐渐减小至消失。

2.2.7.2 工程地质条件评价

尾水扩散段及尾水连接管围岩为花岗闪长岩，呈微风化~新鲜，次块状结构为主，发育10条Ⅳ级结构面，均为岩块岩屑型，其中缓倾角断层2条，其余为中陡倾角断层，岩体微透水，无大的出水点，仅局部洞段拱顶存在滴水现象。

洞室开挖总体成型较好，岩体较完整~完整性较差，围岩整体稳定，局部受断层、节理组合、蚀变影响产生掉块现象，一般掉块深度0.3~1m，最大深度2~2.5m，局部块体稳定性较差。

尾水扩散段及连接管围岩以Ⅲ1类为主，少量为Ⅲ2类围岩，各洞室围岩分类统计见表2.2.7-2。已针对局部稳定性较差洞段采取增加随机锚杆（锚筋束）加强支护，系统和局部加强支护完成后，洞室稳定。

表 2.2.7-2　尾水扩散段及尾水连接管围岩分类统计表

洞室名称	Ⅱ类围岩占比（%）	Ⅲ1类围岩占比（%）	Ⅲ2类围岩占比（%）
1#尾水连接管	0	95.6	4.4
2#尾水连接管	0	97.1	2.9
3#尾水连接管	0	100.0	0.0
4#尾水连接管	0	98.5	1.5

2.2.7.3　工程地质结论

1#~4#尾水扩散段及尾水连接管岩性为花岗闪长岩，呈微风化~新鲜，以次块状结构为主，无较大规模构造通过，洞壁局部滴水，岩体较完整~完整性差，围岩整体稳定，受小断层、节理组合、蚀变影响，局部块体稳定性较差，围岩以Ⅲ1类为主，占比97.8%，局部为Ⅲ2类围岩，占比2.2%。已针对局部稳定性较差洞段进行加强锚固，系统和局部加强支护完成后，围岩稳定性好。

2.2.8　尾水洞

2.2.8.1　工程地质条件

1）地形地貌

1#尾水洞全长 669.048m，地面高程 2035~2475m，上覆岩体厚度 32~504m，洞室走向由 N55°W 转向 N11°W，再转为 N33°E，尾水主洞尺寸 17m×18.5m（宽×高）。

2#尾水洞全长 518.435m，地面高程 2005~2430m，上覆岩体厚度 15~504m，洞室走向由 N55°W 转向 N11°W，再转为 N33°E，尾水主洞尺寸 17m×18.5m（宽×高）。

2）地层岩性

1#尾水洞围岩岩性为花岗闪长岩，以微~新鲜岩体为主，出口段为弱风化下段岩体，岩质坚硬，块状~次块状结构为主，岩石的单轴饱和抗压强度为 80~100MPa。

2#尾水洞围岩岩性为花岗闪长岩，以微~新鲜岩体为主，出口段为弱风化岩体，岩质坚硬，块状~次块状结构为主，岩石的单轴饱和抗压强度为 80~100MPa。

3）地质构造

1#尾水洞无大规模的断层通过，揭露 22 条小断层和 1 条挤压破碎带（见表 2.2.8-1），带宽 0.5~5cm，均为岩块岩屑型。发育优势节理 4 组：①N10°E NW∠70°~90°；②N80°E SE∠70°~80°；③N50°W NE∠20°~25°；④EW S∠30°~35°。上述结构面多闭合，面平直光滑，断续延伸长。

表 2.2.8－1　1♯尾水洞构造一览表

编号	产状	宽度（cm）	描述	发育部位
f_{1W-1}	N60°～65°W NE∠45°～60°	1～3	充填碎块岩、岩屑，呈强～弱风化状	1♯尾0+026m～0+055m
f_{1W-2}	EW N∠50°	1～3	充填碎裂岩，片状岩，面扭曲，岩断层面潮湿，呈强～弱风化	1♯尾0+080m～0+108m
f_{1W-3}	N30°E NW∠30°	0.5～1	充填碎裂岩，面见擦痕，呈强～弱风化	1♯尾0+065m～0+077m
f_{1W-4}	N80°～85°W NE∠50°～60°	0.5～1	充填碎裂岩，面扭曲，岩断层面滴水，呈强～弱风化	1♯尾0+152m～0+157m
f_{1W-5}	N70°E SE∠60°	1～3	充填碎块岩，面潮湿	1♯尾0+014m～0+021m
f_{1W-6}	N15°～20°E SE∠60°～65°	1～3	充填碎块岩、岩屑	1♯尾0+006m～0+018m
f_{1W-7}	N50°～55°W SW∠35°～50°	1～3	充填碎块岩、岩屑，面扭曲	1♯尾0+000m～0+030m
f_{1W-8}	N80°W NE∠70°	1～2	充填碎块岩，岩体呈强风化状	1♯尾0+006m～0+018m
f_{1W-9}	N10°E NW∠50°～60°	1～3	充填碎裂岩夹片状岩，面见擦痕	1♯尾0+494m～0+500m
f_{1W-10}	N70°～80°E NW∠35°～50°	3～5	充填碎裂岩，呈强～弱风化	1♯尾0+170m～0+178m
f_{1W-11}	N80°E NW∠55°	1～3	充填碎裂岩，面扭曲，沿断层面见滴水	1♯尾0+216m～0+222m
f_{1W-12}	N80°W SW∠50°	0.5～1	充填碎裂岩，面见擦痕	1♯尾0+510m～0+517m
f_{1W-13}	N45°E SE∠45°	1～2	充填碎裂岩，面扭曲，岩断层面滴水，呈强～弱风化	1♯尾0+612m～0+669m
f_{1W-14}	N30°～40°E NW∠70°～80°	0.5～1	充填碎裂岩，面见铁锰质渲染，呈强～弱风化	1♯尾0+610m～0+623m
f_{1W-15}	N70°W SW∠50°	1～2	充填碎裂岩，面见铁锰质渲染	1♯尾0+641m～0+659m
f_{1W-16}	N20°W SW∠5°～10°	0.5～1	充填碎裂岩夹岩屑，面见擦痕	1♯尾0+638m～0+661m
f_{1W-17}	N75°E SE∠65°	1～3	充填碎裂岩，岩断层面潮湿，呈强～弱风化	1♯尾0+181m～0+190m
f_{1W-18}	N30°E SE∠70°	1～3	充填碎裂岩，局部夹岩屑	1♯尾0+626m～0+544m

编号	产状	宽度（cm）	描述	发育部位
f_{1w-19}	N30°E NW∠35°～40°	2～3	充填碎裂岩夹岩屑，面铁锰质渲染	1#尾0+645m～0+669m
f_{1w-20}	N70°～80°E NW∠45°～50°	3～5	充填碎裂岩夹岩屑	1#尾0+444m～0+507m
f_{1w-21}	N25°E SE∠50°	2～3	充填碎裂岩夹岩屑，局部扭曲	1#尾0+630m～0+669m
f_{1w-22}	N20°～30°E SE∠20°～30°	2～3	充填碎裂岩夹岩屑，面扭曲	1#尾0+623m～0+656m
J_{1w-1}	N35°～45°E SE∠50°～55°	0.5～1	充填碎裂岩，面见擦痕	1#尾0+570m～0+602m

2#尾水洞无大规模的断层通过，揭露21条小断层和6条挤压破碎带（见表2.2.8－2），一般带宽0.5～5cm，岩块岩屑型，属Ⅳ级结构面。发育优势节理4组：①N10°～20°E NW∠70°～90°；②N75°～85°E SE∠40°～50°；③N70°～80°W SW∠70°～80°；④EW N∠35°。上述结构面多闭合，面平直粗糙，断续延伸长，平行发育多条，间距0.5～1m。

表2.2.8－2　2#尾水洞构造一览表

编号	产状	宽度（cm）	描述	发育部位
f_{2w-1}	N40°～60°W NE∠55°～70°	2～5	充填碎块岩、片状岩，面扭曲	2#尾0+015m～0+050m
f_{2w-2}	N30°～35°W NE∠20°～30°	1～3	充填碎裂岩，面微扭	2#尾0+044m～0+063m
f_{2w-3}	N70°W NE∠60°～65°	2～5	充填碎裂岩，沿断层面见滴水	2#尾0+035m～0+063m
f_{2w-4}	N70°W NE∠40°～45°	1～4	充填碎裂岩，沿断层面见滴水	2#尾0+052m～0+068m
f_{2w-5}	N70°E NW∠70°	3～5	充填碎裂岩，铁锰质渲染，沿断层面见滴水，强～弱风化状	2#尾0+059m～0+067m
f_{2w-6}	N75°E SE∠55°	2～6	充填碎裂岩，石英脉，面扭曲，铁锰质渲染，沿断层面滴水，局部现状流水	2#尾0+070m～0+078m
f_{2w-7}	N60°W NE∠55°	0.5～2	充填碎裂岩，沿断层面滴水	2#尾0+078m～0+096m
f_{2w-8}	N70°E NW∠50°～65°	1～2	充填碎裂岩，面扭曲，沿断层面潮湿	2#尾0+100m～0+109m
f_{2w-9}	N45°W NE∠50°～60°	1～2	充填碎裂岩，局部扭曲，沿断层面潮湿	2#尾0+093m～0+104m

编号	产状	宽度（cm）	描述	发育部位
f_{2w-10}	N85°W NE∠60°～65°	5～10	充填碎裂岩，局部扭曲，沿断层面潮湿	2#尾0+098m～ 0+119m
f_{2w-11}	N40°E NW∠70°～75°	2～5	充填碎裂岩及石英	2#尾0+233m～ 0+240m
f_{2w-12}	N10°～20°E NW∠50°～60°	5～10	充填碎裂岩、岩屑，局部扭曲，断层影响带宽10～30cm	2#尾0+230m～ 0+260m
f_{2w-13}	N40°～50°W SW∠50°	1～3	充填碎裂岩	2#尾0+365m～ 0+374m
f_{2w-14}	N80°W NE∠80°	1～3	充填碎裂岩，面潮湿	2#尾0+400m～ 0+405m
f_{2w-15}	N60°E SE∠55°	1～3	充填碎裂岩，面见铁锰质渲染	2#尾0+457m～ 0+472m
f_{2w-16}	N70°～75°E NW∠80°～90°	1～2	充填碎裂岩夹岩屑，面见铁锰质渲染	2#尾0+436m～ 0+452m
f_{2w-17}	N50°W SW∠50°～70°	0.5～2	充填碎裂岩，局部扭曲	2#尾0+490m～ 0+498m
f_{2w-18}	SN E∠30°～40°	1～2	充填碎裂岩	2#尾0+350m～ 0+370m
f_{2w-19}	N60°E NW∠40°～60°	2～3	充填碎裂岩、片状岩，面扭曲，面见擦痕	2#尾0+354m～ 0+370m
f_{2w-20}	N30°～40°E SE∠5°～10°	2～3	充填碎裂岩夹片状岩	2#尾0+320m～ 0+347m
f_{2w-21}	N50°～60°E SE∠60°～70°	2～3	充填碎裂岩、片状岩，扭曲	2#尾0+000m～ 0+005m
J_{2w-1}	SN E∠45°	2～4	充填碎裂岩、片状岩，面附钙质	2#尾0+233m～ 0+258m
J_{2w-2}	N50°E SE∠75°	0.5～1	充填岩屑，面平直粗糙，掉块形成光面	2#尾0+229m～ 0+233m
J_{2w-3}	N30°E NW∠20°～30°	0.5～1	充填岩屑，面平直粗糙，掉块形成光面	2#尾0+227m～ 0+237m
J_{2w-4}	N80°E SE∠50°～60°	1～2	充填岩屑，夹石英	2#尾0+086m～ 0+090m
J_{2w-5}	N80°E NW∠30°	0.5～2	充填碎裂岩、岩屑	2#尾0+165m～ 0+182m
J_{2w-6}	N80°W SW∠85°	0.5～2	充填碎裂岩，面见铁锰质渲染，沿带面见滴水	2#尾0+447m～ 0+448m

4）水文地质条件

1#尾水洞洞室位于地下水位以下，为基岩裂隙水，微透水为主，局部弱透水，局部洞段顶拱、拱肩见滴水现象，主要发育桩号为1#尾0+000m～0+030m、1#尾0+210m～0+230m、1#尾0+390m～0+420m、1#尾0+525m～0+610m。底板1#尾0+33m（高程1952m）沿节理面出现少量涌水现象，水温30℃，流量约5L/min。

出口端受大坝基坑积水影响，局部锚杆孔出现涌水现象，出水点桩号为左侧边墙1#尾0+631m（高程1975m）、1#尾0+657m（高程1976m）、1#尾0+661m（高程1980m）、1#尾0+662m（高程1979m）；右侧边墙桩号为1#尾0+668m（高程1979m）、1#尾0+669m（高程1978m），水温18.4℃～19.5℃，单个出水点最大流量4L/min；底板1#尾0+590m（高程1969m）沿节理面出现少量涌水现象，水温21.5℃，流量约15L/min。基坑积水抽排完成后，这些锚杆孔即断流。

2#尾水洞洞室位于地下水位以下，为基岩裂隙水，不发育，顶拱局部见滴（渗）水现象，主要发育桩号为2#尾0+000m～0+022m、2#尾0+090m～0+130m、2#尾0+200m～0+225m、2#尾0+450m～0+490m、2#尾0+450m～0+510m。出口端受大坝基坑积水影响，局部锚杆孔出现涌水现象，涌水点位于右边墙，桩号2#尾0+516m（高程1979m），流量24L/min，水温17.9℃；基坑积水抽排完成后，这些锚杆孔即断流。

2.2.8.2 工程地质条件评价

1）1#尾水洞

1#尾水洞围岩岩性为花岗闪长岩，微风化～新鲜为主，出口端为弱风化下段岩体，洞内无大规模的断层通过，揭露22条小断层、1条挤压破碎带，均为岩块岩屑型，其中3条为缓倾角断层，对顶拱稳定不利，其余为中陡倾角断层，对洞室稳定影响较小。

洞室内地下水以滴（渗）水为主，出口端受基坑积水影响，局部洞段锚杆孔出现少量涌水现象。底板出现1处温泉点水量较小，通过水质全分析，根据《水力发电工程地质勘察规范》（GB 50287—2016）判定：泉点对混凝土无腐蚀性。

洞室开挖总体成型较好，局部洞段受顶拱缓倾角结构面影响成型较差。岩体较完整～完整性差，围岩整体稳定，局部受断层、节理组合、蚀变影响产生掉块现象，局部稳定性较差。

1#尾水洞围岩分类以Ⅲ类为主，少量为Ⅱ、Ⅳ类围岩，其中，Ⅱ类围岩约占8%，Ⅲ1类围岩约占72%，Ⅲ2类围岩约占18%，Ⅳ类围岩约占2%。现场已完成系统锚喷支护（Ⅲ1类支护参数为系统锚杆$L=6m@1.5m\times1.5m$，喷10cm混凝土+挂网），且针对局部稳定性差洞段增加随机锚杆加强支护，系统及局部加强支护完成后洞室稳定。

2）2#尾水洞

2#尾水洞围岩岩性为花岗闪长岩，微风化～新鲜为主，出口端为弱风化下段岩体，洞内无大规模的断层通过，揭露21条小断层、6条挤压破碎带，均为岩块岩屑型，Ⅳ级结构面，其中4条为缓倾角结构面，对顶拱稳定不利，其余为中陡倾角断层，对洞室稳定影响较小；顺洞向缓倾角节理面发育，对洞室顶拱稳定不利。

洞室内地下水以滴（渗）水为主，出口端受基坑积水影响，右边墙0+516m锚杆孔出现 1 处涌水点，水量 24L/min，流量较小，对洞室围岩稳定影响较小。

洞室开挖总体成型较好，岩体较完整～完整性差，围岩整体稳定，局部受断层、节理组合、蚀变影响产生掉块现象，局部稳定性较差。掉块深度一般为 0.4～0.7m，最深达 1～2.5m。

洞室围岩分类以Ⅲ类为主，少量为Ⅱ、Ⅳ类围岩，其中，Ⅱ类围岩约占 10%，Ⅲ1 类围岩约占 63%，Ⅲ2 围岩类约占 25%，Ⅳ类围岩约占 2%。现场已完成系统锚喷支护（Ⅲ1 类支护参数为系统锚杆 $L=6m@1.5m×1.5m$，喷 10cm 混凝土＋挂网），且针对局部稳定性差洞段增加随机锚杆加强支护，系统及局部加强支护完成后洞室稳定。

2.2.8.3　工程地质结论

1#尾水洞岩性为花岗闪长岩，以微风化～新鲜为主，出口端为弱风化下段岩体，洞内无大规模的断层通过，发育 3 条缓倾角断层对顶拱稳定不利，其余断层对洞室稳定影响较小；地下水发育，对混凝土无腐蚀性。开挖总体成型较好，局部掉块，岩体较完整～完整性差，围岩整体稳定，受断层、节理组合、蚀变影响，局部稳定性差，以Ⅲ类围岩为主，少量为Ⅱ、Ⅳ类围岩，其中，Ⅱ类围岩约占 8%，Ⅲ1 类围岩约占 72%，Ⅲ2 类围岩约占 18%，Ⅳ类围岩约占 2%。

2#尾水洞岩性为花岗闪长岩，以微风化～新鲜为主，出口端为弱风化下段岩体，洞内无大规模的断层通过，发育 4 条缓倾角断层，顺洞向缓倾角节理面发育，对洞室顶拱稳定不利；地下水发育，对混凝土无腐蚀性。洞室开挖总体成型较好，局部受断层、节理组合、蚀变影响产生掉块，局部稳定性差，以Ⅲ类围岩为主，少量为Ⅱ、Ⅳ类围岩，其中，Ⅱ类围岩约占 10%，Ⅲ1 类围岩约占 63%，Ⅲ2 围岩类约占 25%，Ⅳ类围岩约占 2%。针对尾水洞局部稳定性差洞段已进行加强支护，系统和加强支护完成后，尾水洞围岩稳定。

2.2.9　出线洞

2.2.9.1　工程地质条件

1）出线下平洞

出线下平洞轴线走向 S85°E，地面高程 2350～2390m，洞顶高程 2006.10m，上覆岩体厚度 344～384m。围岩岩性为花岗闪长岩，呈微风化～新鲜状，岩质坚硬。

出线下平洞发育断层 f_{2-2}，N75°～80°W NE∠70°，宽 1～3cm，顺洞向延伸于右边墙，岩块岩屑充填。主要发育 3 组优势节理：①N15°～20°E NW∠75°～85°；②N80°～85°W NE∠50°～55°；③N85°W SW∠50°。与洞轴线的夹角分别为 75°～80°，0°～5°，0°～5°。

洞室位于地下水位之下，岩体透水性弱，开挖过程中无出水点。

2）出线竖井

出线竖井高 148.4m，断面尺寸为 10m×10m，洞顶高程 2139.70m，上覆岩体厚度约 230m。围岩岩性为花岗闪长岩，呈微风化～新鲜状，岩质坚硬，岩石的饱和单轴抗压强度 80～100MPa。

出线竖井共揭露 1 条断层和 8 条挤压带：f_{2-2}，N75°～80°W NE∠70°，宽 1～3cm，从出线下平洞右边墙延伸至出线竖井，为岩块岩屑型；挤压带宽度 1～2cm，延伸长度 4～12m 不等。主要发育 3 组优势节理：①N5°～20°E NW∠70°～85°；②N70°～85°W NE/SW∠35°～50°；③N70°～80°E NW∠60°～70°。

出线竖井位于地下水位之下，为基岩裂隙水，岩体透水性较弱，开挖过程中无大的出水点，厂下 0+92.1m 高程 2099m 井壁锚杆孔施工过程中见线状流水，流量约 1L/min，一周后该孔断流。

3）出线上平洞

出线上平洞全长 427.83m，从出线竖井起，轴线走向由 S58°E 转到 N52°E，连接开关站平台。出线上平洞洞顶高程 2109～2133m，沿线地面高程 2145～2395m，上覆岩体厚度 12～286m。围岩岩性为花岗闪长岩，岩质坚硬，桩号 0+427.83m～0+230m 段呈弱风化，0+230m～0+0m 段呈微新，其中，桩号 0+427.83m～0+369m 段为弱卸荷，桩号 0+369m～0+0m 段无卸荷。

出线上平洞共揭露 29 条断层和 2 条挤压带（见表 2.2.9-1），宽度一般 1～3cm，个别 5～10cm，均为岩块岩屑型。出线上平洞主要发育 NNE、NNW、NWW、NE 向中陡倾角节理。

表 2.2.9-1　出线上平洞揭露构造一览表

编号	产状	宽度（cm）	描述	发育位置
$f_{(1)}$	N70°E SE∠80°	2～3	带内充填岩屑，面附铁锰质渲染	0+85m～0+101m 边顶拱
$f_{(2)}$	N80°W SW∠70°	2～3	带内充填碎裂岩，铁锰质渲染	0+105m～0+108m 下游边墙
$f_{(3)}$	N10°E SE∠50°	5～10	带内充填碎裂岩，铁锰质渲染	0+106m～0+112m 边顶拱
$f_{(4)}$	EW N∠65°～70°	0.5～1	带内充填岩屑，面附钙质，可见擦痕	0+167m～0+171m 顶拱及上游边墙
$f_{(5)}$	N75°E NW∠60°	3～6	带内充填碎裂岩、岩屑，面附铁锰质渲染，两侧顺产状节理发育	0+174m～0+184m 边顶拱
$f_{(6)}$	N55°W SW∠55°	5～10	带内充填片状岩、岩屑，面附铁锰质渲染	0+123m～0+192m 边顶拱
$f_{(7)}$	N80°E NW∠65°	1～3	带内充填片状岩、岩屑	0+185m～0+191m 顶拱及上游边墙
$f_{(8)}$	SN W∠70°	1～3	带内充填片状岩、岩屑，面附铁锰质渲染	0+190m～0+193m 下游边墙
$f_{(9)}$	N80°W SW∠40°～45°	2～3	带内充填碎屑岩、岩屑，面扭曲，铁锰质渲染	0+187m～0+202m 边顶拱

编号	产状	宽度（cm）	描述	发育位置
f(10)	N40°E NW∠40°～45°	0.5～1	带内充填碎裂岩，两侧岩体较完整	0＋233m～0＋241m 边顶拱
f(11)	N65°W SW∠10°～20°	1～3	带内充填碎裂岩夹岩屑，面见铁锰质渲染，强～弱风化状	0＋288m～0＋312m 上游边墙
f(12)	N50°E NW∠80°～85°	2～5	带内充填碎裂岩，面见铁锰质渲染	0＋300m～0＋303m 边顶拱
f(13)	N50°E⊥	3～5	带内充填碎裂岩夹岩屑，面见铁锰质渲染	0＋302m～0＋305m 边顶拱
f(14)	N10°W SW∠70°	1～3	带内充填碎裂岩，面见铁锰质渲染，弱风化状	0＋268m～0＋273m 边顶拱
f(15)	N60°W SW∠50°～60°	1～3	带内充填碎裂岩夹岩屑，面见铁锰质渲染，面扭曲	0＋258m～0＋272m 上游边墙
f(16)	N50°W NE∠80°	1～2	带内充填碎裂岩，面见铁锰质渲染	0＋251m～0＋259m 顶拱及上游边墙
f(17)	N80°W NE∠60°	1～3	带内充填碎屑岩，面见铁锰质渲染	0＋317m～0＋320m 边顶拱
f(18)	N20°E⊥	5～10	带内充填碎块岩，面见铁锰质渲染，强风化状	0＋327m～0＋328m 边顶拱
f(19)	N80°W NE∠65°	3～5	带内充填片状岩、岩屑，面见铁锰质渲染	0＋319m～0＋329m 顶拱及上游边墙
f(20)	N70°E NW∠65°	3～5	带内充填片状岩、岩屑，面见铁锰质渲染	0＋319m～0＋321m 顶拱及上游边墙
f(21)	N40°E NW∠80°	1～3	带内充填片状岩、岩屑，面见铁锰质渲染	0＋243m～0＋245m 顶拱及下游边墙
f(22)	EW N∠60°	5～10	带内充填碎裂岩、石英脉，面附铁锰质渲染，见擦痕，面潮湿	0＋239m～0＋251m 顶拱及上游边墙
f(23)	N80°W⊥	5～8	带内充填碎裂岩，面附铁锰质渲染，面潮湿	0＋246m 上游边墙
f(24)	N60°E⊥	3～5	带内充填碎块岩，面附铁锰质渲染，见擦痕，面潮湿	0＋249m～0＋252m 顶拱及上游边墙
f(25)	N30°W SW∠60°	2～5	带内充填碎块岩，面附铁锰质渲染，面潮湿	0＋239m～0＋243m 下游边墙
f(26)	N40°E NW∠80°～85°	2～3	带内充填碎块岩、岩屑，见渗水	0＋340m～0＋348m 边顶拱
f(27)	N40°E NW∠70°	1～3	带内充填碎屑岩、岩屑	0＋360m～0＋373m 边顶拱

编号	产状	宽度（cm）	描述	发育位置
f(28)	N65°W SW∠55°	2~4	带内充填碎屑岩、岩屑	0+365m~0+375m 边顶拱
f(29)	N45°E SE∠40°	3~5	带内充填碎块岩、岩屑，面扭曲	0+393m~0+410m 上游边墙
J(1)	N30°E⊥	1~2	带内充填片状岩	0+92m~0+93m 边顶拱
J(2)	N70°E NW∠35°~40°	1~2	带内充填片状岩、岩屑，面附铁锰质渲染	0+195m~0+201m 上游边墙

出线上平洞一半洞段位于地下水位之下，为基岩裂隙水，岩体透水性较弱，开挖过程中无大的出水点，局部渗、滴水。

2.2.9.2　工程地质条件评价

1）出线下平洞

出线下平洞以次块状结构为主，顶拱成型较好；左边墙发育节理③，为顺洞向倾洞内，对左边墙稳定不利，引发局部掉块；右边墙发育 f_{2-2} 和节理②，为顺洞向倾洞内，与其他结构面切割形成不利组合块体，多见掉块、超挖现象。

出线下平洞岩性为花岗闪长岩，以次块状结构为主，节理中等发育，岩体完整性差，顶拱整体稳定，发育顺洞向中陡倾角断层和节理，对边墙稳定不利，两侧边墙易形成不利组合块体，浅表见卸荷松弛现象，局部稳定性差，属Ⅲ1类围岩。在 $L=4.5m@1.5m×1.5m$ 系统挂网锚喷基础上，针对两侧边墙已采取加强锚固处理，系统和加强支护后，出线下平洞围岩稳定。

2）出线竖井

出线竖井为块状~次块状结构，开挖成型较好，局部有片帮现象，浅表小岩块已清撬处理。厂右0+49.25m侧壁（南）发育断层 f_{2-2}，其上盘高程1996~2000m节理较发育，该段边壁稳定性差。发育8条挤压带，其中2条顺边墙延伸但倾向井外，6条与边墙大角度相交，对边墙稳定影响小。竖井未发现较大的不利结构面，边墙节理断续延伸，仅在表层形成随机组合块体，围岩整体稳定，局部稳定性较差。

其中，高程2058~2012m段节理轻度发育，节理面多闭合，以块状结构为主，岩体较完整，属Ⅱ类围岩；高程2139.7~2058m和高程2012~1991.3m段节理中等发育，以次块状结构为主，岩体完整性差~较完整，围岩整体稳定，局部稳定性较差，属Ⅲ1类围岩。经统计，出线竖井Ⅱ类围岩占比31％，Ⅲ1类围岩占比69％。

厂右0+49.25m侧壁（南）高程1996~2000m受 f_{2-2} 影响稳定性差，已进行加强锚固。出线竖井完成 $L=6m@1.5m×1.5m$ 系统挂网锚喷支护和局部加强锚固处理后，围岩稳定。

3）出线上平洞

出线上平洞全洞岩性为花岗闪长岩，岩质坚硬，呈弱风化~新鲜状，为块状~镶嵌结构。其中，桩号0+0m~0+84m、0+111m~0+116m、0+201m~0+230m段围岩呈微风化～新鲜状，构造不发育，节理轻度发育，以块状结构为主，岩体较完整，属Ⅱ类围岩。桩号 0+84m～0+111m、0+116m～0+201m、0+230m～0+239m、0+327m～0+361m 段构造发育，节理中等～轻度发育，以次块状结构为主，岩体完整性差～较完整，属Ⅲ1 类围岩。桩号 0+239m～0+327m、0+361m～0+427.83m 段围岩呈弱风化，为无卸荷～弱卸荷，结构面中等发育～较发育，为次块状～镶嵌结构，岩体完整性差，属Ⅲ2 类围岩。

经统计，出线上平洞Ⅱ类围岩占比 27.6%，Ⅲ1 类围岩占比 36.2%，Ⅲ2 类围岩占比 36.2%。对Ⅱ类围岩采取喷 10cm 厚 C25 混凝土＋随机锚杆、挂网支护措施；对Ⅲ1 类围岩采取 $L=4.5m@1.5m×1.5m$ 系统锚喷支护措施；对Ⅲ2 类围岩，在 $L=4.5m@1.5m×1.5m$ 系统锚喷支护基础上，内插锚杆进行加强支护。出线上平洞完成系统和加强支护后，围岩稳定。

2.2.9.3　工程地质结论

出线下平洞岩性为花岗闪长岩，以次块状结构为主，发育顺洞向中陡倾角断层和节理，对边墙稳定不利，两侧边墙易形成不利组合块体，浅表见卸荷松弛现象，局部稳定性差，属Ⅲ1 类围岩。针对两侧边墙已采取加强锚固处理，完成系统和加强支护后，出线下平洞围岩稳定。

出线竖井为块状～次块状结构，开挖成型较好，局部有片帮现象，竖井未发现较大的不利结构面，围岩整体稳定，边墙节理多断续延伸，在表层形成随机组合块体，局部稳定性较差，主要为Ⅲ1 类围岩，占比 69%，部分为Ⅱ类围岩，占比 31%。完成系统和局部加强支护后，出线竖井围岩稳定。

出线上平洞全洞岩性为花岗闪长岩，岩质坚硬，呈弱风化～新鲜状，为块状～镶嵌结构，构造发育，节理中等～轻度发育，局部较发育，岩体完整性差～较完整，属Ⅱ、Ⅲ类围岩。其中，Ⅲ1 类围岩占比 36.2%，Ⅲ2 类围岩占比 36.2%，Ⅱ类围岩占比 27.6%。针对Ⅲ2 类围岩已进行加强支护，完成系统和加强支护后，出线上平洞围岩稳定。

3 地下洞室群开挖支护系统设计

3.1 地下工程设计方法概述

地下工程支护理论发展至今已有近百年的历史，地下工程支护理论的一个重要问题就是如何确定作用在支护结构上的荷载。从这方面看，支护理论的发展可以分为以下三个阶段：

（1）19世纪20年代以前主要是古典的压力理论阶段。这一理论是基于一些简单的假设。

（2）19世纪20年代至60年代的松散体理论。这一理论将岩体作为松散体，认为作用在支护结构上的荷载是围岩塌落拱内的松动岩体质量。

（3）19世纪60年代前后发展起来的支护与围岩共同作用的现代支护理论。这种支护理论一方面是由于喷锚支护等现代支护形式的出现，保证了围岩不发生坍塌；另一方面是由于岩体力学的发展，逐渐形成了以岩体力学原理为基础、以喷锚支护为代表、考虑支护与围岩共同作用的现代支护理论。

基于上述原理，喷锚支护的具体设计方法有工程类比法、理论分析法和现场监控法。其中，工程类比法是当前主要采用的方法，目前正朝着定量化、精确化和科学化的方向发展。喷锚支护的理论设计法，最早是新奥法创始人之一拉布希维兹在20世纪60年代提出的。近年来，有限元、离散元、边界元等数值模拟方法已在喷锚支护计算中广泛应用，它能模拟围岩弹塑性、黏弹塑性及岩体节理裂隙等力学特征与施工开挖程序等，因而成为计算的主要手段。不过，限于岩体力学参数及初始地应力难以准确确定，对围岩的本构关系及破坏准则也认识不足，因而计算结果只作为设计的参考依据。监控设计法（信息化设计法）是20世纪70年代后期发展起来的一种新兴的工程设计法，它依据现场量测获得的信息，反馈设计并指导施工。由于监控设计法能较好地适应复杂多变的围岩特性和反映地下工程的受力特点，因而它和理论分析法相结合，进一步发展成为监控反馈设计法（反分析法）。

20世纪90年代以来，我国迎来了水电发展的新时期，一大批规模宏大的地下厂房洞室群的开挖建成，在吸收借鉴原有支护设计理论的基础上，进一步推动现代支护设计理论的发展。

杨房沟水电站地下洞室群规模大、围岩地质条件复杂且地应力水平较高，根据本工程实际特点，采用现代支护设计理论，确定地下洞室群支护设计方案。

3.2 地下洞室群布置及规模

杨房沟水电站总装机容量 1500MW，地下厂房采用左岸首部开发方案，地下厂房部位的地面高程 2240～2370m，上覆岩体厚度 197～328m，水平岩体厚度 125～320m，岩性为花岗闪长岩，岩体完整，岩质坚硬。厂区主要洞室主副厂房洞、主变洞、尾调室平行布置。地下厂房洞室群三维布置见图 3.2-1。

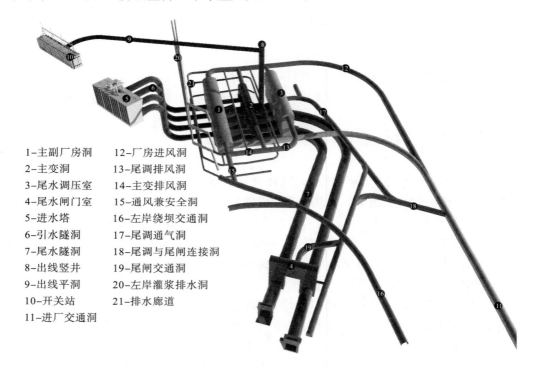

1—主副厂房洞	12—厂房进风洞
2—主变洞	13—尾调排风洞
3—尾水调压室	14—主变排风洞
4—尾水闸门室	15—通风兼安全洞
5—进水塔	16—左岸绕坝交通洞
6—引水隧洞	17—尾调通气洞
7—尾水隧洞	18—尾调与尾闸连接洞
8—出线竖井	19—尾闸交通洞
9—出线平洞	20—左岸灌浆排水洞
10—开关站	21—排水廊道
11—进厂交通洞	

图 3.2-1 杨房沟水电站地下厂房洞室群三维布置

主副厂房洞纵轴线方向为 N5°E，与压力管道轴线交角 90°。主副厂房洞、主变洞、尾水调压室三大洞室平行布置，均采用圆拱直墙型断面，主副厂房洞与主变洞的净距为 45m，主变洞与尾水调压室的净距为 42m。主副厂房洞与主变洞之间布置有 4 条母线洞和 1 条电缆交通洞，同时在厂房下游、主变洞下部布置有尾水洞。主变洞下游布置有出线洞，其中出线洞包含出线下平洞、出线竖井和出线上平洞。引水发电系统地下洞室群各洞室尺寸见表 3.2-1。

表 3.2－1　引水发电系统各洞室规模汇总表

洞室名称	洞室尺寸（长×宽×高）
主副厂房洞	230m×30m（28m）×75.57m
主变洞	156m×18m×22.3m
尾水调压室	166.1m×24m（22m）×61.75m
尾水闸门室	87m×10m（8～6.4m）×67m
母线洞	15m×9m×7.5m
	25.5m×（9～11m）×7.5m
	4.5m×11m×18.5m
压力管道	209.95～266.79m（D＝10.8～12m）
尾水洞	667～516.4m（17m×18.5m）
出线洞—出线下平洞	13m×5.85m×14.4m
出线洞—出线竖井	148.4m×9m×10m
出线洞—出线上平洞	411.83m×8.6m×7m
	16m×9.9m×8.15m

3.3　主洞室布置特点

　　杨房沟水电站在可研阶段进行了地下厂房纵轴线选择比较，鉴于杨房沟厂址区域地应力第一主应力为 15.52MPa（方向角 N79°W）、第二主应力为 14MPa（方向角 N10°E），可见地应力对厂房纵轴线选择影响较小；综合考虑到引水发电系统布置的复杂程度、相对较好的地质条件（Ⅱ、Ⅲ类围岩，无较大不利构造），设计从洞室群总体布置顺畅角度，选取厂房纵轴线方位角为 N5°E。

　　基于以上条件，结合现场开挖揭示情况，杨房沟水电站地下厂房特点如下：

　　（1）第一主应力方位角与厂房纵轴线方位角近乎垂直。

　　一般来讲，厂房纵轴线方位应尽量与最大水平地应力的水平投影方向成较小的夹角，以减少高边墙开挖时的卸荷作用，有利于洞室围岩的稳定。表 3.3－1 为国内大型地下厂房第一、第二主应力基本信息。

表 3.3－1　国内大型地下厂房第一、第二主应力基本信息

电站名称	第一主应力（MPa）	第二主应力（MPa）	第一主应力与厂房纵轴线夹角（平均值）
叶巴滩水电站	37.57	17.98	21°
锦屏一级水电站	35.70	25.60	17.6°
两河口水电站	30.44	21.57	38.9°

电站名称	第一主应力（MPa）	第二主应力（MPa）	第一主应力与厂房纵轴线夹角（平均值）
官地水电站	25.00	10.60	40.4°
二滩水电站	25.60	24.40	29°
溪洛渡水电站（左）	14.79	10.42	41°
溪洛渡水电站（右）	15.87	10.05	5°
杨房沟水电站	15.52	14.00	84°

很显然，杨房沟水电站地下厂房纵轴线方位与第一主应力夹角较大，高边墙应力释放较为剧烈，对洞室高边墙开挖成型和稳定较为不利。

（2）厂区较发育的陡倾角结构面走向与厂房纵轴线方位角基本平行。

杨房沟水电站厂房区域节理较发育，主要发育 3 组优势节理：①N15～20°E NW∠75°～80°；②N85°E NW∠40°～45°；③N65～75°W SW∠65°～70°。与洞轴线的夹角分别为 15°，80°，75°，其中优势节理①与洞室轴线呈小角度相交，与切洞向优势节理组合后对下游边墙稳定和开挖成型不利，尤其对下游岩锚梁成型和稳定较为不利。

3.4 系统支护类比分析

据不完全统计，全世界已建成地下厂房超过 600 座，其中我国截至 2017 年年底已建成 120 余座地下式水电站，代表性地下厂房参数见表 3.4-1，经过多年工程实践及技术积累，我国地下厂房建设技术已趋成熟，并逐渐引领技术发展。目前，我国已经完建的地下厂房最大单机容量达到 800MW，跨度已超过 33m，高度多超过 85m。我国水电站地下厂房建设技术已开始实践"走出去"以及"一带一路"倡议，向发展中国家，甚至是发达国家输送成熟的水电站建设技术。

表 3.4-1 代表性地下厂房参数表

序号	电站名称	装机容量（MW）	单机容量×台数（MW×台）	厂房尺寸（长×宽×高）/m	主变洞尺寸（长×宽×高）/m	调压室尺寸（长×宽×高）/m	岩性	建成年份
1	向家坝水电站	3200	800×4	255.4×33.4×88.2	192.3×26.3×23.9	—	砂岩夹少量泥岩	2014
2	溪洛渡水电站	13860	770×18	443.3×31.9×77.6	399.6×19.8×33.8	296×26.5×95.0	玄武岩	2014
3	龙滩水电站	6300	700×9	388.5×30.3×74.5	397×19.5×22.5	95.3×21.6×89.7	砂岩/泥板岩	2009

序号	电站名称	装机容量（MW）	单机容量×台数（MW×台）	厂房尺寸（长×宽×高）/m	主变洞尺寸（长×宽×高）/m	调压室尺寸（长×宽×高）/m	岩性	建成年份
4	三峡水电站右岸	4200	700×6	311.3×32.6×87.3	—	—	花岗岩	2009
5	小湾水电站	4200	700×6	298.4×30.6×79.3	257.0×22.0×32.0	2Φ38×91.02	片麻岩	2012
6	拉西瓦水电站	4200	700×6	311.7×30.0×73.8	354.75×29×53.0	2Φ32×69.3	花岗岩	2011
7	糯扎渡水电站	6300	650×9	418.0×29.0×79.6	348.0×19.0×22.6	3Φ38×94.0	花岗岩	2014
8	大岗山水电站	2600	650×4	226.5×30.8×73.7	144.0×18.8×25.6	132×24×75.08	花岗岩	2015
9	长河坝水电站	2600	650×4	228.8×30.8×73.3	150.0×19.3×25.8	162.0×22.5×79.5	花岗岩	2017
10	锦屏二级水电站	4800	600×8	352.4×28.3×72.2	374.6×19.8×31.4	4Φ23.6×129.8	大理岩	2014
11	锦屏一级水电站	3600	600×6	277.0×29.6×68.8	201.6×19.3×32.5	Φ41×80.5 Φ37×79.5	大理岩	2014
12	构皮滩水电站	3600	600×6	230.4×27.0×75.3	207.1×15.8×21.3	—	灰岩	2011
13	官地水电站	2400	600×4	243.4×31.1×76.3	197.3×18.8×25.2	205.0×21.5×72.5	玄武岩	2013
14	瀑布沟水电站	3300	550×6	294.1×30.7×70.1	250.3×18.3×25.6	178.87×17.4×54.15	花岗岩	2010
15	二滩水电站	3300	550×6	280.3×30.7×65.3	214.9×18.3×25.0	203×19.8×69.8	正长岩、玄武岩	2000
16	猴子岩水电站	1700	425×4	219.5×29.2×68.7	139.0×18.8×25.2	140.5×23.5×75.0	灰岩	2017
17	水布垭水电站	1600	400×4	168.5×23.0×67.0	—	—	灰岩、页岩	2009
18	鲁地拉水电站	2160	360×6	267.0×29.8×77.2	203.4×19.8×24.0	184.0×24.0×75.0	变质砂岩	2014
19	彭水水电站	1750	350×5	252.0×30.0×76.5	—	—	灰岩、灰质页岩	2008
20	小浪底水电站	1200	300×4	251.5×26.2×61.44	174.7×14.4×18	175.8×16.6/6.0×20.6	砂岩、黏土岩	2007

从表 3.4－1 可以看出，与采矿巷道、公路铁路隧道相比，水电站地下洞室具有大断面、大跨度、高边墙的特点，其中，采矿巷道断面在 $10m^2$ 左右，公路、铁路交通隧道断面在 $100m^2$ 左右，而目前的水电站地下洞室主厂房面积普遍大 1～2 个数量级，介于 1000～3000m^2 之间。随着技术的进步，地下厂房的洞室高度也呈指数式急剧增大，高度超过 80m 的地下厂房有：三峡水电站（87.3m）、向家坝水电站（88.2m）、乌东德水电站（89.8m）、白鹤滩水电站（88.7m）等。与断面面积和洞室高度的变化类似，地下厂房的洞室跨度也在不断增大，跨度超过（30m）的地下厂房有：小湾水电站（30.6m）、三峡水电站（32.6m）、瀑布沟水电站（30.7m）、向家坝水电站（33.4m）、官地水电站（31.1m）、拉西瓦水电站（30m）、长河坝水电站（30.8m）、乌东德水电站（31.5m）、白鹤滩水电站（34m）等。

工程类比法是确定洞室支护参数的重要手段之一，国内部分已建水电工程地下工程支护参数见表 3.4－2。

表 3.4－2　国内部分已建水电工程支护参数表

工程	地质条件及围岩类别	主要洞室规模（长×宽×高）/m	主要支护参数
溪洛渡	地下厂房主要为 $P_2\beta_4$ 层角砾集块熔岩和 $P_2\beta_5$ 层致密状玄武岩及角砾集块熔岩，$P_2\beta_6$ 层的斑状玄武岩，围岩类别以 Ⅰ～Ⅱ 类为主，整体稳定性好。最大主应力为 15～20MPa	左岸主厂房：443.34×31.9×77.6；左岸主变洞：399.62×19.8×33.82；左岸调压室：296×26.5×95；右岸主厂房：439.74×31.9×77.6；右岸主变洞：336.02×19.8×33.82；右岸调压室：296×26.5×95	主厂房顶拱：喷素混凝土 20cm，挂钢筋网 Φ8，200mm×200mm，局部喷钢纤维混凝土，锚杆 Φ32，$L=9m$，预应力锚杆 Φ32，$L=9m$，$T=120kN$，@1.5m×1.5m，交错布置； 主厂房边墙：喷素混凝土 15～20cm，挂钢筋网 Φ8，200mm×200mm，锚杆 Φ32，$L=6/9m$，@1.5mm×1.5m，交错布置；3 排预应力锚索 1750kN，$L=20m$，4 排预应力锚索 1500kN，$L=15m$； 主变洞顶拱：喷素混凝土 15cm，挂钢筋网 Φ8，200mm×200mm，锚杆 Φ32，$L=9m$，预应力锚杆 Φ32，$L=9m$，$T=120kN$，@1.7m×1.7m，交错布置； 主变洞边墙：喷素混凝土 15cm，挂钢筋网 Φ8，200mm×200mm，锚杆 Φ32，$L=6/9m$，@1.5m×1.5m，交错布置； 调压室顶拱：喷素混凝土 20cm，挂钢筋网 Φ8，200mm×200mm，锚杆 Φ32，$L=9m$，预应力锚杆 Φ32，$L=9m$，$T=120kN$，@1.5m×1.5m，交错布置； 调压室边墙：喷素混凝土 15cm，挂钢筋网 Φ8，200mm×200mm，锚杆 Φ32，$L=6/9m$，@1.5m×1.5m，交错布置；4 排预应力锚索 1750kN，$L=20m$；5 排预应力锚索 1500kN，$L=15m$； 调压室隔墙：喷素混凝土 15cm，挂钢筋网 Φ8，200mm×200mm，锚杆 Φ28，$L=6m$，@1.5m×1.5m，交错布置；8 排预应力锚索 1500kN，$L=16m$

工程	地质条件及围岩类别	主要洞室规模（长×宽×高）/m	主要支护参数
向家坝	地下厂房区分布有须家河组 T_3^6、T_3^5、T_3^4 岩组和 J_{1-2z}，$T_3^2T_3^1$ 以厚至巨厚层状砂岩为主，夹少量透镜体状泥质岩石，引水发电系统围岩以Ⅱ类为主，最大主应力为8.2～12.2MPa	主厂房：255.4×33.4×88.2；主变洞：192.3×26.3×23.9	主厂房顶拱：喷素混凝土20cm，挂钢筋网Φ8，200mm×200mm，锚杆Φ32，$L=6/8$m，@1.5m×1.5m，交错布置，局部预应力锚杆Φ36，$L=10$m；4排预应力对穿锚索2000kN，$L=30$m； 主厂房边墙：喷素混凝土15cm，挂钢筋网Φ8，200mm×200mm，锚杆Φ32，$L=6/9$m，@1.5m×1.5m，交错布置；8排预应力锚索2000kN，$L=27$m； 主变洞顶拱：喷素混凝土15cm，挂钢筋网Φ8，200mm×200mm，锚杆Φ32，$L=5/7$m，@1.5m×1.5m，交错布置；2排预应力对穿锚索1000kN，$L=19.5$、21.5m；1排预应力锚索1000kN，$L=20$m； 主变洞边墙：喷素混凝土15cm，挂钢筋网Φ8，200mm×200mm，锚杆Φ32，$L=5/7$m，@1.5m×1.5m，交错布置
锦屏一级	地下厂房区岩性为杂谷脑组第二段第二、三、四层大理岩夹绿片岩（T_{2-3z}^{2-4}），洞室围岩以Ⅲ1类为主，最大主应力为20～35.7MPa	主厂房：277×29.6×68.8；主变洞：201.6×19.3×32.5；圆筒调压室：D37（41）×79.5（80.5）	主厂房顶拱：喷素混凝土20cm，挂钢筋网Φ8，200mm×200mm，局部喷钢纤维混凝土，钢筋混凝土拱肋，锚杆Φ32，$L=7$m，预应力锚杆Φ32，$L=9$m，$T=120$kN，@1.2m×1.5m，交错布置； 主厂房边墙：喷素混凝土15cm，挂钢筋网Φ8，200mm×200mm，锚杆Φ28/Φ32，$L=6/9$m，@1.5m×1.5m，交错布置；1（3）排预应力对穿锚索2000kN，$L=32$m；4（2）排预应力锚索2000kN，$L=25$m；2（2）排预应力锚索1750kN，$L=20$m（括号内为下游边墙）； 主变洞顶拱：喷素混凝土20cm，挂钢筋网Φ8，200mm×200mm，局部喷钢纤维混凝土，锚杆Φ32，$L=7$m，预应力锚杆Φ32，$L=9$m，$T=120$kN，@1.2m×1.5m，交错布置； 主变洞边墙：喷素混凝土15cm，挂钢筋网Φ8，200mm×200mm，锚杆Φ28/Φ32，$L=6/9$m，@1.5m×1.5m，交错布置； 尾调室顶拱：喷素混凝土20cm，挂钢筋网Φ8，200mm×200mm，局部喷钢纤维混凝土，锚杆Φ32，$L=7$m，预应力锚杆Φ32，$L=9$m，$T=120$kN，@1.2m×1.5m，交错布置； 尾调室边墙：喷素混凝土15cm，挂钢筋网Φ8，200mm×200mm，锚杆Φ28/Φ32，$L=6/9$m，@1.5m×1.5m，交错布置；3排预应力锚索2000kN，$L=25$m；3排预应力锚索1750kN，$L=20$m

工程	地质条件及围岩类别	主要洞室规模（长×宽×高）/m	主要支护参数
拉西瓦	岩体为花岗岩，灰～灰白色，中粗粒结构，块状构造，矿物成分以长石、石英、黑云母为主，岩石强度高，岩体致密坚硬，多属Ⅰ～Ⅱ类围岩，最大主应力为20～21MPa	主厂房：311.7×30×73.84；主变洞：354.75×29×53；尾闸室：188.5×9m×29.8；调压室：D32×69.3	主厂房顶拱：喷钢纤维混凝土15cm，锚杆Φ28，$L=$4.6m，预应力锚杆Φ32，$L=9m$，$T=100kN$，@3m×3m，梅花型布置；局部预应力锚索1500kN； 主厂房边墙：喷钢纤维混凝土15cm，锚杆Φ28/Φ32，$L=4.5/9m$，@1.5m×1.5m，交错布置；预应力锚索2000kN，$L=25m$；预应力锚索1750kN，$L=20m$； 主变洞顶拱：喷钢纤维混凝土15cm，锚杆Φ28，$L=$4.8m，预应力锚杆Φ32，$L=9m$，$T=100kN$，@3m×3m，梅花型布置；局部预应力锚索1500kN； 主变洞边墙：喷钢纤维混凝土15cm，锚杆Φ28/Φ32，$L=4.5/9m$，@1.5m×1.5m，交错布置； 尾闸室：喷钢纤维混凝土10cm，锚杆Φ25，$L=3m$，@3.0m×3.0m，梅花型布置； 尾调室顶拱：喷钢纤维混凝土15cm，锚杆Φ28，$L=$4.8m，Φ32，$L=9m$@1.5m×1.5m，相间布置；4排预应力锚索1500kN，间距4.5m； 尾调室边墙：喷钢纤维混凝土15cm，锚杆Φ32，$L=$6/8m，@1.5m×1.5m，梅花型布置
龙滩	地下厂区主要地层为$T_{2b}^{19\sim39}$层砂岩、粉砂岩、泥板岩夹少量灰岩，岩石强度高，新鲜砂岩饱和抗压强度130MPa，泥板岩40～80MPa，主洞室布置区岩石新鲜，完整～较完整，围岩以Ⅱ～Ⅲ类为主，最大主应力为12～13MPa	主厂房：388.5×30.3×74.5；主变洞：397×19.5×22.5	主厂房顶拱：喷钢纤维混凝土20cm，锚杆Φ28，$L=$6.5m，预应力锚杆Φ32，$L=8m$，$T=150kN$，@1.5m×1.5m，交错布置；局部预应力锚索1500kN； 主厂房边墙：喷钢纤维混凝土20cm，低高程喷聚丙烯微纤维混凝土，锚杆Φ28，$L=6m$，预应力锚杆Φ32，$L=9.5m$，$T=150kN$，@1.5m×1.5m，交错布置；预应力锚索2000kN，$L=20m$； 主变洞顶拱：喷聚丙烯微纤维混凝土15cm，锚杆Φ25/Φ28，$L=5/7m$； 主变洞边墙：喷聚丙烯微纤维混凝土15cm，锚杆Φ25/Φ28，$L=4.5/8m$；4排预应力对穿锚索1200kN； 尾调室顶拱：喷聚丙烯微纤维混凝土15cm，锚杆Φ28/Φ32，$L=6/8m$； 尾调室边墙：喷聚丙烯微纤维混凝土15cm，锚杆Φ28，$L=6m$，预应力锚杆Φ32，$L=9.5m$，$T=150kN$，@1.5m×1.5m，交错布置；4排预应力对穿锚索1200kN

工程	地质条件及围岩类别	主要洞室规模（长×宽×高）/m	主要支护参数
小湾	地下厂区岩层岩性主要有黑云花岗片麻岩和角闪斜长片麻岩，二者均夹有薄层透镜状云母角闪片岩，属坚硬岩石，具有抗压强度高的特点，围岩以Ⅰ～Ⅱ类为主，最大主应力为16.4～25.4MPa	主厂房：298.4×30.6×79.38；主变洞：257×22×32；尾闸室：206.8×11m×32.5；调压室：2D38×91	主厂房顶拱：喷钢纤维混凝土20cm，锚杆Φ28/Φ32，L＝4.5/9m，局部预应力锚杆Φ32，L＝9m，T＝125kN，@2m×2m，交错布置；局部钢筋拱肋； 主厂房边墙：喷聚丙烯微纤维混凝土20cm，锚杆Φ28/Φ32，L＝4.5/9m，@2.5m×2.5m，交错布置；4排预应力锚索1000kN；5排预应力锚索1800kN； 主变洞顶拱：喷钢纤维混凝土15cm，锚杆Φ28/Φ32，L＝4.5/9m； 主变洞边墙：喷聚丙烯微纤维混凝土15cm，锚杆Φ28，L＝4.5/6m；4排预应力对穿锚索1000kN； 尾闸室顶拱：喷钢纤维混凝土15cm，锚杆Φ28，L＝6/4.5m，@2m×2m，梅花型交错布置； 尾闸室边墙：喷混凝土15cm，锚杆Φ28，L＝6/4.5m，@2m×2m，梅花型交错布置 尾闸室中隔墙边墙：喷混凝土15cm，锚杆Φ28，L＝6m，125kN预应力锚杆Φ28，L＝9m，@2m×2m，梅花型交错布置； 尾调室顶拱：喷钢纤维混凝土20cm，挂钢筋网Φ6.5，200mm×200mm，锚杆Φ28/Φ36，L＝4.5/9m； 尾调室边墙：喷聚丙烯微纤维混凝土15cm，锚杆Φ28/Φ32，L＝4.5/9m，@2m×2m，交错布置

3.5 杨房沟水电站主要洞室系统支护及排水设计

3.5.1 主副厂房洞

1）主副厂房洞支护设计原则

杨房沟水电站地下厂房规模较大，岩梁以上跨度30m，开挖高度为75.7m。

地下厂房轴线走向N5°E，地面高程2220～2350m，洞顶高程2022.50m，上覆岩体厚度200～330m。厂房围岩岩性为花岗闪长岩，呈微风化～新鲜状，岩质坚硬，岩石的单轴饱和抗压强度在80～100MPa之间。厂区最大主应力 σ_1 值为12～15.48MPa，最大主应力方向为N61°W～N79°W，属于中等地应力区。

根据杨房沟地下厂房的规模和特点，支护设计遵循以下原则：

（1）遵循"根据工程特点，广泛征求专家意见，以已建工程经验和工程类比为主，岩体力学数值分析为辅"的设计原则。

（2）发挥围岩本身的自承能力，遵循以"锚喷支护为主，钢筋拱肋支护为辅；以系统支护为主，局部加强支护为辅，系统支护与随机支护相结合"的设计原则。

（3）采取分层开挖，及时支护，力求体现喷锚支护灵活性的特点及围岩局部破坏局部加固、整体加固的等强度支护原则。

（4）围岩支护参数根据施工开挖期所揭露的实际地质条件和围岩监测及反馈分析成果进行及时调整，即"动态支护设计"的原则。

按照以上支护设计原则，并根据洞室开挖后揭示的地质情况和监测反馈信息，对地下厂房洞室群的支护进行必要的调整，以满足围岩的稳定要求。

2）系统支护设计

主副厂房洞系统支护参数见表3.5.1-1。

表 3.5.1-1 主副厂房洞系统支护参数表

部位	支护参数
顶拱	普通砂浆锚杆 Φ28，$L=6m$/普通砂浆锚杆 Φ32，$L=9m$，@1.5m×1.5m
	挂网 Φ8@20cm×20cm，龙骨筋 Φ12@2m×2m，喷混凝土厚 15cm
拱座	预应力锚杆 Φ32，$L=9m$，@1.0m×1.0m
	挂网 Φ8@20m×20m，龙骨筋 Φ12@2m×2m，喷混凝土厚 15cm
边墙	普通砂浆锚杆 Φ28，$L=6m$/普通砂浆锚杆 Φ32，$L=9m$，@1.5m×1.5m
	挂网 Φ8@20cm×20cm，龙骨筋 Φ12@2m×2m，喷混凝土厚 15cm
	安装间段上下游墙各 2 排无黏结预应力锚索，$T=2000kN$，$L=20/25m$，@4.5m×4.5m
	机组段上下游墙各 5 排无黏结预应力锚索，$T=2000kN$，$L=20/25m$，@4.5m×4.5m
	副厂房段上下游墙各 6 排无黏结预应力锚索，$T=2000kN$，$L=20/25m$，@4.5m×4.5m
端墙	普通砂浆锚杆 Φ28，$L=6m$/普通砂浆锚杆 Φ32，$L=9m$，@1.5m×1.5m
	挂网 Φ8@20cm×20cm，龙骨筋 Φ12@2m×2m，喷混凝土厚 15cm
基坑之间岩柱	预应力锚杆 Φ32，$L=12m$，@1.5m×1.5m，喷素混凝土厚 10cm

3）系统排水设计

主副厂房洞围岩设置系统排水孔（排水孔 Φ50，$L=5m$，@4.5m×4.5m），排除岩体内的地下水，经环向排水管引入各结构层岩壁排水沟，最终汇入厂房渗漏集水井。

3.5.2 主变洞

1）系统支护设计

主变洞系统支护参数见表3.5.2-1。

表 3.5.2-1 主变洞系统支护参数表

部位	支护参数
顶拱	普通砂浆锚杆 Φ28，$L=5/7m$，@1.5m×1.5m
	挂网 Φ8@20×20cm，龙骨筋 Φ12@3×3m，喷混凝土厚 15cm
拱座	预应力锚杆 Φ32，$L=8m$，@1.0m×1.0m
	挂网 Φ8@20×20cm，龙骨筋 Φ12@3×3m，喷混凝土厚 15cm
边墙	普通砂浆锚杆 Φ28，$L=5/7m$，@1.5m×1.5m
	挂网 Φ8@20×20cm，龙骨筋 Φ12@3×3m，喷混凝土厚 15cm
	上下游墙各两排无黏结预应力锚索，$T=2000kN$，$L=20/25m$，@4.5m×4.5m

部位	支护参数
端墙	普通砂浆锚杆Φ28，$L＝5/7m$，@1.5×1.5m
	挂网Φ8@20cm×20cm，龙骨筋Φ12@3m×3m，喷混凝土厚15cm

2）系统排水设计

主变洞围岩设置系统排水孔（排水孔Φ50，$L＝5m$，@4.5m×4.5m），排除岩体内的地下水，经环向排水管引入底层岩壁排水沟，最终汇入厂房渗漏集水井和场外。

3.5.3　尾水调压室

1）系统支护设计

尾水调压室系统支护参数见表3.5.3－1。

表3.5.3－1　尾水调压室系统支护参数表

部位	支护参数
拱顶	普通砂浆锚杆Φ28/Φ32，$L＝6/9m$，@1.5m×1.5m
	挂网Φ8@20cm×20cm，喷C25混凝土厚15cm
	左右拱座各设2排预应力锚杆Φ32，$L＝9m$，$T＝100kN$，间排距1.0m
上下游边墙	普通砂浆锚杆Φ28，$L＝6m$/普通砂浆锚杆Φ32，$L＝9m$，@1.5m×1.5m
	挂网Φ8@20cm×20cm，喷混凝土厚15cm
	上下游边墙分别在高程2022.50m、高程2011.25m、高程2006.75m、高程2002.25m、高程1997.75m、高程1993.25m、高程1988.75m 共设置7排系统无黏结预应力锚索，$T＝2000kN$，$L＝20/25m$，@4.5m×4.5m
两侧端墙	普通砂浆锚杆Φ28，$L＝6m$/普通砂浆锚杆Φ32，$L＝9m$，@1.5m×1.5m
	挂网Φ8@20cm×20cm，喷混凝土厚15cm
中隔墙	普通砂浆锚杆Φ28，$L＝6m$，@1.5m×1.5m
	挂网Φ8@20cm×20cm，喷混凝土厚15cm
	中隔墙采用系统无黏结预应力对穿锚索，$T＝1000/1500kN$，$L＝14.6m$，@4.5m×4.5m

2）系统排水设计

尾水调压室高程2009.50m以上围岩设置系统排水孔（排水孔Φ50，$L＝4m$，@4.5m×4.5m），排除岩体内的地下水，经环向排水管引入调压室大井中。尾水调压室2009.50m以下边墙设置钢筋混凝土衬砌。

3.5.4　尾水检修闸门室

尾水检修闸门室系统支护参数见表3.5.4－1。

表 3.5.4－1　尾水检修闸门室系统支护参数表

部位	支护措施及参数
拱顶	支护措施：系统锚杆＋挂网喷混凝土＋随机排水孔 ①系统锚杆：普通砂浆锚杆 Φ25/Φ28，$L＝4.5/6.0m$，@$1.5m×1.5m$，梅花形交错间隔布置； ②挂网喷混凝土：挂网 Φ6.5@$15cm×15cm$，喷 C25 混凝土厚 15cm； ③随机排水孔：随机排水孔$\phi60mm$，$L＝4.0m$
上下游边墙	支护措施：系统锚杆＋挂网喷混凝土＋随机预应力锚索＋随机排水孔 ①系统锚杆：普通砂浆锚杆 Φ25/Φ28，$L＝4.5/6.0m$，@$1.5m×1.5m$，梅花形交错间隔布置； ②挂网喷混凝土：挂网 Φ6.5@$15cm×15cm$，喷 C25 混凝土厚 15cm； ③随机预应力锚索：$T＝2000kN$，$L＝25m$； ④随机排水孔：随机排水孔$\phi60mm$，$L＝4.0m$
两侧端墙	支护措施：系统锚杆＋挂网喷混凝土＋随机排水孔 ①系统锚杆：普通砂浆锚杆 Φ25/Φ28，$L＝4.5/6.0m$，@$1.5m×1.5m$，梅花形交错间隔布置； ②挂网喷混凝土：挂网 Φ6.5@$15cm×15cm$，喷 C25 混凝土厚 15cm； ③随机排水孔：随机排水孔$\phi60mm$，$L＝4.0m$
闸门井井身段	支护措施：系统锚杆＋挂网喷混凝土＋随机排水孔 ①系统锚杆：普通砂浆锚杆 Φ25/Φ28，$L＝4.5/6.0m$，@$1.5m×1.5m$，梅花形交错间隔布置； ②挂网喷混凝土：挂网 Φ6.5@$15cm×15cm$，喷 C25 混凝土厚 15cm； ③随机排水孔：随机排水孔$\phi60mm$，$L＝4.0m$

3.5.5　母线洞

母线洞边顶拱系统锚杆采用普通砂浆锚杆 Φ28@$1.5m×1.5m$，$L＝6m$；系统挂网喷 C25 混凝土 10cm，钢筋网采用 Φ6.5@$20cm×20cm$。

母线洞浅层排水孔直径采用 50mm，深度 $L＝3m$，布置间排距为 $3m×3m$；排水孔孔口采用三通衔接软式透水管，形成环状排水系统，并引至母线洞排水沟；软式透水管外侧敷设全断面 1.2mm 厚 EVA 防水板；防水板外侧浇筑 50cm 厚 C25W6 钢筋混凝土衬砌。

3.5.6　压力管道

压力管道上平段、竖井段（含上弯段、下弯段）开挖直径 12m，下平段开挖直径 10.8m。压力管道系统支护参数见表 3.5.6－1。

表 3.5.6－1　压力管道系统支护参数表

编号	系统支护参数	支护对象	备注
1	支护措施：随机锚杆＋随机喷混凝土 随机锚杆：砂浆锚杆 Φ25，$L＝4.5m$； 随机喷混凝土：喷 C25 混凝土厚 8cm	上平段、下平段Ⅱ类岩体	支护范围：随机支护

编号	系统支护参数	支护对象	备注
2	支护措施：系统锚杆＋喷混凝土＋系统挂网 系统锚杆：砂浆锚杆Φ25/Φ28，L=4.5/6m间隔布置， 间排距2m×2m； 喷混凝土：喷C25混凝土厚10cm； 挂网：系统挂网Φ6.5@20cm×20cm	上平段、下平段Ⅲ 1类岩体	支护范围： 上断面中心角 240°
3	支护措施：系统锚杆＋喷混凝土＋系统挂网 系统锚杆：砂浆锚杆Φ25/Φ28，L=4.5/6m间隔布置， 间排距1.5m×1.5m； 喷混凝土：喷C25混凝土厚15cm； 挂网：系统挂网Φ6.5@15cm×15cm	上平段、下平段Ⅲ 2类岩体	支护范围： 上断面中心角 240°
4	支护措施：系统锚杆＋喷混凝土＋系统挂网＋随机型钢拱架 系统锚杆：砂浆锚杆Φ28，L=6m，间排距1.2m×1.2m； 喷混凝土：初喷CF30钢纤维混凝土厚7cm， 挂网后复喷C25混凝土厚8cm； 挂网：系统挂网Φ6.5@15cm×15cm； 型钢拱架：随机布置I22型钢拱架	上平段、下平段Ⅳ 类岩体	支护范围： 上断面中心角 270°
5	支护措施：系统锚杆＋喷混凝土＋系统挂网 系统锚杆：砂浆锚杆Φ25，L=4.5m，间排距2m×2m； 喷混凝土：喷C25混凝土厚10cm； 挂网：系统挂网Φ6.5@20cm×20cm	竖井段Ⅱ类岩体	支护范围： 全断面
6	支护措施：系统锚杆＋喷混凝土＋系统挂网 系统锚杆：砂浆锚杆Φ25/Φ28，L=4.5/6m间隔布置， 间排距2m×2m； 喷混凝土：喷C25混凝土厚10cm； 挂网：系统挂网Φ6.5@20cm×20cm	竖井段Ⅲ1类岩体	支护范围： 全断面
7	支护措施：系统锚杆＋喷混凝土＋系统挂网 系统锚杆：砂浆锚杆Φ25/Φ28，L=4.5/6m间隔布置， 间排距1.5m×1.5m； 喷混凝土：喷C25混凝土厚15cm； 挂网：系统挂网Φ6.5@15cm×15cm	竖井段Ⅲ2类岩体	支护范围： 全断面

3.5.7 尾水洞

尾水连接管布置于机组尾水管与尾水调压室之间，4条尾水连接管平行布置，方位角为N95°E，垂直于厂房轴线，中心线间距33m，相邻隧洞之间最小岩体厚度为18.6m，约为1.13倍开挖洞宽，满足规范要求。4条尾水连接管长度均为76.83m，开挖断面尺寸为14.4m×17.4m的城门洞形。

4条尾水连接管通过尾水调压室底部的尾水岔管，在尾水调压室下游合并为2条尾水洞。1♯和2♯尾水洞长度分别为667.0m和516.4m，2条尾水洞在尾水调压室下游布置平面转弯，方位角由N55°W变为N33°E，平面转弯后平行布置，中心距为47m，相邻隧洞之间最小岩体厚度为30m，约为1.7倍开挖洞宽。尾水洞开挖断面尺寸为

17m×18.5m 的城门洞形。

1）尾水洞

尾水洞系统支护参数见表 3.5.7－1。

表 3.5.7－1　尾水洞系统支护参数表

支护类型	系统支护参数	支护对象	备注
A1	支护措施：系统锚杆＋喷混凝土＋系统挂网 系统锚杆：砂浆锚杆 Φ25/Φ28，L＝4.5/6.0m， 间排距 2m×2m，梅花型长短间隔布置； 喷混凝土：喷 C25 混凝土厚 10cm； 挂网：系统挂网 Φ6.5@20cm×20cm	Ⅱ类岩体	边墙及顶拱
A2	支护措施：系统锚杆＋喷混凝土＋系统挂网 系统锚杆：砂浆锚杆 Φ28，L＝6m， 梅花型布置，间排距 1.5m×1.5m； 喷混凝土：喷 C25 混凝土厚 10cm； 挂网：系统挂网 Φ6.5@20×20cm。	Ⅲ1类岩体	边墙及顶拱
A3	支护措施：系统锚杆＋喷混凝土＋系统挂网 系统锚杆：砂浆锚杆 Φ28，L＝6m，梅花型布置， 间排距 1.5m×1.5m； 喷混凝土：喷 C25 混凝土厚 15cm； 挂网：系统挂网 Φ6.5@15cm×15cm	Ⅲ2类岩体	边墙及顶拱
A4	支护措施：系统锚杆＋喷混凝土＋系统挂网 系统锚杆：砂浆锚杆 Φ28/Φ32，L＝6/9m， 间排距 1.2m×1.2m，梅花型长短间隔布置； 喷混凝土：初喷 CF30 钢纤维混凝土 7cm， 挂网后复喷 C25 混凝土厚 8cm； 挂网：系统挂网 Φ6.5@15cm×15cm； 型钢拱架：随机布置Ⅰ22型钢拱架	Ⅳ类岩体	边墙及顶拱

2）尾水连接管

尾水连接管系统支护参数见表 3.5.7－2。

表 3.5.7－2　尾水连接管系统支护参数表

支护类型	系统支护参数	支护对象	备注
A1	支护措施：系统锚杆＋喷混凝土＋系统挂网 系统锚杆：普通砂浆锚杆 Φ25/Φ28，L＝4.5/6.0m， 间排距 2m×2m，梅花型长短间 Φ25/Φ28 隔布置； 喷混凝土：喷 C25 混凝土厚 10cm； 挂网：系统挂网 Φ6.5@20cm×20cm	Ⅱ类岩体	边墙及顶拱
A2	支护措施：系统锚杆＋喷混凝土＋系统挂网 系统锚杆：砂浆锚杆 Φ28，L＝6m，梅花型布置， 间排距 1.5m×1.5m； 喷混凝土：喷 C25 混凝土厚 10cm； 挂网：系统挂网 Φ6.5@20cm×20cm	Ⅲ1类岩体	边墙及顶拱

支护类型	系统支护参数	支护对象	备注
A3	支护措施：系统锚杆＋喷混凝土＋系统挂网 系统锚杆：砂浆锚杆 Φ28，$L=6$m，梅花型布置， 间排距 1.5m×1.5m； 喷混凝土：喷 C25 混凝土厚 15cm； 挂网：系统挂网 Φ6.5@15cm×15cm	Ⅲ2 类岩体	边墙及顶拱

3.5.8 出线洞

1）出线下平洞

出线下平洞轴线方向与厂房轴线垂直，洞室布置在厂下 0＋79.1m～0＋92.1m 范围内，洞室尺寸为 13m×5.85m×14.4m（长×宽×高）。

出线下平洞边顶拱系统锚杆采用普通砂浆锚杆 Φ25@1.5m×1.5m，$L=4.5$m；系统挂网喷 C25 混凝土厚 10cm，钢筋网采用 Φ6.5@20cm×20cm。

出线下平洞浅层排水孔直径采用 50mm，深度 $L=3$m，布置间排距为 3m×3m；排水孔孔口采用三通衔接软式透水管，形成环状排水系统，并引至底层排水沟；软式透水管外侧敷设全断面 1.2mm 厚 EVA 防水板；防水板外侧浇筑 50cm 厚 C25W6 钢筋混凝土衬砌。

2）出线竖井

出线竖井中心线距主变洞下游边墙为 18m，竖井高度为 148.4m，布置高程为 1991.30～2139.70m。竖井平面开挖尺寸为 10m×9m（长×宽）。

出线竖井采用系统喷锚支护措施。对于Ⅱ类和Ⅲ类围岩，系统锚杆采用 Φ25@1.5m×1.5m，$L=6$m，系统挂钢筋网 Φ6.5@20cm×20cm，喷 10cm 厚的 C25 混凝土；对于Ⅳ类围岩，系统锚杆采用 Φ28@1.2m×1.2m，$L=6$m，系统挂钢筋网 Φ6.5@15cm×15cm，喷 10cm 厚的 C25 混凝土。

出线竖井浅层排水孔直径采用 50mm，深度 $L=3$m，布置间排距为 3m×3m，上倾 5°；排水孔孔口采用三通衔接软式透水管，形成环状排水系统，同时在竖井左右侧壁上各布置一根竖向软式透水管，渗水沿竖向软式排水管分别排至上层排水廊道和竖井底部排水沟；沿软式透水管敷设 1.2mm 厚 EVA 防水板；防水板外侧浇筑 70cm 厚 C25W6 钢筋混凝土衬砌。

3）出线上平洞

出线上平洞全长 427.83m，其中出线洞 0＋000m～0＋411.83m 洞段开挖尺寸为 411.83m×8.6m×7m（长×宽×高）；出线洞 0＋411.83m～0＋427.83m 洞段开挖尺寸为 16m×9.9m×8.15m（长×宽×高）。

对于Ⅱ类围岩，出线上平洞采用随机锚杆 Φ25@1.5m×1.5m，$L=4.5$m，素喷 10cm 厚 C25 混凝土；对于Ⅲ类围岩，出线上平洞采用系统锚杆 Φ25@1.5m×1.5m，$L=4.5$m，素喷 10cm 厚 C25 混凝土；对于Ⅳ类围岩，出线上平洞采用系统锚杆 Φ25@1.5m×1.5m，$L=4.5$m，系统挂钢筋网 Φ6.5@15cm×15cm，钢拱架@1.5m 和喷

25cm 厚 C25 混凝土。

出线上平洞浅层排水孔直径采用 50mm，深度 $L=3m$，布置间排距为 $3m\times3m$，边墙排水孔上倾 5°；排水孔孔口采用三通衔接软式透水管，形成环状排水系统，并引至底板排水沟；沿软式透水管敷设 1.2mm 厚 EVA 防水板，防止水泥浆液导致透水管堵塞；防水板外侧浇筑 40cm 厚 C25W6 钢筋混凝土衬砌。

4 开挖施工规划

4.1 施工布置

地下水电站是一个立体交错的复杂的地下洞室群，主要由主副厂房洞、主变洞、尾水调压室、尾水闸室等几大洞室和数条压力管道及尾水洞、母线洞、出线洞、通风洞、排水洞、交通洞等附属洞室组成。施工布置空间小、难度较大，经常采用集中为主的原则进行临建布设。为满足大型施工设备的供电需要，高压电缆、变压器等都必须跟随开挖面进行布设，也会给施工安全带来不便及隐患。根据多年来各类大型工程的施工经验，结合具体工程的规模、特点、施工环境及施工条件，充分体现"以人为本，施工布局与自然环境和谐统一，展现企业形象及企业文化"的理念，地下洞室群的施工总布置考虑以下原则：

（1）施工总布置规划采取分散与集中布置相结合的方式进行，应遵循因地制宜、有利生产、方便生活、节省资源、经济合理的原则，满足工程建设管理的要求，最大限度地减少对当地群众生产生活的不利影响。

（2）生产生活临时设施、施工辅助企业、施工道路及施工场地等尽量利用原有建筑物或构筑物。

（3）各项临时设施布置都要满足方便施工、安全防火、环境保护和劳动保护的要求；规模和容量按施工总进度及施工强度的需要进行规划设计，力求布置紧凑、合理、方便使用，规模精简，管理集中、调度灵活、运行方便、节约用地及安全可靠。

（4）施工风、水、电布置是否合理对工程的施工安全、进度及工程投资影响较大，在布置上综合考虑施工程序、施工强度、施工交通、施工安全、开挖爆破影响、均衡施工强度等因素。施工供风系统的压气站和移动空压机在施工区域内就近布置；施工供水根据提供的供水条件综合进行规划布置；施工供电采用敷设高压电缆或高压架空线进入施工区域内，并布置箱式变电站或变压器就近降压至6kV和0.4kV供电。

（5）在原有施工道路的基础上，布置场内交通临时施工道路满足主体工程施工的需要，路面宽度和最小转弯半径满足施工车辆的通行和运输强度需要。

（6）施工通道布置要充分考虑与周围洞室的关系，不破坏其他洞室的结构安全，尽量不穿过防渗帷幕。

（7）生产、生活污水集中处理，循环使用，注意环保原则。

4.1.1 施工供风

（1）集中为主、集中与分散相结合的原则。一般三大洞室中上层集中布置一座压气站；压力管道下平段、尾水洞等相关辅助洞室集中布置一座压气站，该压气站后续可作为三大洞室下层施工供风使用；出线上平段及压力管道上平段设置临时压气站。

（2）压气站应布置在距集中供风最近的地方，以减少管路沿程损失。一般布置在进洞方向的左侧洞口为宜，便于风管进洞；当洞口无场地布置，可布置在通风良好的辅助洞室。

（3）压气容量一般按照计算用风总容量的 1/5～1/4 选配单机容量，装机总容量一般应大于计算用风总容量的 20%～25%。

供风管路风管直径选配参考见表 4.1.1-1。

表 4.1.1-1　供风管路风管直径选配参考表

单位：cm

供风距离（m） 供风量（m³/min）	500～1000	1000～2000	2000～4000
10～20	75～100	100～125	125～150
20～40	100～125	125～150	150～200
40～80	125～150	150～200	200～250
80～200	175～200	200～250	250～300

4.1.2 施工供水

（1）优先考虑山沟水自流供水原则。充分利用山沟水建坝，形成水库或水池，利用高差，铺设管路至各工作面，自流供水节省投资。

（2）分级提水原则，需要用水的工作面分为高、中、低三个区域，一般中、低区域用水量大，高处区域用水量小；为节省能源及调节供水，一般可在工程所在区域较高高程设置一座 1500～2000m³ 的水池。

（3）水泵总容量配置原则。按计算每小时用水总量的 1/5～1/4 配备一级泵站的抽水能力，二、三级泵站依次类推；各级泵站的装置容量应为抽水能力的 1.5～2 倍，水泵检修不得影响施工供水。

（4）水管一般从进洞方向左侧布置，管径可根据《水利水电工程施工手册》中的经济流速选配。

4.1.3 施工供电

（1）供电应根据用电负荷分布情况采用集中布置。

（2）洞外供电一般根据业主提供的高压施工电网和接线点，在洞口压气站、通风站、混凝土系统、辅助加工场等附属设施用电集中的地方，配设充足的变压器和配电房。

（3）洞内供电目前普遍采用 10kV 高压电缆进洞，电缆沿进洞方向左侧布设。通风、排水、大型支护设备按每 400～500m 距离进行规划，配置相应变压器，隧洞宽度小于 8m 时可扩挖旁洞作为变压器室。主副厂房、主变洞、尾水调压室等大型洞室集中用电区域统筹考虑开挖、混凝土浇筑和机电安装时的高峰负荷，一次性配足变电设施，洞室内一般选用箱式变压器，所有电器设施应有警示牌、警示灯、防护栏等安全措施，选用防潮电器，以策安全。潮湿区域应配置低压电源。

（4）变电设备配置用电同步系数一般考虑 0.5～0.7；生产负荷主要是电动机，为提高功率因数，常使用功率补偿装置。

4.2　通道规划

地下厂房洞室群一般可分为引水系统（含进水口、压力管道上平段、压力管道竖井或斜井、压力管道下平段等）、厂房系统（含主副厂房洞、母线洞、主变洞、出线平洞及出线井、开关站等）及尾水系统（含尾水连接管、尾水调压室、尾水洞、尾水检修闸门室、尾水出口等）。为避免三大系统施工相互干扰，满足各大系统施工的相互独立性，确保施工工期，同时满足高大洞室分层开挖支护，需设置施工支洞。按照"顶层设计、空间均衡、协调交叉、一洞多用、经济合理"的总体原则，合理的施工支洞设置可简化施工程序、加快施工进度、节约施工投资。图 4.2－1 为杨房沟水电站地下厂房系统纵剖面图。

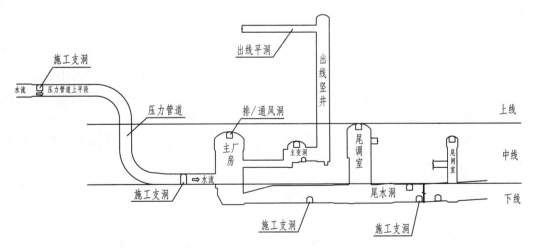

图 4.2－1　杨房沟水电站地下厂房系统纵剖面图

4.2.1　施工支洞规划布置原则

（1）系统厘清各部位施工程序，分析施工工期，确定支洞设置的必要性。

（2）满足引水、厂房、尾水三大系统施工的相对独立性，避免相互干扰，确保三大系统平行施工作业。

（3）满足高大洞室立体多层次、平面多工序的施工组织要求，以保证均衡、有序施工。

（4）结合枢纽布置情况，尽量利用永久洞室或由其派生，以减少支洞的开挖量和封堵量。

（5）按照洞线最短的原则，根据规范要求及现场实际，结合地质条件、水文条件以及与相邻洞室的关系，布置施工支洞洞轴线走向。

（6）同一高程上永久洞室较多的部位，施工支洞尽可能地连通各相邻洞室，以满足同一高程上的洞室间隔施工的要求。

（7）综合考虑通风散烟及排水布置。

4.2.2　三大系统施工支洞的一般布置方式

4.2.2.1　引水系统

引水系统包括电站进水口、压力管道（一般有进口渐变段、上平段、竖井或斜井段、下平段组成）。结合既有通道情况、地形地貌条件及施工工期，其施工支洞主要有以下几种形式。

1）电站进水口

进水塔前有条件布置露天道路进入进水口平台，为开挖及混凝土浇筑提供通道时，直接布置明线道路作为进水口施工通道，如白鹤滩水电站左岸地下厂房。

进水塔布置于陡峻的峡谷岸坡不具备明线道路布置条件，或者能够结合压力管道上平段施工支洞节约投资时，可由绕坝公路派生施工支洞，设置进水口交通洞，解决进水口的开挖支护及混凝土施工，如猴子岩水电站、杨房沟水电站。

2）压力管道上平段、竖井（斜井）段

进水塔及压力管道工期均不紧张，在合同约定工期内能够统筹安排进水口与压力管道施工，直接利用进水口（包括塔体下部预留通道）作为施工通道，如大岗山水电站。

当进水口通道设置为明线道路时，也可利用进水口平台，从进水口平台至压力管道上平段设置一条压力管道上平段支洞，绕开进水塔等结构物，连通压力管道上平段，如白鹤滩水电站。再在压力管道各上平段之间设置连通支洞，以某一塔进水口作为对外通道。

当进水口通道设置为施工支洞时，可直接由进水口交通洞派生一条压力管道上平段施工支洞，猴子岩水电站、杨房沟水电站均采用了该方式。

3）压力管道下平段

为满足压力管道下平段、斜（竖）井段及厂房中下部施工，一般从进厂交通洞派生一条施工支洞到达压力管道下平段，作为压力管道下平段施工支洞。

4.2.2.2　厂房系统

厂房系统包括主副厂房洞、母线洞、主变洞、出线平洞及出线井、开关站等。结合既有通道情况、地形地貌条件及施工工期，其施工支洞主要有以下几种形式。

1）主副厂房洞

与厂房相贯通的洞室一般有厂房进风洞或通风洞、进厂交通洞、母线洞、压力管道、尾水连接管（扩散段），自上而下分层开挖，尽量采用永久洞室作为分层施工通道，以杨房沟水电站为例，厂房总高 75.57m，分Ⅸ层进行开挖，总体分上、中、下三个部分，施工通道规划如下：

上部主要为厂房安装间底板高程以上，第Ⅰ～Ⅳ层，上部施工通道主要有通风兼安全洞、厂房进风洞及进厂交通洞，其中第Ⅰ、Ⅱ层利用布置于厂房左右端墙的通风兼安全洞及厂房进风洞，Ⅲ、Ⅳ层主要利用厂房进风洞及进厂交通洞。

杨房沟水电站厂房顶拱左右端墙设计分别设置有通风兼安全洞、厂房进风洞，施工时由于厂房进风洞洞线长（565.45m），通风兼安全洞贯入厂房顶拱时厂房进风洞正在施工，实际施工时第Ⅰ层主要使用通风兼安全洞。通常情况下，顶拱层均采用厂房一侧端墙的厂房进风洞进入施工，若考虑到厂房开挖支护工期紧张，需形成左右端墙双向通道，可通过进厂交通洞派生形成一条厂房上层施工支洞（如瀑布沟水电站）。

中部主要为第Ⅴ、Ⅵ层，中部施工通道主要有进厂交通洞、母线洞，其中第Ⅴ层主要使用进厂交通洞，第Ⅵ层主要使用母线洞。

下部主要为第Ⅶ～Ⅸ层，下部施工通道主要有压力管道、尾水连接管，其中第Ⅶ、Ⅷ层主要使用压力管道，第Ⅸ层主要使用尾水连接管。

2）主变洞

上部施工若有永久洞室，应尽量利用，例如，杨房沟水电站设计有主变排风洞，可直接利用。若上部设计未设置与之连通的永久洞室，则可由厂房进风洞派生一条主变顶层施工支洞，如猴子岩水电站。

下部施工主要由主变交通洞（杨房沟水电站设置为主变进风洞）进入。

4.2.2.3　尾水系统

尾水系统主要包括尾水连接管、尾水调压室、尾水洞、尾水检修闸门室及尾水出口。结合既有通道情况、地形地貌条件及施工工期，其施工支洞主要有以下几种形式。

1）尾水连接管

通常情况由压力管道下平段施工支洞派生一条支洞，作为尾水连接管施工支洞，并连通各条尾水连接管，作为尾水连接管、厂房下部、尾水调压室下部开挖支护及混凝土施工通道。

2）尾水调压室

根据水电站布置特点、具体地形和地质条件的不同，尾水调压室的具体布置形式有简单圆筒式、阻抗式、双室式、溢流式、差动式、压气式等。

一般尾水调压室可使用的永久洞室，主要有与尾调安装相连接的尾调交通洞，与底部岔管相连接的尾水连接管及尾水洞，中隔墙以上可利用尾调交通洞作为施工通道，阻抗板以下利用尾水洞及尾水连接管作为通道，阻抗板至中隔墙顶面高程的开挖可采用在顶拱层设置施工桥机，竖井开挖的方式进行施工（如猴子岩水电站）。但是在实际施工过程中，由于井挖施工安全风险高、施工进度缓慢，应尽可能利用既有洞室或通道派生施工支洞解决尾水调压室的井挖问题，将井挖调整为梯段爆破开挖，以加快施工速度，保障施工安全，节约施工成本，杨房沟水电站就采用了此种形式。

杨房沟水电站尾水调压室开挖总长 161.1m，中间设置厚度为 14.6m 的岩柱隔墙。在隔墙顶高程 2009.5m 以下，调压室分为两室，即 1♯调压室和 2♯调压室；高程 2009.50m 以上，两室连通，洞室总高度 79.75m（含底部尾水洞高度），共分Ⅷ层进行开挖。

中隔墙以上（第Ⅰ、Ⅱ层）以尾调排风洞及厂房上层汇水洞为主要施工通道。其中，顶拱层主要以尾调排风洞为通道。

中隔墙顶高程至阻抗板顶面高程（第Ⅲ～Ⅵ层），主要利用进厂交通洞派生尾调中支洞；在不同高程处贯通中隔墙，分别设置 1♯、2♯联系洞，以连接 1♯、2♯调压室；再利用尾水洞上层施工支洞派生尾调下支洞。上述四条支洞作为尾调室施工通道，将其井挖方式优化调整为梯段开挖。

阻抗板以下（第Ⅶ、Ⅷ层）以尾水洞、尾水连接管为施工通道。

3）尾水洞

尾水洞通常洞线长、断面大，施工通道布置应结合施工需要，同时应考虑通风散烟。支洞布置时按照开挖分层设置上下层支洞，下层支洞可由上层支洞派生。

若出口具备支洞布置条件，为改善通风散烟条件可尽量布置。

4.2.3 施工支洞洞轴线选择

（1）布置施工支洞应当尽量压缩支洞的长度以节约投资，但并不是洞越短越好，首先从行车上来说，对路面纵坡有一定的要求，《水工建筑物地下工程开挖施工技术规范》（SL 378—2007）规定采用无轨运输时坡度不宜大于 9%，在实际规划时，可结合支洞的使用程度、洞线的长短及设备的性能进行择取，若洞线较短且使用时间不长的支洞可突破 9% 的要求，但必须满足机械设备的爬坡性能。

（2）支洞开口选择应结合开口段的地质条件，尽可能避免在不利地质条件地段开口而引起开口成形困难，增加大量支护。同时洞线应尽可能避免近距离与断层结构平行。

（3）支洞轴线与既有通道及主洞应结合设备的转弯通畅性要求以最优的夹角相交，减少交叉部位的开挖量与支护量。

（4）要考虑对水道的水力梯度的影响及与帷幕轴线的相互关系。

（5）与其他洞室立体交叉时，上、下洞室之间岩体厚度宜不小于 1 倍洞径并应加强支护，与其他洞室平行时，两洞室之间的岩体厚度宜不小于 2～3 倍洞径。

4.2.4 施工支洞断面选择

施工支洞洞型一般采用城门洞型，施工支洞断面选择时，首先应根据施工期担负的运输任务及施工高峰期运输强度的大小确定采用"双行"车道还是"单行"车道，再根据开挖支护及混凝土施工设备的尺寸选择施工支洞的断面尺寸。双车道施工支洞断面一般宜选择为 8m×7m（宽×高），单车道一般宜选择为 6m×5m（宽×高）。同时还应考虑以下几点：

（1）压力管道上平段施工支洞与各压力管道的连通洞，应结合压力管道的断面尺寸及开挖分层统筹考虑，若压力管道主洞断面较大，可先形成上层施工通道，待上层开挖支护完成后，支洞再降底形成下层施工通道。

（2）压力管道下平段施工支洞断面尺寸应结合下平段压力钢管运输、安装等需求统筹进行考虑。

（3）尾水连接管施工支洞断面选择应结合尾水连接管的开挖分层及各层的开挖通道规划进行考虑，若各层开挖均只能利用施工支洞，则应先形成上层施工通道，待上层开挖支护完成后，支洞再降底形成下层施工通道；若上层开挖可利用尾水洞，则可只考虑形成下层施工通道，以作为下层开挖及后续混凝土施工通道使用。

（4）各平行主洞间的连通洞若只考虑下层开挖及后续混凝土浇筑施工，可结合主洞尺寸选用单车道。

4.2.5　杨房沟地下厂房系统施工支洞设计

杨房沟水电站地下洞室群施工，在充分利用既有施工通道和永久洞室兼作施工通道的基础上，共规划大小施工支洞 15 条，施工支洞通道特性详见表 4.2.5－1，施工支洞布置示意见图 4.2.5－1。

1）进水口施工支洞及压力管道上平段施工支洞

根据整体工期要求及进水口边坡开挖进展情况，进水口边坡不具备布置明线施工通道条件。从低线绕坝交通洞布设进水口施工支洞及压力管道上平段施工支洞，以满足进水塔及压力管道上平段施工通道需求，使得压力管道上平段提前进行开挖施工，减少了后续压力管道混凝土与进水塔混凝土施工交叉干扰的问题，节约压力管道施工工期约 3 个月。

2）尾调中支洞、尾调下支洞、1♯、2♯联系洞

尾调中支洞、尾调下支洞、1♯、2♯联系洞作为尾水调压室新增施工支洞，尾水调压室总长 161.1m，其中高程 2008.5～1969m 段（39.5m）原方案为石方井挖。根据现场实际情况在尾调室右端墙高程 1991.5m、下游侧端墙高程 1969m 及中隔墙中部分别新增了尾调中支洞、尾调下支洞及中隔墙 1♯、2♯联通洞共 4 条支洞（共 178.2m），将石方井挖调整为梯段开挖，减少了开挖期安全风险，降低了开挖施工难度，并为后期混凝土施工创造了有利条件，同时节约工程投资上千万元。

3）副厂房 1♯、2♯施工支洞

原副厂房施工支洞派生于压力管道下平段施工支洞的终点，终于副厂房高程 1968.1 平台，主要作为副厂房开挖出渣施工通道。根据现场情况，结合主变洞及厂房系统中层排水廊道布置特点，优化调整副厂房施工支洞，优化后该支洞起点位于主变洞左端墙，布置一条支洞连接中层排水廊道，利用中层排水廊道进行扩挖作为通道使用，再布置一条支洞连接中层排水廊道与副厂房，终点仍然位于副厂房高程 1968.1m 平台，优化后该通道可作为后续副厂房混凝土施工通道及机电设备运输通道。同时压力管道下平段施工支洞可以提前进行封堵，节约施工工期约 2.5 个月。

4）尾水 3♯施工支洞

受尾水出口顶部危岩体治理影响，尾水洞出口无法按时进行开挖，造成尾水洞下层无法正常开挖施工，为确保施工进度从尾水 1♯施工支洞（上层）派生一条尾水 3♯施工支洞至尾水洞底板开挖工作面，确保了尾水洞开挖施工按期完成。

表 4.2.5－1 杨房沟水电站引水发电系统施工通道特性表

序号	通道名称	断面尺寸（m×m）	通道长度（m）	承担施工内容
1	引水下平洞施工支洞	10.7×7.5	409.449	引水下平洞、竖井开挖支护、混凝土施工；下平洞钢衬施工
2	进水口施工支洞	8.0×7.0	362.87	压力管道上平段、竖井段及进水口边坡开挖支护、混凝土施工
3	引水上平段施工支洞	8.0×7.0	150.86	压力管道上平段、竖井段开挖支护、混凝土施工
4	尾水 1♯ 施工支洞	8.0×7.0	634.14	尾水隧洞上层开挖支护
5	尾水 2♯ 施工支洞	8.5×7.0	369.67	尾水连接管开挖支护、混凝土施工；尾水隧洞下层开挖支护、混凝土施工；尾调室下部开挖支护
6	尾水 3♯ 施工支洞	8.0×7.0	170.754	尾水隧洞下层开挖支护、混凝土施工
7	主变顶层连接洞	8.5×7.0	55.05	主变洞开挖支护
8	尾水闸门室施工支洞	8.0×7.0	65.70	尾水闸门室开挖支护
9	尾调中支洞	6.0×5.0	29.30	尾调室开挖支护、混凝土施工
10	尾调下支洞	8.0×7.0	112.79	尾调室开挖支护、混凝土施工
11	1♯、2♯联系洞	4.7×5.5	14.60	尾调室开挖支护
12	下层排水廊道施工支洞	3.0×3.2	74.30	下层排水廊道开挖支护、混凝土、排水孔施工
13	副厂房1♯、2♯施工支洞	4.0×5.0	82.80	副厂房开挖支护、混凝土、机电安装施工
14	开关站施工支洞	6.5×6.0	248.10	开关站、进水口、出线上平洞开挖支护、混凝土施工
15	尾水洞联通洞	8.0×7.0	32.00	尾水洞混凝土施工

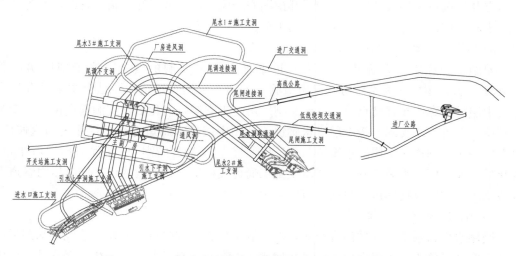

图 4.2.5－1 杨房沟水电站地下洞室群施工支洞布置示意图

施工支洞为临时建筑物，建筑物等级较低，对开挖和支护要求相对较低，但必须满足施工期安全运行。对于围岩类别为Ⅱ、Ⅲ类的洞段一般可采用随机支护的形式（如素喷 C25 混凝土厚 5cm＋随机挂网锚杆），对于围岩类别为Ⅳ类及以上的不良地质洞段宜采用系统锚喷支护。

4.2.6　小结

施工支洞的合理布置可简化施工程序、加快施工进度、节约施工投资，是大型地下工程施工所必须高度重视的环节，要在综合考虑地下建筑物的布置、工程量、总进度、地形、地质、施工方法、施工安全、施工通风散烟及排水等影响因素，反复推敲、比选论证，以求得最佳规划设计方案。

4.3　通风散烟

地下厂房洞室众多，纵横交错，形成复杂的地下洞室群，洞室群内空气条件较差，因此需进行通风散烟，以改善作业环境。在洞室开挖期间，洞外同步进行坝肩边坡等开挖工作，合理选择最优的供风位置尤为重要。通风设计的总体原则是"下进上排、主辅结合、循环有序、集中设置"。

4.3.1　通风问题

施工通风、除尘对工程的影响是连续性的，合理的施工通风布置将对工程进度、质量、安全和施工人员的身心健康起到重大积极影响。杨房沟工程引水系统、地下厂房及尾水系统等洞室群施工过程中，三大洞室直接与地面相通的洞室仅有进厂交通洞与左岸低线绕坝交通洞等少数洞室，大部分施工支洞均从进厂交通洞及其支线派生，且进厂交通洞作为主进风通道，其风管布置长度超过 2km，地下洞室群通风存在通风距离长、需供风工作面多及不同工作面风管分岔干扰、分流损失等诸多困难。因此，需投入大量精力进行大型洞室群通风的系统设计及优化。

4.3.2　通风总体规划设计

针对通风存在的问题，结合巷道式通风的原理，采用机械通风与自然通风相结合，将进厂交通洞、尾水施工支洞、引水施工支洞等施工支洞作为地下洞室群施工新鲜风的补风巷道，增设排烟竖井、排烟平洞作为污浊空气的排出通道，使整个系统风流有序，形成"下进上排"的通风系统。为尽早形成巷道通风的条件，必须快速打通排烟竖井及平洞，合理、有效地组织通风风流，以改善各洞室通风条件。施工通风应根据各部位的施工通道及施工程序的不同，采取分部位、分期进行规划。

杨房沟水电站设置的排烟竖井与平洞的特性见表 4.3.2-1。

表 4.3.2—1　排烟竖井与平洞特性一览表

竖井［直径（cm）］	起止位置	起止高程（m）	排烟部位
1#竖井（φ1.4）	厂房进风洞至排烟平洞	2018.19～2109.21	主厂房左侧
2#竖井（φ1.4）	主变上层施工支洞至排烟平洞	2010.55～2105.19	主变洞左侧
3#竖井（φ1.4）	尾水调压室至排烟平洞	2030.75～2100.87	尾调室左侧
4#竖井上段（φ1.4）	通风兼安全洞至左岸上坝交通洞	2019.90～2102.00	三大洞室右侧上部独头开挖
4#竖井下段（φ1.4）	引水下平洞施工支洞至通风兼安全洞	1982.05～2015.35	尾水2#施工支洞及引水下平段
5#竖井（φ2.0）	排烟平洞至左岸缆机平台交通洞	2109.60～2171.30	三大洞室
6#竖井（φ1.4）	尾水1#施工支洞至尾调连接洞	2010.80～1963.50	尾水洞
排烟平洞	1#～3#排烟竖井顶部至左岸高线道路	2109.60～2100.87	三大洞室

4.3.3　通风量计算及风机特性

1）通风量计算依据

根据地下洞室群的施工进度计划、施工部署及施工方案、施工资源（含机械设备及人员）配置及通风方式的安排，计算出满足施工人员、爆破散烟、使用柴油机械、洞内允许最小及最大风速等要求的所需风量。

依据《水工建筑物地下工程开挖施工技术规范》（DL/T 5099—2011）第12.2对通风量的推荐值，确定所需风量的约束值如下：

（1）按洞内同时工作的最多人数计算，按照每人 3.0m³/min 新鲜空气进行供给。

（2）按爆破 20min 内将工作面的有害气体排出或冲淡至容许浓度计算，每千克炸药爆破后可产生折合成 40L 的 CO 气体。

（3）洞内使用柴油机械时，可按每 4m³/(kW·min) 风量计算，并与同时工作的人员所需通风量相加。

（4）工作面附近的允许最小风速为 0.15m/s，洞室（含竖井、斜井）允许最大风速为 4m/s，运输与通风洞允许最大风速为 6m/s。

杨房沟水电站采用瑞典 SwedVent Technologies AB 公司的 SWEDFAN 风机，该风机在白鹤滩水电站运行效果良好。根据厂家建议并结合白鹤滩运行经验，杨房沟通风量的计算中，柔性通风管路按 100m，漏风率取 1.5%，阻力系数取 0.0180，风机效率取 80%。

2）通风量计算

依据《水利水电工程施工组织设计手册》第 2 卷第 13 章第 2 节通风量计算的经验公式，各工作面所需风量的状态方程如下：

$$
\begin{cases}
V_p(t) = 60\,v_p m(t) K & (4-1) \\
V_{HY}(t) = 7.8\sqrt[3]{Q(t)S(t)^2 L_Y^2}/T & (4-2) \\
V_{HX}(t) = 1.25\,V_{HY}(t) & (4-3) \\
V_0(t) = 60\,v_0(t) N(t) & (4-4) \\
V_{min}(t) = v_{min} S(t) & (4-5) \\
V_{max}(t) = v_{max} S(t) & (4-6)
\end{cases}
$$

其中，V_p 为施工人员所需风量，v_p 为每人所需新鲜空气量（取 $3.0\mathrm{m^3/min}$），m 为同时工作的最多人数，K 为风量备用系数（取 1.1）；

V_{HY} 为混合式通风状态下的爆破散烟所需压入风量，Q 为同时爆破的炸药量（单位取 kg），S 为隧洞的断面面积（单位取 $\mathrm{m^2}$），L_Y 为压风管口至工作面距离（取 30m），T 为通风时间（取 30min）；

V_{HX} 为混合式通风状态下的爆破散烟所需吸出风量；

V_0 为使用柴油机械所需通风量，v_0 为单位功率需风量指标［取 $4\mathrm{m^3/(kW\cdot min)}$］，$N$ 为同时在洞内工作的柴油机械总额定功率（单位取 kW）；

V_{min} 为保证洞内最小风速所需风量，v_{min} 为洞内允许最小风速（取 0.15m/s）；

V_{max} 为保证洞内最大风速所需风量，v_{max} 为洞内允许最大风速（取 4m/s 或 6m/s）。

3）风机特性及配置

根据掌子面需风量和风管的漏风系数，计算通风机风量，再由通风阻力加上风机出口处动压损失，计算风机全压。选择合适直径的风筒，风筒直径越大，通风阻力越小。最后由配风量和风机全压选择合适的风机机型。根据白鹤滩风机运行经验及杨房沟实际情况，杨房沟水电站共布置 8 台风机。风机设备特性见表 4.3.3-1。

表 4.3.3-1 风机设备特性一览表

风机名称	功率（kW）	总风压（Pa）	风机出口流量（m³/s）	作业面流量（m³/s）	通风方式
1#风机	400	5111	59.5	46.0	压入式
2#风机	320	3739	58.6	42.0	压入式
3#风机	110	1970	41.9	36.0	压入式
4#风机	132	2313	45.4	39.0	压入式
5#风机（4 台）	75	—	—	—	抽出式

4.3.4 杨房沟开挖期通风散烟实施方式

随着开挖施工逐步开展，技术人员根据现场实际情况对通风设计进行优化。

1）主体一期通风

一期通风，均为独头掘进时的压入式通风。此时的开挖线路分为两条：①通风兼安全洞→厂房中导洞（含主变排风洞→主变中导洞、尾调通风洞→尾调中导洞）；②进厂交通洞→尾水施工支洞（含厂房进风洞、引水下平施工支洞）。

1#、2#风机布置于进厂交通洞洞口。其中，1#风机供风的施工面有进厂交通洞、引水下平施工支洞、尾水2#施工支洞，2#风机供风的施工面有尾水1#施工支洞、厂房进风洞。3#、4#风机布置于左岸低线绕坝交通洞洞口。其中，3#风机的供风面主要为厂房的顶拱层，4#风机的供风面主要为主变室及尾调室的顶拱层。

考虑竖井施工成本较高，先施工1#、3#、4#竖井；根据后期通风效果，2#、5#竖井再按照规划实施。为确保施工面供风能力，将尾调及尾闸连接洞的开挖工期推迟到二期通风阶段，以减小1#风机供风压力。

2）主体二期通风

在二期通风阶段，已经形成贯穿风流通道的三大洞室和引水下平段采用混合式通风，处于独头掘进状态的尾调及尾闸连接洞、尾水洞上层采用压入式通风。

风机位置沿用一期规划的布置，供风工作面根据开挖工作面进行调整。1#风机供风的工作面有尾调及尾闸连接洞、4条引水下平段，2#风机供风的工作面有2条尾水洞上层，3#风机供风的工作面为厂房，4#风机供风的工作面为主变室（含母线洞）、尾调室。

考虑到尾水洞供风距离大、开挖工期长、通风条件差，决定在尾调连接洞与尾水洞隔墙平面相交的位置增加φ1.4m的6#竖井（高47.3m），尾水洞的废气通过6#竖井进入尾调室，再从3#竖井排出。

排烟竖井井口，分别各布置一台75kW的5#风机，将井内废气吸出。在二期通风阶段，爆破作业面逐渐增多，导致排烟平洞内由竖井吸出的废气形成紊流，废气无法自然排出至边坡外侧；借鉴白鹤滩工程设置风墙的经验，在排烟平洞洞口（1#竖井设置在该处）设置由砖墙结合彩钢瓦铺设的风墙，并将3#竖井井口风机移至风墙处，通过风机将废气强排至排烟平洞外侧，三大洞室内的通风效果得到明显改善。后来，4#竖井井口也同样设置风墙，用以改善引水下平洞内的通风条件。

3）主体三期通风

三期通风，除引水上平段及竖井段为压入式通风，其余均为混合式通风。

1#、2#风机仍在进厂交通洞洞口，1#风机供风工作面调整为厂房、尾调室，2#风机供风工作面仍为2条尾水洞。

调整3#风机移至进厂交通洞与厂房进风洞交叉口，通过尾水2#施工支洞向尾连管（含扩散段）及厂房底部供风。由于进水口边坡受危岩体处理影响开挖滞后，在低线绕坝交通洞内新增进水口交通洞进行引水上平段及竖井段开挖；4#风机移至进水口交通洞，对引水上平段及竖井段工作面进行供风。

竖井井口，依旧分别各布置一台75kW的5#风机，将井内废气吸出。

4）其他部位通风

尾闸室靠近杨房沟沟口，顶拱层开挖至设计断面后利用一条3m×3m的尾闸排风洞通至河谷边坡，形成贯穿风流通道。故尾闸室开挖，采用了自然通风。

在卡杨公路利用开关站施工支洞形成出线上平洞及出线竖井的施工通道，该支洞通至河谷边坡。出线上平洞开挖阶段，采用 150kW 国产风机进行供风。出线竖井开挖，利用反井钻机形成 $\phi 1.4m$ 的竖井中导洞；该中导洞形成贯穿风流通道，出线竖井开挖采用自然通风。

4.3.5　小结

在施工进度规划方面，可合理调整非主要洞室开挖工期以降低用风量需求峰值，以最小的风机配置数量达到较好的通风效果，能够降低风机采购成本，较好地做到施工成本控制。

4.4　施工测量

4.4.1　概述

地下洞室群的测量工作环境主要是在地下或封闭的空间，其作业方法、作业程序等与常规的地面测量存在一定的差别，其主要特点如下：

（1）地下工程施工面测量空间狭窄、测量条件差，并有烟尘、滴水、人和机械相互干扰的可能。

（2）施测对象灰暗，一般无自然光，照明度不理想。

（3）测量控制网的网型受地下条件限制，控制测量形式比较单一，仅适合布设导线测量，成果的可靠性主要依靠重复测量来保证。

（4）工程精度要求高，而且耗时短，有时需要现场提交成果。

（5）地下工程的工作面大多采用独头掘进，且洞室只能前后通视，因此不便组织校核，出现错误往往不能及时发现，随着工作面的进展，点位误差的累积会越来越大。

地下工程测量的主要内容包括地面控制测量、联系测量、地下控制测量、贯通测量、地下工程施工测量、地下工程竣工测量及变形监测等，为地下工程建设提供必要的数据和资料。地下工程测量是工程的眼睛，对地下工程建设和施工起保障和监督作用，是保证工程质量的关键。

4.4.2　施工测量技术标准

施工测量工作执行的规范和主要技术文件有以下几种：

（1）《水电水利工程施工测量规范》（DL/T 5173—2012）。

（2）《工程测量规范》（GB 50026—2007）。

（3）《国家三、四等水准测量规范》（GB/T 12898—2009）。

（4）《中、短程光电测距规范》（GB/T 16818—2008）。

（5）《工程测量基本术语标准》（GB/T 50228—2011）。

（6）《测绘成果质量检查与验收》（GB/T 24356—2009）。

（7）《国家基本比例尺地图图式　第1部分：1∶500、1∶1000、1∶2000 地形图图式》（GB 20257.1—2007）。

（8）工程合同及相关设计文件等。

4.4.3　施工控制测量

为保证地下洞室群各隧洞最终能准确贯通，必须在施工前建立高精度的地面控制网，然后将地面坐标传递到施工隧洞内，指导隧洞开挖和建立地下工程控制网。

杨房沟工程首级控制网成果由雅砻江流域水电开发有限公司杨房沟卡拉水电工程测量中心提供。测量中心每年定期对杨房沟水电站施工测量控制网的二等平面施工控制网、三等 GPS 施工控制网及水准网进行全面复测并发布成果，各单位在复测成果无误后在其基础上进行加密控制测量。

4.4.3.1　控制网复测

具体复测方法如下：

（1）收集资料：测区地形、交通、气象、已有测量成果。通过了解测区地形复杂情况，控制点位设置情况，提前制订计划。天气方面，通过查询天气预报，选择在天气晴朗、成像清晰的情况下施测。

（2）实地勘查：测区调查，检查标示完好情况、控制点通视情况。检查控制标示保护情况，另外应查看控制点之间相互通视情况，做好记录。

（3）图上设计：确定点位，连成网形，精度估算，制订计划。通过现场实际勘查结果以及已有测量成果资料，确定控制网布设形式和精度。

（4）控制网复测采用附合导线布设形式，等级为三等。观测采用对向观测，观测精度及观测技术要求按规范执行。

（5）外业数据处理：使用气压表采集测站气压值，使用温度计读取测站温度，记录到外业观测记录表中。

（6）内业数据处理：观测完成后，对外业观测记录数据进行检查，检查无误后，进行边长改化计算，计算时考虑温度、气压、地球曲率半径、大气折光系数、投影面高程、仪器加、乘常数等，其中仪器加、乘常数根据仪器检定证书获取，采用南方平差易软件对控制点平面及高程坐标进行平差计算。

（7）复测与原有成果对比分析：通过将复测成果与原有成果进行对比，确认原有测量成果是否有误（或点位发生位移），若原有成果无误，可采用原有测量成果。

4.4.3.2　加密控制测量

平面控制网形式受地下条件限制布设为闭合导线或附合导线，高程控制网采用电磁波测距三角高程代替传统的水准测量方法。在保证精度的同时为提高工作效率，导线网均布设为光电测距三维控制网，导线各边的高差测定采用对向观测，同时进行平面和高程控制测量。加密控制测量工作流程见图 4.4.3-1。

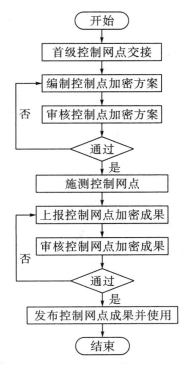

图 4.4.3－1　加密控制测量工作流程

加密控制网采用和首级控制网成果相同的坐标、高程系统，杨房沟测量坐标系为杨房沟水电站平面直角坐标系，高程系统为 1985 国家高程基准，投影基准面为 2024m 高程面。加密控制测量的具体作业步骤如下：

（1）在开工通知下达前，从测量监理工程师处获得测量基准点、基准线及其基本资料和数据，并现场确认点位。

（2）对移交的控制网（点）进行复测确认无误后，图上设计，确定点位，连成网形，拟定控制网加密方案。

（3）踏勘选点，控制点位的选择主要考虑通视条件良好，无施工干扰，便于长期保留等因素，最终确定控制网加密方案，并上报监理机构进行审批。

（4）控制网加密方案审批通过后，进行控制点埋设工作。控制点灵活采用向地面打入钢筋、用混凝土包裹、在钢筋顶面用钢锯锯成十字丝或在坚硬基岩上设点及埋设观测墩的形式设置。

（5）严格按审批通过的控制网加密方案和《工程测量规范》（GB 50026—2007）、《国家三、四等水准测量规范》（GB/T 12898—2009）、《中、短程光电测距规范》（GB/T 16818—2008）、《水电水利工程施工测量规范》（DL/T 5173—2012）等国家、行业测量标准及规范进行加密控制网的观测工作。加密控制网测量采用对向观测，观测和记录过程严格按照规范执行，各项技术要求见表 4.4.3－1～表 4.4.3－3。

表 4.4.3－1　电磁波测距附合（闭合）导线技术要求

等级	附合或闭合导线总长（km）	平均边长（m）	测角中误差（″）	测距中误差（mm）	全长相对闭合差	方位角闭合差（″）	测距精度等级	测回数		
								边长往返测回	水平角	
									1″级	2″级
三等	4.0	600	±1.8	±3	1:100000	$±3.6\sqrt{n}$	3mm级	各2	4	6
四等	2.6	400	±2.5	±4	1:65000	$±5\sqrt{n}$	5mm级	各2	2	4

表 4.4.3－2　水平角方向观测法技术要求

单位：″

等级	仪器标称精度	两次重合读数差	两次照准读数差	半测回归零差	一测回中2C较差	同方向值各测回互差
二等、三等、四等	0.5	0.7	2	3	5	3
二等、三等、四等	1	1.5	4	6	9	6
三等、四等	2	3	6	8	13	9

表 4.4.3－3　电磁波测距三角高程测量每点设站法技术要求

等级	仪器标称精度		最大视线长度（m）	斜距测回数	天顶距			仪器高、棱镜高丈量精度（mm）	对向观测高差较差（mm）	附合或环线闭合差（mm）
	测距精度（mm/km）	测角精度（″）			中丝法测回数	指标差较差（″）	测回差（″）			
三等	±2	±1	700	3	3	8	5	±2	$±35\sqrt{S}$	$±12\sqrt{L}$
	±5	±2		4	4					
四等	±2	±1	1000	2	2	9	9	±2	$±40\sqrt{S}$	$±20\sqrt{L}$
	±5	±2		3	3					

注：S 为平距，L 为线路总长，单位均为 km。斜距观测一测回为照准一次，测距 4 次。

（6）观测完毕以后，整理各项数据资料，进行控制网平差计算并把加密控制成果上报监理机构进行审批，待审批通过方可使用。

4.4.3.3　贯通测量

隧洞施工测量的关键技术指标是横向贯通误差。地面控制测量、地下导线测量及联系测量的误差是导致隧道贯通误差的三个主要因素。为保证贯通误差小于设计值，需从贯通误差的限差出发，对各阶段的精度指标进行整体设计，给出各阶段的测量精度要求，从而既能让各阶段的测量工作顺利进行，又能保证最终的工程质量。

地下导线测量受作业范围限制，地下控制以导线形式布设，起始点为地面控制点。隧洞长度一般在 5km 范围内，根据测量规范规定横向贯通极限误差为 ±100mm，高程极限误差为 ±80mm，隧洞内分配横向贯通中误差为 ±40mm，高程中误差为 ±30mm，见表 4.4.3－4 和表 4.4.3－5。

表 4.4.3－4　贯通测量差限

相向开挖长度（km）	限差（mm）	
	横向	高程
<5	±100	
5～9	±150	
9～14	±300	±80
14～20	±400	

表 4.4.3－5　控制测量对贯通中误差的影响值的限差

相向开挖长度（km）	中误差（mm）			
	横向		高程	
	地面	地下	地面	地下
<5	±25	±40		
5～9	±37	±60		
9～14	±75	±120	±20	±30
14～20	±100	±170		

1）洞内导线网精度估算

受地下条件限制，且隧洞采用钻爆施工和照明度不理想，造成通视条件不一定很好。为提高测量精度，洞内导线网采用四等导线施测，采用测距标称精度为±（1+1.5ppm①）的全站仪测距，洞内测边控制在 150m，且采用对向观测的导线测量方案进行设计。以最长导线路线主隧洞进口—主隧洞贯通面—主隧洞出口进行误差预计，这时洞内横向贯通误差为：

$$m_y = \sqrt{\left[(m_\beta/\rho)^2 \sum R_x^2 + (m_l/l)^2 \sum d_y^2 \right]}$$

式中　　m_y——洞内导线横向贯通影响值；

m_β——导线测角中误差；

R_x——导线各点至贯通面的垂直距离；

d_y——导线各点至贯通面的投影长度；

m_l/l——导线边长相对中误差；

$\rho = 206265''$。

此式是以支导线的情况考虑的，导线未加测角度的闭合条件，通过平差计算使其精度有所增加，故 m_y 是偏大的。但如果这个 m_y 值已满足了横向贯通误差的要求，说明这样的技术设计是可行的。

2）洞内外联测

洞内外联测，均按以下规定施测：

---

① ppm：计量单位，现已废除，1ppm=1×10⁻⁶。

（1）洞内外联测采用四等导线，从测量中心提供的首级控制点沿线布设至洞口，要遵守"利于施工放样及便于向洞内传递"的原则，在洞口形成投点（插点）。

（2）由洞口点向隧洞内传递方向的连接角测角中误差，比本级导线测角精度提高一级或不低于洞内基本导线的测角精度。

表 4.4.3−6　地下工程洞内平面控制测量技术要求

测量方法	控制网等级	测角中误差（″）	洞室相向开挖长度 L（km）
导线测量	二等	1.0	9～20
	三等	1.8	4～9
	四等	2.5	2～4

（3）洞内外联测，选择在阴天，气温稳定，无风情况下进行。水平角观测采用方向观测法测 4 个测回。测距采用对向观测，其中天顶距观测 2 测回，测距 4 测回，边长归算考虑气象改正、投影改正等。高程测量严格按《水电水利工程施工测量规范》（DL/T 5173—2012）三、四等测量水准测量要求进行。

（4）洞内外联测的其他技术要求，应符合规范的有关规定。

3）洞内控制测量

洞内控制测量，应符合下列规定：

（1）洞内控制测量采用四等导线，以洞口投点（插点）为起始点沿隧道中线或隧道两侧布设形成闭合（附合）导线，洞内测量控制点埋设牢固隐蔽，做好保护，防止机械设备破坏。

（2）洞内控制测量在施测过程应在施工不影响时进行，并加强通风，保证照明充分，提高清晰度。利用良好的施测环境，确保测量的精度。水平角观测采用方向观测法测 2 个测回。测距采用对向观测，其中天顶距观测 2 测回，测距 4 测回，边长归算考虑气象改正、投影改正等。高程测量严格按《水电水利工程施工测量规范》（DL/T 5173—2012）三、四等测量水准测量要求进行。

（3）导线的边长宜近似相等，直线段不宜短于 200m，曲线段不宜短于 70m，导线边距离洞内设施不小于 0.2m。

（4）当双线隧道或其他辅助坑道同时掘进时，应分别布设导线，并通过横洞连成闭合环。

（5）当隧道掘进至导线设计边长的 2～3 倍时，应进行一次导线延伸测量。

（6）在洞内进行光电测距作业时，注意仪器的防护，避免影响测量的精度。

（7）洞内控制测量的其他技术要求，应符合规范有关规定。

4）实际贯通误差的测定及调整

贯通误差的测定：采用精密导线测量，在贯通面附近定一临时点，由进测的两方向分别测量该点的坐标，所得的闭合差分别投影至贯通面，得出实际的横向和纵向贯通误差，再置镜于该临时点测求方位角贯通误差。

贯通误差的调整：用折线法调整隧洞中线；进行高程贯通误差调整时，贯通点附近三角高程，采用由进出口分别引测的高程平均值作为调整后的高程。隧洞贯通后，施工中线及高程的实际贯通误差，应在未衬砌的100m地段内（即调线地段）调整，该段的开挖及衬砌均应以调整后的中线及高程进行放样。

4.4.4　施工放样

地下洞室群的施工放样主要包括压力管道、主副厂房及安装间、主变洞、母线洞、尾水调压室、尾水连接管、尾水洞、尾水洞检修闸门室、出线平洞及竖井、进厂交通洞等建筑物的洞室开挖、混凝土衬砌及机电金结安装放样。

为保证施工测量精度，减小放样误差的积累，严格遵循由整体到局部的原则，直接由等级控制点（首级及加密控制点）进行放线，也可以由细部临时加密的点线进行放样，重要部位采用首级控制点进行放样。

平面位置的放样主要采用直角坐标法、极坐标法等放样方法，高程放样采用水准测量法、三角高程法。在计算放样数据并核实无误后，进行施工放样。

隧洞施工的开挖放样及混凝土衬砌均采用全站仪配合CASIO-fx5800P等可编程计算器进行，预先编辑好放样程序，以确保放样精度及工作效率。施工测量一般采用全站仪进行测量，金属结构的施工测量采用电子水准仪配合全站仪进行测量。

施工放样的工作流程见图4.4.4-1。

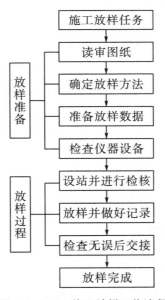

图4.4.4-1　施工放样工作流程

1）测量放样准备

（1）收集测量相关资料：包括收集控制网和加密控制网成果，设计蓝图、设计（修改）通知单、工程技术联系单、施工组织设计等。

（2）图纸读审及放样数据准备：将有关测量数据统计汇总，将设计图纸中各单项工程部位的工程坐标、轴线方位、形体尺寸等几何数据和计算好的放样参数绘制成简单示意图，编制相应计算器程序。放样数据与计算器程序经至少两人独立计算校核方可使用。

（3）确定放样方法：根据放样点的精度要求和现场的作业条件，选择技术先进和可靠的放样方法。各部位及建筑物的放样点点位限差必须按规范执行，其中开挖轮廓点放样的具体限差要求见表4.4.4—1。

表 4.4.4—1　开挖轮廓放样点的点位限差

轮廓放样点位	点位限差（mm）	
	平面	高程
主体工程部位的基础轮廓点、预裂爆破孔定位点	±50	±50
主体工程部位的坡顶点、非主体工程部位的基础轮廓点	±100	±100
土、沙、石覆盖面开挖轮廓点	±150	±150

注：点位限差均相对于邻近基本控制点而言。

2）放样过程

（1）设站并进行检核：测站点宜直接在控制点或其加密点上进行，根据限差要求也可先测设放样测站点后再进行放样。对于形体复杂或结构复杂的建筑物，检核和放样采用同一组测站点。测站点应能与至少两个已知点通视，保证放样有检核方向。设站根据精度要求主要采用坐标定向法和自由设站法等。在施工过程中，由于工程的特殊性、施工过程中施工机械等移动设备、临时堆积材料、大量土方开挖等阻挡视线的因素，可采用自由设站法，观测多个已知点的角度、距离，根据放样点的精度要求观测两个以上已知点提高测站点精度。

（2）放样并做好记录：测量放样记录使用规定的表格，按规定的格式填写，完整填写各项测量记录，不得随意涂改。

（3）检查无误后交接：作业结束后，观测员检查记录计算资料并签字。检查无误后填写测量放样成果表，以书面方式技术交底交予现场技术员，现场技术员确认无误后完成交接。

以地下洞室开挖放样为例，实际操作方法如下：

①根据施工图纸和有关设计通知，在 CASIO—fx5800P 计算器中编制好开挖放样程序，经检查校核无误后方可使用。

②测量仪器一般直接在加密的控制点上设站，如遇视线遮挡等特殊情况，可测设一站至仓号附近，仪器设置测站均采用已知点建站方法，后视点距离不得小于放样点的距离，施测前后分别检核第三已知点，确保观测质量。测放点位时合理选择放样方法，每一次放样前，先检查上一次开挖形体是否满足技术要求。测量放样完成后要对后视方向进行校核，若偏差超出允许范围，所放点位要重新进行复核。

③洞室的开口轮廓放样：首先用全站仪红外线激光定位测出轮廓线附近某一点的坐标，将仪器显示坐标输入到已编辑并校核好程序的计算器中，得这一点到轮廓线的偏差值，然后通过移动镜头再次测量坐标、计算，进行2~3次渐趋移动直至达到测量放样精度要求，用喷漆做好标识，记录测量放样数据，再进行下一个点放样，并根据现场要

求放出洞室特征点和后视点位。放样完毕后检查原始记录数据，检查无误后出具测量放样成果表，并对现场技术人员进行详细交底，由现场施工技术人员根据测量放样成果表指挥开挖作业。

④地下厂房岩锚梁放样是地下工程的重点和难点，要控制好岩锚梁的轴线、高程和开挖断面边线，必须严格控制岩台开挖施工放样以及钻孔样架搭设放样。钻孔样架的搭设按照样架设计高程和位置放样（钢管中心线），每隔 5m 放出断面上样架的定位点（超欠挖、桩号、高程），然后将高程引至各相同高程点，并在边墙上每隔 10m 标出桩号及高程。斜面孔测量放线要求放出水平高程、桩号和孔斜，经测量放线后，孔位用红漆标记孔位。测量放线分两次，搭设完成后再校核一次样架，没有问题后出具检查合格证进行下一工序。开挖成型后，检查超欠挖情况，如果无欠挖，按要求做竣工断面上报监理验收。

⑤每一排炮均应放样，并测量上一排炮爆破后的开挖面的超欠挖情况及开挖范围，现场应做好记录，以便确定对超欠挖的处理。

⑥洞室开挖过程中，根据洞室开挖进度，导线控制测量应及时跟进，每隔 10m 在两侧洞壁用油漆做好桩号标志，并应经常校核测量开挖平面位置、水平标高、控制桩号等。

3）测量作业流程监控

通过对测量工作流程的梳理和工作流程的监控，实现工作条理的规范性及工作流程的透明度，保证测量成果质量，提高工作效率。

测量作业流程监控见图 4.4.4－2。

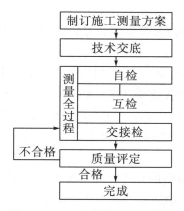

图 4.4.4－2　测量作业流程监控

4.4.5　竣工测量

竣工测量数据资料是评定和分析工程质量以及工程竣工验收的基本依据。根据工程进度及时进行竣工测量相关资料整理，严格按照合同规定和档案要求，并结合《水电水利工程施工测量规范》（DL/T 5173—2012）等相关行业标准的具体规定进行，保证资料的有效性和可追溯性，确保竣工资料的系统性、及时性。

竣工测量资料应是实际测量成果，应满足以下规定：

（1）竣工施测精度，不低于放样精度。

（2）主体建筑物基础开挖建基面的竣工断面图比例不低于 1：200，每 3～5m 测设一条断面，测点间距 0.5～1m。

（3）随施工的进程，按竣工测量的要求，逐渐积累竣工资料；或者待单项工程完工后，进行一次性测量。

竣工测量资料整理的工作内容主要包括：施工测量技术方案、控制网加密方案和成果技术总结、开挖断面成果等。竣工测量完成后提交如下资料：

（1）施工控制网布置图、控制点坐标及高程成果表。

（2）建筑物实测坐标、高程与设计坐标、高程比较表。

（3）施工期变形观测资料。

（4）隧道轴线控制点与控制网联测的平差资料及进洞关系平面图。

（5）洞内导线和高程计算成果和平面图。

（6）开挖和混凝土竣工断面图、竣工工程量。

（7）贯通误差的实测误差和说明。

4.4.6　测量质量保证措施

为了保证施工测量工作能够精确、高效的运行，需在测量人员、仪器设备及组织机构管理上制定一系列行之有效的规章制度，确保施工测量工作规范化、程序化。

4.4.7　洞室测量案例：白鹤滩水电站导流隧洞施工测量

1）工程概况

白鹤滩水电站的开发任务以发电为主，兼顾防洪，并有拦沙、发展库区航运和改善下游通航条件等综合利用效用，是西电东送骨干电源点之一，电站装机容量约 16000MW。导流隧洞进口高程 585m，出口高程 574m。其中，1♯导流洞开挖长度为 2007.63m，2♯导流隧洞开挖长度为 1791.31m，3♯导流隧洞开挖长度为 1584.82m。开挖断面为城门洞形，宽×高分别为：进口渐变段（22.5～28.5）m×27m、19.7m×24.2m、20.5m×25m、21.5m×26m，多种断面。

2）控制网布设

工程测量的内容包括控制网的建立、地形图测绘、施工放样、质量检测及变形监测，控制网的建立是测量工作中最重要的工作。洞室施工控制网的特点：施工控制网要求精度高，控制点的密度大，控制范围小，受施工干扰大，使用频繁。白鹤滩水电站两岸地形高差大，地貌呈典型的 V 形山谷，洞内线路长、施工机械多，通风条件差，烟尘、噪音、震动、视线遮挡、地下洞室交叉开挖施工等对控制网点的埋设和观测影响较大。

导线控制网的特点：单线推进速度快，布设灵活，容易克服地形障碍和穿过隐蔽地区，边长直接测定，精度均匀，能够满足洞室开挖的特点及精度。针对白鹤滩水电站导流洞工程的特点，首先选择布设了导线控制网，布设形式见图 4.4.7－1 和图 4.4.7－2。

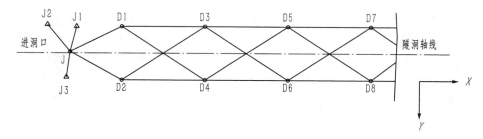

图 4.4.7-1　全导线网形图

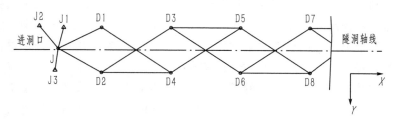

图 4.4.7-2　交叉双导线网示意图

在确定好控制网的形式后，通过图上选点、现场踏勘，首先保证进、出洞口有三个已知点，进出洞口点与相应的定向点通视，然后其他控制点根据隧洞的轴线及现场情况逐步布设，原则上直线段按 150m 左右布设，曲线段根据曲线半径布设。另外，在距边墙位置 50cm 左右并避开管线等遮挡物以及考虑变压器和空压机对测量精度的影响，当洞室开挖至导线设计边长的 2～3 倍时进行一次延伸测量。由于白鹤滩水电站地应力较高，经常出现掉块及岩爆现象，因此，选点、埋点一定要找有经验的测量人员选设，当有横洞连接时可连接成闭合环进行闭合导线测量。首级控制网采用业主提供的二等控制点（观测墩），施工导线控制网等级为四等。

3）导线控制网作业技术要求

（1）作业技术依据。

①《水电水利工程施工测量规范》（DL/T 5173—2012）。

②《国家三、四等水准测量规范》（GB/T 12898—2009）。

③《中、短程光电测距规范》（GB/T 16818—2008）。

④《国家三角测量规范》（GB/T 17942—2000）。

（2）采用的基准和系统。

坐标系统：白鹤滩平面直角坐标系。

高程系统：1985 国家高程基准。

投影面：680m。

（3）观测情况。

在白鹤滩水电站导流洞工程中，导线控制网采用徕卡 TCRA1201＋自动马达进行施测。实测前，对仪器进行检校，观测前 30min 将仪器凉置，使仪器与外界气温趋于一致，严格进行对中整平，检查测站、后视、前视脚架的扭转受压情况，避免受力作业，水平角观测一般采用方向观测法、分组方向观测法、全组合测角法；导线控制网主要采用方向观测法或左右角法；垂直角采用三丝法或中丝法（高程控制测量采用全站仪测量垂直角及边长解算，其成果精度可以达到四等水准精度，满足施工需要），观测前认真丈量仪器高，丈量误差在 1mm 内，测站观测完成后在检查测量数据满足规范要求的情况下再丈量一次仪器高，若两次丈量误差在允许范围内则进行下一测站的施测，测量记录应按照规范要求进行，施测完成后进行测量平差，平差完成若满足规范要求，则将控制点资料上报监理，经批复后使用，并定期维护、复测。

4）施工测量

导线控制网完成之后，应定期对控制网进行维护及复测，施工过程中因受施工工序及施工环境影响，控制点的布设及维护难度相当大，因此，在施工过程中一定要加强对施工主控制点的维护。在白鹤滩水电站导流洞工程中，因为工期紧，开挖过程中采用了相向开挖、单向开挖及台阶同向开挖（追随开挖），开挖的形式也决定了洞室的贯通形式。因此，在如此高强度及环境差的条件下，对测量的组织、管理是一个很大的挑战。

在施工放样前，首先组织图纸会审，对图纸及相关技术修改通知单进行审核，审核无误后对测量资料及测量程序进行整理、编辑、校核，校核无误后进行施工放样，放样主要采用极坐标放样或后方交会法放样，放样成果经校核无误签字后进行移交和存档。

5）开挖贯通测量

在施工前应进行贯通误差分析，对贯通误差进行预计，进一步对测量方案及精度进行调整，保证准确贯通。

贯通测量包括平面测量和高程测量两个部分。贯通误差分为纵向贯通误差、横向贯通误差和高程贯通误差三部分，其中，水平面内沿中心线方向的纵向贯通误差分量仅对贯通有距离上的影响，对其要求较低；水平面内垂直于中心线方向的横向贯通误差分量对隧洞的质量有直接影响，因此，要重点控制横向贯通误差；铅垂线方向的高程贯通误差分量对坡度有影响，现阶段均采用 2s 及以上精度的仪器作为放样及控制点加密的主要工具，因此，高程贯通误差一般比较容易控制。由此可见，横向贯通误差作为考虑贯通的重要方向，一定要对横向贯通误差进行充分的误差分析、预计、评估，选择最优方案，保证贯通质量。贯通情况见图 4.4.7-3。

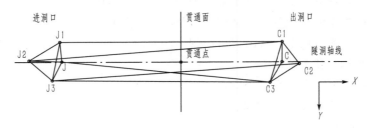

图 4.4.7-3　测量贯通示意图

一般来说，考虑地面测量条件要优于地下，故对地面控制测量的精度要求可高一些。因此，我们将地面控制测量误差对贯通的影响作为一个独立的因素予以考虑，将地下两端相向掘进的隧洞中导线测量的误差对贯通的影响各作为一个独立因素。设隧洞设计的贯通横向误差为Δ，根据测量中的等影响原则，则各独立因素测量误差的允许值为

$q=\Delta/\sqrt{3}$ 。

在贯通测量中，为了保证贯通测量的精度，应注意以下几个问题：

（1）注意原始资料的可靠性，对起算控制点首先要进行复测并保证准确无误。

（2）各项测量工作都要有可靠的独立检验，要进行复测复算，防止产生粗差。

（3）对于精度要求高的重大贯通工程，要采取提高精度的必要措施，如可能增大导线的边长，设法提高仪器和目标的对中精度，或采用三联脚架法等。

（4）及时对观测成果进行精度分析，并与预计的贯通误差进行分析、对比，必要时返工重测。

（5）开挖过程中要及时进行测量，并根据测量成果调整开挖方向及坡度。

洞室开挖完成后进行贯通测量，对贯通测量进行精度分析与精度评定，编写技术总结。隧洞贯通后实际偏差的测定是一项重要的工作，贯通后要及时地测定实际的横向和竖向贯通偏差，以对贯通结果做出最后评定，验证贯通误差预计的正确程度，总结贯通测量的方法和经验。

若贯通偏差在设计允许范围之内，则认为贯通测量工作成功地达到了预期目的；若存在贯通偏差，将影响隧洞断面的修整。因此，应采用适当的方法对贯通后的偏差进行调整。

在测定贯通隧洞的实际偏差后，须对中线和腰线进行调整。

（1）中线的调整。隧洞贯通后，如果实际偏差在设计允许范围之内，可用贯通相遇点一端的中线点与另一端的中线点的连线代替原来的中线，作为衬砌和铺轨的依据，而且应尽量在隧洞未衬砌洞段内进行调整，从而不牵动已衬砌洞段的中线。

当贯通面位于曲线上时，可将贯通面两端各一中线点和曲线的起点、终点用导线连测得出其坐标，再用这些坐标计算交点坐标和转角，然后在隧洞内重新放样曲线。

（2）腰线的调整。在实际测得隧洞两端腰线点的高差后，可按实测高差和距离算出坡度。在水平隧洞中，如果算出的坡度与原设计坡度的相差在允许范围内，则按实际算出的坡度调整腰线；如果坡度的相差超过规定的允许范围时，则应延长调整坡度的距离，直到调整后的坡度与设计坡度相差在允许范围内为止。

控制测量作为贯通测量的重要组成部分，贯通偏差的调整关系到衬砌体型的质量，因此，一定要加强控制测量的质量控制。

6）效果

通过对施工测量技术的改进和运用，做好事前方案讨论及分析、过程检查及纠偏、事后统计及分析，做好测量服务工作。中国水利水电第七工程局有限公司承建的白鹤滩水电站左岸导流隧洞工程在施工测量方面达到了很好的工作成效，不仅完全符合测量规范要求，而且有效提高测量效率，同时也满足了施工生产的需要。

5 开挖施工技术

大型水电工程大多处于高山峡谷之中，其地形地质条件均十分复杂。而厂房地下洞室群大多建设在山体内部，由于其结构复杂，且各洞室之间相互影响，不同的洞室间距、开挖顺序和支护方式等对地下洞室群围岩稳定均有较大影响。因此，选择合理的开挖顺序不但可以缩短整个地下洞室群的施工工期，而且有利于围岩的稳定和减少支护成本。

厂房地下洞室群总体施工程序一般分为引水系统、厂房系统、出线系统、尾水系统等几大部分。其中，引水系统主要包括压力管道上平段、竖井段、下平段，厂房系统主要包括主厂房洞、主变洞、母线洞、通（排）风洞，出线系统主要包括出线上平洞、竖井、下平洞，尾水系统主要包括尾水调压室、尾水闸门室、尾水洞、尾水连接管及其他辅助洞室。几大系统需同步统筹协调开挖整体施工进度，达到均衡生产。总体按照从上至下的原则进行统筹开挖施工，中下部小断面隧洞需提前完成，并提前贯入大型洞室3m左右，以便大型洞室开挖至相应高程后能够及时形成施工通道。

本章主要以杨房沟水电站为例，详细介绍了其地下洞室群开挖过程和施工方法。

5.1 主副厂房洞开挖

5.1.1 简述

杨房沟主副厂房洞呈一字形排列，中间布置主厂房［厂左 0+31.5m～厂右 0+115.5m，其中 1# 机组中心线桩号为厂左（右）0+00m］，左、右两侧分别为副厂房（厂左 0+31.5m～0+51.5m）和安装间（厂右 0+115.5m～0+178.5m）。主副厂房洞开挖尺寸为 230.00m×28.00m×75.57m（长×宽×高），其中岩锚梁以上开挖宽度 30m。

5.1.2 开挖总体施工程序

根据厂房的结构特点、施工通道布置、施工机械性能，并兼顾吊顶牛腿混凝土、岩锚梁混凝土、母线洞开挖支护施工等需要，主副厂房洞自上而下分Ⅸ层开挖，各层又进行细化分区、分块，见图 5.1.2-1 和表 5.1.2-1。

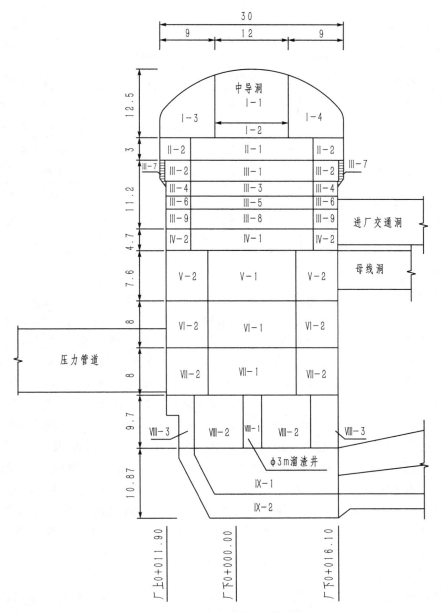

图 5.1.2－1 主副厂房洞开挖分层示意图

表 5.1.2－1 主副厂房洞开挖分层及通道布置表

开挖分层	开挖高程（m）	层高（m）	工程量（m³）	开挖通道	出渣通道
第Ⅰ层	2022.50～2010.00	12.50	71833	厂房进风洞、通风兼安全洞	厂房进风洞、通风兼安全洞
第Ⅱ层	2010.00～2007.00	3.00	20580	厂房进风洞、通风兼安全洞	厂房进风洞、通风兼安全洞

开挖分层	开挖高程（m）	层高（m）	工程量（m³）	开挖通道	出渣通道
第Ⅲ层	2007.00～1995.80	11.2	50769	进厂交通洞	进厂交通洞
第Ⅳ层	1995.80～1991.10	4.7	45122	进厂交通洞	进厂交通洞
第Ⅴ层	1991.10～1983.50	7.6	41278	进厂交通洞	进厂交通洞
第Ⅵ层	1983.50～1975.50	8.00	37344	压力管道下平段	压力管道下平段
第Ⅶ层	1975.50～1967.50	8.00	35207	压力管道下平段	压力管道下平段
第Ⅷ层	1967.50～1957.80	9.70	26880	压力管道下平段	尾水连接管
第Ⅸ层	1957.80～1946.93	10.87	50692	尾水连接管	尾水连接管
合计			381086		

1）第Ⅰ层

第Ⅰ层采用先中导洞，再扩挖的施工顺序。在中导洞开挖前期，由原通风兼安全洞的断面逐步渐变至中导洞标准断面，标准断面尺寸为 12m×10m（宽×高），钻爆台车在过程中要进行改造。中导洞开挖完成后，再进行中导洞下卧开挖，高度 2.5m（主要是拱肩设置有 9m 长预应力锚杆，锚杆需要钻孔角度及安装空间，同时将上下游侧边墙第一排预应力锚索的位置出露，提前进行锚索支护，确保厂房整体稳定性）。中导洞下卧开挖完成，再进行两侧拱肩扩挖。中导洞及两侧扩挖均采用手风钻钻孔，周边光面爆破，孔距 50cm，其中中导洞Ⅱ、Ⅲ类围岩循环进尺 2.5～3.2m，Ⅳ类围岩循环进尺控制在 2m 左右，中导洞形成后，临时边墙采用锚杆（Φ25@2m×2m，长 3m）进行临时加固防护；两侧扩挖Ⅱ、Ⅲ类围岩循环进尺 3～3.5m，Ⅳ类围岩循环进尺控制在 2.5m 左右。中导洞下卧开挖采用手风钻造竖直孔，周边光面爆破，开挖循环进尺为 4m。厂房左右端墙预留 2～4m 保护层，保护层开挖分层进行钻爆，端墙面采用手风钻预裂造孔，预裂孔间距 50cm，确保端墙开挖面平整。整个地下厂房第Ⅰ层开挖均采用自制的钻爆台车作为操作平台。

2）第Ⅱ、Ⅲ层

第Ⅱ、Ⅲ层为岩锚梁层，其开挖分层高度充分考虑了岩锚梁锚杆施工空间及混凝土浇筑施工需要。开挖方法主要采用中部拉槽，两侧预留保护层进行扩挖的方式，拉槽超前保护层 30～60m，品字型掘进，开挖循环进尺均为 10～15m。中部拉槽宽度 20m，两层高度共 14.2m，分两次进行，第一次拉槽高度 6m，第二次拉槽高度 8.2m，拉槽临时边墙采用施工预裂，主爆区采用梯段爆破，预裂孔采用 100B 钻机钻孔，主爆孔采用 D7 液压钻造孔。两侧保护层开挖共分 5 次（2.6～3m）进行，其中第Ⅱ层保护层永久边墙侧采用手风钻垂直预裂，主爆孔采用（垂直于边墙布置）水平推进的方式进行开挖；第Ⅲ层保护层均采用手风钻垂直钻孔，光面爆破，对陡倾角岩层，可增设随机玻璃纤维锚杆，进行提前锚固。为确保岩锚梁岩台部位开挖质量，在其开挖之前，先完成下拐点带垫板的锁脚锚杆施工及下部边墙的喷锚支护，岩台部位的造孔，竖直面与斜面均需搭设样架，精确定位，其中竖直孔在第Ⅱ层保护层开挖完成后即可进行，造孔完成后插Φ38PVC管并用棉纱堵塞孔口，PVC管顶部一律伸出孔口30cm高。岩台竖直孔与斜孔间距均为30cm，根据试验效果，选择竖直孔线装药密度59g/m，斜孔线装药密度69g/m进行固化。岩锚梁下拐点距离进厂交通洞顶拱岩层厚度仅为1.7m，需要分区控制爆破，爆破前提前加固洞口段。在岩锚梁浇筑前，提前完成第Ⅳ层边墙预裂。

3）第Ⅳ～Ⅶ层

第Ⅳ～Ⅶ层均分为中部拉槽、两侧预留保护层开挖的方式进行施工，中部拉槽主要采用梯段爆破，施工预裂成型；边墙钻孔时搭设造孔定位样架，确保边墙开挖成型质量。周边孔采用100Y进行钻孔，孔径76mm，间距65～70cm，线装药密度400g/m左右；中部拉槽施工预裂孔及主爆孔均采用D7液压钻机造孔，每循环进尺8～12m。在开挖施工前，采用竹马道板做好岩锚梁混凝土保护，同时加强爆破振动控制。

4）第Ⅷ层

第Ⅷ层为机坑部位开挖，分3区进行，Ⅷ1区为Φ3m溜渣井（与第Ⅸ层贯通），Ⅷ2区为第一次扩挖，Ⅷ3区为保护层开挖。溜渣井采用D7液压钻竖向一次造孔，一次爆破贯通，爆破孔钻孔深度8.5m（底部预留50cm），中部布置12个贯通底部的Φ90空孔。第一次扩挖采用D7液压钻钻孔，梯段爆破。在岩隔墙顶部及侧墙部位预留保护层，保护层开挖采用手风钻造孔，侧墙保护层分层下挖，分层高度约3.5m；岩隔墙顶部保护层水平钻孔，采用平推方式。由于相邻两个机组之间的岩柱较薄，为了保证机坑隔墙及尾水扩散段顶部岩体的稳定，两个相邻的机坑不能同时开挖，需间隔进行。

5）第Ⅸ层

第Ⅸ层由尾水扩散段进入，在第Ⅷ层开挖前提前完成，对开挖后形成的临时顶拱，采用系统喷锚支护，确保围岩稳定。第Ⅸ层也分为3区进行，Ⅸ1区为中导洞开挖，Ⅸ2区为扩挖，Ⅸ3区为机坑周围保护层开挖。第Ⅸ层开挖主要采用手风钻造孔，周边光面爆破，其中保护层分层下挖，分层高度1.5～2.5m。机坑也采用间隔开挖方式。

6）排水总管廊道及集水井

各机组段的排水总管廊道开挖安排在相应机组的第Ⅸ层开挖结束后进行，其中槽挖段随第Ⅸ层一起开挖。廊道采用手风钻钻孔，光面爆破，在其开挖前，做好洞口的锁口支护。厂房集水井底板高程低于1#机组底板高程9.43m，分两层开挖，采用手风钻钻孔，Ⅴ形梯段开挖，从1#机组与集水井相接边墙部位开始降20%的斜坡，往集水井上、下游侧边墙同时开挖，集水井出渣尽量采用机械方式，底部剩余部分采用吊车配合料斗方式进行出渣。

5.1.3　主要资源配置

主副厂房洞开挖投入的机械设备见表5.1.3-1。

表 5.1.3－1　主副厂房洞挖施工主要机械设备配备表

序号	名称	规格、型号	单位	数量	备注
1	气腿手风钻	YT－28	台	40	
2	液压钻	ROCD7	台	1	
3	潜孔钻	100Y	台	10	
4	液压挖掘机	PC360（1.6m³）	台	2	
5	液压挖掘机	CAT320（1.2m³）	台	1	
6	装载机	WA470－3（3.9m³）	台	1	
7	转载机	ZL50C（3.0m³）	台	1	
8	自卸汽车	25t	台	10	
9	载重汽车	5t	台	2	材料运输

5.1.4　开挖施工进度

（1）第Ⅰ层采用先中导洞开挖，后两侧扩挖的方式。主副厂房洞中导洞于 2016 年 4 月 6 日开始开挖，2016 年 8 月 3 日开挖完成；扩挖于 2016 年 7 月 16 日开始，于 2016 年 11 月 12 日完成。

（2）第Ⅱ～Ⅲ层采用中间拉槽，两侧预留保护层的开挖方式，其中Ⅱ1 和Ⅲ1 层采用一次性施工预裂、开挖爆破，Ⅲ3、Ⅲ5 和Ⅲ8 层采用一次性施工预裂、开挖爆破，具体开挖顺序为：（Ⅱ1 和Ⅲ1）→（Ⅱ2）→（Ⅲ2）→（Ⅲ3 和Ⅲ5）→（Ⅲ4）→（Ⅲ6）→（Ⅲ7）→（Ⅲ8、Ⅲ9）。第Ⅱ～Ⅲ层于 2016 年 11 月 20 日开始，2017 年 5 月 15 日完工。其中，第Ⅱ1 和Ⅲ1 层于 2016 年 11 月 20 日开始，于 2016 年 12 月 10 日完工；第Ⅱ2 层于 2016 年 11 月 25 日开始，于 2016 年 12 月 25 日完工；第Ⅲ2 层于 2017 年 1 月 8 日开始，于 2017 年 3 月 17 日完工；第Ⅲ3 和Ⅲ5 层于 2017 年 1 月 18 日开始，于 2017 年 4 月 1 日完工；第Ⅲ4 层于 2017 年 3 月 1 日开始，于 2017 年 4 月 3 日完工；第Ⅲ6 层于 2015 年 3 月 7 日开始，于 2017 年 4 月 12 日完工；第Ⅲ7 层于 2017 年 3 月 23 日开始，2017 年 5 月 12 日岩锚梁岩台保护层（Ⅲ7 层）全部开挖完毕；第Ⅲ8、Ⅲ9 层于 2017 年 5 月开始，与 2017 年 5 月 15 日完工。

（3）2017 年 5 月 23 日，主厂房岩锚梁浇筑第一仓混凝土，2017 年 8 月 6 日，岩锚梁浇筑完毕。

（4）厂房第Ⅳ～Ⅶ层均采用中部拉槽，两侧预留保护层的开挖方式。第Ⅳ层于 2017 年 8 月 11 日开始，于 2017 年 9 月 18 日完工；第Ⅴ层于 2017 年 9 月 19 日开始，于 2017 年 10 月 31 日完工；第Ⅵ于 2017 年 11 月 5 日开始，于 2017 年 12 月 4 日完工；第Ⅶ层于 2017 年 12 月 7 日开始，于 2018 年 1 月 11 日完工。

（5）厂房第Ⅷ～Ⅸ层（机窝）分导井、上游保护层、下游保护层、岩柱顶面保护层四序开挖，通过导井溜渣至机坑底部，并通过尾水扩散段、尾水连接管出渣。1♯机机窝于 2018 年 1 月 20 日开始，于 2018 年 5 月 6 日完工；2♯机机窝于 2018 年 3 月 17 日开始，于2018年5月9日完工；3♯机机窝于2018年3月28日开始，于2018年5月26日完工；4♯机机窝于2018年4月6日开始，于2018年6月5日完工。

5.1.5 大跨度顶拱精细化爆破开挖技术

5.1.5.1 顶拱开挖分区

厂房顶拱层开挖高程2022.5～2010m，总高度为12.5m，分为四区进行开挖，Ⅰ-1区为中导洞（高程2022.5～2012.5m）开挖，断面尺寸为12m×10m（宽×高），Ⅰ-2区为中导洞底板下卧开挖，断面尺寸为12m×2.5m（宽×高），Ⅰ-3、Ⅰ-4区为上下游侧扩挖（高程2021.514～2010m），扩挖宽度9m。厂房顶块层开挖分区示意见图5.1.5-1。

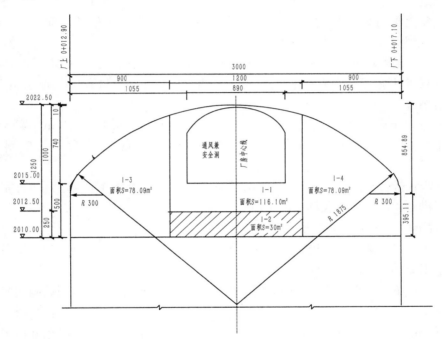

图5.1.5-1 厂房顶拱层开挖分区示意图

5.1.5.2 施工程序

施工程序纵剖面示意见图5.1.5-2，平面示意见图5.1.5-3。

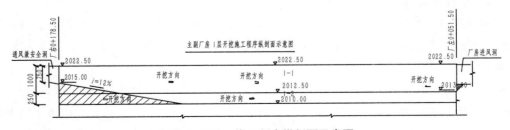

图5.1.5-2 施工程序纵剖面示意图

图 5.1.5-3 施工程序平面示意图

1）中导洞开口及渐变段施工

第一步：中导洞渐变段以厂房右端墙为起点，开挖断面沿用通风兼安全洞断面，水平向前推进，开挖至厂右0+163.5m（5个开挖循环，开挖长度15m），停止向前掘进，从掌子面反向进行两侧修边对称扩挖，扩挖后开挖断面由通风兼安全洞8.8m×7m（宽×高）变为12m×7m（宽×高）。

第二步：渐变段开挖断面变为12m×7m（宽×高）断面后，开始水平循环向前推进45m（16个开挖循环完成水平推进45m），开挖至厂右0+118.5m，退出钻爆台车，停止向前掘进。

第三步：开始底板第一次开挖降底，将整体断面扩挖成12m×10m（宽×高）断面，其中厂右0+178.5m～0+148.5m段中部预留8m宽，坡度为10%的斜坡施工通道。

第四步：推台车至厂右0+148.5m，完成12m×10m断面台车改造，同时完成已开挖部位顶拱 Φ32，$L=9$m 长锚杆施工。

2）标准段及两侧扩挖施工

第一步：完成渐变段开挖后，开始中导洞全断面开挖掘进，控制支护进度滞后开挖工作面小于20m，当围岩破碎时，支护紧跟开挖面实施。

第二步：中导洞贯通后进行中导洞底板第二次下卧开挖降底，从安装间侧向副厂房侧单向开挖。

第三步：中导洞底板降底开挖完成后，进行上下游侧扩挖施工，扩挖开口采用刻槽工艺。上游侧从3#机组中心线处开始向两端扩挖，下游侧从2#机组中心线处开始向两端扩挖。前期利用通风兼安全洞作为施工通道，厂房进风洞开挖完成后，同时利用通风兼安全洞、厂房进风洞双通道进行施工。最后进行临时施工通道的挖除。

3）左右端墙施工

为确保左右端墙开挖质量，在两侧扩挖至左右端墙位置时，端墙面预留2～4m保护层，保护层开挖采用分层造孔钻爆，双向光面爆破，爆破孔间距50cm，确保端墙开挖面平整。

5.1.5.3 生产性爆破开挖试验

为选取适宜的爆破参数，于2016年4月20日至2016年4月30日在厂房顶拱层中导洞厂右0+160m～0+134m，分别按不同的周边孔间距、不同的最小抵抗线、不同的周边孔线装药量进行组合，共进行了8次爆破试验。爆破试验参数详见表5.1.5-1。

表 5.1.5－1 厂房中导洞爆破试验参数表

孔径（mm）	孔距（cm）	周边孔最小抵抗线	孔深（m）	线装药密度（g/m）	测试时间
42	50	60	3.2	154	2016－4－21
42	45	60	3.2	154	2016－4－22
42	50	75	3.2	154	2016－4－23
42	45	75	3.2	154	2016－4－24
42	50	60	3.2	135	2016－4－25
42	45	60	3.2	135	2016－4－26
42	50	75	3.2	135	2016－4－27
42	45	75	3.2	135	2016－4－28

厂房第 I 层中导洞通过爆破试验的几次爆破振动监测共采集到 16 个有效数据，对每点的 3 分量速度进行矢量合成，可得到每点的振动最大合速度，相比于采用单分量速度进行拟合计算，采用合速度可减小岩石局部各向异性造成的偶然误差，进行回归计算所得到的 K、α 值更趋合理。各点爆破振动参数见表 5.1.5－2。

表 5.1.5－2 厂房第 I 层中导洞爆破振动参数表

测试点编号	爆心距（m）	最大单段药（kg）	最大合速度（cm/s）	拟合方法	拟合结果
J1	23	45.3	7.01		
	30	46.0	7.71		
J2	29	45.3	2.59		
	33	43.7	3.23		
	36	46.0	5.00		
J3	39	45.3	2.72		
	42	43.7	3.14		
J4	59	45.3	1.56	最小二乘法	$K=103.3$ $\alpha=1.46$ $\gamma=0.93$
	62	43.7	2.99		
	66	46.0	1.46		
J5	86	45.3	0.54		
	89	43.7	0.53		
	93	46.0	0.78		
J6	126	45.3	0.56		
	129	43.7	0.55		
	133	46.0	0.72		

拟合计算结果为：$K=103.3$，$\alpha=1.46$。建议采用公式 $V=103.3\left(\dfrac{Q^{1/3}}{R}\right)^{1.46}$ 预测爆破最大质点振动速度。

通过爆破试验效果及效率评价，同时结合爆破质点振动监测成果及爆破松弛检测成果，总结认为厂房顶拱中导洞Ⅱ、Ⅲ类围岩进尺为 $3.0\sim3.2m$，周边孔间距为 $50cm$，周边孔最小抵抗线 $75cm$，周边孔线装药量为 $154g/m$ 效果最佳，施工参数现场实施时需结合揭示围岩情况，实行设计进尺、装药量及布孔形式动态调整及个性化装药。Ⅱ、Ⅲ类围岩主要爆破设计见图 5.1.5－4～图 5.1.5－6。

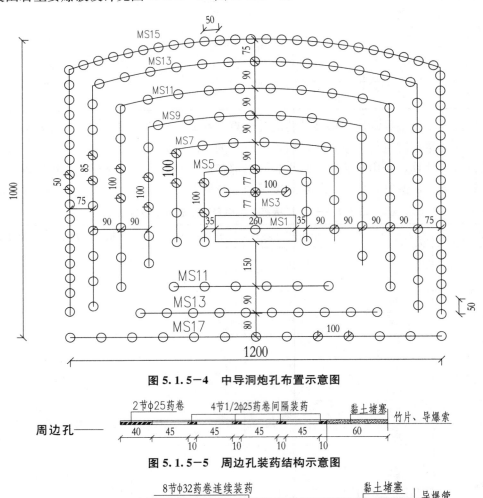

图 5.1.5－4　中导洞炮孔布置示意图

图 5.1.5－5　周边孔装药结构示意图

图 5.1.5－6　缓冲孔装药结构示意图

5.1.5.4　特殊部位爆破开挖

1）边墙扩挖开口刻槽开挖

（1）刻槽开挖分块设计。

①结构线预留保护层厚度 $1.2\sim1.8m$。

②中下部掏槽进尺根据开挖总厚度，宜控制在 2.5~3.5m。

③保护层刻槽深度根据顶拱弧线半径、钻机构造，按照最大超挖 15cm 进行设计。

（2）刻槽施工程序。

依据开挖分块，Ⅰ区开挖→Ⅱ区开挖→…→Ⅸ区开挖依次进行，支护可根据围岩情况，适时安排。

2）端墙双向光面爆破开挖

（1）施工要求。

①边墙扩挖端墙（最后一次爆破）开挖长度控制在 3m 左右。

②掌子面（顺轴线方向）周边孔控制深度为相应端墙桩号加 20cm。

③掌子面（顺轴线方向）主炮孔控制深度为相应端墙桩号减 70cm。

④临时边墙向上下游的（垂直轴线）周边孔控制桩号为端墙桩号加 20cm。

⑤临时边墙端墙处周边孔根据不同孔深进行 Φ25 药卷间隔装药，线装药密度 80g/m。

⑥相应孔深以测量实测岩石面为准。

（2）炮孔布置。

5.1.5.5 主要施工工艺要点

1）测量放样

每一排炮要求准确放出中心十字线和周边线。测量放样必须逐孔放点，后视点必须间隔放样，采用"＋""－"标示超欠挖情况，洞轴线中心线标识清楚，孔位中心线与前一排炮残孔对齐，误差应在±5cm 以内。

2）钻孔

钻孔作业实行定人、定机、定岗"三定"制度，周边孔开孔前，放点点位不利于开钻时，使用榔头清撬处理，方便开钻，并做好钻杆标识，便于控制钻进深度，保证孔底深度在一个轮廓线上；开孔采用短钻杆，且必须 2 人以上，专人观察孔向（后视点超挖值调整 3cm/m 的外插角）；钻孔过程中，随时检查孔距、钻孔方向，每个孔钻孔完成后安装标杆，便于参照方向。

3）装药连线

严格按照审批后的爆破设计装药连线，严格控制线装药密度、装药结构等。

4）爆后评价

每排炮出渣及排险后，由质量部门组织"爆破开挖技术质量攻关小组"成员对爆破效果进行现场检查评价，并会商提出下一排炮的改进措施。

5.1.5.6 开挖与支护进度控制

为确保围岩稳定、施工安全和工程进度，针对不同围岩洞段，明确支护时机，制订支护施作进度的具体要求见表 5.1.5－3。

表 5.1.5-3　支护进度要求

围岩类别和破坏特征	一期支护	二期支护（系统支护）
Ⅱ类围岩	厚度不小于 5cm 的初喷紧跟掌子面；若发现潜在块体问题，则采用加强锚杆加固潜在失稳定块体	二期支护工作面滞后掌子面应不大于 25m
Ⅲ类围岩	厚度不小于 5cm 的初喷紧跟掌子面；若发现潜在块体问题，则采用加强锚杆加固潜在失稳定块体	二期支护工作面滞后掌子面应不大于 15m；若该洞段监测数据出现异常，或者监测的围岩变形达到预警等级，则要求系统支护不得滞后掌子面 8~10m
Ⅳ类围岩	厚度不小于 5cm 的初喷紧跟掌子面；若发现潜在块体问题，则采用加强锚杆加固潜在失稳定块体	二期支护工作面滞后掌子面应不大于 3m；若该洞段监测数据出现异常，或者监测的围岩变形达到预警等级，则要求系统支护紧跟掌子面
Ⅴ类围岩	系统支护紧跟掌子面	
出现普遍的片帮破坏洞段	厚度不小于 5cm 的初喷紧跟掌子面；针对片帮破坏区域针对性布置加强锚杆	二期支护工作面滞后掌子面应不大于 20m；滞后掌子面 20m 部位的系统支护应开挖后 3 周内完成；若该洞段监测数据出现异常，或者监测的围岩变形达到预警等级，则要求系统支护不得滞后掌子面 15m

5.1.6　高边墙精细化爆破开挖控制技术

1）总体施工方案

厂房第Ⅳ~Ⅶ层开挖为高边墙开挖，均采用中部拉槽＋两侧保护层开挖的方式进行，综合考虑厂房施工通道、风水电布置及锚索支护布置情况，第Ⅳ层开挖高度为 4.7m，从安装间部位开口启动施工；第Ⅴ层开挖高度为 7.6m，从 4♯母线洞部位开口形成主要施工通道；第Ⅵ层开挖高度为 8.0m，从 4♯母线洞开口降 12%坡度至 2♯压力管道部位，形成第Ⅵ层开挖支护施工主要通道；第Ⅶ层开挖高度为 8.0m，从 1♯及 4♯压力管道部位开口形成出渣施工通道。周边孔采用 100Y 进行钻孔，主爆孔及施工预裂孔采用液压钻机造孔，每循环进尺约为 10.0m。安装间底板采用 YT28 手风钻钻孔，采用平推的方式开挖。出渣通道主要由进厂交通洞、母线洞及压力管道下平段组成。厂房开挖分层示意见图 5.1.6-1。

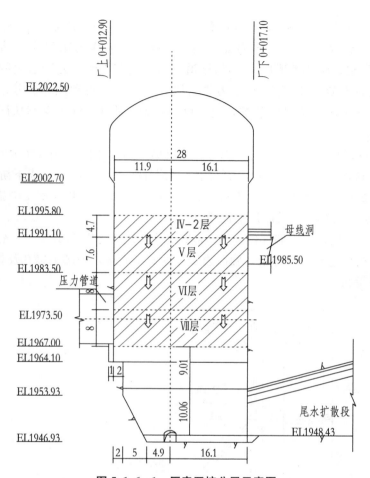

图 5.1.6-1 厂房开挖分层示意图

2) 开挖施工程序及方法

厂房第Ⅳ～Ⅶ层开挖主要利用进厂交通洞、母线洞、压力管道作为出渣施工通道，进厂交通洞及 1♯、4♯ 母线洞承担第Ⅳ、Ⅴ层出渣运输任务，压力管道主要承担第Ⅵ、Ⅶ层的出渣任务。采用梯段爆破方式开挖，每次爆破后采用反铲进行安全处理，开挖石渣用 ZL50C 侧卸式装载机或液压反铲挖装至 25t 自卸汽车出渣，有用料从工作面→进厂交通洞（母线洞、压力管道）→进厂公路→中转料场；无用料从工作面→进厂交通洞（母线洞、压力管道）→进厂公路→渣场。

厂房第Ⅳ层开挖高度为 4.7m（高程 1995.8～1991.1m），第Ⅴ层开挖高度为 7.6m（高程 1991.1～1983.5m），均分为中部拉槽+两侧保护层开挖。根据厂房岩壁梁浇筑进度情况，第Ⅳ层从厂房安装间往厂左方向进行开挖。待厂房第Ⅳ层开挖至 2♯ 母线洞部位时，从 4♯ 母线洞部位开口形成第Ⅴ层施工通道，并启动厂房第Ⅴ层下游侧开挖支护施工，待厂房第Ⅳ层开挖支护至 1♯ 母线洞后进行厂房上游侧第Ⅴ层开挖支护施工，第Ⅴ层后续开挖可利用 1♯ 母线洞作为出渣施工通道。

厂房第Ⅵ层开挖高度为 8.0m（高程 1983.5～1975.5m），分为上下游半幅开挖，4♯母线洞、2♯压力管道下平段及副厂房 1♯施工支洞作为第Ⅵ层出渣通道。先从 4♯母线洞往厂左方向开挖形成 12% 的坡道，将厂房与 2♯压力管道之间贯通，往两侧开挖，优先将上游侧 2♯至 4♯压力管道段开挖完成，再利用 4♯压力管道作为主要通道进行厂房下游侧第Ⅵ层开挖，同时可利用副厂房 1♯施工支洞从厂左往厂右方向开挖。

第Ⅶ层开挖高度为 8.0m（高程 1975.5～1967.5m）：由 1♯及 4♯压力管道作为施工通道，在完成第Ⅵ层 2♯～4♯压力管道上游侧开挖支护后，并完成下游侧 4♯～3♯母线洞开挖支护后，从 4♯压力管道洞口部位启动第Ⅶ层上游侧开挖支护施工，同时利用 1♯压力管道进行第Ⅶ层及副厂房沟槽开挖施工。

厂房第Ⅳ～Ⅶ层永久边墙部位采用 100Y 潜孔钻机（见图 5.1.6－2）钻孔一次爆破成型，钻孔时搭设造孔定位样架，确保边墙开挖成型质量，中部主爆孔及施工预裂孔采用液压钻机梯段钻爆。

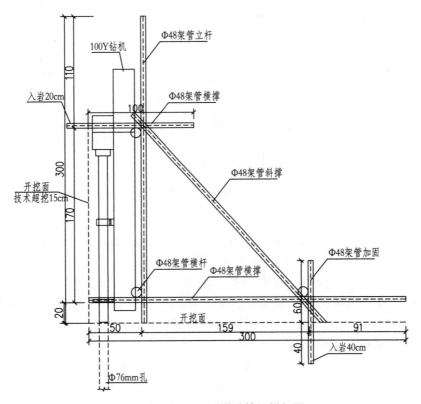

图 5.1.6－2 100Y 潜孔钻机样架图

3）钻孔控制

钻孔作业是保证开挖质量的关键环节，要求开挖队对钻孔人员进行分类，边墙保护层采用 100Y 潜孔钻机钻孔，中部梯段采用液压钻机钻孔。

钻孔作业前要准备必需的孔向控制工具及保证钻工处于最佳作业位置的材料、工具，造孔前由当班技术员对造孔孔位、方向进行检查，无误后方能开钻。钻孔作业要严格按照测量定出的孔位进行钻孔作业。

钻孔结束后由当班技术员对孔距、孔深、孔向进行检查，并经监理签字认可后方能装药；为了减少超挖，预裂孔的外偏角控制在设备所能达到的最小角度。中部梯段爆破孔孔位偏差不得大于10cm，钻孔作业要实行样架验收、开孔证、终孔证进行控制。

4）爆破控制

装药前用高压风冲扫炮孔，经检查合格后，方可装药爆破。装药前周边预裂孔的装药结构必须经过现场技术人员验收认可。炮孔的装药、堵塞和引爆线路联结，由考核合格的炮工严格按批准的钻爆设计进行，装药必须严格遵守爆破安全操作规程。

预裂孔及主爆孔装药前应对爆破进行专项交底，并有专业炮工负责装药，周边孔必须按照爆破设计进行间隔装药。为确保爆破半孔率满足要求，预裂孔的药卷直径、间距、线装药密度等参数一经试验确定后不得随意更改，并在当班技术员检查后方准进行预裂孔装药，预裂主爆破孔装药要密实，堵塞良好，严格按照爆破设计图进行，用非电毫秒雷管连接起爆网络，最后由炮工和值班技术员复核检查、确认无误、撤离人员和设备，炮工负责引爆。另外，根据设计地质下发的地质预报中的围岩类别，针对不同类别的围岩进行装药，做到精细化装药。图5.1.6-3为梯段爆破布孔布置图。装药参数见表5.1.6-1。

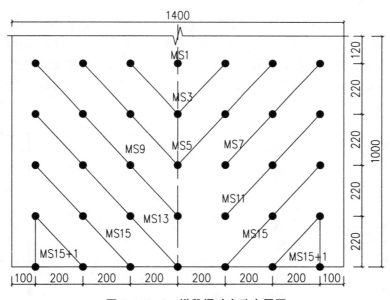

图5.1.6-3　梯段爆破布孔布置图

表 5.1.6－1　装药参数表

炮孔名称	钻孔参数				装药参数				
	雷管段数	孔径(mm)	孔深(cm)	孔数	药径(mm)	装药长度(cm)	堵塞长度(cm)	单孔药量(kg)	总装药量(kg)
主爆孔	MS1	90	400	1	70	100	300	4	4
	MS3	90	400	3	70	150	250	6	18
	MS5	90	400	5	70	150	250	6	30
	MS7	90	400	3	70	150	250	6	18
	MS9	90	400	4	70	150	250	6	24
	MS11	90	400	3	70	150	250	6	18
	MS13	90	400	4	70	150	250	6	24
	MS15	90	400	6	70	150	250	6	36
	MS15＋1	90	400	6	70	150	250	6	36

5.1.7　岩锚梁高精度控制爆破技术

5.1.7.1　岩锚梁层开挖分层分区

厂房第Ⅱ、Ⅲ层为岩锚梁层，第Ⅱ层分层高度为 3.0m（高程 2010～2007m），第Ⅲ层分层高度为 11.2m（高程 2007～1995.8m）。岩锚梁以上开挖宽度 30m，以下开挖宽度 28m。岩锚梁布置于厂右 0+178.5m～厂左 0+31.5m 段，岩锚梁总长度 210m；上拐点高程 2004.128m，下拐点高程 2002.7m，岩台开挖宽度 1m。岩锚梁层开挖分区示意见图 5.1.7－1。

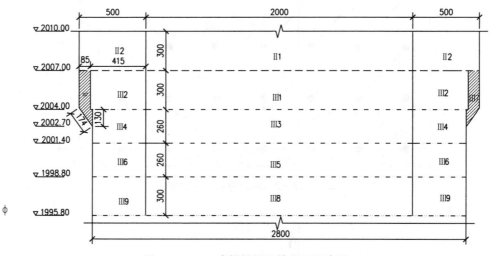

图 5.1.7－1　岩锚梁层开挖分区示意图

5.1.7.2　主要施工程序及方法

（1）总体施工程序：Ⅱ1、Ⅲ1 区拉槽开挖→Ⅱ2、Ⅲ2 区保护层开挖→Ⅲ3、Ⅲ5 区拉槽开挖（Ⅲ8区一起预裂）→Ⅲ4、Ⅲ6区保护层开挖→Ⅲ7区岩台开挖→Ⅲ8、Ⅲ9区开挖→开挖完成。

（2）中部拉槽区：槽宽20m，一次拉槽深度6～8m，拉槽边线孔间距1m，100B钻机钻孔预裂，爆破孔采用D7液压钻机钻孔。

（3）边墙保护层：中部拉槽超前两侧保护层30m，搭设保护层开挖样架，进行保护层开挖，保护层与拉槽区呈品字型，先完成Ⅱ1、Ⅱ2、Ⅲ1、Ⅲ2区开挖，其中在完成Ⅲ2区开挖后，应穿插完成中部Ⅲ3、Ⅲ5区拉槽开挖（Ⅲ8区一起预裂）。

（4）岩台保护层：Ⅲ5、Ⅲ6区开挖完成后进行岩台保护层Ⅲ7区施工，其中，Ⅲ7区竖向周边爆破孔应在Ⅲ2区完成前搭设钻孔样架设置导向管钻孔同步完成，并采用安插套管进行保护，斜向光面爆破孔在Ⅲ5、Ⅲ6区开挖完成后搭设钻孔样架，设置定位导向套管进行钻孔，双向光面爆破。

（5）Ⅲ8、Ⅲ9区开挖滞后岩台开挖30m，成品字形向厂左方向开挖。

图5.1.7－2为保护层开挖样架示意图。图5.1.7－3为岩台斜向钻孔样架示意图。

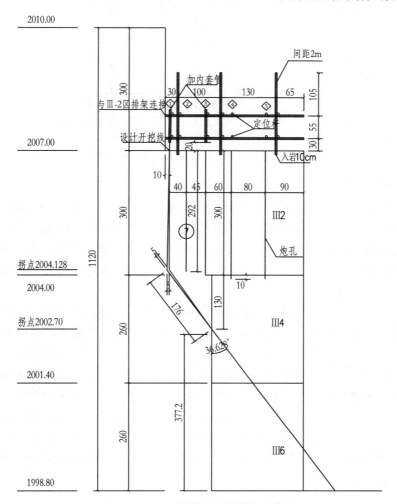

图5.1.7－2 保护层开挖样架示意图

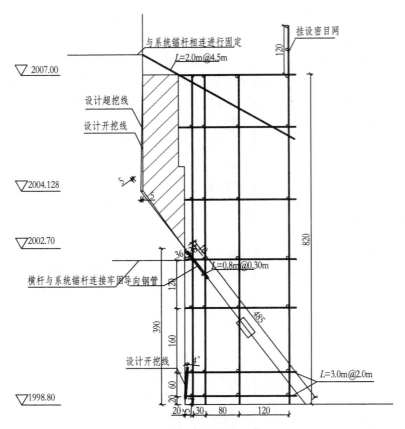

图 5.1.7-3 岩台斜向钻孔样架示意图

5.1.7.3 爆破试验及参数选定

厂房岩锚梁开挖前首先进行了岩台开挖爆破试验，按照1：1的比例模拟岩台爆破开挖，爆破试验分别按不同的孔距、不同的装药量（竖向孔和斜向孔）共进行了3组爆破试验，通过试验选取了岩台开挖最优的爆破参数；同时结合爆破试验，进行爆破震动测试，根据爆破试验共设置3组监测点，最大的质点振动速度满足《爆破安全规程》（GB 6722—2014）的规定。

施工钻爆采用自制样架钻孔导管，利用手风钻钻孔，分层分区开挖，岩台上、下拐点设计轮廓线位置以及岩台斜面位置均采用YT28手风钻光面爆破。根据不同的地质条件，光爆孔线装药密度按60~80g/m控制；光爆孔采用1/6Φ25小药卷间隔装药。药卷加工采用工具刀进行，光爆孔装药全部绑在竹片上。装药前必须对所有钻孔按"平、直、齐"的要求进行认真检查验收并做好钻孔检查记录。为尽量保护岩壁不被损坏，光爆孔竹片应贴预留侧岩壁布置。装药结束后，由值班质检员、技术员和专业炮工分区分片检查，并经质量部验收合格，监理工程师检查通过后，炮工负责引爆。竖向光和斜向光爆孔装药结构示意分别见图5.1.7-4和图5.1.7-5。岩锚梁岩台保护层钻爆参数见表5.1.7-1。

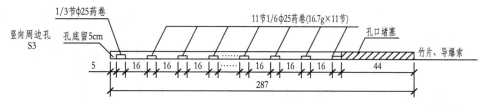

图 5.1.7－4　竖向光爆孔装药结构示意图

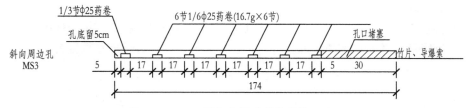

图 5.1.7－5　斜向光爆孔装药结构示意图

表 5.1.7－1　岩锚梁岩台保护层钻爆参数表

炮孔名称	钻孔参数					装药参数					
	雷管段数	孔径(mm)	孔深(cm)	孔距(cm)	孔数	药径(mm)	装药长度(cm)	堵塞长度(cm)	线密度(g/m)	单孔药量(kg)	总装药量(kg)
竖向周边孔	MS1	42	287	30	50	25	232	55	59	0.17	8.5
斜向周边孔	MS1	42	174	30	50	25	145	29	69	0.12	6
合计					100						14.5

5.1.7.4　爆破参数优化调整

针对不同的围岩类别段，结合已经实施完成的多次爆破经验，总结取得不同围岩类别（Ⅱ类、Ⅲ类、Ⅳ类）爆破参数优化基准值，后续实施时通过爆破效果检查、爆破质点振动速度及爆前爆后围岩松弛深度检测，进行评价分析，同时结合地质工程师对已揭露的洞段地质情况的素描成果，由参建各方按照"三个一"工法（一炮一设计、一炮一总结、一炮一商会），可对下一次爆破的范围及装药参数提出调整建议。

下面以厂房下游侧厂左 0＋3m～0＋31.5m 为例进行详细说明。

1）地质预报

2017 年 4 月 3 日经地质工程师现场勘查，并以地质预报单（地质简报）明确：桩号厂左 0＋3m～0＋31.5m，高程 2002.7～1998.8m 段发育有顺洞向断层 f_{83} 及其影响带和多条挤压破碎带，沿结构面多见蚀变现象，岩体完整性差～较破碎，属Ⅲ2 类围岩。

2）共同商会

针对地质工程师提交的围岩确认单及预报，2017 年 4 月 4 日，岩锚梁技术质量攻关小组召开会议，并明确下述要求：

（1）厂左 0+33m～0+3m 段岩锚梁下拐点以下 3 排系统锚杆调整为预应力锚杆并局部加密。

（2）针对岩台增加一排玻璃纤维锚杆，入岩角度与岩台大角度相交，加密下拐点的锁口锚杆。

（3）及时施做系统锚杆和锁口锚杆。

（4）控制单响药量，降低周边孔线装药密度并采用个性化装药。

3）爆破设计优化

结合地质资料及会商意见，保证光爆孔间距不变的情况，在基准爆破参数的基础上将线装药密度降低，并对局部掉块部位进行个性化装药，调整后爆破参数见表 5.1.7-2。

表 5.1.7-2　Ⅲ2 类围岩岩台开挖爆破参数表

炮孔名称	钻孔参数					装药参数					
	雷管段数	孔径(mm)	孔深(cm)	孔距(cm)	孔数	药径(mm)	装药长度(cm)	堵塞长度(cm)	线密度(g/m)	单孔药量(kg)	总装药量(kg)
竖向周边孔	MS3	42	287	30	17	25	232	55	55	0.158	1.442
斜向周边孔	MS3	42	174	30	17	25	144	30	62	0.108	0.972
辅助孔	MS1	42	292	60	9	25	100	192		0.500	4.500
合计					43						6.914

4）爆后总结评价

爆破完成后技术质量攻关小组进行现场评价，炮孔半孔率 92%，最大超挖 25cm，相邻两炮孔间岩面不平整度不大于 10cm，爆破效果达到预期。

5.1.7.5　主要施工工艺要点

（1）对岩锚梁下拐点以下 10cm 处施工一排锁口锚杆，具体参数为：Φ25，$L=3.0m$，间距 1.0m。

（2）对岩锚梁保护层陡倾角岩层外增设随机玻璃纤维锚杆，进行提前锚固，确保岩台成型效果。

（3）岩台开挖前需先完成高程 2002.7～1998.8m 边墙系统锚杆及初喷完成。

（4）个性化爆破设计。

①生产性试验→岩台钻孔爆破设计→岩台侧向保护层开挖后，若岩台岩石情况变化较大，调整钻孔的爆破参数→爆破效果分析、优化钻孔爆破参数→钻爆设计个性化，提出有裂纹、有节理岩面等特例岩层个性化爆破方法和数据，从而在钻爆设计环节达到精细化过程控制。

②根据开挖岩面揭示，按地质工程师现场勘查，对每一段岩锚梁围岩类别在墙面上进行标识，针对不同围岩类别进行分段个性化爆破设计，对特别破碎段围岩采用导爆索

爆破的方式进行开挖。

(5) 测量放样。

岩台开挖施工放样以及钻孔样架搭设放样采用全站仪施测,按照设计高程和位置放样,并在边墙上每隔 3m 给出高程。为了保证钻孔时上直墙、斜面及下直墙光爆孔三孔一线,要求测量对光爆孔逐孔放样,确定每个孔的桩号,标记出每个孔的实际钻孔深度。

(6) 样架搭设。

对于岩台上、下拐点设计轮廓线位置以及岩台斜面孔必须采用搭设钢管样架的方式,以控制钻孔精度。钻孔样架全部采用 Φ48 钢管搭设,主要由支撑管、导向管以及操作平台钢管三部分组成,样架搭设顺序为支撑钢管、导向管及操作平台钢管,钢管与钢管之间采用扣件进行连接。所有样架搭设必须牢固可靠,若定位架不稳定,可考虑将架子与周边锚杆或增设短插筋(Φ25,入岩 50cm)焊接固定。

(7) 钻孔。

岩台竖向光爆孔和斜面光爆孔全部采用钻孔样架进行控制,所有施工样架必须通过质量部、测量队及监理工程师的验收签证,方可投入正常使用。开钻前,当班技术员采用钢卷尺、地质罗盘、水平尺对准备投入使用的钻孔排架进行钻前校核检查,经检查无变形和移位后方可开钻。开孔后应立即检查孔位是否在开口线位置,确保孔位无误后再继续施钻,并在钻进过程中注意检查。

光爆孔钻孔采用 2~3 次换钎方式。其中,岩台上拐点位置的设计钻孔深度为 2.87m,结合样架设计高度,相应选用钻杆长度为 4.0m(不含钎尾长度);岩台斜面位置的设计钻孔深度为 1.74m,结合样架设计高度,相应选用钻杆长度为 3m(不含钎尾长度)。

(8) 装药起爆。

装药前必须对所有钻孔按"平、直、齐"的要求进行认真检查验收并做好钻孔检查记录。装药结构严格执行爆破设计,为尽量保护岩壁不被损坏,竹片应贴预留侧岩壁布置。装药结束后,由值班质检员、技术员和专业炮工分区分片检查,并经质量部验收合格,监理工程师检查通过后,炮工负责引爆。

5.1.8 洞室交叉口部位精细化爆破开挖技术

主副厂房洞上部与通风兼安全洞、厂房进风洞平面相贯,中部与进厂交通洞、母线洞、副厂房施工支洞平面相贯,下部与压力管道、尾水连接管相贯,按照"先洞后墙"的施工程序,小断面洞室优先贯入大断面洞室,并在相贯线实施环向预裂爆破,以减少大断面洞室下挖时对平交处永久边墙的破坏,确保交叉洞口处成型质量。

5.1.8.1 总体实施要求

大型洞室群地质条件复杂,难以在施工前准确地勘测清楚,尤其对于三大洞室交叉口部位的开挖,由于穿越的地层多,导致变形破坏机制复杂而且规律性差异较大,随着对多洞室交叉围岩的变形破坏机制认识的逐步深入,根据施工过程中实际揭示的地质条件、围岩的实际影响特征和支护效果进行信息动态反馈分析与动态优化设计,通过优化开挖顺序、台阶高度、精细开挖方案等减少开挖引起的应力集中和能量聚集,再进一步实施实时合理的支护方案,确保围岩的稳定,实施动态施工调控,对交叉口部位分三类提出实施要求。

1) 隧洞平交口的开挖

(1) 平交口开挖按照"先导洞,后扩挖"的施工程序,严格执行"短进尺、多循环、弱爆破、早封闭、勤量测"的施工原则。

(2) 平交口在开挖前,先做好隧洞周边的锁口支护。

(3) 平交口开挖后系统支护应紧跟开挖作业面,根据开挖揭示的地质条件,采用长锚杆、钢筋网喷混凝土、钢支撑、混凝土衬砌等方式加强支护,加强支护范围要大于平交口应力影响区域。

(4) 平交口开挖支护严格按照监理批准的施工措施组织施工,开挖前必须对作业人员做好技术交底。

(5) 平交口施工严格执行光面控制爆破技术,控制爆破单响药量,爆破质点振动速度满足规范的要求。

(6) 在平交口设置施工期临时监测断面,施工过程中加强施工期的安全监测。并根据监测数据分析成果指导开挖和支护。

2) 隧洞立体交叉部位的开挖

(1) 对洞室立体交叉部位严格执行"先小洞、后大洞"的开挖原则。

(2) 两洞立体交叉段或洞室层叠段,上、下层错开时段开挖,如不能错开时段则错距不小于30m开挖,下部洞室开挖按"短进尺、弱爆破、多循环"的原则施工,且爆破时撤离两洞的施工人员。

(3) 当立体交叉的隧洞间岩体厚度小于大洞室直径(或其他最大尺寸)时,对洞室爆破进行严格控制,采用光面爆破或预裂爆破等控制爆破技术,严格控制单响药量,爆破质点振动速度满足规范的要求。

(4) 在隧洞交叉处采取加强锚杆、安装钢拱架、加强衬砌等措施。

(5) 立体交叉处的隧洞开挖支护严格按照监理批准的施工措施组织施工,开挖前必须对作业人员做好技术交底。

(6) 在立体交叉处设置施工期临时监测断面,施工过程中加强施工期的安全监测,并根据监测数据分析成果指导开挖和支护。

3) 高边墙开洞

(1) 高边墙开洞,严格遵循"先洞后墙"的开挖顺序,压力管道、母线洞及尾水管在主厂房开挖到相应部位之前,提前贯入厂房3m,并做好锁口支护。

(2) 沿边墙顺洞室周圈作环向预裂的施工方法,最大限度地保证了边墙下挖后相交部位的体型。

(3) 高边墙开挖采用预裂爆破,预裂爆破参数需经试验确定,严格控制梯段爆破一次起爆药量,爆破参数根据围岩情况进行动态调整,爆破质点振动速度满足规范文件要求。

(4) 开挖方式采用"深孔预裂,薄层开挖",开挖后初喷混凝土施工紧跟掌子面,系统锚喷支护工作面滞后开挖工作面应不大于 20m，预应力锚索滞后开挖工作面应不大于 30m，在下一层开挖之前，必须完成上一层锚杆、锚索及喷混凝土等支护措施。

（5）压力管道、母线洞、尾水管及尾水连接管平行布置，按奇偶号洞分两序间隔开挖。

（6）及时安装永久监测仪器，加强监测及数据反馈，根据施工开挖期所揭露的实际地质条件和围岩监测及反馈分析成果进行围岩支护参数及时调整，贯彻动态设计原则。

5.1.8.2 交叉口支护设计与施工

1）压力管道与主厂房交叉口

厂房上游边墙蜗壳层布置 4 条压力管道，压力管道下平段中心高程 1973.5m，进厂段开挖支护洞径 $D=1080cm$，各洞中心间距 33m，洞间岩柱厚度 21m。

结合地质分析，支护设计总体按照Ⅲ类围岩进行初步设计，顶拱 180°范围内布置普通砂浆锚杆 Φ25/Φ28，$L=4.5/6m@1.5m×1.5m$，梅花型长短交错布置，顶拱 180°范围内挂网 Φ6.5@15cm×15cm，喷 C25 混凝土 10cm，在厂房侧 0.5m 设置两环径向锁口锚杆，锚杆 Φ28，$L=6m@1m×1m$。厂房上游高边墙下挖到压力管道相应高程后在交叉口设置两排环向锁口锚杆，锁口锚杆 Φ32，$L=9m@1m×1m$，外扩角 100°。

实施期间根据揭露情况进行地质复核，结合安全监测数据分析，实施动态反馈分析。若揭示的地质条件较差，交叉部位岩体较破碎，厂房上游高边墙变形大，可对压力管道距厂房上游边墙 10m 范围进行加强支护，加强支护形式参照压力管道下平段Ⅳ类围岩支护形式，初喷 CF30 钢纤维混凝土 7cm，系统挂网 Φ6.5@15×15cm，设置 Ⅰ22 型钢拱架@1m，复喷 C25 混凝土 8cm，同时对出露的局部不稳定块体设置随机锚筋束（3Φ32，$L=12m/3Φ28$，$L=9m$）。

按照"先洞后墙"的施工原则，在厂房开挖第Ⅲ层期间，从 1♯～4♯压力管道下平段进入厂房第Ⅴ、Ⅵ层 3m，按间隔、跳洞开挖的顺序，先行施工 1♯、3♯压力管道，后进行 2♯、4♯压力管道施工，依次完成开挖并做好厂房侧的径向锁口支护及环向预裂。

顶拱环向预裂孔采用多臂钻钻孔，下部预裂孔采用手风钻钻孔，预裂孔间距 30cm，孔深 2m。

2）母线洞、电缆交通洞与主厂房交叉口

厂房下游边墙于中间层布置母线洞，母线洞底板高程 1986.00m，全长 45m，断面采用圆拱直墙的城门洞型布置，沿长度分成两个断面尺寸，靠主厂房侧长度 15m 范围内，净宽 7.8m，净高 6.5m；靠主变洞侧长度 25m 范围内，净宽 9.8m，净高 6.5m；中间设 5m 长的渐变段。在靠近副厂房的 1♯机下游侧布置通往主变洞的电缆交通洞。

结合地质条件分析，母线洞洞身系统设置砂浆锚杆，Φ28，$L=6m@1.5m×1.5m$，外露 60cm，喷素混凝土，厚度 10cm，对于局部不稳定块体采用锚杆加密及挂网喷混凝土进行加强，同时在靠厂房侧 0.5m 设置两排径向锁口锚杆，锁口锚杆 Φ28，$L=7m@1m×1m$，待厂房下卧，揭露洞口后，在厂房边墙设置环向锁口锚杆，锁口锚杆 Φ32，$L=9m@1m×1m$，外扩角 10°。

实施期间，如果揭露的地质条件较预期发生较大变化，下游高边墙变形较大，母线洞周边岩体塑性破坏问题突出，可对母线洞距厂房下游边墙 15m 范围内进行加强支护，初喷 CF30 钢纤维混凝土 7cm，系统挂网 Φ6.5@15cm×15cm，设置Ⅰ22 型钢拱架@1m，复喷 C25 混凝土 25cm，开挖之后先进行加强支护（喷混凝土、挂钢筋网、锚杆、钢支撑等），以保证洞身安全。

主变洞开挖完成后进行母线洞开挖，母线洞按间隔、跳洞开挖的顺序依次完成开挖并做好厂房侧的径向锁口支护及环向预裂，实现"先洞后墙"的开挖目的，以利于厂房下部的快速施工，又有利于厂房高边墙的安全稳定。

顶拱环向预裂孔采用多臂钻钻孔，下部预裂孔采用手风钻钻孔，预裂孔间距 30cm，孔深 2m。

3）尾水管与主厂房交叉口

4 条尾水连接管平行布置，方位角为 N95°E，垂直于厂房轴线，中心线间距 33m，相邻隧洞之间最小岩体厚度为 18.6m，最大断面尺寸为 12m×15m 的城门洞形，尾水连接管底板开挖高程 1946.93m。

结合地质分析，尾水管系统支护布置普通砂浆锚杆 Φ28，$L=6$m@1.5m×1.5m，喷 C25 混凝土 10cm，随机挂网，在厂房侧 0.5m 设置三环径向锁口锚杆，锁口锚杆 Φ32，$L=9$m@1.5m×1.5m，倾角 60°。厂房下游高边墙下挖到尾水管相应高程后，在交叉口岩埂下口设置两排环向锁口锚杆，锁口锚杆 Φ32，$L=7$m@1m×1m，外扩角 5°，岩埂上口设置两排竖向锁口锚杆，锁口锚杆 Φ28，$L=4.5$m@1m×1m，外扩角 10°。

实施期按照动态设计原则，如果断层揭露，节理裂隙较为发育，开挖卸荷问题突出，发生岩体拉裂、撕裂甚至垮塌，对于轻微的、小规模的围岩变形破坏情况，可采取局部加强的方式，如加强密系统锚杆、采用系统挂网，若出现较大规模的垮塌，变形问题突出，可对尾水管距厂房下游边墙 10m 范围内进行加强支护，初喷 CF30 钢纤维混凝土 7cm，系统挂网 Φ6.5@15×15cm，设置Ⅰ22 型钢拱架@1m，复喷 C25 混凝土 25cm。

尾水连接管与母线洞上、下立体交叉，最小间距约 24.2m，按照立体交叉洞段施工时尽可能错开时段开挖的原则，加快主变洞施工速度，在主变洞开挖支护完成后，迅速组织进行母线洞的开挖支护，尾水连接管开挖支护在母线洞开挖支护完成后进行。

在厂房第Ⅲ、Ⅳ层开挖与支护期间，1#～4#尾水连接管开挖与支护基本完成，从尾水 2#施工支洞经 1#～4#尾水连接管及扩散段提前进入厂房底部，提前完成厂房第Ⅸ层开挖及支护。

4 条尾水连接管及扩散段采用跳洞开挖原则，先 1#、3#，后 2#、4#，若相邻洞室确需同时进行开挖时，其作业面间隔距离需试验确定，一般不小于 30m。

5.1.9 机坑精细化爆破开挖技术

1）机坑开挖分层

机坑位于厂房开挖的Ⅷ～Ⅸ层，开挖范围为高程 1967.50～1946.93m，开挖总高度为 20.57m。厂房机坑开挖分层示意见图 5.1.9-1。

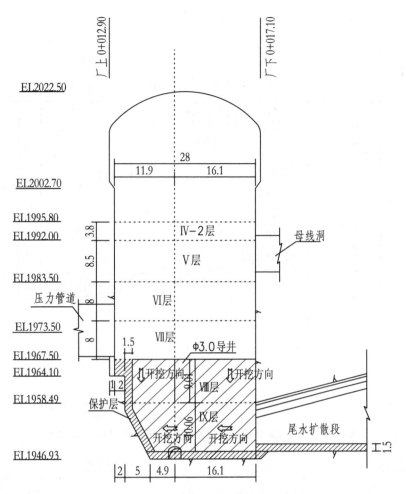

图 5.1.9—1　厂房机坑开挖分层示意图

2）主要开挖施工方法

厂房第Ⅸ层开挖主要利用尾水扩散段、尾水洞 2♯ 施工支洞作为施工通道，采用"先中导洞，后两侧扩挖"的方式施工。在机组段开挖时，由于设计结构形式有中隔墙及隔墩且存在多临空面、底部挖空率较高等特点，施工难度较大。为避免相邻洞室的开挖影响，确保机组间隔墙的安全稳定及开挖成型质量，严格按照跳洞开挖的原则，1♯、3♯ 机组先开挖，2♯、4♯ 机组后开挖的程序进行施工，减少爆破震动影响，坚持"短进尺、弱爆破、多循环、少扰动"的原则进行开挖施工。

第Ⅷ层分三序开挖，开挖高度 9.01m，单个机坑总体分为 3 大区进行开挖。Ⅷ1 区为 φ3m 溜渣井开挖（与第Ⅸ层贯通），Ⅷ2 区为机坑部分扩挖，Ⅷ3 区为保护层开挖。为进一步提高开挖成型质量，其中 1♯ 机组段细化爆破分区累计达 24 区。1♯～4♯ 机组第Ⅷ层开挖分区示意见图 5.1.9—2 和图 5.1.9—3。

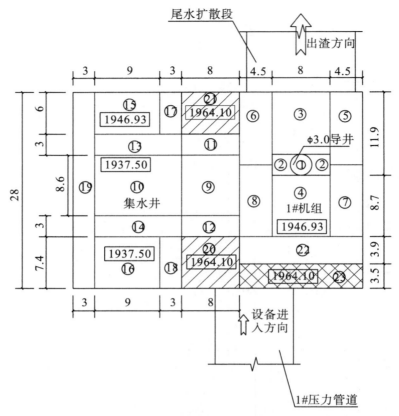

图 5.1.9－2　1♯机组（含集水井）第Ⅷ层开挖分区示意图

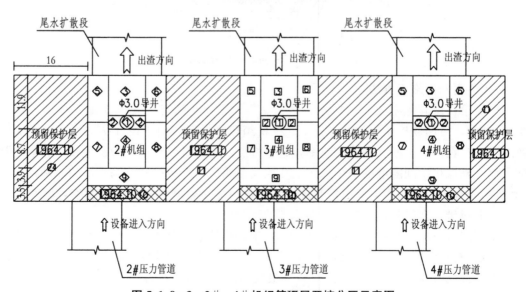

图 5.1.9－3　2♯～4♯机组第Ⅷ层开挖分区示意图

3）保证开挖质量的主要措施

（1）始终坚持"先洞后墙、先锚后挖"原则，确保施工人员安全的同时提高开挖成型质量。在机坑之间的岩柱顶面保护层，设置沉头锚杆，在厂房机坑开挖之前完成，锚杆顶高程不高于1964.1m。

（2）细化开挖分区，控制一次爆破规模，控制爆破单响，提高爆破质点振动速度控制标准，由规范允许的对已开挖的地下洞室洞壁≤10cm/s调整至≤7cm/s。

（3）制定第Ⅷ、Ⅸ开挖的变形控制标准，指导开挖与支护施工时机关系及爆破开挖的优化。

（4）采用样架进行周边光爆孔精准造孔，施工过程中严格执行样架验收流程，现场质检员及技术员在钻孔过程中按照"三步校杆法"，严格控制钻孔间距、孔向，加强巡视检查，发现偏差及时纠偏。

5.1.10 小结

（1）主副厂房洞顶拱层的开挖分层高度，一定要结合施工机械性能及顶拱支护参数，必须确保顶拱支护能够顺利实施；拱脚第一层锚索或预应力锚杆最好在第Ⅱ层开挖前完成；中导洞临时边墙要采取短锚杆进行临时加固，确保施工期安全。

（2）为提高岩锚梁开挖成型质量，其保护层开挖前，可采用玻璃纤维锚杆提前进行加固，保护层开挖后，在其拐点部位，也可加密锚杆进行锁口。

（3）针对高边墙开洞，应严格遵循"先洞后墙"的开挖顺序，提前贯入厂房3m，并做好锁口支护。沿边墙顺洞室周圈进行环向预裂的施工方法，可最大限度地保证边墙下挖后相交部位的体型。

（4）针对大型洞室端墙部位开挖，在两侧扩挖至靠近端墙部位时，端墙面预留2～4m厚的保护层，保护层开挖沿断面方向分层进行造孔钻爆，端墙面可采用双向光面爆破，确保端墙开挖面平整。

（5）针对厂房岩锚梁、机坑等精细化开挖部位，可以按照"三个一"工法（一炮一设计、一炮一总结、一炮一商会）进行施工，对一次爆破的范围及装药参数提出调整建议，以保证开挖成型质量。

5.2 主变洞开挖

主变洞最大开挖尺寸156m×18m×22.3m（长×宽×高），采用圆拱直墙型断面布置。在主变洞底板高程以下，上游侧设置纵向电缆沟，净宽2.5m，长146.4m，与主厂房下游侧的电缆交通洞相连，开挖底高程1985m；在右端细水雾泵房下部布置事故油池，净尺寸10.20m×6.9m×5.2m（长×宽×高），顶板设进人孔。

根据主变洞的结构特点、通道条件、施工机械性能，主变洞自上而下分四层开挖，各层又分区进行开挖支护，开挖分层见图5.2-1。

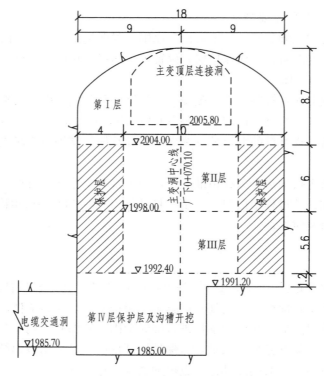

图 5.2-1　主变洞开挖分层示意图

5.2.1　施工通道布置

主变洞第 I 层施工通道前期仅有一条：低线绕坝交通洞→通风兼安全洞→主变排风洞→主变洞工作面。

主变洞第 II 层、母线洞扩大段第 I 层及出线下平洞第 I、II 层施工通道：厂房进风洞、主变顶层连接洞，主要承担主变洞第 II 层 70% 开挖量，并承担母线洞扩大段第 I 层及出线下平洞第 I、II 层 100% 开挖支护任务。

主变洞第 III 层、母线洞扩大段第 II 层及出线下平洞第 III、VI 层施工通道：进厂交通洞洞、主变进风洞，承担主变洞、母线洞、出线下平洞剩余开挖支护任务。

主变洞第 IV 层开挖支护主要采用主变进风洞作为施工通道。

5.2.2　开挖分层分区

主变洞第 I 层由主变排风洞进入，考虑到两侧顶拱长锚杆施工的特点，开挖高度确定为 8.7m（高程 2012.7～2004m），同时为确保围岩稳定，分为四区进行开挖。I-1区中导洞（宽 8.3m）开挖超前施工，然后进行 I-2 区中导洞底板下卧开挖，开挖高度为 1.8m；最后进行上下游侧扩挖，先扩挖上游侧 I-3 区，待开挖 60m 后，开始启动下游侧扩挖 I-4 区，上下游侧扩挖间隔距离≥50m。

主变洞第 I 层分为四区进行开挖：I-1 区为中导洞（高程 2012.70～2005.796m）开挖，断面尺寸为 8.3m×6.9m（宽×高）；I-2 区为中导洞底板下卧开挖，断面尺寸为 8.3m×1.8m（宽×高）；Ⅰ-3、Ⅰ-4 区为上下游侧扩挖（高程 2004.00～2011.91m），扩挖宽度为 4.85m。具体分区见图 5.2.2-1。

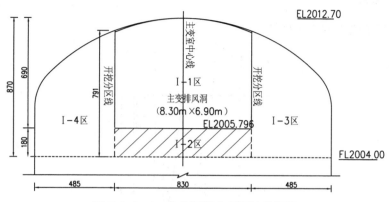

图 5.2.2-1 主变洞第Ⅰ层开挖分区图

主变洞第Ⅱ、Ⅲ层开挖总高度为 11.6m（2004.0～1992.4m），开挖分两层，每层分两序，其中第Ⅱ层开挖高度为 6m，第Ⅲ层开挖高度为 5.6m，开挖采用中部拉槽，两侧预留保护层，品字型掘进方式进行开挖，爆破采用手风钻水平光面爆破。

母线洞扩大段开挖总高度为 18.5m（2004.0～1985.5m），开挖分层与主变洞分层相同，共分三层进行开挖，开挖采用水平掘进，手风钻光面爆破。

出线下平洞开挖总高度为 14.5m（2006.1～1991.6m），开挖宽度为 5.85m，为瘦高型断面，为确保洞室开挖安全及施工质量，出线下平洞开挖分四层进行，第Ⅰ层开挖高度为 5.05m（2006.10～2001.05m），第Ⅱ、Ⅲ、Ⅳ层开挖分层高度全部为 3.15m，随主变洞开挖随层开挖下降，开挖采用水平掘进，手风钻光面爆破。

5.2.3 开挖进尺

主变洞第Ⅰ层开挖采用 YT28 手风钻钻孔，自制 2 台简易台车作为施工平台，开挖设计轮廓线采用光面爆破，液压反铲进行危石排查清理，开挖石渣采用侧卸装载机配合 25t 自卸汽车出渣。中导洞及上下游侧Ⅱ、Ⅲ类围岩循环进尺 2.5～3.0m，Ⅳ类围岩循环进尺控制在 2.0～2.5m；中导洞底板下卧开挖循环进尺为 4m。

主变洞第Ⅱ、Ⅲ层开挖采用 YT28 手风钻钻孔，自制 1 台简易台车作为施工平台，开挖设计轮廓线采用光面爆破，液压反铲进行危石排查清理，开挖石渣采用侧卸装载机配合 25t 自卸汽车出渣。中部拉槽及上下游侧保护层开挖循环进尺 3.5～4.0m。

母线洞扩大段总长度 4.5m，开挖采用 YT28 手风钻钻孔，自制 1 台建议台车作为施工平台，开挖设计轮廓线采用光面爆破，液压反铲进行危石排查清理，开挖石渣采用侧卸装载机配合 25t 自卸汽车出渣，为确保扩大段端墙开挖质量，母线洞第一层开挖拟单次开挖循环进尺为 2.25m，第二、三层开挖进尺为 4.5m。

出线下平洞总长 13m，开挖采用 YT28 手风钻钻孔，自制 1 台简易台车作为施工平台，开挖设计轮廓线采用光面爆破，液压反铲进行危石排查清理，开挖石渣采用侧卸装载机配合 25t 自卸汽车出渣，下平洞第一层开挖进尺 2.5～3m，第二、三、四层开挖进尺 3.5~4.0m。

5.2.4　开挖施工程序

主变洞开挖施工程序见图 5.2.4-1。

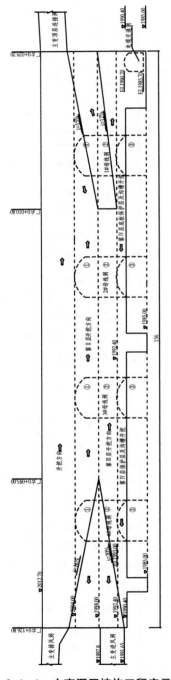

图 5.2.4-1　主变洞开挖施工程序示意图

1) 施工进度

主变洞第 Ⅰ 层采用先中导洞开挖，后两侧扩挖的方式。主变洞中导洞于 2016 年 6 月 3 日开始施工，2016 年 8 月 1 日完工；两侧扩挖于 2016 年 8 月 9 日开始，于 2016 年 10 月 5 日完工。

主变洞第 Ⅱ～Ⅲ 层开挖采用中部拉槽，两侧预留保护层的开挖方式。主变洞第 Ⅱ 层于 2016 年 10 月 10 日开始施工，至 2016 年 12 月 21 日底完工；主变洞第 Ⅲ 层于 2017 年 1 月 6 日开始施工，至 2017 年 3 月 1 日完工。

主变洞第 Ⅳ 层在母线洞、电缆交通洞开挖完成后开始进行开挖作业，于 2017 年 12 月 5 日开始开挖，于 2018 年 1 月 10 日开挖完成。

2) 主变洞第 Ⅰ 层开挖

中导洞以主变洞右端墙为起点，开挖断面沿主变排风洞 0+00m 桩号断面，水平推进开挖至主变洞左端墙，断面为 8.3m×6.9m（宽×高），贯通后进行中导洞底板下卧的开挖施工，从主变室右端墙向左端墙单向开挖，底板下卧开挖完成后，进行上下游侧扩挖施工，上下游侧扩挖从主变室左端墙向右端墙单向开挖，待上游侧开挖 60m 后，开始下游侧开挖。上下游侧扩挖间隔距离≥50m，利用主变排风洞作为出渣施工通道。

3) 主变洞第 Ⅱ、Ⅲ 层开挖

从主变顶层连接洞进入主变洞左端墙，在主变洞内开挖 15% 斜坡道，斜坡道长度 40m（厂左 0+29.2m～厂右 0+10.8m），形成主变洞第 Ⅱ 层开挖施工通道，第 Ⅱ 层施工通道主要承担厂右 0+10.8m～0+126.8m 段开挖支护任务，包含母线洞扩大段第一层及出线下平洞第一、二层，均利用该通道进行开挖支护施工。主变洞第 Ⅲ 层利用主变进风洞进行开挖支护施工，同时兼做母线洞扩大段第二层及出线下平洞第三、四层开挖施工通道。

主变洞第 Ⅱ、Ⅲ 层分两序进行开挖，首先进行中部拉槽，其次进行两侧边墙保护层开挖，开挖呈品字型掘进，中部拉槽超前 5～15m。

母线洞扩大段及出线下平洞开挖与主变洞开挖随层下降。

4) 主变洞第 Ⅳ 层开挖

主变洞第 Ⅳ 层开挖为保护层开挖及电缆沟槽开挖，开挖高度分别为 1.2m（高程 1992.4～1991.2m）、2m（高程 1992.4～1990.4m）、7.4m（高程 1992.4～1985m）三种。开挖时总体开挖方向由厂右向厂左方向推进，其中底板保护层采用手风钻平推开挖，沟槽分 2 小层（单层高度 2.7m）进行垂直梯段开挖。

5.2.5 小结

（1）由于杨房沟水电站主副厂房洞与主变洞之间的隔墙采用的是端头锚索而不是对穿锚索，因此两大洞室开挖下降高程可不同步。在保证洞室围岩稳定的情况下，主变洞可适当加快开挖进度，以便提前进行母线洞的开挖，为厂房高边墙下挖创造条件。

（2）为保证主副厂房洞与主变洞之间的隔墙稳定，4 条母线洞采用跳洞开挖的方式，分组间隔施工；支护施工仍需随开挖及时跟进。

5.3 尾水调压室开挖

尾水调压室位于主变洞下游，三大洞室平行布置，与主变洞之间岩柱厚42m。尾水系统采用"两机一室一洞"的布置方式，调压室下部由一道中隔墙分隔为二室，二机共用一室，中隔墙厚14.6m，顶高程2009.5m，中隔墙以上二室连通，调压室顶拱高程2030.75m，底部高程1967m（未含尾水洞高度），1♯和2♯调压室尺寸分别为20m×80m和20m×67.5m，高度均为63.75m（未含尾水洞高度）。

5.3.1 施工通道布置

尾水调压室及尾水洞共分八层进行开挖。

第Ⅰ层（高程2030.75~2019m）施工通道：尾调通风洞。

第Ⅱ、Ⅲ层（高程2019~1998.5m）施工通道：厂房上层汇水洞及尾调通气洞承担第Ⅱ层全部挖运任务，并承担第Ⅲ层50%挖运任务，尾水调压室内设置之字形临时斜坡道，斜坡道最大坡度15.5%，作为第Ⅱ、Ⅲ层挖运通道。

第Ⅲ、Ⅳ、Ⅴ层（高程1998.5~1980.5m）施工通道：尾调中支洞及1♯联系洞承担第Ⅲ层剩余50%挖运任务，承担第Ⅳ层全部挖运任务，承担第Ⅴ层50%挖运任务，尾水调压室内设置临时斜坡道，斜坡道最大坡度15.8%。

第Ⅴ、Ⅵ层（高程1980.5~1969m）施工通道：尾调下支洞及2♯联系洞承担第Ⅴ层50%挖运任务及第Ⅵ层70%挖运任务，尾水调压室内临时斜坡道最大坡度14.4%，其中第Ⅵ层靠近中隔墙30%开挖区预采用溜渣井的形式从第Ⅶ层出渣。

第Ⅶ、Ⅷ层（高程1969~1951m）施工通道：利用1~4♯尾水连接管及1♯、2♯尾水洞承担第Ⅶ、Ⅷ层全部挖运任务及第Ⅵ层30%挖运任务。

1♯、2♯尾水调压室开挖分层及施工通道见图5.3.1-1。

5.3.2 尾水调压室第Ⅰ层开挖

5.3.2.1 第Ⅰ层开挖分区

尾水调压室第Ⅰ层最大开挖尺寸176.1m×24.0m×11.75m（长×宽×高），圆拱直墙型断面，开挖采用分层分区方式进行，首先完成中导洞开挖，其次进行中导洞底板二次下卧开挖，最后进行两侧扩挖。

尾水调压室第Ⅰ层开挖高程为2030.75~2019m，总高度为11.75m，分为四区进行开挖：Ⅰ-1区为中导洞（高程2030.75~2021m）开挖，断面尺寸为12m×9.75m（宽×高）；Ⅰ-2区为中导洞底板下卧减底开挖，断面尺寸为12m×2m（宽×高）；Ⅰ-3、Ⅰ-4区为上下游侧扩挖（高程2029.45~2019m），扩挖宽度6m。尾水调压室第Ⅰ层分区开挖特性见表5.3.2-1。

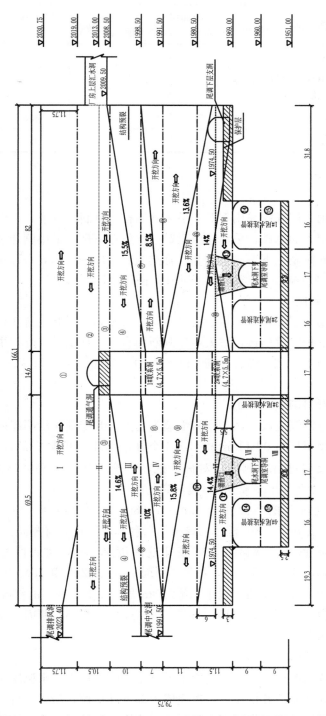

图 5.3.1－1　1♯、2♯尾水调压室开挖分层及施工通道示意图

表 5.3.2－1　尾水调压室第Ⅰ层分区开挖特性表

开挖分区编号	施工部位	开挖断面尺寸（宽×高）/m	开挖断面面积（m²）	单循环进尺（m）	单循环爆破方量（m³）
Ⅰ－1	第Ⅰ层中导洞	12×9.75	111.95	3.2	380.63
Ⅰ－2	第Ⅰ层中导洞底板岩台减底开挖	12×2	24.00	4.0	96.00
Ⅰ－3	第Ⅰ层上游侧扩挖	6×10.45	50.64	3.3	172.18
Ⅰ－4	第Ⅰ层下游侧扩挖	6×10.45	50.64	3.3	172.18

5.3.2.2　开挖施工程序

1）开挖进尺

尾水调压室第Ⅰ层开挖采用 YT28 手风钻钻孔，自制 2 台平台车作为施工平台，开挖设计轮廓线采用光面爆破，采用液压反铲进行危石清理，采用侧卸装载机配合 25t 自卸汽车出渣。中导洞及上下游侧扩挖Ⅱ、Ⅲ类围岩循环进尺 2.8～3.5m，Ⅳ类围岩循环进尺控制在 2.2～2.8m；中导洞底板下卧开挖循环进尺为 4m。

2）开挖施工程序

尾水调压室第一层开挖施工主要借鉴主副厂房洞第一层开挖施工经验，考虑 9m 长锚杆施工及开挖支护工序衔接，增大中导洞断面有利于顶拱系统支护更快速地跟进，减少开挖与支护的施工干扰，综合现场实际情况中导洞选择 12×11.75m 断面。总体开挖程序如下：

（1）中导洞开口渐变段施工。

第一步：中导洞渐变段以尾调室右端墙为起点，开挖断面沿用尾调通风洞断面，水平推进开挖，开挖至厂右 0+115m 桩号（5 个开挖循环，开挖长度 15.8m），停止向前掘进，从掌子面反向进行两侧修边对称扩挖，扩挖后开挖断面由尾调通风洞 8.8m×7.38m（宽×高）变为 12m×7.38m（宽×高）。

第二步：渐变段开挖断面变为 12m×7.38m（宽×高）后，开始水平循环推进 59.2m，开挖至厂右 0+55.8m 桩号，退出钻爆台车，停止向前掘进。

第三步：开始底板一次减底，减底开挖高度 2.37m，减底段桩号为：厂右 0+55.8m～0+130.8m，开挖长度 75m，将整体断面扩挖成 12m×9.75m（宽×高）断面，其中厂右 0+115m～0+130.8m 桩号段中部预留 8m 宽、坡度为 15% 的斜坡作为施工通道。

第四步：推台车至厂右 0+115m 桩号，完成 12m×9.75m 断面台车改造，同时完成顶拱 Φ32，L＝9m 长锚杆施工。

（2）标准段及两侧扩挖施工。

第一步：完成过渡段开挖后，开始中导洞全断面开挖，尾水调压室第Ⅰ层开挖支护主要采用"先中导洞超前开挖完成，再完成中部下卧扩挖，最后进行两侧扩挖施工"的方式施工，支护滞后开挖工作面应小于 20m，当围岩破碎时，支护应紧跟工作面实施。

第二步：中导洞贯通后进行中导洞底板下卧减底开挖，从左端墙侧向尾调通风洞方向单向开挖。

第三步：中导洞底板下卧减底开挖完成后，进行上下游侧扩挖施工。上游侧从尾调室左端墙向右端墙单头掘进扩挖，下游侧从厂右 0+00m 桩号处开始向两侧扩挖。主要利用尾调通风洞作为施工通道，最后进行厂左端墙侧临时施工通道的挖除施工。

（3）左右端墙施工。

为确保左右端墙开挖质量，在两侧扩挖至左右端墙位置时，端墙面预留 2~4m 保护层，保护层开挖沿断面方向分层进行造孔双向光面钻爆，端墙面采用手风钻造孔，光爆孔间距 50cm，确保端墙开挖面平整。

5.3.3　第Ⅱ层开挖

尾水调压室第Ⅱ层开挖总体施工方案为周边结构线深孔预裂+薄层开挖，中隔墙部位底板预留保护层厚 3m，梯段爆破开挖分为Ⅱ-1 区和Ⅱ-2 区。其中，第Ⅱ-1 区开挖高度为 6.0m，第Ⅱ-2 区开挖高度为 4.5m。

尾水调压室第Ⅱ层施工通道为尾调通风洞、尾调通气洞及厂房上层汇水洞。考虑到第Ⅱ层施工通道问题，结合尾水调压室总体结构布局，第Ⅱ层开挖高度确定为 10.5m（高程 2019~2008.5m）。永久边墙部位深孔预裂爆破开挖采用 100Y 潜孔钻机垂直钻孔一次成型爆破，钻孔时搭设造孔定位样架，确保边墙开挖成型质量。

尾水调压室中隔墙部位底板保护层开挖采用 YT28 手风钻进行钻孔施工，尽量减小爆破对中隔墙的损坏。

5.3.3.1　开挖施工程序

1）开挖进尺

尾水调压室第Ⅱ层边墙结构线部位预裂爆破孔采用 100Y 潜孔钻钻孔，Ⅱ-1 区和Ⅱ-2 区梯段爆破采用液压钻机钻孔，液压反铲进行边墙危石清理，开挖石渣采用侧卸装载机配合 25t 自卸汽车出渣。Ⅱ-1 区和Ⅱ-2 区分层开挖循环进尺 10m。

2）开挖施工程序

尾水调压室第Ⅱ层开挖主要利用尾调通气洞作为出渣施工通道，厂房上层汇水洞承担第Ⅱ-2 区部分出渣运输任务，尾调通风洞作为前期开挖钻孔设备运输通道。

尾水调压室第Ⅱ层分为Ⅱ-1 区和Ⅱ-2 区进行开挖，首先进行边墙预裂爆破施工，预裂孔主要采用 100Y 潜孔钻钻孔爆破，正常循环进尺 8~10m。其次进行Ⅱ-1 区和Ⅱ-2 区梯段爆破开挖，开挖采用全断面掘进的方式。Ⅱ-1 区和Ⅱ-2 区梯段爆破采用液压钻机钻孔，正常循环进尺 8~10m。每次爆破后采用 SY325C（1.6m³）反铲进行安全处理，开挖石渣用 ZL50C 侧卸式装载机挖装 25t 自卸汽车出渣。

5.3.3.2　开挖施工注意事项

（1）为减小爆破对围岩扰动，在进行第Ⅱ层爆破施工时必须严格控制单响药量，以降低爆破振动影响，确保围岩整体稳定。

（2）边墙结构线钻孔应搭设样架，样架应具有足够的刚度稳定性，样架搭设前应测量放样，搭设完成，钻机就位后应测量校核钻机孔位，钻孔校正完成后，加固钻机，进行钻孔施工。

5.3.4 第Ⅲ～Ⅴ层开挖

尾水调压室第Ⅲ～Ⅴ层施工通道为厂房上层汇水洞、尾调中支洞、尾调下支洞。考虑到第Ⅲ～Ⅴ层施工通道问题，结合尾水调压室总体结构布局，第Ⅲ层开挖高度确定为10m（高程2008.5～1998.5m），第Ⅳ层开挖高度确定为7m（高程1998.5～1991.5m），第Ⅴ层开挖高度确定为11m（高程1991.5～1980.5m）。

尾水调压室第Ⅲ～Ⅴ层永久边墙部位采用深孔预裂爆破开挖，每层开挖采用100Y潜孔钻机钻孔一次成型爆破，钻孔时搭设造孔定位样架，确保边墙开挖成型质量；中部主爆孔采用D7液压钻机梯段钻爆。1#、2#尾调室第Ⅲ～Ⅴ层开挖示意见图5.3.4-1。

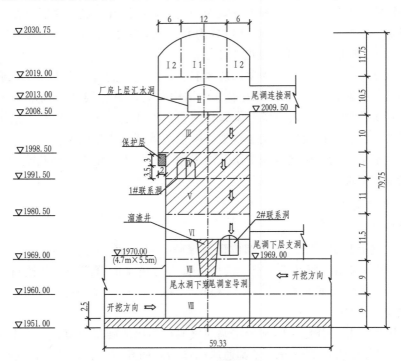

图5.3.4-1　1#、2#尾调室第Ⅲ～Ⅴ层开挖示意图

5.3.4.1 开挖施工程序

1）开挖进尺

尾水调压室第Ⅲ～Ⅴ层边墙结构线部位预裂爆破孔采用100Y潜孔钻钻孔，中部主爆孔采用D7液压钻机梯段爆破，液压反铲进行边墙危石清理，开挖石渣采用侧卸装载机配合25t自卸汽车出渣。开挖循环进尺10m。

2）开挖施工程序

尾水调压室第Ⅲ～Ⅴ层开挖主要利用厂房上层汇水洞、尾调中支洞作为出渣施工通道，厂房上层汇水洞和尾调中支洞分别各承担第Ⅲ层50%的出渣运输任务，尾调中支洞承担第Ⅳ层的出渣任务及第Ⅴ层50%的出渣运输任务，尾调下层施工支洞承担第Ⅴ层剩余50%的出渣运输任务。

尾水调压室第Ⅲ～Ⅴ层分层进行开挖。首先进行边墙及中隔墙边墙预裂爆破施工，预裂孔主要采用100Y潜孔钻钻孔爆破，正常循环进尺10m。其次进行梯段爆破开挖，开挖采用全断面掘进的方式，正常循环进尺10m。每次爆破后采用SY325C（1.6m³）反铲进行安全处理，开挖石渣用ZL50C侧卸式装载机挖装25t自卸汽车出渣。

第一步：首先开挖2♯调压井（厂右0+126.3m～0+056.8m）Ⅲ-1层（$H=5.0$m），先开挖上游侧半幅再开挖下游侧半幅，厂房上层汇水洞作为出渣施工通道。2♯调压井Ⅲ-2层开挖从中隔墙方向至右端墙方向开挖，上游侧半幅开挖完成后，完成厂右0+126.3m～0+116.3m段下游侧半幅开挖，打通尾调室与尾调中支洞之间的通道。尾调中支洞作为Ⅲ-2层下游侧半幅及Ⅳ层开挖的施工通道。

第二步：1♯调压井（厂右0+42.2m～厂左0+039.8m）Ⅲ-1层（$H=5.0$m）、Ⅲ-2层（$H=5.0$m），均从厂房上层汇水洞向中隔墙方向首先掘进上游侧半幅，下游侧从中隔墙向厂房上层汇水洞方向开挖，距离厂房上层汇水洞20m段形成20%的临时施工通道。

第三步：尾调中支洞作为Ⅳ层的开挖通道从右端墙向中隔墙方向掘进，中隔墙设置1♯联系洞[4.7m×5.5m（宽×高）]，通过1♯联系洞作为1♯调压井Ⅲ、Ⅳ层的通道。

第四步：第Ⅳ层开挖完成后，1♯联系洞、尾调中支洞依然作为第Ⅴ层的施工通道。1♯调压井第Ⅴ层分两层开挖，先从中隔墙向左端墙方向开挖下游侧半幅，然后从左端墙向中隔墙方向开挖上游侧半幅，最终形成13.4%的施工通道；2♯调压井第Ⅴ层开挖从中隔墙向右端墙开挖下游侧半幅，然后从右端墙向中隔墙方向开挖上游侧半幅，最终形成15.8%的施工通道。

第五步：最后通过尾调下支洞作为施工通道开挖1♯调压井第Ⅴ层剩余量，第Ⅴ层完成后水平推进第Ⅵ层，在中隔墙下游侧设置2♯联系洞[4.7m×5.5m（宽×高）]，通过2♯联系洞作为施工通道开挖完成2♯调压井第Ⅴ层剩余量。

5.3.4.2　开挖施工注意事项

与5.3.3节中5.3.3.2一致。

5.3.4.3　开挖施工工艺流程

边墙预裂爆破开挖：测量放线→样架搭设→钻机就位→测量校核样架→样架验收→钻孔→验收炮孔→装药联线起爆→底板清理→进入下一循环。

中部梯段爆破开挖：测量放线→主爆孔钻孔→验收炮孔→主爆孔装药联线起爆→出渣排险→进入下一循环。

5.3.5　第Ⅵ～Ⅷ层开挖

尾水调压室高程1980.5～1951m共分为三层，即尾水调压室开挖的Ⅵ～Ⅷ层，第Ⅵ层开挖高度为11.5m，第Ⅶ层开挖高度为9m，第Ⅷ层开挖高度为9～9.5m。其中，第Ⅶ层前期已完成尾水岔管中导洞8m×9m（宽×高）开挖，剩余边墙保护层未开挖。第Ⅷ层分为两小层进行开挖，第Ⅷ-1层开挖高度为6.5m，第Ⅷ-2层开挖为底板保护层开挖，开挖高度为2.5（3.0）m。1♯、2♯尾调室第Ⅵ～Ⅷ层开挖示意见图5.3.5-1。

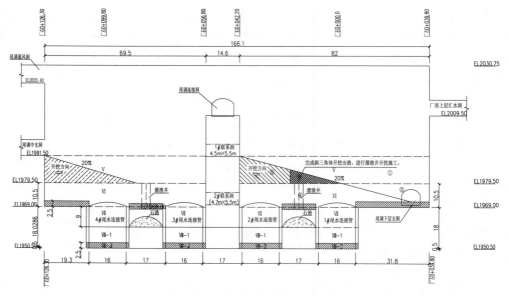

图 5.3.5－1　1♯、2♯尾调室第Ⅵ～Ⅷ层开挖示意图

尾水调压室第Ⅵ层开挖分层高度为 10.5m，先是 φ3m 溜渣井（与Ⅶ层尾水岔管中导洞贯通）及溜渣井扩挖，后为梯段爆破开挖及底板预留保护层开挖。为确保现场施工人员设备安全，尾水岔管中导洞利用石渣回填至高程 1969m，以形成施工通道。

尾水调压室第Ⅶ层开挖高度为 9.0m，前期已完成尾水岔管中导洞开挖，剩余部分主要为保护层开挖，分为 3 小层，采用 YT28 手风钻（竖直孔）钻孔，由尾水连接管或 1♯、2♯尾水洞作为出渣施工通道。

尾水调压室第Ⅷ层开挖高度为 9.0～9.5m，分为 2 小层进行开挖，第Ⅷ－1 层为梯段爆破开挖，第Ⅷ－2 层的底板保护层开挖，分层高度分别为 6.5m、2.5～3m，由 1♯～4♯尾水连接管或 1♯、2♯尾水洞作为出渣施工通道。

（1）1♯尾调井第Ⅵ层施工。

1♯尾调井第Ⅵ层开挖分层高度为 10.5m，总体分为六步进行开挖。具体开挖程序如下。

第一步：在 1♯尾调井第Ⅵ层开挖支护施工前，利用尾调下支洞作为施工通道，完成第Ⅴ层厂右 0+025m～0+0.00m 段开挖，形成溜渣井开挖工作面。

第二步：1♯尾调井溜渣导井布置于下游侧中部，通过溜渣井将前期开挖的尾水岔管中导洞利用石渣进行回填，保证上部开挖人员设备的安全，导井尺寸 φ3.0m，采用液压钻竖向一次造孔爆破贯通，再扩挖成 14.6m×5.5m 矩形导井。其中，φ3.0m 溜渣导井爆破钻孔深度 10m，在导井中部钻 12 个贯通底部的 φ90mm 空孔。φ3.0m 溜渣导井扩挖采用液压钻钻孔，周边孔采用潜孔钻进行钻孔，采用梯段爆破的方式进行开挖。

第三步：1♯尾调井第Ⅵ层溜渣井形成后，进行第Ⅴ层剩余部分开挖，分为上、下游半幅进行开挖，先进行下游半幅开挖，再进行上游半幅开挖，单次爆破进尺约 10m。主爆孔采用液压钻钻孔，周边孔采用 100Y 钻机进行钻孔，采用梯段爆破的方式进行开挖，利用反铲进行出渣，通过溜渣井将尾水岔管中导洞回填至第Ⅵ层开挖底板高程部位。

第四步：以1♯尾调井上游侧作为通道，进行第Ⅵ层下游侧开挖，先进行溜渣井靠厂左方向部分开挖，单次开挖进尺4~6m。溜渣导井回填完成后从厂左方向往厂右方向进行第Ⅵ层下游侧剩余开挖，采用V形梯段爆破的方式开挖。

第五步：在1♯尾调井第Ⅵ层下游侧开挖完成后，启动1♯尾调井上游侧开挖支护。总体按照从中隔墙部位往左端墙方向开挖，中部岩墙顶部及厂左部位底板预留厚度为2.5m的保护层。

第六步：1♯尾调井中部岩墙及厂左部位底板保护层均采用YT28手风钻钻孔，以平推的方式进行开挖，单次开挖进尺3.0~5.0m。

（2）2♯尾调井第Ⅵ层施工。

第一步：首先进行2♯尾调井溜渣导井开挖，溜渣井布置于2♯尾调井下游侧中部，通过溜渣井将前期开挖的尾水岔管中导洞利用石渣回填。导井尺寸为φ3.0m，采用液压钻竖向一次爆破贯通，再将φ3.0m导井扩挖成14.6m×5.5m矩形导井。φ3.0m溜渣导井扩挖主要采用液压钻钻孔。

第二步：2♯尾调井第Ⅵ层溜渣井形成后，以上游侧作为通道，进行第Ⅵ层下游侧靠中隔墙部位的开挖，将2♯联系洞施工通道形成，单次爆破进尺4~6m，具体爆破进尺根据尾水岔管中导洞回填情况确定。

第三步：2♯尾调井上游侧从中隔墙部位往右端墙方向开挖。首先进行3♯尾水连接管部位开挖，以形成通道进行第Ⅴ层上游侧剩余开挖。

第四步：上游半幅通道形成后，先进行第Ⅴ层下游半幅剩余部分开挖，再进行上游半幅剩余开挖，单次爆破进尺8~12m，利用反铲进行出渣，通过溜渣井将尾水岔管中导洞回填至第Ⅵ层开挖底板高程部位。

第五步：待第Ⅴ层开挖支护完成后，再进行第Ⅵ层下游半幅剩余开挖。下游半幅开挖完成后，上游侧从厂右往厂左方向开挖，均采用V形梯段爆破的方式进行开挖，中部岩墙及厂右部位底板预留厚度为2.5m的保护层。

第六步：2♯尾调井中部岩墙及厂右部位底板保护层均采用YT28手风钻钻孔，以平推的方式进行开挖，单次进尺约5.0m。

（3）第Ⅶ层前期已完成中导洞开挖，主要剩余边墙保护层施工。第Ⅶ层分为3小层进行开挖，均采用YT28手风钻竖直孔进行保护层开挖，单次开挖进尺3.0~4.5m。其中，第Ⅶ-1层完成钻孔后，将中导洞部位部分石渣以2♯联系洞及尾调下支洞作为通道进行出渣，然后再进行第Ⅶ-1层开挖出渣。第Ⅶ-1层开挖完成后，利用尾水连接管或1♯、2♯尾水洞作为出渣施工通道，再进行第Ⅵ层底板、第Ⅶ-2层及第Ⅶ-3层保护层开挖。

（4）第Ⅷ层分为两小层进行开挖。第Ⅷ-1层开挖高度为6.5m，单次循环进尺8~12m。周边孔采用潜孔钻进行造孔，中部主爆孔利用液压钻钻孔。第Ⅷ-2层为底板保护层开挖（厚2.5~3m），采用手风钻平推的方式开挖。

5.3.6 小结

尾水调压室第Ⅲ~Ⅴ层井身段，通过布置尾调中支洞、下支洞及1#、2#联系洞，将竖井开挖调整为普通梯段爆破开挖，不但降低了施工安全风险，而且降低了施工成本，加快了施工进度。

5.4 压力管道开挖

5.4.1 压力管道上平段

5.4.1.1 概述

压力管道采用单机单洞竖井式布置，压力管道由进口渐变段、上平段、上弯段、竖井段、下弯段、下平渐变段及下平段构成，长度为209.97~266.84m。其中，1#~4#上平段、上弯段、竖井段及下弯段均为半径6m的圆形洞段，下平渐变段为由半径6m渐变为5.4m的圆形断面，下平段均为半径5.4m的圆形洞段。1#~4#压力管道进口渐变段长度均为15m，由10.6m×12.8m矩形断面渐变为直径12.8m圆形断面，采用1∶4反坡变为直径12m圆形断面，上平段长度为8.206~65.071m。压力管道上平段平面布置示意见图5.4.1-1。

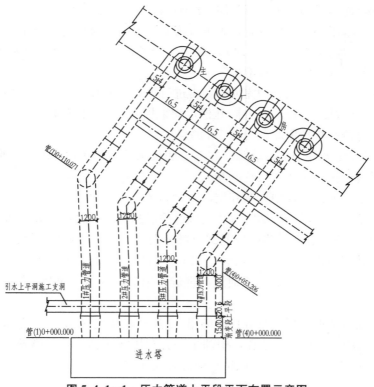

图5.4.1-1 压力管道上平段平面布置示意图

5.4.1.2　开挖施工程序

　　引水上平洞施工支洞与压力管道上平段交叉口段锁口支护完成后进行压力管道开挖，压力管道上平段拟分为上、下半洞进行开挖，其中上半洞开挖高度为8m。上半洞采用一次开挖成型，下半洞开挖高度4m。待上半洞开挖支护完成后，再进行下半洞开挖施工。压力管道开挖时以引水上平洞施工支洞为分界线先向下游侧方向（厂房方向）进行掘进，待下游侧开挖完成后再向上游侧方向（出口方向）开挖。

　　为保证压力管道竖井段开挖支护施工及满足反井钻机安装要求，在压力管道上平段上半洞开挖至压力管道上弯段起点桩号后，采用27%的坡比降坡开挖至高程2056.4m，再按照18%的反坡比开挖至高程2059m（见图5.4.1-2）。

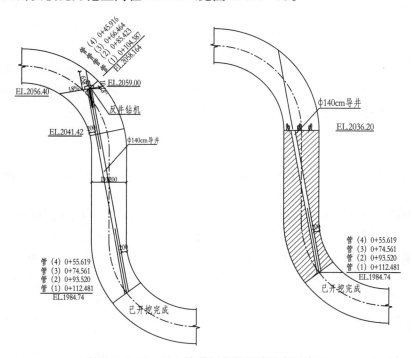

图5.4.1-2　压力管道竖井段开挖程序示意图

　　由于进口段为由矩形断面渐变为圆形断面的渐变段，开挖难度大。进口渐变段拟采用上下半洞进行开挖。进口段上半洞采用先导洞后扩挖成型的施工方式，中导洞断面尺寸为8m×7m（宽×高），下半洞开挖高度4.8m。进口段中导洞开挖完成后，再从洞内向洞口处进行扩挖，扩挖拟分5段开挖，每段3m。为保证开挖成型质量，测量人员对周边孔进行逐孔放点，渐变部分按照内倾4.2°进行逐孔放点。进口段下半洞采用全断面开挖，周边孔进行逐孔放点。由于压力管道进口段临近边坡，岩体最小覆盖厚度30m，为保证开挖过程中施工人员人身安全及围岩稳定，进口渐变段根据现场开挖所揭示围岩情况进行随机增加型钢拱架支护。

5.4.1.3　施工工艺及方法

　　钻爆采用工字钢自制钻爆台车作为操作平台，利用手风钻钻孔，周边孔炸药采用

Φ25 乳化炸药，主爆破孔采用 Φ32 乳化炸药，毫秒微差起爆，楔形掏槽，周边光面爆破方式，上平段及部分弯段Ⅱ、Ⅲ类围岩循环进尺 3.6～4m，Ⅳ类围岩循环进尺 2.7～3m，下半洞开挖进尺 3.6～4m；进口渐变段上半洞中导洞开挖进尺 2.7～3m，扩挖进尺 3m，下半洞开挖进尺 2.7～3m。

施工工艺流程：测量放样→钻孔→装药、联线、起爆→通风散烟→排险→出渣→清底。

1）测量放样

洞内测量控制点埋设牢固，做好防护措施，防止机械设备破坏，每一排炮要求准确放出中心十字线和周边线。

2）钻孔

洞室开挖前，首先根据围岩地质情况进行爆破设计，现场施工时根据爆破效果对爆破参数进行调整。

造孔的质量直接影响爆破效率和周边质量，每个钻手确定区域后按"平、直、齐"的要求施钻，熟练的钻手负责掏槽孔和周边孔。严格按照爆破布孔图施钻，采用标杆作为参照物，做到炮孔的孔底落在同一个铅直断面上，为了减少超挖，钻进 3m 时周边孔的外偏角控制在 2°以内。

3）装药、联线、起爆

炮孔经检查合格后，方可进行装药爆破；炮孔的装药、堵塞和引爆线路的联结，严格按监理工程师批准的钻爆设计进行施作。

装药严格遵守爆破安全操作规程。装药前用风进行冲洗，周边孔用小药卷捆绑于竹片上，形成不连续装药。利用自制钻爆平台车作为登高设备装药，掏槽孔、崩落孔和其他爆破孔装药要堵塞良好，严格按照爆破设计图（爆破参数实施过程不断调整优化）进行装药、设置非电雷管和联线，炮孔堵塞严实。装药结束后，由值班技术员和专业炮工分区分片检查，联成起爆网络，爆破前将工作面设备、材料撤至安全位置。

最后由炮工和值班技术员复核检查，确认无误，撤离人员和设备，炮工负责引爆。

4）通风、散烟

爆破后启动进水口施工支洞洞口布置的大容量强力通风机通风，做好洞内通风除尘、散烟。

5）排险

通风散烟后，采用液压反铲进洞清理危石和碎块，以确保进入洞内的人员和设备的安全。在施工过程中，经常检查已开挖洞段的围岩稳定情况，清撬可能塌落的松动岩块。

6）出渣

开挖渣料利用 3m³ 侧翻装载机，25t 自卸汽车出渣。

7）清底

下一个循环之前，利用液压反铲对掌子面进行彻底的安全撬挖，把松动的危石处理干净，必要时辅助于人工撬挖，最后液压反铲把底部松碴清除干净，便于下一循环造孔。

5.4.2 压力管道竖井段

竖井段包含压力管道竖井段直段和部分上、下弯段,起、止高程分别为2059m、1984.74m。

主要施工程序:反井钻机安装→φ216mm导孔施工→φ1.4m导井施工反扩→反井钻机拆除→全断面正向扩挖。

(1)导井开挖:压力管道高程2056.4m以上上弯段顶拱系统支护完成后首先在压力管道竖井安装一台LM-200型反井钻机,由上而下钻φ216mm导孔与压力管道下弯段贯通,再自下而上反扩一个直径为1.4m的导井。

(2)全断面扩挖:竖井段全段面开挖支护采用YT-28手风钻自上而下开挖,开挖进尺1m。扩挖时从上向下扩挖至设计断面并及时进行相应的系统支护,竖井扩挖采取"两炮一支护"。其中,施工人员通过爬梯从上部进入工作面。

(3)竖井开挖:竖井段按照"两排炮、一支护"的原则进行开挖施工,炮孔采用人工持YT-28型手风钻钻设,钻孔方向与竖井中心线平行,开挖循环钻孔深度为1m,爆破采用光面爆破形式,爆破后采用人工进行扒渣、清面,石渣通过导井溜至竖井底部压力管道下弯段内,采用3m³装载机装25t自卸车运至指定弃渣场。

5.4.3 压力管道下平段

1#~4#压力管道下弯段长度均为47.124m,渐缩段长度均为10.4m,下平段长度均为50m。

下平段施工支洞与压力管道下平段交叉口段锁口支护完成后进行压力管道开挖,压力管道下平段拟分为上、下半洞进行开挖,其中上半洞开挖高度为7.5m。上半洞采用一次开挖成型,其中与支洞交叉口段10m范围内采用先导洞,后扩挖成型的方式进行;下半洞开挖高度3.3m(4.5m),待上半洞开挖支护完成后,再进行下半洞开挖施工。压力管道上半洞开挖时以下平洞支洞为分界线先向上游侧方向开挖掘进,待上游侧开挖完成后再向下游侧方向(厂房方向)开挖。

为便于后期压力管道竖井段开挖支护施工,在完成压力管道下平段上半洞开挖支护后,需进行压力管道下弯段部分开挖支护施工。压力管道下弯段开挖沿用下平段开挖断面(两侧开挖至设计开挖面),按照15.7%的坡度开挖至下弯段高程1985.3m。压力管道下弯段开挖完成后,再进行压力管道下平段下半洞开挖,其中压力管道下弯段底部采用双向开挖爆破,保证下弯段开挖成型质量。

压力管道下平段及部分弯段开挖主要采用手风钻钻孔,光面爆破施工工艺,单头掘进,开挖爆破后采用利用3m³装载装渣,25t自卸汽车运输出渣,开挖爆破出渣后采用反铲进行掌子面的排险及清理。根据围岩地质情况支护及时跟进,以确保现场施工安全。

钻爆采用工字钢自制钻爆台车作为操作平台,利用手风钻钻孔,周边孔炸药采用Φ25乳化炸药,主爆破孔采用Φ32乳化炸药,毫秒微差起爆,楔形掏槽,周边光面爆破方式,Ⅱ、Ⅲ类围岩循环进尺3.6~4m,Ⅳ类围岩循环进尺2.7~3m,下半洞开挖进尺3.6~4m。

5.5 出线平洞、竖井开挖

5.5.1 出线平洞

1）概述

出线上平洞全长 425.83m，最大开挖断面为 8.9m×7.15m（宽×高），城门洞型，最大开挖坡度 10%，出线洞起点高程为 2125.7m，与出线竖井连接，出口位于开关站边坡 2102m 高程平台，与开关站施工支洞垂直平交。出线下平洞位于主变洞下游边墙，开挖断面为 14.5m×5.85m（高×宽），长 13m。

2）开挖进尺

出线上平洞开挖采用 YT28 手风钻钻孔，自制 1 台钻爆台车为施工平台，开挖设计轮廓线采用光面爆破，液压反铲进行排险，开挖石渣采用侧卸装载机配合 25t 自卸汽车出渣。开挖Ⅱ、Ⅲ类围岩循环进尺 2.5~3.3m，Ⅳ类围岩循环进尺控制在 2~2.5m。出线下平洞随主变洞逐层开挖。

3）开挖施工程序

出线上平洞开挖支护施工由开关站施工支洞进入工作面，从出线上平洞平交口中部进行开挖支护施工，首先向出线洞靠边坡方向开挖 15~30m，然后再向竖井方向开挖 15~30m，形成平交空间，方便出渣车辆调头，并及时完成平交口系统支护，以保障施工安全，平交口形成后，采用双向交替掘进的方式从中部向两端进行开挖。因出线上平洞与开关站施工支洞平交，而开关站施工支洞开挖断面为 6.5m×6m（宽×高），出线上平洞开挖断面为 8.9m×7.15m，直接制作出线上平洞大断面开挖台车无法满足台车移动空间要求，因此开挖需根据台车空间限制及施工空间综合考虑平交口开挖程序。平交口开挖需分序施工，其具体程序见图 5.5.1-1。

第一步：利用开关站施工支洞钻爆台车，分别向两侧交替开挖平交口段，平交口段分两序施工，首先完成 8.9m×6m（宽×高）断面开挖 60m，靠边坡侧及靠竖井侧分别各开挖 30m，然后进行剩余底板 1.15m 保护层开挖，形成 8.9m×7.15m 设计断面。

第二步：完成交叉口左右 30m 范围内的系统支护，并在靠竖井侧完成 8.9m×7.15m 钻爆台车改造加工。

第三步：利用新台车进行全断面开挖从中部向两端双向交替掘进。

出线下平洞开挖总高度为 14.5m（高程 2006.1~1991.6m），开挖宽度为 5.85m，为瘦高型断面，为确保洞室开挖安全及施工质量，出线下平洞开挖分四层进行，第Ⅰ层开挖高度为 5.05m（高程 2006.1~2001.05m），第Ⅱ、Ⅲ、Ⅳ层开挖分层高度全部为 3.15m，开挖施工时随主变洞开挖随层下降，开挖采用水平掘进，手风钻光面爆破。

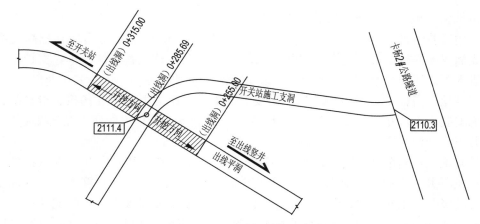

图 5.5.1－1　出线上平洞平交段开挖程序示意图

4）开挖施工工艺流程

开挖施工工艺流程见图 5.5.1－2。

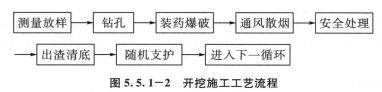

图 5.5.1－2　开挖施工工艺流程

5.5.2　出线竖井

5.5.2.1　概述

出线竖井布置在主变洞下游侧，下部接出线下平洞，上部接出线上平洞。出线竖井总高度 148.4m，分为四个部分。其中，穹顶高 7m，高程 2132.7～2139.7m；与上平洞相接段高 7m，高程 2125.7～2132.7m；竖井部分 119.6m，高程 2006.1～2125.7m；与下平洞相接段 14.8m，高程 1991.3～2006.1m，出线竖井开挖断面尺寸为 10m×9m（长×宽）。

5.5.2.2 施工通道布置

1）井内运输通道

井内运输采用吊笼进行施工人员、材料和钻具上下垂直运输，人与物不得混装。吊笼采用钢筋焊制，在投入使用前必须进行荷载试验，合格后才能投入使用。在进行 φ3.4m 溜渣井扩挖时采用井口布置的 5t 卷扬机牵引自制双层吊笼在 1.4m 导井中从竖井底部由下至上进行导井扩挖。

2）井内喷混管路

竖井支护喷混凝土由拌和站运输至井口，井内管路采用 DN80 钢管布设，钢管采用钢丝绳悬吊并固定在井壁上，钢管之间用法兰连接，再采用橡胶软管接至工作面，随工作面开挖推进延伸相应管路。

5.5.2.3 施工程序

施工顺序：φ1.4m 导井施工→正向全断面扩挖 20m→提升系统安装→反向扩挖

φ3.4m 溜渣井施工→正向全断面成井施工。

采用反井钻机将 φ1.4m 导井施工完成后，井口 20m 段扩挖每循环开挖高度 2m，采用光面爆破并控制爆破岩体粒径小于 60cm，开挖后立即进行系统支护，支护完毕后才能进入下循环的开挖，施工人员上下采用爬梯，开挖料从 φ1.4m 导井中溜出。

当开挖至高程 2105.7m 时，按照出线竖井提升系统方案进行卷扬机、滑轮组、吊笼等的安装施工，井口布置的卷扬机和吊笼必须经过验收合格方能使用，验收完成后进入竖井正常开挖程序。

扩井施工：剩余 99.6m（高程 2105.7～2006.1m）先从井底向井口进行扩挖，将 φ1.4m 的导井自下而上扩挖成 φ3.4m 的溜渣井。然后再从上至下将溜渣井扩挖成至设计断面的竖井。正向成井剩余 10m 时，放慢扩挖速度，加强支护，正向成井开挖至最后 4m 采取一次性爆破，将竖井与下部平洞贯通。下井口支护利用井内的防护盘进行，防护盘须放到平整的石渣上面，固定牢固后方可使用。

井内采用人工扒渣，井下出渣采用 ZL50 装载机装 25t 自卸车运输到指定堆存场。

5.5.2.4 卷扬提升系统

为满足竖井开挖支护和施工材料运输的要求，需要在竖井内设置卷扬提升系统。提升系统主要由受力结构和提升设备组成，其中由天锚作为受力结构、5t 卷扬机作为提升设备。

1）吊运荷载

出线竖井开挖及浇筑时提升系统主要的起吊荷载主要有：吊笼（包括人、钻机）、导井正扩盖板、支护锚杆、钢筋网片、衬砌钢筋、钢爬梯、预制楼梯、预制楼板等。

（1）吊笼：吊笼自重 817.4kg。第一次反扩钻孔钻工打钻时的荷载为（手风钻的重量＋人的重量）×动荷载的最大系数。每把手风钻重量为 28kg，每人的重量为 100kg，动荷载的最大系数取值 1.4，施工时 2 名钻工和 2 把手风钻，总重量为：（2×28＋2×100）×1.4＝358.4kg。总计 1175.8kg。

（2）导井正扩盖板：盖板直径 5m，采用Ⅰ16 工字钢、Φ25、Φ20 钢筋焊接组成，总重量为 1105kg。

（3）支护锚杆：Φ8，$L=6.0$m，支护锚杆单根重量为：6×4.83＝29.98kg，排炮进尺 2m，支护锚杆量为：48×29.98＝1439kg。

（4）钢筋网片：每延米钢筋网片重量为 100kg，排炮进尺 2m，钢筋网片重量为：2×100＝200kg。

（5）衬砌钢筋：每仓 2t。

（6）钢爬梯：每榀钢爬梯长度 2m，宽度 55cm，钢爬梯跨步 30cm，Φ25 钢筋焊接而成，每榀钢爬梯重量为：3.86×7.85＝30.3kg。

（7）预制楼梯：每榀 2.5t。

（8）预制楼板：每块 1.5t。

卷扬提升系统主要有上述 8 种荷载存在，每种荷载单独独立运输，则单次运输以最大荷载预制楼梯 2.5t 计。为确保卷扬提升系统的安全，出线竖井选用 5t 卷扬机作为提升设备。

2）天锚的设计及计算

在出线竖井穹顶正顶拱安装天锚，出线竖井提升系统作为出线竖井施工材料起重设施。在天锚上焊接 5t 导向滑轮，钢丝绳穿过导向滑轮，通过卷扬机起吊施工设备。

3）设计荷载

起重量 5t。

4）附属结构

（1）卷扬系统：卷扬机、锚碇装置、钢丝绳、定滑轮、限位器、吊钩等。

（2）交通设施：爬梯、栏杆等。

5）支撑结构设计

（1）锚杆选择。

拟选择 2 根锚杆，按锚杆受力最大的情形进行计算，单根锚杆拉力设计值为

$$N_d = 1.25 \times (5 + 5 \times \cos 33° + 5 \times \sin 33° \times 30cm/40cm) \times 9.8 \div 2 = 68.82kN$$

式中，$F = 5 \times \sin 33° \times 30cm/40cm$ 为斜向钢丝绳水平分力弯矩产生的竖向拉力。

锚杆选型为 Φ32 的 HRB400，抗拉强度取 360N/mm²，故单根 Φ32 的 HRB400 锚杆可承受的最大抗拉力为

$$f_y \cdot A_s = 360N/mm^2 \times 804.2mm^2/1000 = 289.5kN$$

根据《岩土锚杆与喷射混凝土支护工程技术规范》（GB 50086—2015）表 4.6.8，普通钢筋有

$$N_d = 68.82kN < f_y \cdot A_s = 289.5kN$$

因此，锚杆选择 Φ32 可满足要求。

（2）锚固长度计算。

根据《岩土锚杆与喷射混凝土支护工程技术规范》（GB 50086—2015）表 4.6.10，以岩石为较硬岩，取锚杆锚固段注浆体与周边地层间的极限黏结强度标准值为 1.2N/mm²；根据试验室数据，锚固段注浆体与筋体间的黏结强度取为 1.2N/mm²。锚杆初步选择 Φ32，$L = 4.5m$，入岩 4.0m，注浆密实度不低于 80%，则有：

锚杆锚固段注浆体与地层间的黏结力为

$$F_1 = 1.2N/mm^2 \times 3.14 \times 48mm \times 4m = 723.5kN$$

锚固段注浆体与筋体间的黏结力为

$$F_2 = 1.2N/mm^2 \times 3.14 \times 32mm \times 4m = 482.3kN$$

依据锚杆锚固段注浆体与地层间的黏结强度来判断有

$$N_d = 68.82kN < F_1/2.2 = 328.9kN$$

依据锚固段注浆体与筋体间的黏结强度来判断有

$$N_d = 68.82kN < F_2 = 482.3kN$$

根据《岩土锚杆与喷射混凝土支护工程技术规范》（GB 50086—2015），锚杆选择 Φ32，$L = 4.5m$，入岩 4.0m，注浆密实度不低于 80%，满足黏结抗拔安全要求。

6）定滑轮受力分析

（1）锚杆选择。

拟选择 4 根锚杆，按锚杆受力最大的情形进行计算，单根锚杆拉力设计值为

$$N_d = 1.25 \times (5000 \times \sin 57° + 5000 \times \sin 9°) \times 9.8 \div 4 = 12.2\text{kN}$$

锚杆选型为 Φ25 的 HRB400，抗拉强度取 360N/mm²，故单根 Φ25 的 HRB400 锚杆可承受的最大抗拉力为

$$f_y \cdot A_s = 360\text{N/mm}^2 \times 490.9\text{mm}^2 = 176.7\text{N}$$

根据《岩土锚杆与喷射混凝土支护工程技术规范》（GB 50086—2015）表 4.6.8，普通钢筋有

$$N_d = 12.2\text{kN} < f_y \cdot A_s = 176.7\text{kN}$$

因此，锚杆选择 Φ25 可满足要求。

（2）锚固长度计算。

根据《岩土锚杆与喷射混凝土支护工程技术规范》（GB 50086—2015）表 4.6.10，以岩石为较硬岩，取锚杆锚固段注浆体与周边地层间的极限黏结强度标准值为 1.2N/mm²。锚杆初步选择 Φ25，$L=3.0$m，入岩 2.5m，注浆密实度不低于 80%，则有：

锚杆锚固段注浆体与地层间的黏结力为

$$F_1 = 1.2\text{N/mm}^2 \times 3.14 \times 48\text{mm} \times 2.5\text{m} = 452.2\text{kN}$$

锚固段注浆体与筋体间的黏结力为

$$F_2 = 1.2\text{N/mm}^2 \times 3.14 \times 25\text{mm} \times 2.5\text{m} = 235.5\text{kN}$$

依据锚杆锚固段注浆体与地层间的黏结强度来判断有

$$N_d = 12.2\text{kN} < F_1/2.2 = 205.5\text{kN}$$

依据锚固段注浆体与筋体间的粘结强度来判断有

$$N_d = 12.2\text{kN} < F_2 = 235.5\text{kN}$$

根据《岩土锚杆与喷射混凝土支护工程技术规范》（GB 50086—2015），锚杆选择 Φ25，$L=3.0$m，入岩 2.5m、注浆密实度不低于 80%，满足黏结抗拔安全要求。

7）卷扬机受力分析

（1）锚杆选择。

拟选择 4 根锚杆，按锚杆受力最大的情形进行计算，单根锚杆拉力设计值为

$$N_d = 1.25 \times 5000 \times 9.8 \div 4 = 15.4\text{kN}$$

锚杆选型为 Φ25 的 HRB400，抗拉强度取 360N/mm²，故单根 Φ25 的 HRB400 锚杆可承受的最大抗拉力为

$$f_y \cdot A_s = 360\text{N/mm}^2 \times 490.9\text{mm}^2 = 176.7\text{kN}$$

根据《岩土锚杆与喷射混凝土支护工程技术规范》（GB 50086—2015）表 4.6.8，普通钢筋有

$$N_d = 15.4\text{kN} < f_y \cdot A_s = 176.7\text{kN}$$

因此，锚杆选择 Φ25 可满足要求。

（2）锚固长度计算。

根据《岩土锚杆与喷射混凝土支护工程技术规范》（GB 50086—2015）表 4.6.10，以岩石为较硬岩，取锚杆锚固段注浆体与周边地层间的极限黏结强度标准值为 1.2N/mm²。锚杆初步选择 Φ25，$L=3.0$m，入岩 2.5m，注浆密实度不低于 80%，则有：

锚杆锚固段注浆体与地层间的黏结力为

$$F_1=1.2\text{N/mm}^2\times3.14\times48\text{mm}\times2.5\text{m}=452.2\text{kN}$$

锚固段注浆体与筋体间的黏结力为

$$F_2=1.2\text{N/mm}^2\times3.14\times25\text{mm}\times2.5\text{m}=235.5\text{kN}$$

依据锚杆锚固段注浆体与地层间的黏结强度来判断有

$$N_d=12.2\text{kN}<F_1/2.2=205.5\text{kN}$$

依据锚固段注浆体与筋体间的黏结强度来判断有

$$N_d=12.2\text{kN}<F_2=235.5\text{kN}$$

根据《岩土锚杆与喷射混凝土支护工程技术规范》（GB 50086—2015），锚杆选择 $\Phi25$，$L=3.0\text{m}$，入岩 2.5m，注浆密实度不低于 80%，满足黏结抗拔安全要求。

8）钢丝绳的选用

（1）载人验算。

悬吊总重量为

$$M=M_1+M_2=(1200+1.87\times148)\times9.8/1000=14.5\text{kN}$$

式中，M_1 为吊笼重量，为 1175.8kg，取 1200kg 计算；M_2 为钢丝绳重量，取 1.87kg/m 计算。

经查规范，决定选择直径为 22mm 的钢芯钢丝绳（6×7 类），其近似重量为 187kg/100m，钢丝绳公称抗拉强度 1570N/mm²，钢丝破断拉力总和 $Q_d=273\text{kN}$。

安全系数（k）是指钢丝绳钢丝拉断力总和与钢丝绳的计算静拉力之比。当静张力最大时，吊笼位于井底装载位置。验算公式如下：

$$k=\frac{Q_d}{M}=18.8>12\text{（载人安全系数）}$$

（2）载物验算。

悬吊总重量为

$$M'=M_3+M_2=(2500+1.87\times148)\times9.8/1000=27.2\text{kN}$$

式中，M_3 为每榀预制楼梯，取 2.5t 计算。

经查规范，决定选择直径为 22mm 的钢芯钢丝绳（6×7 类），其近似重量为 187kg/100m，钢丝绳公称抗拉强度 1570N/mm²，钢丝破断拉力总和 $Q_d=273\text{kN}$。

$$k=\frac{Q_d}{M'}=10>8\text{（载物安全系数）}$$

根据以上验算，所选钢丝绳符合安全规定。

9）施工平台设计及计算

为满足竖井施工，在出线竖井与出线上平洞平交处设置一处长 9m，宽 3.2m 的施工平台。

施工平台采用Ⅰ20a 工字钢搭设，工字钢端头两侧分别与 $\Phi32$，$L=300\text{cm}$，外露 50cm 的插筋焊接牢固，工字钢相交部位焊接牢固；在工字钢上先铺 $\Phi20@20\text{cm}\times20\text{cm}$ 的钢筋网，钢筋网上面再满铺 5cm 厚木板，木板之间采用铅丝绑扎固定；施工平台外侧，采用 $\Phi48\times3.5$ 架管搭成围栏进行防护，架管间距为 40cm，高度为 1.2m。出线竖井提升系统及井口施工平台布置示意见图 5.5.2-1。

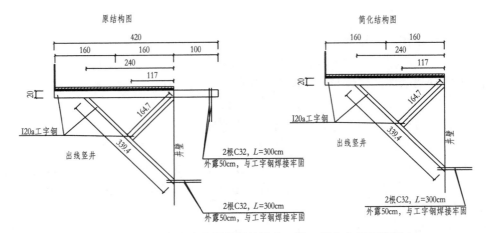

图 5.5.2－1 出线竖井提升系统及井口施工平台布置示意图

先对施工平台结构进行力学简化，将水平Ⅰ20a工字钢端头的2根Φ32插筋、短斜撑Ⅰ20a工字钢与水平Ⅰ20a工字钢的焊接作为安全储备，不参与计算。假设整个平台完全由长斜撑底部端头进行承重，长斜撑的底部端头与两侧并排的Φ32插筋焊接牢固。剪应力、拉应力、挠度三个方面的力学安全系数满足安全要求，方能确保简化后的施工平台满足安全要求。

按照第二次正扩时4名钻工同时站在施工平台，则有 $m_1=100\text{kg}\times4=400\text{kg}$；40cm间距布置的1.2m高Φ48×3.5架管，每根斜撑承担4根，则有 $m_2=3.8\text{kg/m}\times1.2\text{m/}$根×4根=18.24kg。故有集中荷载 $P_1=(400\text{kg}+18.24\text{kg})\times10\text{m/s}^2\approx4200\text{N}$。

5cm厚木板，取木板重度为 5kN/m^3，则有木板荷载 $q_1=5\text{kN/m}^3\times5\text{cm}\times1.5\text{m}=375\text{N/m}$。

Φ20@20cm×20cm的钢筋网 $m_3=2.47\text{kg/m}\times(16\times9\text{m}+46\times3.2\text{m})=719.3\text{kg}$，则每根斜撑上承担的钢筋网荷载 $q_2=719.3\text{kg}\div6\div3.2\times10\text{m/s}^2\approx375\text{N/m}$。

水平Ⅰ20a工字钢支撑，查表有每延米重 27.929kg/m，则有水平Ⅰ20a荷载 $q_3=27.929\text{kg/m}\times10\text{m/s}^2\approx280\text{N/m}$。

斜撑Ⅰ20a工字钢支撑，查表有每延米重 27.929kg/m，则有斜撑Ⅰ20a荷载 $q_4=27.929\text{kg/m}\div\cos45°\times10\text{m/s}^2\approx395\text{N/m}$。

（1）剪应力。

最大剪力 $F=1.4\times4200\text{N}+1.2\times(375\text{N/m}\times3.2\text{m}+375\text{N/m}\times3.2\text{m}+280\text{N/m}\times3.2\text{m}+395\text{N/m}\times1.2\text{m}+395\text{N/m}\times2.4\text{m})=11542\text{N}$

查表有Ⅰ20a截面面积为 28.83cm^2，故底部端头的剪应力为

$$\tau=11542\text{N}/28.83\text{cm}^2=4\text{N/mm}^2<[\tau]=200\text{N/mm}^2$$

因此，剪应力满足强度要求。

（2）拉应力。

最大弯矩为

$M=1.4\times4200\text{N}\times3.2\text{m}+1.2\times0.5\times(375\text{N/m}+375\text{N/m}+280\text{N/m})\times3.2\text{m}\times3.2\text{m}+1.2\times0.5\times395\text{N/m}\times1.2\text{m}\times1.2\text{m}+1.2\times0.5\times395\text{N/m}\times2.4\text{m}\times2.4\text{m}=13440+$

5273.6+284.4+1137.6＝26851N・m

查表有Ⅰ20a截面模量 W_x＝178cm³，故底部端头的拉应力为

$$\sigma＝26851N・m/178cm³＝150.8N/mm²＜[\sigma]＝200N/mm²。$$

故拉应力满足强度要求。

（3）挠度。

查表有Ⅰ20a 惯性矩 I_x＝1780.4cm³，故施工平台顶部端头的最大挠度为 y_B＝26851N・m×3.2m×3.2m/（2×200GPa×1780.4cm³）＝0.39mm＜[y]＝3.2m/400＝0.8mm

因此，挠度满足刚度要求。

10）爬梯

出线竖井爬梯设置在施工平台的左侧，爬梯开口尺寸为 80cm×80cm。爬梯主要由 Φ25 和 Φ20 两种钢筋相互焊接构成，爬梯宽为 60cm，跨步筋间距 30cm，爬梯外侧护栏宽度 60cm，间距 60cm，中间使用 Φ25 螺纹钢筋焊接连接；爬梯每间隔 15m 竖向左右错开并每隔 15m 设置一个 150cm×60cm 的休息平台，休息平台外围设置防护栏杆，休息平台上部用 Φ25 钢筋斜拉与边墙外露系统锚杆焊接，下部用 Φ48 架管斜撑与边墙系统锚杆外露端连接牢固，爬梯的焊接必须满足相关规范的要求，确保焊接牢固，必须经过相关单位验收后才能使用。

11）卷扬机安装

安装前，采用全站仪准确放样出卷扬机基础位置，基础下设 Φ25，L＝3.0m 插筋 4 根，基础采用 Φ25 混凝土浇筑。安装时，采用 ZL50G 装载机将 5t 卷扬机组装部件挑至指定部位并按照要求组装卷扬机并调整卷扬机角度。调整结束后，在基础上固定卷扬机并拉地锚固定。

卷扬机就位准确后，进行卷扬机的加固。加固采用在卷扬机槽钢底座周围与基础插筋焊接固定。

（1）辅助设备安装。

辅助设备包括定滑轮、钢丝绳。

定滑轮：定滑轮安设时其轴心应于卷扬机轴心安装在一条直线上，准确调整好滑轮位置后将其滑轮的底座焊接在插筋上即可。

钢丝绳：钢丝绳从卷扬机出来后经定滑轮顺延至出线竖井穹顶顶部定滑轮，后经穹顶顶部定滑轮通过绳卡与吊笼挂在一起。

（2）卷扬机安全装置安装。

待卷扬机及其辅助设备安装完成后，安装卷扬机安全装置。安全装置一般包括荷载限制器、行程限制器等。卷扬式的容许超载值一般定为不得大于额定起重容量的 10%。因此，在实际负荷达到额定起重量的 110% 时，荷载限制器应自动切断电源，使电动机停止转动。上、下行程限位一般采用行程开关控制器，当卷扬机起吊或下降超过规定时，行程开关制器会自动切断电源，使电动机停止转动。

5.5.2.5   竖井井身段开挖

出线竖井按照"二排炮、一支护"（即放二炮、支护一炮、预留一炮石渣）的方法

进行竖井扩挖施工，若岩层条件较差必须采用"一排炮、一支护"。炮孔采用人工持YT-28型手风钻钻设，钻孔方向与出线竖井中心线平行，开挖循环钻孔深度为2m，爆破采用光面爆破形式，爆破后采用人工进行扒渣、清面，石渣通过导井溜至竖井底部下平洞内，采用ZL50装载机装25t自卸车运至指定弃渣场。

在竖井将要贯通时，为了保证井内施工安全，预留几排炮爆破石渣在井底平洞内，并堆渣至下井口约2m高程，在开挖至最后4m采取一次性爆破，将竖井与出线下平洞贯通，平洞以下电梯基坑部分采用挖掘机直接挖出。

5.5.2.6 施工方法

（1）测量放线：控制测量采用全站仪做导线控制网，施工测量采用激光指向仪进行控制。同时在井口布置三个中线垂球用于互相验证。测量作业由专业人员每次钻孔前均用红油漆在掌子面上标示各孔位置，另外每班还进行一次测量检查，确保测量工序质量。

（2）钻孔作业：严格按照设计进行钻孔作业，各钻工分区、定位施钻，实行严格的钻工作业质量经济责任制。每排炮由值班技术员按爆破图的要求进行检查。周边孔间距偏差不得大于5cm，爆破孔间距偏差不得大于10cm。扒渣结束之后，必须采用导井防护盘进行导井封闭。

（3）装药爆破：炮工按钻爆设计参数认真进行作业，炸药选用岩石乳化炸药。崩落孔药卷ϕ32mm，连续装药，周边孔选用ϕ25mm药卷，间隔装药。装药完成后，由技术员和专业炮工分区分片检查，联结爆破网络，清退工作设备、材料至安全区域后进行引爆。

（4）通风散烟：爆破后采用高压风辅助自然风进行通风，爆破渣堆进行人工洒水除尘。

（5）扒渣：扒渣采用人工，扒渣人员下井必须系好安全带和安全母绳，扒渣时安排专人安全监护。

（6）安全处理：爆破后由安全员和值班班长处理井壁安全，出渣后再次进行安全检查及支护，为下一循环钻孔作业做好准备。

5.5.2.7 出线竖井不良地段及特殊部位开挖

1）施工原则

在不良工程地质地段中开挖竖井时，必须遵守下列原则：

（1）调查地质条件，做好地质预报。

（2）减少对围岩的扰动，采取短钻孔、弱爆破、多循环。

（3）掌握不良工程地质问题的性质，及时采取有效的支护。

（4）加强监测，勤检查、勤巡视，并且及时分析监测成果和检查情况。

2）安全支护

在不良地质段开挖过程中，除按照施工图纸进行支护外，还应根据围岩特性对局部不稳定部位增设安全随机锚杆，根据监理及设计的要求增设随机支护。

3）竖井特殊部位施工

（1）竖井井口 20m 范围内开挖，施工采取如下施工步骤：测量放出竖井轮廓线→井口锁扣锚杆→全断面每下挖一炮→井口周围及穿顶围岩扰动情况观测→井口松动岩石及飞落渣块清理→井下扒渣→系统支护→下一循环。由于该段竖井提升系统未形成，所以上下人员采用爬梯。

（2）排水廊道与竖井相交处开挖施工：排水廊道段开挖时要严格测量，采取先探后挖的方法施工，防止排水廊道施工已经超出结构线。

（3）竖井距贯通 10m 段施工：在竖井与出线下平洞即将贯通时提前做好测量工作，随时掌握贯通距离。在与出线下平洞贯通还有 10m 时采用"短进短支"的方式施工，即每排炮爆破深度控制在 1.5m 以内，每次爆破后都要测量出实际贯通距离。保证做到预留 4m 左右岩柱的同时导井下部的集渣堆满竖井底部约 2m 位置，最后 4m 段一次爆破贯通。贯通后控制好出渣速度，利用吊盘坐落在渣堆上进行支护。

5.5.2.8　导井堵井应急处理措施

首先施工时严格按防堵井措施施工，避免堵井。当发现堵井或疑似堵井时要立即停止溜渣，待查明情况或处理后方可继续施工。处理堵井贵在早发现，导井堵井表现有：上面溜渣而井下警戒人员没有发现石渣下落井底，溜渣时井筒内突然不通风或有导井反风现象等。当发现以上情况时要立即停止溜渣。发生堵井时首先要查清楚堵井原因，若是因为井下堆渣导致下口堵井一般出完堆渣后可自行通透，或者从导井自上而下用较大渣块自由坠落冲击进行通透，采用此方法时严禁丢过多渣块。若是在导井中间堵井，首先要测量出堵井点距井口距离及堵井段长度，堵井段长度较短时可用清水冲洗细小石渣进行通透或从堵井处上部进行爆破震动通透。堵井段较长时（10m 以上）宜采用在堵井处下部多次爆破震动进行通透，或者采用导井灌水后在堵井处上部与下部同时进行爆破通透，采用此方法时要根据灌水量推算出导井通透后可能造成的泥石流毁坏程度而进行提前预防。

5.6　尾水洞开挖

5.6.1　尾水连接管开挖

尾水连接管布置于机组尾水管与尾水调压室之间，4 条尾水连接管平行布置，起点高程为 1948.73m，终点高程为 1951m。长度均为 77.83m，最大纵坡 $i=4.965\%$，尾水连接管标准段断面为 14.4m×17.4m（宽×高），末端 16m 长为渐变段，断面从 16m×19m（宽×高）渐变到 16m×20m（宽×高），终点与尾水调压室相接。接尾水调压室端开挖底板高程 1951m。

尾水连接管分三层进行开挖，第Ⅰ层开挖高度为 9m。第Ⅰ层根据断面宽度分为中导洞及两侧边墙扩挖，中导洞开挖尺寸为 8m×9m（宽×高），边墙扩挖宽度 3.2m（4m）。开挖时中导洞先行，边墙开挖掌子面滞后中导洞开挖掌子面不少于 30m，品字形推进开挖；第Ⅱ层开挖高度为 5.9m（7.5～8m），第Ⅱ层开挖总体方案为边墙预裂，中部梯段爆破开挖施工,永久边墙部位预裂爆破开挖采用100Y潜孔钻机垂直钻孔一次成型爆破,钻孔时搭设造孔定位样架,确保边墙开挖成型质量;第Ⅲ层开挖高度为2.5m保护层开挖,采用手风钻平推开挖。

尾水连接管第Ⅰ层开挖从尾水1♯、2♯隧洞上游侧通过尾水岔管分别向前掘进,最终进入4条尾水连接管。尾水连接管第Ⅰ层开挖采用跳洞间隔开挖,先开挖4♯、2♯,再开挖3♯、1♯,开挖主要采用手风钻钻孔,光面爆破施工工艺,单头掘进;第Ⅱ、Ⅲ层开挖通过尾水2♯施工支洞作为施工通道向上、下游侧开挖,开挖爆破后采用利用3m³侧翻式装载机装渣、25t自卸汽车运输出渣,开挖爆破出渣后采用反铲进行掌子面的排险及清理。根据围岩地质情况支护及时跟进,以确保现场施工安全。尾水连接管开挖分区示意见图5.6.1-1。

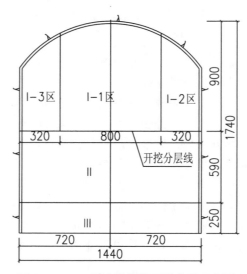

图5.6.1-1 尾水连接管开挖分区示意图

5.6.2 尾水洞开挖

尾水调压室后设1♯、2♯尾水隧洞,1♯尾水隧洞长669.049m,最大纵坡i=6.1693%;2♯尾水隧洞长518.435m,最大纵坡i=10.6198%。接尾调室端开挖底板高程1952m,出口高程1972.69m。根据开挖段落不同共计分为A、B、C三种开挖断面。其中,A型开挖断面17m×18.5m(宽×高),B型开挖断面17.4m×18.9m(宽×高),C型开挖断面18.6m×20.1m(宽×高)。

尾水洞拟分三层进行开挖,其中第Ⅰ层开挖高度为9m。第Ⅰ层根据断面宽度分为中导洞及两侧边墙扩挖,中导洞开挖尺寸为10m×9m(宽×高),边墙扩挖宽度3.5m(3.7m、4.3m)。开挖时中导洞先行,边墙开挖掌子面滞后中导洞开挖掌子面不少于30m,品字形推进开挖。尾水洞开挖分区示意见图5.6.2-1。

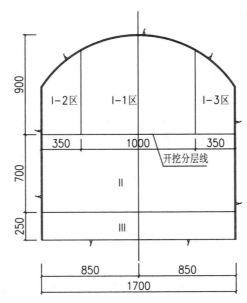

图 5.6.2-1　尾水洞开挖分区示意图

5.6.2.1　尾水洞第Ⅰ层开挖施工

（1）尾水洞第Ⅰ层开挖时以尾水 1# 施工支洞为分界线先向上游侧即尾水调压室方向进行掘进，待上游侧开挖完成后再向尾水出口方向掘进。开挖主要采用手风钻钻孔，光面爆破施工工艺，单头掘进，开挖爆破后采用 3m³ 侧翻式装载机装渣，25t 自卸汽车运输出渣，开挖爆破出渣后采用反铲进行掌子面的排险及清理。根据围岩地质情况支护及时跟进，以确保现场施工安全。

（2）钻爆采用工字钢自制钻爆台车作为操作平台，利用手风钻钻孔，周边孔炸药采用 Φ25 乳化炸药，主爆破孔采用 Φ32 乳化炸药，毫秒微差起爆，楔形掏槽，周边光面爆破方式，中导洞Ⅱ、Ⅲ类围岩循环进尺 3.6~4.0m，Ⅳ类围岩设计进尺 2.7~3.0m，边墙扩挖进尺 3.6~4.0m。

（3）施工工艺流程：测量放样→钻孔→装药、联线、起爆→通风散烟→排险→出渣→清底。

5.6.2.2　尾水洞第Ⅱ、Ⅲ层开挖施工

尾水洞第Ⅱ层开挖标准断面宽度为 17m，标准开挖高度 7m，开挖时以尾水 3# 施工支洞为施工通道向上下游侧两个方向进行开挖。开挖时分左右半幅开挖，左半幅开挖宽度 10m，右半幅开挖宽度 7m。尾水洞第Ⅱ层开挖滞后尾水洞第Ⅰ层开挖 150m 左右，尾水洞第Ⅱ层左右半幅相差 50m 交替前进开挖。开挖采用边墙预裂中部梯段爆破的开挖形式。边墙采用 100Y 钻机钻孔（孔径 76mm），中部采用 D9 液压钻机钻孔（孔径 90mm）。

尾水洞第Ⅲ层开挖标准断面为 17m，开挖高度 2.5m，开挖时以尾水 3# 施工支洞作为施工通道向上下游两侧进行开挖。开挖采用全断面推进，YT-28 手风钻钻孔，采用光面爆破施工工艺。

尾水洞第Ⅱ、Ⅲ层开挖爆破后利用 3m³ 侧翻式装载机装渣，25t 自卸汽车运输出

渣，开挖爆破出渣后采用反铲进行排险及清理，开挖完成后，根据围岩地质情况支护及时跟进，以确保现场施工安全。

1）开挖进尺

尾水洞第Ⅱ层预裂孔炸药采用 Φ32 乳化炸药，主爆孔炸药采用 Φ70 乳化炸药，毫秒微差起爆，循环进尺 10.8～12m。

尾水洞第Ⅲ层开挖采用手风钻钻孔，光爆孔炸药采用 Φ25 乳化炸药，主爆孔炸药采用 Φ32 乳化炸药，底板孔炸药采用 Φ25 乳化炸药，毫秒微差起爆，循环进尺 3.6～4m。

2）开挖施工工艺流程

尾水洞Ⅱ层边墙预裂爆破：测量放线→样架搭设→钻机就位→钻孔→装药联线起爆→进入下一循环。

尾水洞Ⅱ层中部梯段爆破开挖：测量放线→主爆孔钻孔→主爆孔起爆→通风散烟→出渣排险→进入下一循环。

尾水洞Ⅲ层：测量放样→钻孔→装药、联线、起爆→通风散烟→排险→出渣→清底。

5.6.3 尾闸室开挖

尾水闸门室采用地下竖井式。尾水洞检修闸门室通长布置，长 85m，高 65m，上部开挖宽度 10m，下部开挖宽度 8m。

尾水闸门室分 6 层进行开挖，第Ⅰ层开挖高度 8.3m 采用全断面光面爆破方法开挖，第Ⅱ层为岩锚梁层开挖高度 6m 采用中部拉槽梯段爆破，岩台采用双面光面爆破施工方法，第Ⅲ～Ⅵ层采用梯段爆破方式进行开挖，单层最大开挖高度 24.9m，其中第Ⅵ层开挖与尾水洞配合同步进行。

1）尾闸室第Ⅰ层开挖

尾水洞检修闸门室第Ⅰ层开挖支护施工由尾水检修闸门室施工支洞进入进行开挖支护施工，第Ⅰ层开挖高度为 8.3m（高程 2033.5～2025.2m），由于尾水洞检修闸门室上部宽度仅为 10m，尾水洞检修闸门室采用一次全断面开挖。

尾水洞检修闸门室第Ⅰ层开挖采用 YT28 手风钻钻孔，自制 1 台钻爆台车为施工平台，开挖设计轮廓线采用光面爆破，液压反铲进行危石清理，开挖石渣采用侧卸装载机配合 25t 自卸汽车出渣。第Ⅰ层开挖Ⅱ、Ⅲ类围岩循环进尺 2.5～3m，Ⅳ类围岩循环进尺控制在 2～2.5m。

2）尾闸室第Ⅱ层开挖（岩锚梁层开挖）

尾水检修闸门室第二层为岩锚梁层，分层高度为 6m（高程 2025.2～2019.2m），开挖总长度 85m。岩锚梁以上开挖宽度 10m，岩锚梁以下开挖宽度 8m。岩锚梁上拐点高程为 2023.7m，下拐点高程为 2022.51m，岩台斜面与铅垂面的夹角为 40.0°，岩台开挖宽度为 1m。

综合考虑岩锚梁第Ⅱ层开挖、混凝土浇筑及岩锚梁锚杆施工，以及各种机械设备的使用效率等多种因素，尾水检修闸门室第Ⅱ层分层高度拟为 6m（高程 2025.2～2019.2m）。总体开挖方向由大桩号向小桩号进行推进。尾水检修闸门室岩锚梁层开挖分区示意见图 5.6.3-1，其开挖程序及方法与主厂房岩锚梁类似。

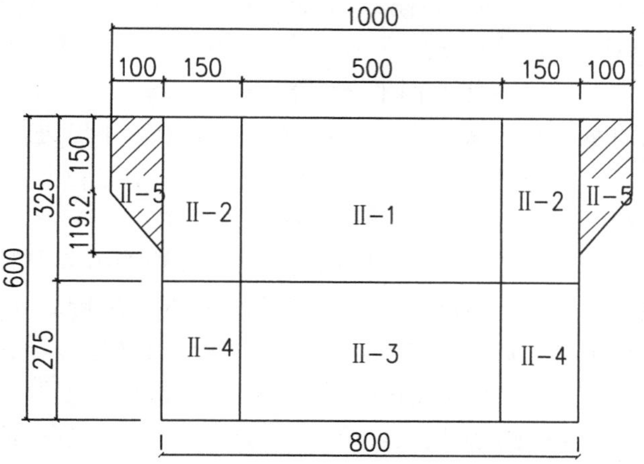

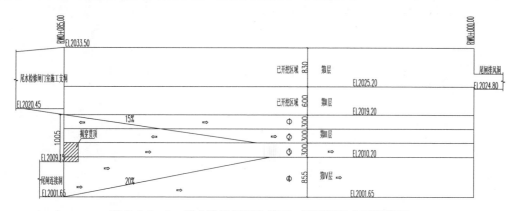

图 5.6.3-1　尾水检修闸门室岩锚梁层开挖分区示意图

3）尾闸室第Ⅲ~Ⅳ层开挖

第Ⅲ层开挖高度为 9m（高程 2019.2~2010.2m），第Ⅳ层开挖高度为 8.55m（高程 2010.2~2001.65m），开挖长度均为 85m，开挖宽度均为 8m。

尾水洞检修闸门室第Ⅲ层总开挖高度 9m，拟分 3 小层进行开挖，单层开挖高度 3m。根据施工总体规划及《水利水电岩壁梁施工规程》，岩壁梁锚杆施工前完成第Ⅲ-1 层结构预裂，岩壁梁混凝土达到设计强度后进行第Ⅲ层剩余部分开挖施工。尾水洞检修闸门室第Ⅳ层开挖高度 8.55m。开挖时总体开挖方向由大桩号向小桩号进行推进，待第Ⅲ-2 层开挖完成后在（RW）0+085m 端墙处设置 3m 宽溜渣井直接与尾闸连接洞顶拱贯通进行剩余部分开挖出渣。第Ⅲ-1 层采用边墙预裂中部梯段爆破的方式进行开挖，第Ⅲ-2、第Ⅲ-3 及第Ⅳ层采用水平光面爆破的方式进行开挖，钻孔采用手风钻钻孔，开挖爆破后利用 3m³ 侧翻式装载机或挖机装渣，25t 自卸汽车运输出渣，开挖爆破出渣后采用反铲进行掌子面的排险及清理。根据围岩地质情况支护及时跟进，以确保现场施工安全。尾水检修闸门室第Ⅲ~Ⅳ层开挖分区示意见图 5.6.3-2。

图 5.6.3-2　尾水检修闸门室第Ⅲ~Ⅳ层开挖分区示意图

4）尾闸室第Ⅴ～Ⅵ层开挖

第Ⅴ层开挖高度为 10.25m（高程 2001.65～1991.4m），开挖宽度 6.4m，开挖长度 68m；第Ⅵ层开挖高度为 24.9m（高程 1991.4～1966.50m），开挖宽度 6.4m，单洞开挖长度 21m，其中与 1#、2#尾水洞平交处第Ⅰ层（高 9m）前期已经开挖完成。

尾水洞检修闸门室第Ⅴ层总开挖高度 10.25m，拟分 3 小层进行开挖，单层开挖高度为 3.25～3.5m。第Ⅵ层开挖总高度 24.9m，拟分 8 小层进行开挖，单层开挖高度为 3m 左右。尾水检修闸门室第Ⅴ～Ⅵ层开挖分区示意见图 5.6.3－3。第Ⅴ层总体开挖方向为大桩号向小桩号进行推进，采用手风钻竖直钻孔，边墙预裂中部梯段爆破的方式进行，单次预裂长度 12m，梯段爆破长度 6m。第Ⅵ开挖时先进行 $\phi2m$ 导孔施工，将尾闸室与尾水洞顶拱进行贯通，贯通后将第Ⅵ层中④～⑥层石渣通过导井溜渣至尾水洞第Ⅰ层形成施工平台，第⑦～⑪层两侧保护层开挖采用手风钻竖直钻孔开挖，单次开挖高度 3m，开挖石渣根据开挖进展随层挖运，第Ⅵ层与尾水洞相交段落参考尾水洞开挖措施跟随尾水洞开挖同步进行。第Ⅴ、Ⅵ层开挖爆破后利用挖机或 3m³ 侧翻式装载机装渣，25t 自卸汽车运输出渣，开挖爆破出渣后采用反铲进行掌子面的排险及清理。根据围岩地质情况支护及时跟进，以确保现场施工安全。

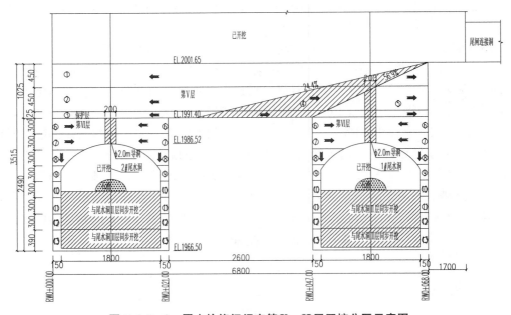

图 5.6.3－3　尾水检修闸门室第Ⅴ～Ⅵ层开挖分区示意图

6 支护施工技术

6.1 支护施工程序

地下洞室的支护分为随机支护和系统支护。对于开挖掌子面中不稳定块体、不利结构面、局部破碎区域应及时进行随机锚喷支护，并在随机支护的基础上，系统支护及时跟进。对于Ⅳ、Ⅴ类围岩，随机支护和系统支护均需紧跟掌子面，根据开挖揭露的地质情况，必要时可采取超前支护等措施。

6.2 挂网及喷混凝土

1）施工工艺流程

施工准备→岩面清洗→岩面验收→挂钢筋网→拌和运输→分层喷射→复喷至设计厚度。

2）施工方法

喷混凝土施工采用高压风水联合清洗岩面，搅拌运输车从洞外拌和楼运料至工作面供料，利用混凝土喷浆台车作业，根据不同部位的设计厚度，一般分二至四层施喷，第Ⅰ层一般喷 3~5cm，第Ⅱ、Ⅲ层喷至设计厚度，第Ⅳ层作为复喷。

3）喷混凝土原材料

（1）水泥：喷混凝土所用水泥应采用强度等级不低于 P.O42.5 的普通硅酸盐水泥。当有防腐或特殊要求时，经监理工程师批准，可采用特种水泥。

（2）喷混凝土骨料：细骨料应采用坚硬耐久的粗、中砂，细度模数宜大于 2.5，采用干拌法喷射时，骨料的含水率应保持恒定并不大于 6%；粗骨料应采用耐久的卵石或碎石，粒径不应大于 12mm。喷射混凝土的骨料级配，应满足设计相关的规定。回弹的骨料不能重复使用。

（3）水：必须满足现行《水工混凝土施工规范》（DL/T 5144—2015）有关条款的规定，且不影响速凝效果。

（4）外加剂。

①喷射混凝土施工中可加入速凝剂、减水剂等外加剂，选用的外加剂及其掺量应经

试验确定并经监理工程师批准。

②喷射混凝土速凝剂在使用前，应做水泥净浆凝结效果试验，初凝时间不应超过3min，终凝时间不应超过12min。

③加速凝剂的喷射混凝土试件，28d强度不应低于不加速凝剂强度的90％。

④速凝剂应当妥善保管，如发现受潮结块、包装损失等，应经过试验确认后方可使用，变质和型号不清的速凝剂不允许使用。

⑤速凝剂应均匀地在喷射作业前加入，不得过早加入或加入后堆存。

（5）钢筋网：应采用强度标准值不低于300MPa的光面钢筋网，钢筋的强度标准值应具有不小于95％的保证率。

（6）所有材料的质量及技术性能指标均应符合国家有关规程规范的要求。

4）喷混凝土施工准备

混凝土喷射前对开挖面认真检查，清除松动危石和坡脚堆积物，欠挖过多的先行局部处理。喷射前加密收方断面，并在坑洼处埋设厚度标志，以作为计量依据。检查运转和调试好各机械设备工作状态。

5）拌和及运输

（1）称量允许偏差：拌制混合料的称量允许偏差应符合下列规定：水泥和外加剂±2％；砂和石料±3％。

（2）搅拌时间。

混合料搅拌时间应遵守下列规定：

①采用容量小于400L的强制式搅拌机拌料时，搅拌时间不得少于1min。

②采用自落式搅拌机拌料时，搅拌时间不得少于2min。

③混合料掺有外加剂时，搅拌时间应适当延长。

④速凝剂在成品喷射混凝土运至工作面后，二次搅拌时加入。

（3）运输：喷混凝土的各种用料在运输、存放过程中，应严防雨淋、滴水及大块石等杂物混入。拌和后的待喷料装入喷射机前应过筛。

6）钢筋网布设

在指定部位进行喷射混凝土前布设钢筋网，钢筋网采用强度标准值为300MPa的光面钢筋，按图纸要求进行现场编网，其直径和间距应符合设计要求。钢筋网宜在岩面喷射一层混凝土后铺设，钢筋网与壁面间隙宜为30~50mm，喷射时钢筋不得晃动。喷射混凝土必须填满钢筋与岩面之间的空隙，并与钢筋黏结良好。若发现脱落的喷层或大量回弹物被钢筋网"架住"，必须及时清除，不得包裹在喷层内。钢筋网应与锚杆或锚杆垫板焊固，网格应绑扎牢固，牢固程度以喷射混凝土时不产生颤动为原则。如果系统锚杆过稀，可增加短锚杆（锚入岩石深度0.5m）来固定。在进行喷射混凝土作业前，需邀请监理工程师对挂网质量进行检查验收，验收通过后方可进行喷射混凝土作业。开始喷射时，应减少喷头至喷面之间的距离，喷头不得正对钢筋，并调节喷射角度，使钢筋网阴面也能填满混凝土。

7）喷射要点

喷射混凝土沿一定方向分区、分块、分薄层均匀施喷，边墙应自下而上施工，以避免回弹料覆盖未喷面。喷头距施喷面 0.6~1m，喷射推进有序，尽量减少回弹。

8）养护、检测

喷射混凝土终凝 2 小时后，喷水养护，养护时间一般部位为 7d，重要部位为 14d。

9）质量检查

（1）抗压强度检查：喷射混凝土抗压强度检查采用在喷射混凝土作业时喷大板取样的方法进行，当有特殊要求时，可用现场取芯的方法进行。取样数量为每喷射 100m³（含不足 100m³ 的单项工程）至少取样两组，每组试样为三块。

（2）厚度检查：检查方法可采用针探、钻孔等方法进行检查。检查断面间距为 50~100m，且每单元不得少于一个，每个断面的测点不少于 5 个。实测喷层厚度达到设计尺寸的合格率应不低于 60%，且平均值不低于设计尺寸，未合格测点的最小厚度不小于设计厚度的 1/2，绝对厚度不低于 50mm。

（3）无漏喷、脱空现象；无仍在拓展中或危及使用功能的贯穿性裂缝；在结构接缝等部位喷层应有良好的结合。

（4）喷射混凝土中无鼓皮、剥落、强度偏低或其他缺陷。

6.3 锚杆及锚筋束（含预应力锚杆）

6.3.1 锚杆施工

6.3.1.1 施工工艺流程

（1）先注浆后安装锚杆施工工艺见图 6.3.1-1。

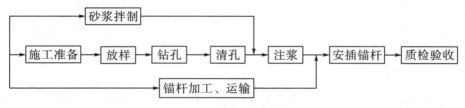

图 6.3.1-1 先注浆后安装锚杆施工工艺

（2）先安装锚杆后注浆施工工艺见图 6.3.1-2。

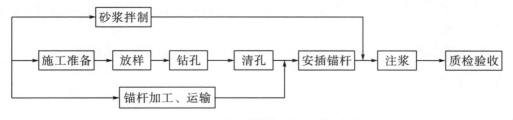

图 6.3.1-2 先安装锚杆后注浆施工工艺

6.3.1.2 施工方法

1) 测量放线、锚孔定位

基面验收合格后，按照设计图纸要求放好锚杆孔位、角度，并用红油漆分类做好标记，钻孔时严格控制开钻角度，按照设计图纸进行施工，严格控制质量。

2) 钻孔、吹洗孔

锚杆钻孔采用手风钻或多臂凿岩台车钻孔，按设计要求施工，保证孔深。钻孔孔位偏差不大于100mm，孔深偏差不大于50mm。锚杆孔的孔轴向应满足监理批准的施工图纸要求，孔斜误差不得大于孔深的5%，施工图纸未作规定时，其系统锚杆的孔轴方向一般应垂直于开挖轮廓线或主要裂隙面，局部加固锚杆的孔轴方向应与可能滑动面的倾向相反，并穿过构造面，其与滑动面的交角应大于45°，随机锚杆布置与施工应有针对性。采用"先注浆后插杆"的程序施工，钻头直径应大于锚杆直径15mm以上。

3) 锚杆安插及注浆

边墙砂浆锚杆外露长度与钢筋网焊接牢固。锚杆施工采用"先注浆，后插杆"的施工工艺。

锚杆施工时，砂浆按试验室提供的配比拌制，注浆时将注浆管插至孔底，然后回抽5~10cm，在灌浆压力下慢慢将注浆管拔出，保证注浆饱满。注浆后立即安插锚杆，并将孔口用水泥纸堵塞防止浆液倒流，然后打入木楔子固定锚杆。

4) 锚杆质量检测

砂浆密实度检测：按作业分区100根为1组（不足100根按1组计），由监理人根据现场实际情况随机指定抽查，抽查比例不得低于锚杆总数的3%（每组不少于3根）。锚杆注浆密实度最低不得低于75%。当抽查合格率大于80%时，认为抽查作业分区锚杆合格，对于检测到的不合格的锚杆应重新布设；当合格率小于80%时，将抽查比例增大至6%，如合格率仍小于80%时，应全部检测，并对不合格的进行重新布设，锚杆长度检查应采用声波物探仪，对锚杆长度进行无损检测，抽检数量每作业区不小于3%，杆体孔内长度大于设计长度的95%为合格。

6.3.1.3 施工控制要点

（1）锚杆加工时在锚杆的端部增设定位支架或定位锥，确保锚杆安装时处于锚杆孔的中央。

（2）注浆时，注浆管应插至距孔底50~100mm，随砂浆的注入缓慢匀速拔出。

（3）砂浆应拌和均匀，随拌随用，一次拌和的砂浆应在1h内用完，超过时间的砂浆应予以废弃。

（4）注浆完毕后，在浆液终凝前不得敲击、碰撞或施加任何其他荷载。

6.3.2 锚筋束施工

6.3.2.1 施工准备

锚筋束造孔前，先对洞室进行安全处理，及时清除松动石块和碎石，避免在施工过程中坠落伤人。同时准备施工材料和钻孔、注浆机具设备，敷设通风和供水管路。锚筋束施工根据现场情况需要搭设脚手架。脚手架分层高度一般不超过 2m，并铺设马道板；马道板两端用铅丝绑扎牢固，形成钻孔和灌注施工平台。

6.3.2.2 工艺流程

锚筋束施工工艺流程见图 6.3.2—1。

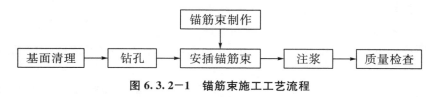

图 6.3.2—1 锚筋束施工工艺流程

6.3.2.3 钻孔及设备

（1）随机锚筋束孔深一般为 9～12m，孔径宜为 ϕ130mm，采用 QZJ—100B 进行造孔施工。

（2）随机锚筋束的开孔应按设计、地质工程师或监理工程师指示位置进行钻孔，随机锚筋束 3Φ28，外露 10cm，钻孔垂直于岩石面。

（3）孔斜不大于孔深的 2%，孔位偏差不大于 100mm，孔深须达到设计深度，偏差不超过 50mm。

6.3.2.4 安装与注浆

1）安装

（1）锚筋束采用先安装后注浆的施工工艺。

（2）钢筋束应每隔 2m 使用 Φ16，L＝10cm 长钢筋焊接牢固，并每隔 1m 使用一个 Φ8 钢筋环焊牢。对中支架每根锚筋束不少于 2 个，对中支架的尺寸按设计图纸制作。

（3）锚筋束安装采用"先安装后注浆"的施工工艺，注浆管应牢固地固定在锚筋束体上并保持畅通，随杆体一起插入孔内，锚筋束插入孔底并对中，注浆管插至距孔底 50～100mm。

2）注浆

（1）锚筋束采用 M30 水泥砂浆灌注。具体施工配合比按照试验室批准的配合比施工。

（2）注浆前，应将孔内的岩粉和水吹洗干净，并用水或稀水泥浆润滑管路。

（3）砂浆应拌制均匀并防止石块或其他杂物混入，随拌随用，初凝前必须使用完毕否则应废弃。

（4）注浆时，孔口溢出浓浆后缓慢将注浆管拔出。对于仰孔，需设置排气管，排气管应插至距孔底 30～50mm，注浆管布置于孔口，孔口设置封堵装置，注浆时，排气管排出浓浆后停止注浆，并闭浆至浆液初凝。

6.3.2.5 质量检查

锚筋束的质量检查与锚杆质量检查一致。

6.3.3 预应力锚杆施工

6.3.3.1 原材料

（1）锚杆采用Ⅲ级高强度的螺纹钢筋或精轧高强钢筋。端头锚垫板由钢垫板、螺母等组成，其材料符合水工建筑物钢材使用的要求。

（2）水泥采用 P.O42.5 级普通硅酸盐水泥。

（3）砂子采用最大粒径不大于 2.5mm、细度模数在 2.4~2.8 之间的中细砂，使用前应筛过。

（4）锚固药卷或散装锚固剂应有出厂检验合格证，并按照相关规范检验合格。

（5）预应力锚杆应采用端头锚固式，锚固应采用黏结式。

（6）预应力锚杆的杆体可采用热轧钢筋，也可采用冷轧螺纹钢筋，其质量应符合有关规定。

（7）在锚杆存放、运输和安装的过程中，应防止明显的弯曲、扭转、应保持杆体和各部件的完好，不得损伤杆体上的丝扣。

6.3.3.2 施工工艺流程

预应力锚杆施工工艺流程见图 6.3.3-1。

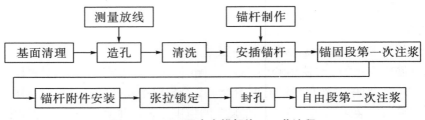

图 6.3.3-1 预应力锚杆施工工艺流程

6.3.3.3 钻孔

锚杆孔钻孔前，先对洞室岩面进行安全处理，及时清除松动石块和碎石，避免在施工过程中坠落伤人。同时准备施工材料和钻孔、注浆机具设备，敷设通风和供水管路。预应力锚杆施工根据现场情况一般使用三臂凿岩台车造孔，人工施工需搭设脚手架。

（1）造孔完毕检查孔深，孔深一般为 9~12m，偏差不超过 50mm。

（2）孔径：预应力锚杆均采用"先插杆后注浆"工艺。

（3）孔距为 3m，梅花形布置，孔轴方向为倾角下倾 15°，方位角垂直岩面。开孔孔位偏差小于 100mm，孔斜不大于孔深的 2%。

（4）预应力锚杆用于不稳定块体，随机布置，经现场监理工程师指认位置后进行钻孔施工，钻孔布置形式、孔向等参数经监理工程师确认后可根据现场实际情况随时调整。在布置预应力锚杆的位置，系统锚杆可取消。

6.3.3.4 锚杆制作与安装

1）锚杆杆体加工

（1）下料：根据锚杆设计长度、垫板、螺帽子厚度、外锚头长度以及张拉设备的工作长度等，确定适当的下料长度进行下料。

（2）下料完毕，根据设计图纸要求进行锚杆头丝扣加工。加工好的锚杆妥善堆放，并对锚杆体丝扣部位予以保护。

（3）根据设计图纸要求进行附件组装：每隔50cm设置对中隔离架；采用φ20mm聚乙烯管（聚乙烯管壁厚2~2.5mm，耐压强度为1.5MPa左右）作为注浆管、排气导管，注浆管随锚杆深入孔底并在止浆包内剖开截面的2/3长度约100mm，排气管深入锚固段且通过止浆包即可；在锚固段与张拉段连接处以上0~15cm处设置止浆包，止浆包长15cm。各部件与杆体结合牢靠，保证在杆体安装时不会脱落和损坏。

（4）组装完毕的预应力锚杆体，统一编号并分区堆放，妥善保管，不得破坏隔离架、注浆管、排气导管及其他附件，不得损伤杆体上的丝扣。

2）孔口找平、插杆

（1）预应力锚杆孔口按照设计图纸要求采用C30混凝土进行锚墩浇注，其具体结构及尺寸以设计图纸为准。

（2）锚杆放入锚孔前应清除钻孔内的石屑和岩粉，检查注浆管、排气导管是否畅通，止浆器是否完好，检查完毕将锚杆体缓缓插入孔内。

6.3.3.5 锚杆注浆

（1）第一次注浆时，必须保证锚固段长度内灌满，但浆液不得流入自由段，锚杆张拉锚固后，对自由段进行第二次灌浆。

（2）第二次灌浆在预应力锚杆张拉锚固后进行，采用封孔灌浆，用浆体灌满自由段顶部孔隙，灌浆压力为0.3~0.5MPa，闭浆压力为0.5MPa。

（3）灌浆结束标准：回浆比重不小于进浆比重，闭浆30min，且不再吸浆。

（4）灌浆后，浆体强度未达到设计要求前，预应力锚杆不得受到扰动。

（5）灌浆材料采用水灰比为0.45~0.5的纯水泥浆，也可采用灰砂比为1:1，水灰比为0.45~0.5的水泥砂浆；锚固段采用M35水泥净浆，张拉段为M25水泥砂浆。具体施工配合比按照试验室批准的配合比施工。

6.3.3.6 张拉与锁定

（1）张拉前，应对张拉设备进行率定并定期校验，率定结果报送监理人审批。张拉采用扭力扳手进行。

（2）预应力锚杆正式张拉前，先按设计张拉荷载的20%进行预张拉。预张拉进行1~2次，以保证各部位接触紧密。

（3）预应力锚杆正式张拉须分级加载，起始荷载宜为锚杆拉力设计值的30%，分级加载荷载分别为拉力设计值的0.5、0.75、1.0，超张拉荷载根据试验结果和实际图纸要求确定，一般为设计荷载的105%~110%。超张拉结束，根据设计要求的荷载进行锁定。

（4）张拉过程中，荷载每增加一级，均应稳压5~10min，记录位移读数。最后一级试验荷载应维持10min。张拉结束，将结果整理成表格报送监理人审批，作为质量检验、验收的一个依据。

（5）锚杆张拉锁定后的 48h 内，若发现预应力损失大于设计值的 10％时，需进行补偿张拉。

（6）张拉过程中保证锚杆轴向受力，必要时可在垫板和螺帽之间设置球面垫圈。

（7）对于间距较小的预应力锚杆群，应会同监理一起，确定合理的张拉分区、分序，并报监理人批准，以尽量减小锚杆张拉时的相互影响。

6.4 钢支撑

钢支撑主要用于地下洞室断层等不良地质洞段的开挖岩体加固及各洞室交叉口处破碎带等的加强支护。

6.4.1 施工工艺流程

钢支撑施工工艺流程见图 6.4.1－1。

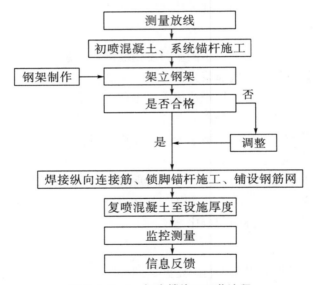

图 6.4.1－1 钢支撑施工工艺流程

6.4.2 测量放线

施工前先对开挖面进行测量放线，根据测量检查超欠挖情况，对欠挖 10cm 以内的，由架设钢架作业人员采用撬棍处理，同时对松动石块作撬挖处理。大于 10cm 的欠挖，由爆破作业人员进行爆破处理后，架设钢架人员检查岩石松动情况，清除松动岩石。

6.4.3 初喷混凝土及系统锚杆施工

欠挖处理结束后，先对开挖面进行初喷混凝土，并根据设计图纸施工系统锚杆，确保架设钢架时的施工安全。

6.4.4 制作与安装

1）钢拱架制作

根据不同的工字钢制作半径，制作不同规格的模具。工字钢钢架的制作精度靠模具控制，故对模具的制作精度要求较高。模具制作控制的主要技术指标主要有内外弧长、弦长及半径等。

模具制作采用实地放样的方法，先放出模具大样，然后用工字钢弯曲机弯出工字钢，并进行多次校对，直至工字钢的内外弧长度、弦长、半径完全符合设计要求，精确找出接头板所在位置。

所有钢拱架按设计规格在加工厂分段加工成型。工字钢弯曲过程中，必须由有经验的工人操作电机，进行统一指挥。工字钢经弯曲机后通过模具，并参照模具进行弧度检验，如弧度达不到要求，重新进行弯曲，直至合格。拱架所有接头均焊有一块连接板，连接板根据接头形式加工成型。

2）钢拱架安装

钢拱架经现场技术人员检查合格方可架设，架设钢拱架在架子台车上进行。运至现场的工字钢，由 1~2 名工人将工字钢搬运至架设地点，并将工字钢一端用绳子拴紧，工作平台上 3~4 名工人将工字钢提到工作平台上，施工人员根据钢架设计间距及技术交底记录找准定位点，先架设钢架底脚一节，架设底脚一节时，工作平台上先放下底脚一节，下边 2 名工人进行底脚调整，以埋设的参照点进行调整，使钢架准确定位，严格控制底部高程，底部有超欠挖地方必须处理，工字钢底脚必须垫实，以防围岩变形，引起工字钢下沉，工字钢架设的同时，用 Φ28 连接钢筋与上一榀工字钢进行连接。工字钢对称架设，架设完底脚一节后，进行拱顶一节的架设，架设拱顶一节时，先上好 M24 连接螺栓（不上紧），用临时支撑撑住工字钢，用 Φ28 连接钢筋与上一榀工字钢连接，再对称安装另一节拱顶工字钢，安装完成后检查拱顶、两拱脚与测量参照点引线的误差，再进行局部调整，最后拧紧螺栓。作业人员首先进行自检，检查合格后，通知值班技术人员进行检查。两排钢架每隔 120cm 内外缘交错设置 Φ28 连接筋，形成纵向连接，使其成为一体，拱脚高度不足时应设置钢板进行调整。

3）锁脚锚杆及拉筋安装

每榀钢架利用锁脚锚杆进行系统锁脚（腰）。安装时应将锚杆紧靠在钢拱架上，并采用 Φ28 拉筋将锚杆与钢架焊接牢固。

6.4.5 喷混凝土

钢架安装完成并经"三检"人员验收合格后方可进行喷混凝土，根据设计要求喷至设计厚度，安装钢架部位喷混凝土施工一般可分两次完成（即初喷和复喷），引水发电系统喷混凝土一般多采用湿喷法施工，喷射混凝土时沿一定方向分区、分块、分薄层均匀施喷，边墙应自下而上施工，避免回弹料覆盖未喷面。喷头距施喷面 0.6~1.0m，喷射推进进行有序，尽量减少回弹。

6.4.6 监控测量及信息反馈

对安装完成部位的拱架进行监控测量，确保无下沉、变形等问题，确保安全可靠。

6.5 超前支护

超前锚杆分为悬吊式超前锚杆及格栅拱架支撑超前锚杆，杨房沟工程结合现场实际情况，主要采用悬吊式超前锚杆。超前锚杆主要用于地层结构松散，围岩稳定性差，在施工中极易发生坍塌的部位，起到临时超前支护的作用。

超前锚杆是沿开挖轮廓线，以稍大的外插角，向开挖面前方安装锚杆，形成对前方围岩的预锚固，在提前形成的围岩锚固圈的保护下进行开挖、出碴等作业。超前锚杆一般采用多臂钻施工。

6.5.1 施工工艺流程

超前锚杆施工工艺流程见图 6.5.1－1。

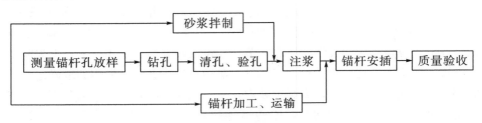

图 6.5.1－1 超前锚杆施工工艺流程

6.5.2 施工方法

（1）在爆破前，将超前锚杆打入掘进前方稳定岩层内，末端支撑在作为支护的结构锚杆上，使其起到支护掘进进尺范围内拱部上方，有效地约束围岩在爆破后的一定时间内不发生松弛坍塌，为开挖与系统锚喷支护创造有利条件。

（2）超前锚杆的倾角一般需用 6°～12°，锚杆间距根据设计要求放样布置，为确保安全一般采用双层支护，上下两层错开排列，锚杆长度可根据开挖循环次数等综合考虑。

6.5.3 质量控制要点

（1）锚杆孔径和深度严格按设计要求施工。

（2）锚杆应尽量早强，其外露长度不宜大于 10cm。

（3）锚杆材质的加工质量必须符合设计要求。

（4）锚杆注浆必须填充密实饱满。

（5）锚杆安装结束后 3h 内不得进行爆破作业。

6.6 预应力锚索

6.6.1 概况

（1）引水发电系统岩石预应力锚索一般主要分布在主副厂房、主变室、尾调室、尾水检修闸门室等部位。"四大洞室"系统锚索主要布置在上下游边墙，随机锚索根据地质情况布置。

（2）杨房沟地下洞群地应力不高，属中等应力区，但是由于上覆岩体较厚，开挖工程中局部出现轻微岩爆，厂区几大洞室，围岩以Ⅱ类、Ⅲ类为主，但是受断层等影响，以及和优势节理构成不利组合或楔形体，局部围岩稳定和安全问题突出。

（3）根据设计图纸，预应力锚索为无黏结型，锚索吨位有 2000kN 级、1500kN 级、1000kN 级。

6.6.2 锚索施工工艺流程

锚索施工工艺流程见图 6.6.2-1。

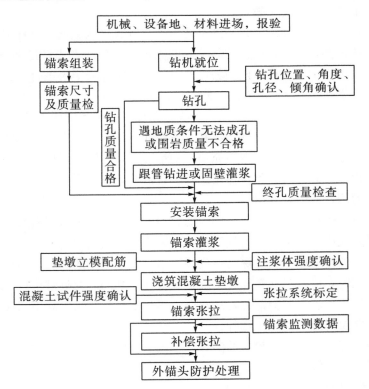

图 6.6.2-1 锚索施工工艺流程

6.6.3 锚索施工设备选型及材料报验

（1）根据锚索施工经验，锚索施工主要钻孔设备采用 Atlas A66CBT 型液压履带钻机和 YXZ-50A 型轻型锚固钻机。

（2）灌浆主要采用 3SNS 高压灌浆泵，记录仪主要采用 JT-Ⅳ 型多通道灌浆自动记录仪，灌浆系统配置为纯压式灌浆系统。

（3）锚索所用常规材质应确保符合国家相关标准的有关规定，且出厂前应有出厂合格证书，并报送监理人，经监理人检查合格后方可使用。

6.6.4 钻孔施工

1）钻孔参数及工艺

（1）按设计图纸要求或监理人指定的位置进行钻孔。锚索孔钻孔的孔位采用全站仪结合钢卷尺测量定位，确保开孔偏差不大于 10cm。精确校准钻机开孔倾角和方位角后固定牢固，防止钻孔过程中移位。

（2）当地质条件较差，锚索开孔时需增设孔口管。

（3）预应力锚索钻孔孔径：2000kN 级 160mm、1500kN 级 150mm、1000kN 级 135mm。锚索钻孔过程中，采取孔口加水降尘措施，并根据地层的变化，随时调整钻孔参数和钻孔工艺，以提高工效。

（4）锚索孔采用风动冲击回转钻进工艺施工。较破碎地层钻孔过程中孔斜控制采用粗径钻杆加设扶正器，开孔应严格控制钻具的倾角及方位角，当钻进 20~30cm 后应校核角度，在钻孔过程中应进行分段测斜，及时纠偏，钻孔完毕再进行一次全孔测斜，保证孔斜偏差不大于孔深的 2%，方位角偏差不大于 3°。

（5）终孔孔深应大于设计孔深 40cm，终孔孔径不得小于设计孔径 10mm。

（6）钻孔完毕时，连续不断地用风和水轮换冲洗钻孔，冲洗干净的钻孔内不得残留废渣和积水。若存在岩溶和断层泥质充填带的情况下，为防止岩层遇水恶化，采用高压风吹净钻孔中粉尘。必要时，下设专用反吹装置清孔，以排净孔内积渣。终孔后下入通孔器进行孔道探测，并做好孔口保护。

（7）钻孔过程中做好锚固段始末两处的岩粉采集，并详细认真做好现场施工的各项原始记录，描述孔内岩层情况，特别注重对内锚固段的岩层情况的描述与判断，确保内锚固端处于稳定的基岩中。若孔深已达到预定施工图纸所示的深度，而仍处于破碎带或断层等软弱岩层时，应及时通知监理工程师和设计，共同研究处理措施，以确保锚固段位于稳定的岩层中。若在其他部位发现软弱岩层、出水、落钻等异常情况，也应随时做好采样记录，并及时报告监理工程师。

（8）如遇破碎带或渗水量较大的围岩，可根据规范对破碎段进行固壁灌浆，待强后扫孔继续钻进，直至终孔。

2）特殊情况处理

在钻孔过程中，如遇岩体破碎、岩溶洞穴、地下水渗漏严重或掉钻等难以钻进时，立即停止钻进，应改进钻孔工艺，采取跟管钻进或对岩体进行预固结灌浆等措施处理，以提高在破碎带内造孔孔壁的稳定性及钻孔工效。

(1) 预固结灌浆采用纯压式，采用全孔一段灌浆或分段灌浆，灌浆水泥采用P.O42.5普通硅酸盐水泥，灌浆压力为无压，浆液比级为0.4∶1。

(2) 如果在灌浆过程中发现严重串孔、冒浆、漏浆不起压，应根据具体情况采取嵌缝、低压、浓浆、限流、限量、间歇灌浆、灌水泥砂浆等方法进行处理，若仍难以解决，应及时通知监理工程师、设计等共同研究处理。

(3) 扫孔作业宜在灌浆后1d进行（可添加速凝剂以减少待凝时间），扫孔不得破坏缝内充填的水泥结石；扫孔后应清洗干净，孔内不得残留废渣、岩芯。

(4) 灌浆采用灌浆自动记录仪计量。

6.6.5 锚索编束

(1) 采用1860MPa级高强度低松弛无黏结钢绞线，其直径、强度、延伸率均应满足设计、规范规定的要求。

(2) 2000kN级截取13根钢绞线，1500kN级截取10根钢绞线，1000kN级截取7根钢绞线。钢绞线采用切割机按施工图纸所示尺寸下料。端头锚索各级锚头钢绞线下料长度L为：钢绞线长度L=锚索孔深+锚墩厚度+工作锚具厚度+限位板厚度+千斤顶长度+工具锚具厚度（带测力计的锚索考虑锚索测力计的长度）。

(3) 根据设计下发锚索结构图纸，锚固段每隔1m、张拉段每隔1.5m设置隔离架，锚固段两隔离架之间使用无锌铅丝绑扎一道，使之成枣核状，隔离架与钢绞线可靠绑扎。

(4) 锚固段长度：2000kN级9.5m，1500kN级8m，1000kN级7m。锚固段钢绞线需剥除PE套并清除油脂。

(5) 锚索灌浆管为φ20mm塑料管（壁厚2~2.5mm，耐压强度为1.5MPa左右），进浆管与锚束体一起埋设至锚索底部，进浆管出口至锚索端部距离约120mm，排气管埋设在孔口，安装完成后需检查管路是否通畅，不通畅的需修整或更换。

(6) 钢绞线与锚头嵌固端应牢固联结，嵌固端之间的每根钢绞线长度应对齐一致，编束时，每根钢绞线均应平顺、自然，不得有扭曲、交叉的现象。

(7) 锚束体编制完成后，进行通体检查，符合编束要求的则按一定规律编排存放，存放必须牢靠、稳定，避免在运移的过程中散脱、解体，存放过程中避免损伤PE套管。

(8) 成束后的锚索都套上钢管导向帽，钢管导向帽与锚束体连接牢固并使用环氧砂浆填充。

(9) 锚索制作完毕后应登记编号，并采取保护措施防止钢绞线污染或锈蚀，经检查验收合格后方可使用。

6.6.6 锚索安装

(1) 安装前进行锚索孔道检查、锚索束体检查、锚索孔道深度与锚束体长度对应关系校对。

（2）锚索孔道验收 24h 后，锚索安装前，应检查其通畅情况。

（3）锚索水平运输采用人工方式进行，垂直运输采用卷扬机转移结合人工辅助的方式进行。

（4）锚索安装前，需进行锚索孔孔道探测，用 ϕ130mm（1500kN 和 1000kN 锚索钻孔使用 ϕ110mm）探孔器检查钻孔孔深，符合设计要求的锚索孔方可下设锚索，否则应进行扫孔处理，合格后方能下锚。

（5）锚索在搬运和装卸时应谨慎操作，严防与硬质物体摩擦，以免损伤 PE 套管；无黏结钢绞线若 PE 套管破损，必须修复合格后方能安装。

（6）在锚索安装时，孔口应固定简易脚手架，采用人工结合卷扬机的方式，将锚索顺直送入孔内，安装至设计深度，锚索就位曲率半径不小于 5m。

（7）锚索入孔时，不得过多地来回抽动锚索体，且送入孔道的速度应均匀，防止损坏锚索体和使锚索体整体扭转。穿索中不得损坏锚索结构，否则应予更换。锚索安装完毕后，应对外露钢绞线进行临时防护。

（8）钢绞线 PE 套的保护措施：①采购时应选择带卷盘缠绕、PE 套质量较好的钢绞线；②钢绞线下料过程中穿过架管部位，采用高压软管绑扎在架管上，钢绞线从软管中穿过；③锚索下束时，排架上带扣件部位采用增加架管的方式进行过渡；④下索前先探测孔内情况，进行钻孔反吹排碴，必要时采用孔道固壁灌浆处理，改善孔道光滑与平整度，确认通畅后方可下索，向孔内推送锚索时，用力均匀，防止在推送过程中，损伤锚索配件和钢绞线 PE 套；⑤随锚索作业面下降，及时进行编锚平台搭设的跟进工作，以解决由于锚索下锚过程中距离长、高差大对 PE 套造成的损坏。

6.6.7　锚索孔道灌浆

1）灌浆准备及工艺

在锚索下锚后，对孔口用砂浆进行封堵，并埋设进浆、回浆、排气管，待砂浆终凝后即可对锚索孔道进行灌浆。

2）灌浆材料

采用普通硅酸盐 P.O42.5 水泥，锚固浆液为水泥净浆，水泥结石强度要求：7d 的结石抗压强度达到 35MPa。

3）灌浆计量

采用 JT-Ⅳ型多通道灌浆自动记录仪计量。

4）水灰比

灌浆采用水泥浓浆灌注，水灰比为（0.38～0.45）：1。具体施工配合比按照试验室批准的配合比施工。

5）灌浆方式

灌浆前，首先检查进浆管的通畅情况，确保进浆管通畅，否则进行疏通处理。灌浆时灌浆管进浆，回浆、排气管上安装压力表，灌浆净压力 0.3～0.5MPa，采用纯压式灌浆法；开始灌浆时敞开回浆、排气管，以排出气体、水和稀浆。

6）灌浆结束标准

当回浆、排气管开始回浓浆，回浆比重与进浆比重相同时开始屏浆，屏浆压力0.5MPa，屏浆 20～30min 后即可结束。

7）特殊情况处理

由于锚固区所处地质条件较差，锚索孔道灌浆极可能出现浆液漏失的情况，要采用间隙灌浆法或反复屏浆法严格检测锚孔灌浆状况，特别是锚固段的灌浆状况，确保锚孔灌浆饱满。

对锚索孔道灌浆过程中出现的停水、停电等灌浆中断的情况，优先采用高压风对锚索孔进行吹孔，对不具高压风吹孔条件的锚孔在与监理工程师协商后可采用压力水进行冲孔。

6.6.8　外锚墩施工

1）金属构件制作

（1）外锚墩金属结构包括钢垫板、导向管、钢保护帽、螺栓锚杆等，这些部件在加工车间按设计图纸要求加工。

（2）1000kN 导向管长 80cm，由壁厚 3mm、Φ127mm 钢管加工而成；1500kN 导向管长 80cm，由壁厚 3.5mm、Φ146mm 钢管加工而成；2000kN 导向管长 80cm，由壁厚3.5mm、Φ159mm（Φ146mm）钢管加工而成。钢管外表面靠岩体端应粘贴止水材料。

（3）上下钢垫板尺寸 300mm×300mm×40mm、500mm×500mm×40mm，加工后棱角应圆润，不带毛刺；导向管与钢垫板应垂直焊接牢固，并清理干净钢管内留有的焊渣。钢垫板与锚孔轴线应保持垂直，其误差不得大于 0.5°。

（4）对加工、焊接、组装完成后的外锚墩钢结构进行妥善保管，确保防水、防潮、防锈蚀。

2）找平砂浆浇筑

（1）外锚墩安装、浇筑前应清理松动块体，洗净岩面，并进行验收。若锚墩基础岩体类别不满足设计图纸要求，应通知监理工程师与设计共同解决。

（2）按设计图纸要求进行干硬性预缩砂浆浇筑，施工完成后进行螺栓锚杆钻孔和上下钢垫板的安装施工。安装钢结构时注意导向管插入岩体深度满足设计要求，孔口管轴线与钻孔轴线对中，垫板与孔口管轴线垂直。

（3）干硬性预缩砂浆标号为 M40，具体施工配合比按照试验室批准的配合比施工。材料称量后加适量的水拌和，砂浆拌成手握成团，手上有湿痕而无水膜，拌匀后用塑料布遮盖存放 0.5～1h。

（4）填补预缩砂浆前，先在接触面薄涂一层后约 1mm，水灰比为 0.45～0.5 的水泥素浆。预缩砂浆的填补施工按分层铺料捣实，逐层填补的程序进行。每层铺料厚度4～5cm，捣实用硬木棒进行，至表面出现少量浆液为止，层与层之间应用钢丝刷刷毛，以加强层间结合。如此反复进行至预填表面为止。顶层用拌刀反复抹压至平整光滑，最后覆盖养护直至达到设计强度要求。预缩砂浆必须在拌制好后 2（夏天）～4（冬天）h内用完。

6.6.9 锚索张拉施工

1）张拉准备

（1）张拉前，必须先对拟投入使用的张拉千斤顶和压力表进行配套标定，并绘制出油表压力与千斤顶张拉力的关系曲线图。张拉设备和仪器标定间隔期控制在 6 个月内，超过标定期或遭强烈碰撞的设备和仪器，必须重新标定后方可投入使用；张拉前，剥去外露钢绞线 PE 套管后用汽油清洗，并用棉纱擦洗干净。

（2）锚索张拉在锚固灌浆 7d，抗压强度达到 35MPa 且锚墩的承载强度达到设计规定值后进行，且紧前工序验收合格。

（3）为了保证张拉人员安全，张拉的锚索周围搭建张拉平台。张拉油泵人工倒运到锚索附近的工作面或者专门搭建的承重工作平台上。

（4）伸长值计算

根据《水电水利工程预应力锚索施工规范》（DL/T 5083—2010）附录 E 中相关规定，锚索理论伸长值 ΔL 计算公式为

$$\Delta L = \frac{PL}{AE}$$

式中 P——预应力钢绞线的张拉力，N；

L——预应力钢绞线从张拉端至计算截面的孔道长度，mm；

A——预应力钢绞线的截面面积，mm^2；

E——预应力钢绞线的弹性模量，MPa。

2）张拉机具

无黏结预应力锚索使用 YCW250B 或 YCW-150B 型千斤顶与油表对应进行张拉，张拉油泵采用 ZB4-500S 型电动油泵。预紧采用 YDC240Q 小型千斤顶进行预紧。

3）张拉施工

张拉施工分为单股预紧和整束分级张拉两个阶段。单股预紧应进行两次以上，预紧实际伸长值应大于预紧理论值，且两次预紧值之差应在 3mm 之内，以使锚索各钢绞线受力均匀，再进行整束张拉。

锚索设计荷载为 P，锁定荷载为 P'，$P'=0.7P$，锁定荷载可根据实际监测情况适时调整或根据设计图纸要求进行。

（1）单股预紧张拉程序：安装千斤顶→0→$0.2P'$/股→测量钢绞线伸长值→卸千斤顶。此过程使各钢绞线受力均匀，并起到调直对中作用。

（2）整束分级张拉根据设计要求进行，张拉过程：$0.2P'$预紧后卸荷→$0.25P'$→$0.5P'$→$0.75P'$→$1.0P'$→$1.05P'$→稳压锁定荷载 $1.0P'$。$P=1000kN$、1500kN、2000kN 设计张拉力。

（3）张拉加载和卸载应缓慢平稳，加载速率每分钟不宜超过 $0.1P'$，卸载速率每分钟不宜超过 $0.2P'$。

（4）每级张拉完毕、稳压及升级前均应测量伸长值并记录。张拉过程中，最后一次超张拉要求静载持续 30min，其余四级加载，每级的持续时间均为 5min。五个量级的

张拉均应在同一工作时段内完成，否则应卸荷重新再依次张拉。

（5）补偿张拉：锁定后的48h内，通过监测锚索检查锁定张拉力，若锚索锁定力下降到设计锁定荷载值的90%以下时应进行补偿张拉。补偿张拉应在锁定值基础上一次张拉至$1.05P'$，补偿张拉次数不能超过2次。

4）特殊情况处理

张拉过程中，在每级拉力下持荷稳定时，量测钢绞线的伸长值，以用于校核张拉力。实际量测的钢绞线的伸长值须与理论计算的伸长值基本相符，当实际量测的伸长值大于理论计算值的10%或小于理论计算值的5%时，暂停张拉，待查明原因并采取相应措施，予以调整后方可恢复张拉，直至张拉正常为止。

5）夹片错牙的防范措施

张拉准备阶段钢绞线清洗后应采用防护罩及时保护，锚垫板的锚孔应清洗干净、每个夹片打紧程度应均一；张拉过程中，操作人员应严格按照规范操作，特别锚索张拉升压、卸载过程严禁过快。夹片错牙大于2mm的，应退锚重新张拉。

6）张拉断丝的防范措施

锚墩制安二次注浆管焊接时，应对锚索进行保护，防止焊渣灼伤钢绞线；锚杆、排水孔、锚索钻孔时应严格控制倾角及方位角，防止出现钻孔过程时相交打伤钢绞线的情况。

7）锚索退锚措施

锚索张拉后出现异常情况需要退锚，采用加工的专用退锚器具进行退锚。

6.6.10 封孔回填灌浆与锚头保护

锚索补偿张拉完毕，卸下工具锚及千斤顶后从工作锚具外端量起，留150mm钢绞线，其余部分用砂轮切割机截去，锚头作永久的防锈处理。

锚头保护之前，应将锚具、钢绞线外露头、钢垫板表面水泥浆及锈蚀等清理干净，然后使用钢保护帽内填充水泥砂浆填充密实进行保护。

封孔回填灌浆材料应与锚固段灌浆材料相同，灌浆时应认真观察回浆管排水、排浆情况，当排浆浓度与进浆浓度相同时，方可进行屏浆，屏浆压力和时间与锚固段相同。

6.6.11 锚索质量检查及验收

预应力锚索施工过程中，及时会同监理人进行以下项目的质量检查和检验：

（1）每批钢绞线到货后的材质检验。

（2）预应力锚索安装前，每个锚孔钻孔规格的检测和清孔质量的检查。

（3）预应力锚索安装入孔前，每根锚索制作质量的检查。

（4）锚固段灌浆前，抽样检验浆液试验成果和对现场灌浆工艺进行逐项检查。

（5）预应力锚索张拉工作结束后，对每根锚索的张拉应力和补偿张拉的效果进行检查。

6.6.12 注意事项

在锚索施工部位，灌浆后3d内，一不允许锚索周围30m范围内进行任何爆破作业，3～7d内爆破产生的质点振动速度不大于1.5cm/s。

7 开挖过程中典型问题实例分析与处理对策

7.1 主副厂房洞

7.1.1 顶拱缓倾角断层 f_{49} 加强支护

2016 年 7 月 14 日，厂房中导洞开挖至厂左 0+5m 位置时，在现场排险过程中，中导洞顶拱出现掉块现象，掉落块体方量约 30m³。

根据地质素描成果，在厂房中导洞顶拱揭露切洞向缓倾角断层 f_{49}，断层在顶拱出露迹线位于厂左 0+1m 位置，从中导洞两侧临时边墙来看，该断层延伸性较好，断层性状较差，对厂房顶拱稳定较不利。

考虑到 f_{49} 延伸范围较大，参考白鹤滩等其他地下工程的案例，顶拱的长大软弱结构面在厂房中导洞扩挖以及下卧开挖过程中，f_{49} 下盘可能会持续变形并导致顶拱出现围岩稳定问题。本节将针对断层 f_{49} 进行顶拱稳定分析，并介绍相应的加强支护措施以及后续的监测情况。

7.1.1.1 断层 f_{49} 影响区域地质条件

断层 f_{49} 产状为 N80°E SE∠25°~30°（与洞向夹角 75°），宽 1~5cm，夹碎块岩、岩屑，带内岩体挤压破碎，强度低，见绿泥石化蚀变，两侧蚀变带宽 10~20cm，面平直，局部渗水。断层下盘发育有顺洞向优势结构面 N15°~20°E NW∠75°~80°，闭合，面平直，断续延伸，间距 1.5~3m，与洞向夹角 10°~15°。另在厂左 0+20m 区域发育有切洞向陡倾角断层 f_{65}，断层 f_{65} 产状为 N70°W SW∠55°~60°，宽 2~3cm，带内充填碎块岩、岩屑，强度低。中导洞顶拱地质纵剖面见图 7.1.1-1。

针对该问题，技术人员进行了研究分析，要求在该区域上下游扩挖之前完成中导洞顶拱的加强支护施工，并要求在扩挖阶段采用短进尺、小药量、超前支护、及时支护等施工措施。

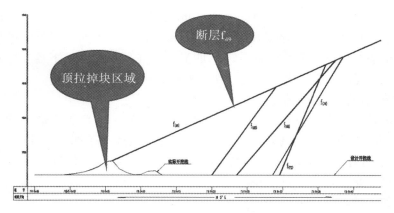

图 7.1.1－1　中导洞顶拱地质纵剖面

7.1.1.2　数值计算和块体分析

1）数值计算

数值计算采用地下厂房三维模型，计算过程中模拟厂房实际开挖施工工序，包含厂房第Ⅰ层中导洞开挖、两侧扩挖等多个关键开挖步骤。模型中考虑中导洞顶拱部位揭露的多条断层，包括 f_{65}、f_{66}、f_{68} 等。数值计算模型见图 7.1.1－2。

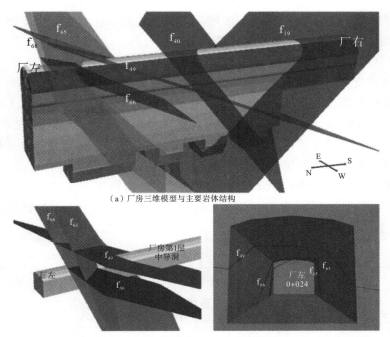

（a）厂房三维模型与主要岩体结构

（b）厂左主要断层与中导洞的三维空间交切关系　（c）掌子面推进至厂左0+24m时主要断层空间分布

图 7.1.1－2　数值计算模型

（1）中导洞开挖响应。

数值计算结果表明，随着掌子面的向前推进，f_{49} 影响洞段顶拱的位移值呈现逐步增加的趋势，最后随着掌子面的远离，变形最终趋于稳定。当考虑 f_{65}、f_{66}、f_{68} 等断层作用时，f_{49}下盘岩体桩号厂左0+15m～0+30m受其影响，在顶拱浅层2～5m深度形成了局部变形场和应力场。中导洞开挖完成后，f_{65}、f_{66}、f_{68}等断层影响洞段顶拱变形为5～12mm，对顶拱变形稳定的影响不如f_{49}明显，f_{49}在顶拱出露处下盘岩体的最大变形超过20mm，现场出现了顶拱局部坍塌破坏现象。

（2）中导洞两侧扩挖响应。

总体上看，厂房中导洞上下游扩挖后，由于缓倾断层f_{49}性状较差，厂左0+00m～0+30m顶拱围岩变形受f_{49}的影响，f_{49}作为变形边界表现出了明显的非连续变形特征。顶拱区域f_{49}下盘岩体的变形深度相对较深，最大变形分布位置仍位于f_{49}在厂顶出露部位的下盘岩体，量值增长至30～40mm。

（3）后续开挖响应。

一般而言，地下厂房在进行第Ⅴ层以下开挖时，下部开挖对顶拱变形和应力扰动的影响基本可以忽略不计。

厂房第Ⅵ层开挖完成后，顶拱部位最大变形分布位置仍位于f_{49}在厂顶出露部位的下盘岩体，量值增长至30～50mm，较第Ⅰ层开挖阶段，顶拱区域f_{49}下盘岩体的变形深度有较小幅度的增长。上游侧拱肩及边墙受f_{66}缓倾断层影响，变形问题相对下游侧更为突出。

（4）小结。

基于数值计算成果来看，断层f_{49}区域后期变形较大，应力集中程度相对较高，有必要采取以预应力为代表的加强支护措施。

2）块体分析

（1）块体组合和稳定计算。

根据该洞段开挖揭示情况，结合地质素描和地质典型纵剖面图，该区域发育断层f_{49}、断层f_{65}、断层f_{68}、断层f_{71}、断层f_{72}优势结构面①N15°～20°E NW∠75°～80°等不利结构面，根据空间组合关系，顶拱可能存在多种半定位不利组合块体，依据组合可能性和滑落方向为依据，选取组合块体体型及相关参数。

组合块体计算和安全评判标准均可依据《水电站地下厂房设计规范》（NB/T 35090—2016）进行，计算方法采用刚体极限平衡法进行，顶拱不利块体安全稳定系数见表7.1.1—1。

表7.1.1—1　顶拱不利块体安全稳定系数表

块体类型	块体1	块体2	块体3	块体4	块体5	块体6	块体7
	塌落型	滑移型	滑移型	滑移型	滑移型	滑移型	滑移型
系统支护	1.35	0.84	1.17	1.30	1.01	2.17	1.23
加强支护（加密锚杆）	2.74						
加强支护（加密锚杆、20根预应力锚索 $T=2000$kN）		5.9	3.87	2.14	2.24	2.17	14.11
规范要求	2.0	1.8	1.8	1.8	1.8	1.8	1.8

（2）小结。

从块体稳定分析成果来看，不利组合块体 1 为塌落型，在原系统支护条件下，不利组合块体稳定安全系数不满足规范要求，在系统锚杆基础上采取内插锚杆的措施条件下，不利块体 1 稳定安全系数满足规范要求。

对于其他不利组合块体，在原系统支护条件下，不利组合块体稳定安全系数均不满足规范要求；在采用加密锚杆＋预应力锚索的支护条件下，顶拱不利块体稳定安全系数满足规范要求。

7.1.1.3　加强支护方案

根据以上计算分析，针对不同的块体采取不同的加强支护措施，具体如下：

（1）厂右 0＋6m～厂左 0＋6m 上游拱肩属于块体 1。调整该区域系统锚杆为垫板锚杆，同时要求在系统锚杆的基础上内插带垫板的普通砂浆锚杆，加强支护后，锚杆水平和垂直间距达 0.75m，块体稳定安全系数为 2.74。加强支护典型示意见图 7.1.1－3。

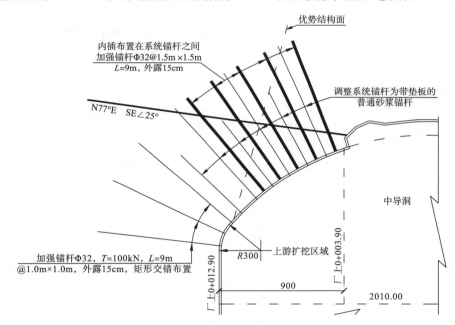

图 7.1.1－3　厂右 0＋6m～厂左 0＋6m 洞段上游拱肩加强支护典型示意图

（2）厂左 0＋6m～0＋24m 洞段顶拱属于其他不利组合块体区域。调整该区域系统锚杆均为带垫板的普通砂浆锚杆，并调整厂左 0＋6m～0＋13m 洞段系统锚杆为带垫板的普通砂浆锚杆（Φ32，L＝9m），同时要求在厂左 0＋9.5m～0＋21.5m 增设 4 列 5 排锚索，共 20 根。加强支护后，不利组合块体安全稳定系数均满足规范要求。加强支护典型示意见图 7.1.1－4～5。

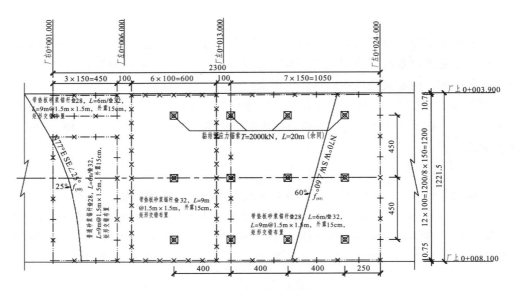

图 7.1.1－4　厂左 0＋6m～0＋24m 洞段顶拱加强支护典型示意图

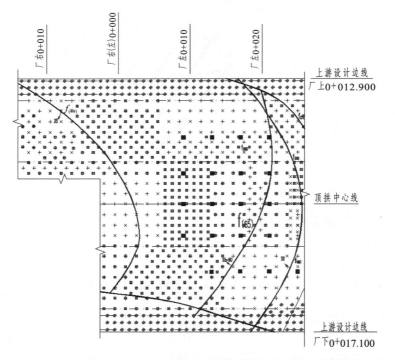

图 7.1.1－5　厂右 0＋6m～厂左 0＋24m 洞段顶拱加强支护典型平面示意图

7.1.1.4　后续监测情况

加强支护措施实施阶段，为进一步监测厂房后续开挖对 f_{49} 的影响，在厂房厂左 0＋11m 顶拱增设了位移计和锚索测力计。

截至厂房开挖结束，该区域增设的锚索测力计测值为 1525kN，增加速率为 0.1kN/d，相比锁定吨位而言（1400kN）略有增长，但仍然小于锚索设计吨位

（2000kN）。

从位移监测过程线来看，厂左0+11m顶拱（块体1区域）测值小于1mm，且受下部开挖影响较小，该洞段属于稳定状态；厂左0+38m顶拱（块体4和块体5区域）测值为13.35mm，速率为0.01mm/d，主要变形部位位于距离孔口2～12m区域，受下部开挖影响，特别是厂房Ⅳ～Ⅶ层开挖影响，变形逐步加大，厂房Ⅶ层以后的开挖影响较小，处于稳定状态。

从以上分析可见，该洞段围岩在开挖支护阶段均处于稳定状态，加强支护措施满足要求。

7.1.2　厂右0+66m洞段下游边墙变形偏大问题

2017年5月15日，杨房沟地下厂房第Ⅲ层（岩锚梁区域）全部开挖完毕。在主副厂房洞第Ⅱ、Ⅲ层开挖过程中，上游边墙开挖成型较好、监测变形与预期一致；而下游侧边墙部分洞段受不利地质条件的影响，存在监测变形偏大、局部开挖成型较差等问题。主副厂房洞上游边墙变形监测情况统计见图7.1.2－1，主副厂房洞下游边墙变形监测情况统计见图7.1.2－2。

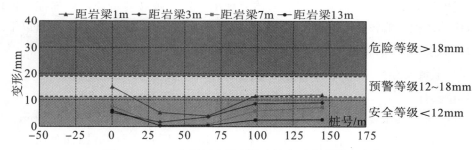

图7.1.2－1　主副厂房洞上游边墙变形监测情况统计

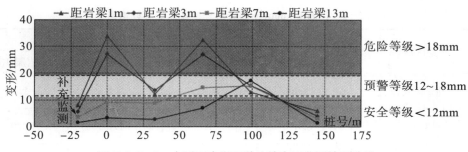

图7.1.2－2　主副厂房洞下游边墙变形监测情况统计

对于厂右0+66m断面下游侧边墙，在第Ⅲ层开挖阶段，浅层岩体变形的累计变形达32.4mm，超过安全预警值。同时该测点部位距岩锚梁7m处的变形增量可达到约13mm，开挖变形影响深度较深，存在一定的深层变形问题。

本节将针对主副厂房洞厂右0+66m洞段下游边墙变形偏大情况进行分析，并根据分析结论采取加强支护措施。

7.1.2.1 地质条件

根据厂房厂右 0+66m 下游侧邻近洞段的地质素描成果，在厂右 0+50m～0+80m（高程 2014～1995.8m）下游侧边墙部位，现场揭露岩性为花岗闪长岩，属块状或次块状结构，岩体较完整～完整性差，发育断层 f_{79}、f_{81}、f_{123}（N15°～20°E NW∠55°）以及挤压破碎带 J_{150}（N0°～10°E NW∠50°～60°），均为岩块岩屑型。该洞段范围内节理中等发育，主要见两组优势结构面：①N15°～20°E，NW∠75°～80°，闭合，断续延伸，间距 0.5～2m；②N65°～75°W，SW∠65°～70°，闭合，面平直，断续延伸较长，围岩类别以Ⅲ1 类为主。其中，断层 f_{123}、挤压破碎带 J_{150} 以及优势节理①均为顺洞向陡倾结构面，与切洞向结构面组合可能形成不稳定块体，对边墙稳定不利。

7.1.2.2 现场开挖情况

主副厂房洞中部拉槽完成后，一方面受开挖爆破影响，另一方面开挖揭示多条顺洞向倾向洞内的中陡倾角节理，厂房厂右 0+66m 区域下游保护层部分缺失，但未影响到岩锚梁部位的岩体。

岩锚梁斜岩台保护层（Ⅲ7 区）开挖完成后，厂右 0+66m 区域洞段开挖成型整体较好，受顺洞向优势节理影响，表层岩体表现出一定松弛破裂特征，局部存在掉块现象，但块体体积一般较小。岩台上拐点以上发育挤压破碎带 J_{150}，岩台下拐点以下发育陡倾角断层 f_{123}，与洞室轴线小角度相交，倾角略为对边墙稳定不利。

7.1.2.3 监测及分析

1）位移计

主副厂房洞共布置了 5 个永久性监测断面，布置桩号分别为：厂右 0+00m、厂右 0+33m、厂右 0+66m、厂右 0+99m、厂右 0+145m。厂右 0+66m 断面分层开挖多点位移计增量统计见表 7.1.2－1。

表 7.1.2－1　厂右 0+66m 断面分层开挖多点位移计增量统计表

开挖区域	测点变形增量（mm）			
	距岩梁 1m	距岩梁 3m	距岩梁 7m	距岩梁 13m
Ⅲ3、Ⅲ5 区及以上	12.5	11.9	5.6	2.5
Ⅲ4 区	3.8	2.9	1.6	0.9
Ⅲ6 区	6.4	4.7	2.6	1.5
Ⅲ7 区开挖、Ⅲ8 区预裂	4.7	3.0	1.6	0.7
Ⅲ8 区开挖	2.4	2.2	1.6	0.8

从表中可以看出以下内容：

（1）变形总量：截至 2017 年 5 月 12 日，浅层测点变形最大，距岩梁 1m（距下游边墙 1m）和距岩梁 3m（距下游边墙 2.7m）处测点变形分别为 32.4mm 和 27.0mm，随着测点深度的增加，变形呈逐渐降低的趋势，距岩梁 7m（距下游边墙 6.1m）处测点变形为 14.5mm，而深层岩体同样表现出一定的变形特征，距岩梁 13m（距下游边墙 11.2m）处测点变形达到 7.1mm，整体上该部位变形量级和变形深度均较大。

（2）变形增量：测点变形随开挖过程呈现"台阶状、跳跃状"上升趋势，其中Ⅲ3、Ⅲ5 区及以上开挖阶段，1m 深度测点变形增长了 12.5mm；根据应变换算，最大应变发生在距岩梁 3～7m 处。

这里需要指出的是，在 2017 年 3 月 24 日，施工现场根据设计要求在高程 2007.5m 增设了一排预应力锚杆 Φ32@1.5m；随着该洞段系统支护和针对性加强支护的施作，变形逐步趋于收敛。

2）锚杆应力计

截至 2017 年 5 月，锚杆应力计距孔口 2m 处的测点锚杆应力达到 172MPa，距孔口 6m 处的测点锚杆应力小于 10MPa，锚杆受力增大明显时段与该部位各层爆破开挖具有较好的一致性，Ⅲ3、Ⅲ5 区中部拉槽期间浅层锚杆受力增长相对明显，接近 115MPa，后续开挖锚杆应力增长幅度相对较小。

3）锚索测力计

截至 2017 年 5 月 12 日，厂右 0+66m 下游侧锚索实测荷载为 1496kN，与锁定荷载相比增长了 125kN，增长量级不大。

7.1.2.4 数值计算和块体分析

从地质条件、现场开挖情况和监测资料分析来看，该洞段下游边墙发育顺洞向陡倾优势节理（N15°～20°E NW∠75°～80°）、顺洞向陡倾挤压破碎带 J_{150}、断层 f_{123} 等，均对边墙变形及围岩稳定不利。第Ⅲ层开挖期间保护层及永久边墙存在一定结构面松弛张裂问题。在应力和不利结构面组合的情况下，不良地质对该洞段厂房下游边墙的稳定影响由表及内，并逐步向深部发展，变形监测成果也证明了该洞段深部变形特征。鉴于以上分析，有必要针对该洞段进行数值计算研究和块体分析，确保厂房现场和后续开挖施工安全。

1）数值计算

本次数值计算基于地质开挖揭示情况和监测数据进行反馈分析，对该洞段的开挖响应特征进行复核再现，在此基础上再对厂房后续开挖围岩响应特征和稳定性、岩锚梁的稳定性进行分析评价。

本次计算主要考虑以下不利结构面：挤压破碎带 J_{150}、断层 f_{123}、两组优势结构面（①N15°～20°E NW∠75°～80°；②N65°～75°W SW∠65°～70°）。厂右 0+66m 邻近洞段概化模型见图 7.1.2-3。

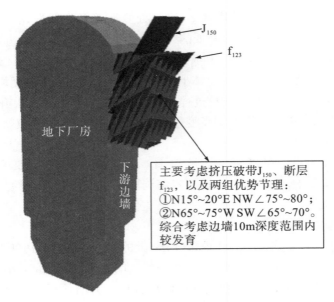

主要考虑挤压破碎带J₁₅₀、断层 f₁₂₃，以及两组优势节理：
①N15°~20°E NW∠75°~80°；
②N65°~75°W SW∠65°~70°。
综合考虑边墙10m深度范围内较发育

图 7.1.2－3 主副厂房洞厂右 0＋66m 邻近洞段概化模型

根据计算，结论意见如下：

（1）第Ⅲ层开挖响应。

Ⅲ3、Ⅲ5 区中部拉槽完成后，浅层结构面发生了相对明显的张开变形和剪切变形，随着岩锚梁保护层的逐步开挖，结构面的张开变形和剪切变形进一步增长。厂房第Ⅲ层开挖完成后，断层 f_{123} 最大张开变形达到 2mm 左右，优势节理局部的张开变形达到约 1mm，而浅层结构面的剪切变形可达到约 10mm 量值水平。从结构面的变形特征来看，一般浅层结构面的张开变形和剪切变形较大，随着深度的增加，结构面变形增量均呈现减小的趋势。

厂房第Ⅲ层开挖过程中下游边墙区域围岩应力集中区域主要位于下游侧临时墙脚部位，最大主应力为 22~26MPa。随着厂房分层开挖的进行，下游侧临时墙角部位围岩主应力矢量方向发生了明显的空间转变，最大主应力方向由中倾角调整为中陡倾角，对于边墙区域发育的顺洞向陡倾结构面、断层和挤压破碎带，其受力状态将十分不利，浅层结构面易发生张开和滑移变形，进而加剧围岩松弛损伤。在支护强度不足或不及时的情况下，围岩松弛损伤和结构面变形将逐步向边墙深部扩展，表现出一定程度的深部变形和时效变形特征。

厂房第Ⅲ层开挖完成后，受顺洞向陡倾结构面影响，厂右 0＋66m 洞段下游边墙支护系统受力水平相对较高，锚杆应力一般为 150~300MPa，未出现锚杆超标现象；锚索荷载一般为 1600~1700kN，小于设计荷载。

（2）后续开挖响应。

图 7.1.2－4 给出了后续厂房开挖过程中分层开挖变形增量变化情况。后续厂房开挖过程中，应力集中区域仍位于上游拱肩及下游边墙临时墙脚区域，但应力集中程度整体增长不明显，一般可维持为 24～28MPa。这里需要特别指出的是，随着边墙高度的增加，下游侧岩锚梁部位的围岩应力松弛深度出现较大幅度的增长。

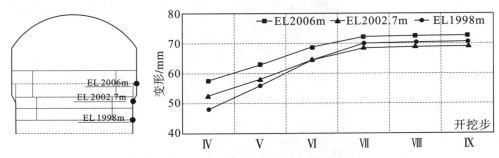

图 7.1.2－4　厂右 0+66m 洞段下游边墙典型部位变形增量变化

综合来看，后续厂房下挖过程中，顺洞向陡倾不利结构面（断层、挤压破碎带、优势节理等）仍会对厂右 0+66m 洞段下游边墙稳定性产生较大影响，其中断层 f_{123} 和挤压破碎带 J_{150} 的上下盘岩体非连续变形特征明显，结构面上盘岩体松弛变形问题相对突出，导致该区域锚杆应力水平整体相对较高，少量锚杆应力超出其设计强度，锚杆超标部位与断层 f_{123} 和挤压破碎带相关；锚索荷载一般可达到 1700～1900kN，仍然小于设计锚固力。

（3）岩锚梁区域响应。

图 7.1.2－5 给出了厂房后续开挖过程中该洞段岩锚梁变形随开挖的变化情况。厂房开挖完成后，岩锚梁累计变形一般为 21mm 左右。

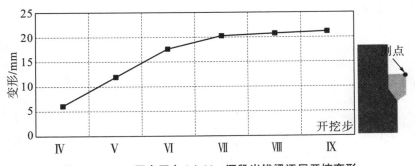

图 7.1.2－5　厂房厂右 0+66m 洞段岩锚梁逐层开挖变形

轮压荷载作用下岩锚梁变形增量见图 7.1.2－6，轮压荷载作用下岩锚梁变形增量相对较大，最大变形增量达到 1.6mm。从变形分布特征来看，受顺洞向陡倾不利结构面影响，岩台区域围岩变形相对偏大，存在潜在可变形块体问题。

大型水电站地下洞室群开挖技术与围岩稳定控制

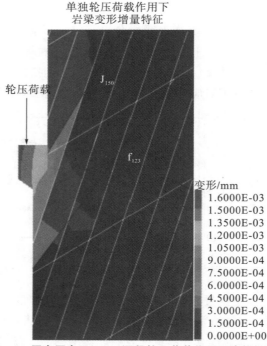

图 7.1.2－6　厂房厂右 0＋66m 洞段轮压荷载作用下岩锚梁变形增量

图 7.1.2－7 给出了施工期至厂房开挖完成后岩锚梁锚杆应力分布特征，地下厂房开挖完成稳定后，该洞段岩锚梁受拉锚杆的应力一般为 200～250MPa，受压锚杆应力较小，一般在 50MPa 以内。施加轮压荷载后，岩锚梁锚杆应力较开挖完成后有一定幅度增加，单根锚杆轴向应力最大增量分布在吊车梁与岩壁交接处，其中受拉锚杆增加的较为明显，可达到约 120MPa，受压锚杆变化不大。

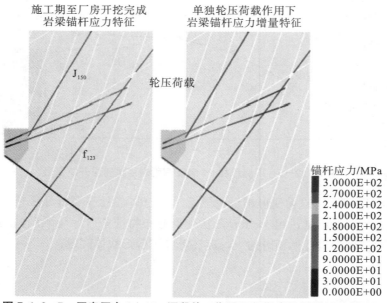

图 7.1.2－7　厂房厂右 0＋66m 洞段施工期及运行期岩锚梁锚杆受力特征

（4）小结。

地下厂房第Ⅲ层开挖过程中厂右 0+66m 下游侧边墙最大变形约 30mm，超过安全预警值。综合分析认为，该洞段边墙发育的顺洞向倾向洞内的陡倾角结构面（包括顺洞向优势节理裂隙/挤压破碎带 J_{150}/断层 f_{123} 等）是引起该洞段围岩变形偏大的主要地质原因。

后续开挖过程中，该洞段岩锚梁区域围岩仍会有 22~25mm 的变形增长，其中断层 f_{123} 和挤压破碎带 J_{150} 的上、下盘岩体非连续变形特征较明显，结构面上盘岩体松弛变形问题相对突出，导致该区域锚杆应力水平整体相对较高，一般为 200~300MPa，锚索荷载一般可达到 1700~1900kN。

2）块体分析

根据该洞段开挖揭示情况，结合地质素描和地质典型横剖面图，厂房厂右 0+66m 下游边墙存在三组不利结构面：断层 f_{123}（N15°~20°E NW∠55°，岩屑岩块型）、挤压破碎带 J_{150}（N0°~10°E NW∠50°~60°，岩屑岩块型）、优势结构面（N15°~20°E NW∠75°~80°），这三组不利结构面可组合成平面不利块体。本次计算的组合块体边界依据 3 个原则确定：①结合厂右 0+66m 下游边墙位移计孔内摄像成果确定浅层边界，明确组合块体 1 和组合块体 2；②考虑厂右 0+66m 洞段多点位移计具有深层变形特性，结合后续开挖对塑性区深度影响的研究，采用 9m 作为不利组合块体的后缘，明确组合块体 3；③针对岩锚梁基础区域发育的优势结构面（N15°~20°E NW∠75°~80°）进行岩锚梁基础抗滑稳定计算，采用上拐点区域的优势结构面作为底滑面，明确组合块体 4。

本次组合块体计算均依据《地下厂房岩壁吊车梁设计规范》（Q/CHECC 003—2008）进行，计算方法采用承载能力极限法，抗滑稳定验算公式如下：

$$\gamma_0\psi S \leqslant \frac{1}{\gamma_d}R$$

$$R = \left[(G+F_v+W)\sin\beta - F_h\cos\beta + \sum f_y A'_{si}\cos(\alpha_i+\beta_i)\right]\frac{f'_k}{\gamma_c}A + \frac{c'_k}{\gamma_c}A +$$

$$\sum f_y A'_{si}\sin(\alpha_i+\beta)$$

$$S = (G+F_v+W)\cos\beta + F_h\sin\beta$$

$$R/S \geqslant \gamma_0\psi\gamma_d = 1.1\times1.0\times1.2 = 1.32$$

式中　　R——沿滑面的阻滑力（设计值）；

S——沿滑面的下滑力（设计值）；

γ_0——结构重要性系数，取 1.1；

ψ——设计状况系数，取 1.0（持久状况）；

γ_d——抗滑稳定结构系数，不小于 1.2，取 1.2。

根据拟定的 4 个组合不利块体分析计算，在岩锚梁桥机最大轮压工况下，该各不利组合块体稳定安全系数均满足规范要求，同时预应力锚杆和岩锚梁受压锚杆均可作为安全储备，进一步加大不利块体的安全裕度。

7.1.2.5　加强支护设计

综合以上分析和计算，结合现场监测成果来看：①厂房在第Ⅲ层开挖阶段，受厂右0+66m洞段下游边墙发育的顺洞向陡倾角结构面影响（包括顺洞向优势节理裂隙/挤压破碎带 J_{150}/断层 f_{123} 等），下游边墙位移偏大，在岩锚梁以下尚未开挖揭示主要不利结构面的条件下，设计为确保现场安全，在高程 2007.5m 增设的一排预应力锚杆，对加快位移监测数据收敛、减少不利结构面损伤、确保施工期安全均是有利的；②岩锚梁以下开挖完成后，设计要求尽快完成岩锚梁受拉锚杆、下拐点以下的锚索张拉和断层锁口锚杆，有助于控制断层 f_{123} 的剪切变形和松弛损伤；③厂房在第Ⅲ层开挖支护完成后，厂右0+66m洞段下游边墙监测数据已经收敛，也说明了该洞段的稳定性可以得到保证。

厂房后续开挖阶段，高边墙形成，边墙应力松弛程度和范围将进一步增强，岩台部位的变形增量接近 24mm，增长相对明显；不利结构面区域的锚杆应力约有 50MPa 的增长，少量锚杆应力超标，超标的锚杆均位于断层和挤压破碎带附近；后续开挖将导致该洞段浅部和深部持续变形，有必要采用深浅结合的支护方式进行限制该部位后续开挖引起的不良变形。

后期加强支护措施：针对厂房厂右0+50m～0+80m下游边墙区域，在岩锚梁以下高程 2001.5 增设一排预应力锚杆 $\Phi32@1.5m$，$L=9m$；调整原高程 1997.5m 系统锚索高程至 1998.5m，同时调整该锚索下倾 5°；在高程 2008.5m 增设一排锚索（$T=2000kN$，锁定荷载采用 1600kN）。

厂房厂右0+50m～0+80m洞段下游边墙支护示意见图 7.1.2−8。

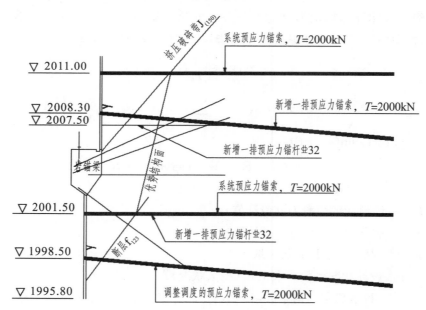

图 7.1.2−8　厂右 0+50m～0+80m 洞段下游边墙支护示意图（图中系统锚杆未示）

7.1.2.6　后续监测情况

2017 年 6 月 10 日，该洞段系统支护和加强支护均施工完毕；2017 年 8 月 11 日，厂房开始第Ⅳ层开挖；截至 2018 年 6 月，厂房已全部开挖完成。

从厂房厂右 0+66m 洞段下游边墙位移监测数据来看，加强支护阶段，该洞段下游边墙位移已收敛；厂房Ⅳ～Ⅴ层开挖后，该洞段下游边墙位移略有增长，增长较小，且迅速收敛；由厂房Ⅳ～Ⅴ层开挖引起的位移增量为 8.28mm，与数值计算基本相当，符合预期。

厂房开挖结束后，该洞段下游边墙变形测值为 54.41mm，增长速率变为 0.01mm/d。

从以上分析可见，该洞段监测数据符合设计预期，且数据收敛性较好，可以判断加强支护措施满足该洞段围岩稳定要求。

7.1.3　下游边墙岩锚梁区域蚀变带处理

在杨房沟水电站主副厂房洞第Ⅲ层开挖过程中发现如下地质问题：

主副厂房洞厂右 0+5m～厂左 0+35m 下游边墙，开挖揭露断层 f_{83} 及其影响带，受断层、节理发育影响，该洞段边墙岩体节理面见蚀变现象，表层岩体较破碎。

岩体蚀变的物理力学性能控制着工程的安全与稳定，在第Ⅲ层开挖期间，设计要求在以上区域开展了 3 次、20 个声波物探勘测工作，并通过增设位移监测点、加密观测等措施，对工程采取主动防护措施，确保现场安全。随着厂房逐步下卧开挖，永久边墙的地质条件逐渐明朗，综合地质、监测、反馈分析等相关成果，可明确相关加强处理方案，确保厂房开挖后续开挖安全。

7.1.3.1　蚀变带区域地质条件、开挖情况、变形监测和物探成果

1）地质条件

厂右 0+5m～厂左 0+35m 洞段下游边墙岩性为浅灰色花岗闪长岩，呈弱风化，以镶嵌结构为主。发育 f_{83}、J_{145}、J_{164}：f_{83} 产状为 N10°～20°E NW∠75°～85°，宽 3～15cm，带内充填碎裂岩、岩屑，面见擦痕，2010m 高程以下断层两侧影响带宽 0.5～3.4m 不等，影响带内断层伴生节理发育，沿节理面有挤压蚀变现象，影响带岩体完整性差～较破碎；J_{145} 产状为 N5°E NW∠60°～65°，宽 1～3cm；J_{164} 产状为 N5°E NW∠45°～60°，宽 2～5cm，两侧平行节理发育。围岩类别以Ⅲ2 类为主，局部Ⅲ1 类。

为查明 f_{83} 影响带范围岩体抗压强度，f_{83} 影响带范围共取了 7 组岩芯进行单轴饱和抗压强度试验。试验结果表明，f_{83} 影响带岩体单轴饱和抗压强度最大值为 60.8MPa，最小值为 23.5MPa，平均值为 40.4MPa。

厂右 0+5m～厂左 0+35m 洞段典型地质剖面见图 7.1.3-1。

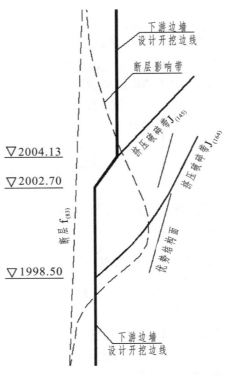

图 7.1.3－1　厂右 0＋5m～厂左 0＋35m 洞段典型地质剖面图

2）现场开挖情况

（1）主副厂房洞第Ⅰ层下游Ⅰ－2 区开挖完成后，主副厂房洞下游侧厂左 0＋20m 区域拱座及边墙部位发育断层 f_{83}（N10°～15°E NW∠75°），在断层出露部位存在结构面和应力组合型破坏现象，边墙超挖明显。

（2）主副厂房洞第Ⅱ层下游Ⅱ－2 区开挖完成后，下游侧厂左 0＋15m～0＋35m 区域节理密集发育，主要发育顺洞向陡倾角节理，岩体破碎。

（3）主副厂房洞第Ⅲ层中部拉槽（Ⅲ－3 和Ⅲ－5 区）开挖完成后，揭露厂右 0＋5m～厂左 0＋35m 洞段边墙节理密集发育，沿断层及节理面有较强的蚀变现象，岩体蚀变影响区域的围岩承载能力较低，保护层松弛破裂现象较普遍，保护层整体成型差。

（4）主副厂房洞第Ⅲ层下游Ⅲ－4 和Ⅲ－6 区开挖完成后，厂房设计边墙开挖成型整体较差，岩锚梁岩台下拐点以上属于岩台保护层，保护层超挖现象明显，表层岩体松弛破裂问题较突出；岩锚梁岩台下拐点以下属于永久设计边墙，受挤压破碎带影响，局部缺失，整体开挖成型相对较好。

（5）主副厂房洞下游边墙Ⅲ－7 区开挖完成后，岩锚梁斜岩台开挖成型相对较好，存在沿结构面蚀变现象，在上拐点以上发育挤压破碎带 J_{145}，产状为 N5°E NW∠60°～65°；主副厂房洞下游边墙Ⅲ－8 区（高程 1998.8～1995.8m）开挖完成后，开挖成型较好，发育顺洞向陡倾角优势结构面，且存在沿结构面蚀变现象，在下拐点以下（高程 1998.5m）发育挤压破碎带 J_{164}（N5°E NW∠50°～60°）。

3）监测及分析

厂房厂右 0+00m 桩号布置有一个监测断面，后期针对该洞段存在的围岩地质条件及稳定问题，在下游边墙厂左 0+19m（高程 2009m）补增了一个位移监测点，这两个监测断面下游边墙围岩的变形特征以及支护结构受力特征，可以在一定程度上表征"厂右 0+5m~厂左 0+35m"洞段下游边墙岩体蚀变影响区域围岩的变形和支护结构受力特征，同时对施工期安全施工提供有利条件。

需要说明的是：厂房下游边墙厂右 0+00m 位移计由上层排水廊道预埋至厂房下游边墙（高程 2006m），根据其埋设和监测时间，该位移计监测到的变形是由厂房第Ⅲ层开挖引起的变形增量。厂房下游边墙厂左 0+19m 位移计由厂房下游边墙直接埋设，该位移计是在Ⅲ-4 区开挖完成后埋设的，监测到的变形是厂房下游Ⅲ-6 区及后续开挖引起的变形增量。

（1）厂房厂右 0+00m 下游边墙位移计（高程 2006m）。

截至 2017 年 5 月 17 日，该洞段下游边墙浅层岩体变形量级整体较大，距岩锚梁 1m 和 3m 处围岩变形分别为 37.79mm、29.93mm，已达到危险等级标准（＞18mm），深层岩体变形也具有一定量级，距岩锚梁 7m 和 13m 处围岩变形分别为 10.35mm、3.77mm；该位移计各测点与第Ⅲ层开挖具有较好的相关性，变形历程随开挖过程呈"台阶状、跳跃式"上升趋势，在设计采用加强措施以后，变形逐渐趋于收敛；此位移计采用 4 点式，各测点之间的应变具有突变特征，在距岩锚梁 3m 和距岩锚梁 7m 之间应变较大。

（2）厂房厂左 0+19m 下游边墙位移计（高程 2009m）。

截至 2017 年 5 月 6 日，该位移计浅层岩体累计变形达到 9.75mm，整体变形量级与数值反馈计算相比偏大，深层岩体变形相对较小。从变形增长规律来看，该部位围岩变形表现出了较明显的时间时效，邻近洞段无开挖活动时，变形仍持续缓慢增长。

（3）厂房厂右 0+00m 下游边墙锚索测力计（高程 2011m）。

该锚索测力计为厂房第Ⅱ层开挖完成后安装埋设，其监测到的锚索轴力增长主要是第Ⅲ层开挖导致的。截至 2017 年 5 月 17 日，锚索荷载为 1438kN，与锁定荷载（1403kN）相比增长了 35kN。

4）补充物探

针对厂房下游侧边墙厂右 0+5m~厂左 0+35m 洞段开挖揭露的岩体蚀变、节理密集发育问题，根据开挖进度，针对该区域进行了 3 次、12 个钻孔的补充地勘工作，对补充物探孔进行声波测试和孔内摄像。

第一次补充物探布置了 3 个孔（2 个水平孔，1 个垂直孔），2 个水平孔布置桩号分别为：厂左 0+28m、厂左 0+23.5m，水平孔孔口高程约为 2010m。

第二次补充物探布置了 6 个孔（3 个水平孔，3 个垂直孔），3 个水平孔布置桩号分别为：厂左 0+30.3m、厂左 0+17.5m、厂左 0+5.8m，水平孔孔口高程约为 2004m。

第三次补充物探布置了 3 个水平孔，水平孔布置桩号分别为：厂左 0+5m、厂左 0+16.5m、厂左 0+30m，水平孔孔口高程约为 2000m。

补充物探钻孔布置典型示意见图 7.1.3-2。

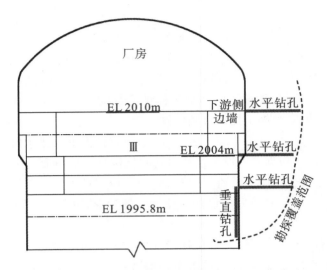

图 7.1.3-2　厂右 0+5m～厂左 0+35m 洞段补充物探钻孔布置典型示意图

（1）水平孔物探成果。

第一次补充物探成果：该区域受断层 f_{83} 影响，节理裂隙较发育，岩体蚀变现象明显，该区域岩体蚀变程度较强、力学指标较低，蚀变一般沿优势结构面发育。该洞段下游侧永久边墙高程 2010m 围岩存在 2500～3000m/s 的低波速区，分布深度为 1～2m，围岩波速低于 4500m/s 的深度小于 4m。

第二次补充物探成果：该区域受断层 f_{83} 影响，节理裂隙发育，岩体蚀变程度中等，蚀变沿优势结构面发育。该洞段下游侧永久边墙高程 2004m 围岩波速均在 3000m/s 以上，低于 4500m/s 的分布深度为 3～5m。该成果是在岩锚梁保护层（Ⅲ-4、Ⅲ-6 区）开挖前测试获得的，后续岩锚梁保护层开挖，受爆破振动和卸荷影响，该高程下游边墙浅层岩体可能进一步松弛，波速进一步降低。

第三次补充物探成果：该区域节理裂隙发育，岩体蚀变程度中等，蚀变沿优势结构面发育。该洞段下游侧永久边墙高程 2000m 围岩存在波速 2800～3000m/s 的"低波速带"，分布深度一般为 1.8～2.5m，声波波速低于 4500m/s 分布深度一般为 4～5m。

综合水平物探孔的声波和孔内摄像来看：①水平钻孔内揭示的结构面多为中陡倾角节理，局部存在破碎带，是造成钻孔深部岩体局部波速偏低的主要原因；②靠近洞室边墙处波速一般最低，深部声波波速曲线呈波状上升趋势，这也间接表明了围岩浅层松弛问题相对明显；③在部分测试段节理裂隙较发育，会造成该段波速起伏较多、稳定性差，平均声波值一般也会有较大幅度的下降。

（2）垂直孔物探成果。

该洞段高程 1999.8m 以下岩体质量整体较差，波速低于 4500m/s 的分布深度达 5～6m；当时开挖阶段，受"断层 f_{83}/节理密集/岩体蚀变/爆破松弛损伤"等因素影响，相对明显的围岩分布范围在高程方向可达到 1994m。

这里需要指出的是，对于该洞段边墙围岩"中低波速带"（v_p<4500m/s）沿高程方向的分布范围，针对该影响范围展开了敏感性分析工作。随着 1♯母线洞（厂右 0+

00m，顶高程1993m）和电缆交通洞（厂左0+26.2m，顶高程1990.7m）开挖至厂房下游边墙，开挖揭示围岩质量为Ⅲ1类，且未发现蚀变现象，可以认为：1♯母线洞和电缆交通洞开挖揭示成果与第三次物探的垂直孔声波测试成果基本一致，中低波速带的分布下限高程为1994m是比较可靠的。

综上所述，在厂房第Ⅲ层开挖阶段，该洞段永久边墙围岩"中低波速带"的发育深度相对偏大，低波速区的分布范围与厂右0+00m和厂左0+19m下游边墙位移监测各测点表现特征一致，浅表层（3~7m）位移较大。其中，在岩锚梁设计边线的岩体波速基本为3000m/s左右，结合目前现场开挖揭示的地质条件与工程类别，预计岩台保护层开挖的整体成型效果应不会很差，但其作为岩锚梁承载基础适宜性，需根据现场监测、检测结果进一步分析确认。另外，针对此洞段下游边墙已开挖支护区域（下游边墙高程2010m）出现的约2500m/s的低波速区，该部位监测变形仍持续缓慢发展，有必要复核其稳定性，并研究针对性加强支护处理方案。

7.1.3.2　围岩稳定计算

根据现场开挖揭示情况，在厂房下游边墙厂左0+19m（高程2009m）增设位移计，同时针对新增位移计和厂右0+00m监测断面进行加密观测，通过位移计、锚杆应力、锚索测力情况，有效地保证现场施工安全。结合补充物探成果，可了解厂左区域蚀变带的性状和分布范围，为下一步围岩稳定计算、结构复核和拟定加强支护方案提供了有利条件。

厂左区域蚀变带分布范围较大，蚀变程度较高，且位于岩锚梁结构高程区域（2002.7~2006m），为评价蚀变带在厂房后续开挖过程中对该洞段围岩稳定的影响以及对岩锚梁结构的影响，从定量化的角度，分别采用数值计算法和结构力学方法，分析此"岩体蚀变"洞段的围岩开挖响应特征，复核评价该洞段岩锚梁的稳定性。

1）第Ⅲ层开挖完成后围岩变形和应力特征

（1）厂右0+5m~厂左0+35m洞段第Ⅲ层开挖完成后围岩变形分布特征，以及下游边墙典型高程（高程2009m、高程2006m为边墙位移监测点布置高程，高程2002.7m为岩台下拐点高程）围岩变形随开挖增长情况见图7.1.3-3和图7.1.3-4。计算结果显示：受"岩体蚀变/节理密集发育"影响，第Ⅲ层开挖完成后，该洞段下游侧边墙围岩变形总体较大，高程2014~2008m区域浅层岩体变形总量可达到50mm以上，岩锚梁区域围岩累计变形总量也达到约40mm以上。

（2）该洞段第Ⅲ层开挖完成后，计算结果显示：在"断层f_{83}/岩体蚀变/节理发育/开挖松弛损伤"等综合影响区域，下游侧拱座和下游侧边墙区域的围岩均表现出了明显的应力松弛特征，下游边墙应力松弛深度（$\sigma_3 < 1$MPa）一般为5~6m，边墙围岩应力松弛深度整体偏大。

（3）该洞段第Ⅲ层开挖完成后的塑性区，计算结果显示：在"断层f_{83}/岩体蚀变/节理发育/开挖松弛损伤"等因素影响下，该部位塑性区深度较常规洞段明显偏大，第Ⅲ层开挖完成后，该洞段下游侧边墙塑性区深度一般为5~7m。

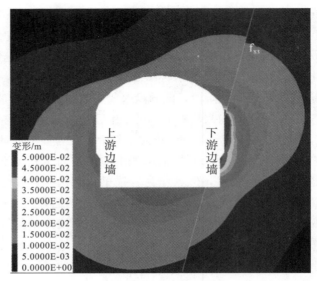

图 7.1.3-3　厂右 0+5m～厂左 0+35m 洞段第Ⅲ层开挖完成后围岩变形云图

注：此变形为总量（包含第Ⅰ、Ⅱ、Ⅲ层开挖变形）。

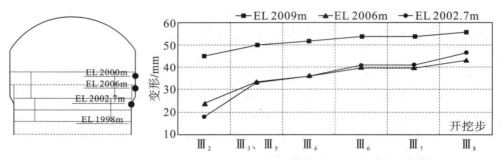

图 7.1.3-4　厂右 0+5m～厂左 0+35m 洞段第Ⅲ层逐层开挖变形累计增长图

（4）受围岩地质条件影响"断层/岩体蚀变/节理发育/开挖卸荷松弛损伤"，此洞段浅层围岩的开挖变形及卸荷松弛问题相对常规岩体洞段（Ⅱ和Ⅲ1类围岩条件）突出，但深层变形特征与常规洞段基本一致。在厂房第Ⅲ层开挖阶段，下游边墙岩锚梁部位围岩变形相对较大，累计变形为 40mm 以上，表层岩体表现出一定的松弛破裂特征，应力松弛深度一般为 5～6m，岩台部位存在一定程度的变形松弛甚至失稳破坏风险。结合主副厂房洞下游边墙厂左 0+19m 和厂右 0+00m 的多点位移计监测成果来看，各测点之间的应变也是在 3～7m 处有突变，与数值计算结果一致。

2）后续开挖响应特征

（1）厂右 0+5m～厂左 0+35m 洞段后续开挖（Ⅳ～Ⅸ层）的围岩变形，计算结果显示：地下厂房后续开挖过程中，高边墙效应逐步显现，边墙的最终累计变形较大，下挖过程对上部边墙影响不可忽视，洞室开挖完成后，下游侧岩锚梁部位围岩的累计变形一般在 60～65mm。从各开挖阶段变形增量特征看，后续开挖过程中，岩锚梁区域围岩变形增长主要发生在厂房第Ⅳ～Ⅶ层开挖阶段，该阶段岩锚梁下拐点最大变形增量接近 20mm。

（2）厂右 0+5m～厂左 0+35m 洞段后续开挖（Ⅳ～Ⅸ层）的围岩应力分布，计算结果显示：后续开挖过程中应力集中区域仍位于上游拱肩及下游边墙临时墙脚区域，应力集中程度整体一般维持 24～28MPa。受高边墙效应影响，边墙围岩表现出明显的应力松弛特征，随着边墙高度的增加，下游侧岩锚梁区域围岩的应力松弛深度也有较大幅度的增长。

（3）厂右 0+00m～厂左 0+35m 洞段后续开挖（Ⅳ～Ⅸ层）的围岩塑性区，计算结果显示：随着厂房持续下卧，高边墙逐渐形成，边墙塑性区深度会有较大幅度的增长，地下厂房开挖完成后，厂右 0+5m～厂左 0+35m 洞段下游边墙塑性区深度一般在 9～12m。

3）岩壁吊车梁稳定性分析

从该洞段岩锚梁变形特征来看（见图 7.1.3-5），施工期厂房下卧开挖引起的岩锚梁变形增量一般在 20mm 左右，轮压荷载作用下变形增量一般在 1.2mm 以内，变形量级均不高，符合对同类工程的一般认识；从岩梁锚杆受力特征来看，洞室开挖完成后，受拉锚杆应力一般在 100～120MPa，受压锚杆应力为 120MPa 左右，轮压荷载引起的受拉锚杆应力增量在 80MPa 左右，受压锚杆变化不大。

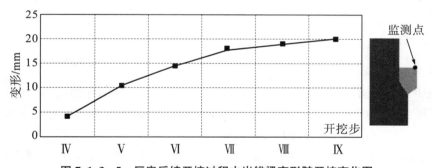

图 7.1.3-5　厂房后续开挖过程中岩锚梁变形随开挖变化图

整体上看，施工期和运行期桥机荷载作用下，岩锚梁变形和锚杆应力水平均不高，表明岩锚梁仍具备一定的安全裕度，但受"断层 f_{83}/岩体蚀变/节理发育/开挖松弛损伤"等综合影响，岩台部位的围岩承载能力偏低，而下拐点区域属于应力集中区，存在一定挤压破碎的风险。

7.1.3.3　块体结构复核

在结构力学法计算之前，需要补充的是，根据 2017 年 5 月 12 日该区段的Ⅲ7 和Ⅲ8 区的现场开挖情况，在该区段岩锚梁上拐点以上和下拐点以下揭露出挤压破碎带 J_{164}（N5°E NW∠60°）和挤压破碎带 J_{145}（N5°E NW60°～65°）。该洞段地质典型剖面见图 7.1.3-6。

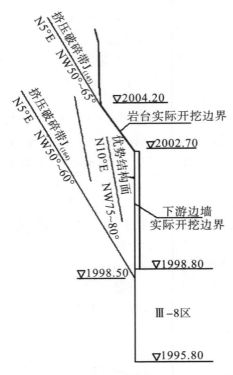

图 7.1.3-6　厂右 0+5m～厂左 0+35m 洞段岩台区域地质典型剖面图

从图中可以看出，厂房厂右 0+00m 下游边墙存在三组不利结构面：挤压破碎带 J_{164}（N5°E NW∠50°～60°，岩屑岩块型，带内蚀变），挤压破碎带 J_{145}（N5°E NW∠60°～65°，岩屑岩块型，带内蚀变），优势结构面 N15°～20°E NW∠75°～80°（带内蚀变），这三组不利结构面可组合成平面不利块体。本次计算的组合块体边界依据 3 个原则确定：①结合厂右 0+00m 下游边墙位移计孔内摄像成果确定浅层边界，明确组合块体 1；②考虑厂右 0+00m 洞段多点位移计不具有深层变形特性，表明该洞段不具备深层大型块体组合的可能性；③针对岩锚梁基础区域发育的优势结构面（N15°～20°E NW∠75°～80°）进行岩锚梁基础抗滑稳定计算，采用上拐点区域的优势结构面作为底滑面，明确组合块体 2。

其中需要说明的有两点：①地质提供的物理力学参数如下：组合块体 1 底滑面（挤压破碎带 J_{164}）和组合块体 2 底滑面（优势结构面）物理力学参数相同，摩擦系数 $f=0.40～0.50$，黏聚力 $c=0.05～0.10$MPa。本次计算，摩擦系数 f 采用 0.40，黏聚力 c 采用 0.05MPa。②根据厂右 0+5m～厂左 0+35m 洞段下游边墙高程 2004m 波速分布图，岩锚梁受拉锚杆锚固段（共 7m）约有 2m 位于 3500～4500m/s 波速范围内（Ⅲ2 类围岩），其余 5m 均位于 4500m/s 波速以上区域内（Ⅲ1 类围岩）。依据《地下厂房岩壁吊车梁设计规范》（Q/CHECC 003—2008）附录 A，对于Ⅲ1 类围岩，水泥砂浆与孔壁间的黏结强度标准值 $f_{rb,k}$ 选取 1.1 N/mm²（中值）；对于Ⅲ2 类围岩，水泥砂浆或水泥浆与孔壁间的黏结强度标准值 $f_{rb,k}$ 选取 0.8N/mm²（下限）。水泥砂浆与钢筋间的黏结强度标准值 $f_{b,k}$ 均选取 2.0N/mm²（下限）。

经计算，复核成果汇总见表 7.1.3—1。

表 7.1.3—1　厂右 0+05m～厂左 0+31.5m 洞段岩锚梁稳定复核和锚固长度复核汇总表

复核项目	岩锚梁抗滑稳定安全系数
岩锚梁稳定复核（优势结构面）	1.38>1.32
岩锚梁稳定复核（挤压破碎带）	2.02>1.32
岩锚梁受拉锚杆锚固长度	7000mm>6692mm

从计算成果来看，厂右 0+5m～厂左 0+31.5m 区域岩锚梁抗滑稳定的控制滑动面仍然为优势结构面，在考虑下拐点以下锚索作用及最大轮压条件下，岩锚梁抗滑稳定安全系数为 1.38，满足规范要求。这里需要说明的是，高程 2004m 普通砂浆锚杆（Φ32@1.5m）、高程 2002.4m 普通砂浆锚杆（Φ25@0.7m）、高程 2001.5m 预应力锚杆（Φ32@1.5m）均未计入计算，可作为岩锚梁的安全裕度。

7.1.3.4　加强支护方案

（1）从地质条件、现场开挖情况、补充物探成果来看，该洞段受断层 f_{83} 影响，岩体具有浅层破碎、沿结构面蚀变等特点，岩体蚀变、较破碎分布范围为厂右 0+5m～厂左 0+31.5m，分布高程为 2012～1994m。针对该洞段的支护分两层进行：①岩锚梁以上区域（高程 2012～2006m）；②岩锚梁区域（高程 2006～1994m）。

（2）对于岩锚梁以上区域（高程 2012～2006m），该区域存在的主要地质问题是：岩体存在沿结构面蚀变现象，存在约 2m 深的低波速区（<3000m/s），发育挤压破碎带 J_{145}。

在厂房第Ⅲ层开挖过程中，根据监测资料已采取了在原系统锚杆的条件下加密预应力锚杆的措施，加强支护后，预应力锚杆与带垫板的普通砂浆锚杆净间距为 0.75m。截至 2017 年 5 月 20 日，厂左 0+19m 和厂右 0+00m 下游边墙的位移计均已基本收敛，表明在加强支护后，该洞段在第Ⅲ层开挖完成阶段围岩整体稳定。

根据数值计算成果，厂房第Ⅲ层开挖完成后，高程 2009m 的位移总量达到 57mm；厂房全部开挖完成后，高程 2009m 仍然有 10mm 的位移增量，位移总量达到 67mm，增量为总量的 15%。设计认为，对于该区域存在的浅层低波速区，后续开挖会导致持续岩体恶化，特别是蚀变的倾向洞内的优势结构面（顺洞向陡倾角）和挤压破碎带 J_{145}，有必要采取保证浅层岩体完整性的措施，拟定采用钢筋混凝土板+预应力锚索的措施（加强方案典型示意见图 7.1.3—7）。

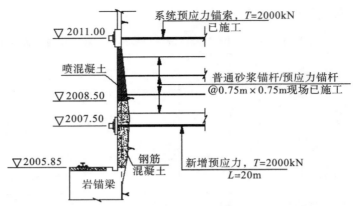

图 7.1.3-7　厂右 0+5m～厂左 0+35m 洞段下游边墙加强支护典型剖面图（高程 2011～2006m）

（3）对于岩锚梁以下区域（高程 2006～1994m），该区域存在的主要问题是：岩体存在沿结构面蚀变现象，岩锚梁基础岩体破碎（Ⅲ2 类），岩锚梁下拐点以下发育挤压破碎带 J_{164}。

根据数值计算成果，厂房第Ⅲ层开挖完成后，高程 2002.7m（岩锚梁下拐点）的位移总量达到 48mm；厂房全部开挖完成后，高程 2002.7m 仍然有 20mm 的位移增量，位移总量达到 68mm，增量为总量的 29%。设计认为：加强支护措施不仅要考虑目前的稳定，洞室后续开挖响应也是设计人员重点考虑因素，本洞段的岩锚梁抗滑稳定由蚀变的优势结构面控制，作为岩锚梁基础，其承载能力和完整性是控制岩锚梁抗滑稳定的关键因素，而后续开挖将进一步恶化岩锚梁基础的优势结构面应力松弛，结合挤压破碎带 J_{164} 对下游边墙的不利影响，设计拟定扶壁墙+预应力锚索的措施（加强方案典型示意见图 7.1.3-8）。

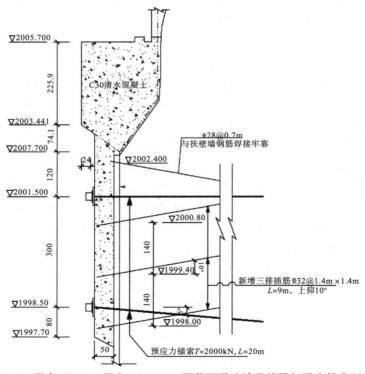

图 7.1.3-8　厂右 0+5m～厂左 0+31.5m 洞段下游边墙岩锚梁加强支护典型剖面图

7.1.3.5　后续监测情况

2017 年 7 月 10 日，厂右 0+20m～0+47m 洞段系统支护和加强支护（包括岩锚梁混凝土）均施工完毕；2017 年 8 月 11 日，厂房开始第Ⅳ层开挖；截至 2018 年 6 月，厂房已全部开挖支护完毕。

厂右 0+20m～0+47m 洞段在厂右 0+33m 布设有永久观测断面。截至 2018 年 6 月，该测点测值为 65.25mm，速率已小于 0.01mm/d。从过程线来看，该测点主要增长时段为厂房Ⅳ～Ⅶ层开挖期间，且层台阶式上升，与设计预期一致。厂房机窝开挖对该区域影响较小。该测点主要变形发生在距离孔口 6～12m 区域，这也是该区域采用深层锚固措施的重要原因之一。

以上分析可见，该洞段监测数据整体符合设计预期，且变形数据基本收敛，针对该洞段的加强支护措施满足要求，该洞段处于稳定状态。

7.1.4　下游边墙岩锚梁区域节理密集带处理

7.1.4.1　地质条件、开挖情况、变形监测和物探成果

1）地质条件

厂右 0+18m～厂右 0+40m 段发育挤压破碎带 J_{141}、J_{142}、J_{158}：J_{141} 产状为 N60°E NW∠60°，宽 1～3cm；J_{142} 产状为 N85°E NW∠40°～45°，宽 3～5cm；J_{158} 产状为 N0°～10°E NW∠50°～55°，宽 3～5cm，平行节理发育。厂右 0+34m～0+40m、厂右 0+23m～0+27m 段边墙发育节理密集带，密集带内沿节理面轻微蚀变，表层岩体卸荷松弛，属Ⅲ2 类围岩。

2）现场开挖情况

岩锚梁保护层（Ⅲ4、Ⅲ6）开挖前，下游侧岩锚梁保护层的开挖成型受岩体蚀变影响，在爆破开挖卸荷作用下，岩锚梁保护层总体开挖成型较差，保护层围岩松弛问题突出。

岩锚梁保护层（Ⅲ4、Ⅲ6）开挖后，该洞段开挖成型整体较好，岩锚梁岩台以下部位（高程 2002.7～1998.8m）局部发育节理密集带，带内轻微蚀变，浅部围岩表现出一定的松弛特征，存在少量松弛掉块现象。

3）变形监测

厂房厂右 0+33m 布置有一个监测断面，该监测断面下游边墙围岩的变形特征以及支护结构受力特征，可以在一定程度上反应厂右 0+20m～0+47m 洞段下游边墙节理密集带/蚀变影响区域围岩的变形和支护结构受力特征。

（1）厂房厂右 0+33m 下游边墙位移计（高程 2006m）。

截至 2017 年 5 月 5 日，该段下游边墙变形基本收敛；下游边墙变形总量（由厂房第Ⅲ层开挖引起）约为 12.05mm，与前期反馈分析预测变形相当；该位移计各测点与第Ⅲ层开挖具有较好的相关性，变形历程随开挖过程呈"台阶状、跳跃式"上升趋势；此位移计采用 4 点式，各测点之间的应变表现为由表及里递减的围岩变形特征，深层围岩变形较小。

（2）厂房厂右0+33m下游边墙锚杆应力计（高程2008m）。

截至2017年5月5日，该段下游边墙锚杆应力计已收敛；距孔口2m处的锚杆应力为114MPa，距孔口6m处锚杆应力基本在10MPa以内。

（3）厂房厂右0+33m下游边墙锚索测力计（高程2011m）。

截至2017年5月5日，该段下游边墙锚索测力计已收敛；当前锚索荷载为1550kN，比锁定荷载（1413kN）增长119kN。

4）补充物探成果

针对厂房第Ⅲ层下游侧边墙厂右0+33m～0+47m洞段开挖揭露的岩体蚀变、节理密集发育问题，对该区域布置了10个补充地勘钻孔进行声波测试和孔内摄像。其中，5个水平孔布置高程为2004m，孔口均位于下游临时边墙，深入下游边墙9m；5个垂直孔孔口高程为2000m，垂直孔孔位于下游边墙的上游侧（距离约为2m）孔深8m。补充物探钻孔典型布置示意见图7.1.4-1。

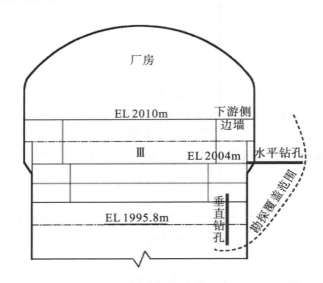

图7.1.4-1　厂右0+33m～0+47m洞段补充物探钻孔典型布置示意图

（1）水平物探孔。

水平检测孔的声波测试和钻孔摄像成果表明：①此洞段边墙围岩声波波速 v_p 基本在3000m/s以上，永久边墙围岩波速基本在3500m/s以上，较深部岩体波速普遍可达到4500m/s以上；②厂右0+33m～0+47m洞段岩体蚀变程度轻微，较深部岩体的蚀变现象不明显；③水平钻孔内揭示的结构面多为NW向中倾角节理，局部存在破碎带，是造成深部岩体局部波速偏低的主要原因。

（2）垂直物探孔。

垂直检测孔的声波测试和钻孔摄像成果表明：①高程2000m以下岩体质量整体较好，4个垂直孔中超过2m深处的岩体声波波速普遍较高，可达到4500～5500m/s。孔口浅层1～2m深度受开挖卸荷影响较明显，表现出一定的松弛破裂特征，波速一般为3000～4500m/s。②当时开挖阶段，受节理密集/岩体蚀变/爆破松弛损伤等因素影响相对明显的围岩分布范围，在竖直方向一般不超过高程 1998m。

（3）小结。

该典型剖面下游侧边墙围岩"中低波速带"（$v_p<4500$m/s）的深度一般小于3.5m，深入永久边墙 1～2.5m。永久边墙基本不存在"低波速带"（$v_p<3000$m/s），岩锚梁设计边线区域的波速基本可达到 3500m/s 以上。

7.1.4.2 围岩稳定计算

根据现场开挖揭示情况，设计要求对厂右 0+33m 监测断面进行加密观测，通过观测厂右 0+33m 断面的变形、锚杆应力、锚索测力情况，有效地保证现场施工安全。结合补充物探成果，可了解厂右区域蚀变带的性状和分布范围，为下一步围岩稳定计算、结构复核和拟定加强支护方案提供了有利条件。

厂右区域节理密集带（蚀变）分布在下游边墙中上部，且位于岩锚梁结构高程区域（2002.7～2006m）。为评价该区域在厂房后续开挖过程中对该洞段围岩稳定的影响以及对岩锚梁结构的影响，从定量化的角度，分别采用数值计算法和结构力学方法，分析此"节理密集带/蚀变"洞段的围岩开挖响应特征，复核评价该洞段岩锚梁的稳定性。

数值依据现场不良地质条件洞段开挖中揭露的实际工程地质条件和围岩变形破坏情况，结合相关监测、检测和试验成果等以及前期研究基础，综合拟定其在地质条件多样性下的岩体力学综合指标参数，并合理分析和预测其空间影响范围和分布特征，建立等效的数值计算概化模型。其中需要特别指出的是，综合指标参数的选取对计算成果有较大影响。

对于综合指标参数，首先，设计针对声波波速与岩体质量分类的相关性进行了研究分析，并制定相应的对应关系表（见表 7.1.4－1）；其次，设计依据地质建议参数、Hoek-Brown 参数评估法和监测反馈分析的成果综合评估各类岩体的物理力学参数（见表 7.1.4－2）；最后，通过数值计算复核验证计算模型与现场监测成果的一致性。

表 7.1.4－1　基于声波波速 v_p 的厂房下游边墙声波检测区岩体质量分区与相应岩体特征

平均波速 v_p（m/s）	围岩类别		岩体完整性评价		岩体特征
			完整性系数	完整性	
5000	Ⅱ		0.64	完整～较完整	强度高、无蚀变
4500	Ⅲ1		0.52	较完整～完整性差	强度较高、轻微蚀变
4000	Ⅲ2	Ⅲ2a	0.41	完整性差	节理较发育/轻微蚀变/轻微损伤
3500		Ⅲ2b	0.31	完整性差～较破碎	节理发育/轻微蚀变/中等损伤
2500	Ⅳ		0.16	较破碎	节理密集发育/中等蚀变/严重损伤松弛

表 7.1.4－2　岩体参数综合建议值

围岩类别		岩体特征	平均纵波波速 v_p (m/s)	岩石单轴抗压强度 U_{CS} (MPa)	变形模量 E(GPa)	泊松比	摩擦系数 f	黏聚力 c (MPa)	典型分布部位
Ⅱ		完整～较完整，强度高	5000	80	20	0.23	1.4	1.30	常规洞段
Ⅲ1		较完整，局部完整性差，强度较高	4500	60	13	0.26	1.2	1.15	常规洞段
Ⅲ2	Ⅲ2a	节理较发育/轻微蚀变/轻微损伤	4000	50	9	0.27	1.0	1.00	如：下游边墙厂右 0+20m～0+47 洞段（节理密集带）
	Ⅲ2b	节理发育/轻微蚀变/中等损伤	3500	40	4	0.28	0.8	0.70	如：下游边墙厂右 0+5m～0+35 洞段（节理＋蚀变）
Ⅳ		节理密集发育/中等蚀变/严重损伤松弛	2500	30	2	0.30	0.6	0.45	如：厂房下游边墙断层 f_{83} 下盘低波速带围岩

1）第Ⅲ层开挖完成后围岩变形和应力特征

（1）受节理密集带/蚀变影响，厂右 0+33m～0+47m 洞段下游侧边墙岩锚梁部位的围岩变形相对常规洞段（Ⅱ和Ⅲ1 类围岩条件）偏大，第Ⅲ层开挖完成后该区域累计变形一般为 28～32mm，但其影响深度有限，以浅层变形为主。

（2）应力场分布特征同样表明，此洞段浅层围岩卸荷松弛问题较常规洞段略突出。

（3）"节理密集发育/蚀变"对该洞段塑性区深度影响相对有限，该洞段下游边墙塑性区深度一般为 3～4m，现阶段围岩整体稳定性较好。

整体上，此洞段受"节理密集发育/蚀变"影响程度相对有限，第Ⅲ层开挖过程中，局部浅层岩体存在一定松弛破裂风险，但在及时完成系统支护的条件下，不会影响到该洞段下游边墙的整体稳定性。

2）后续开挖响应特征

后续厂房开挖过程中，受高边墙效应影响，下游侧边墙岩锚梁部位的围岩变形会有约 18mm 的增长，其中在厂房第Ⅳ～Ⅶ层开挖期间变形增长相对明显（见图 7.1.4－2），洞室开挖完成后，该部位围岩累计变形一般为 45～55mm。随着边墙高度的增加，下游侧岩锚梁区域的围岩应力松弛深度和塑性区深度均有较大幅度的增长，对下游边墙和岩锚梁的稳定有一定不利影响。

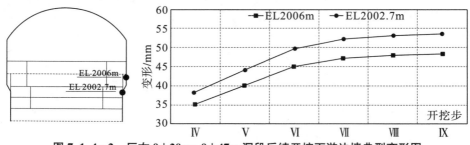

图 7.1.4－2　厂右 0+20m～0+47m 洞段后续开挖下游边墙典型变形图

3）岩壁吊车梁稳定性分析

从岩锚梁变形特征来看（见图 7.1.4-3），施工期厂房下卧开挖引起的岩锚梁变形增量一般在 23mm 左右，轮压荷载作用下变形增量一般在 1mm 以内，变形量级均不高，符合对同类工程的一般认识；从岩梁锚杆受力特征来看，洞室开挖完成后，受拉锚杆应力一般在 120MPa 左右，受压锚杆应力在 180MPa 左右，轮压荷载引起的受拉锚杆应力增量在 60MPa 左右，受压锚杆变化不大。

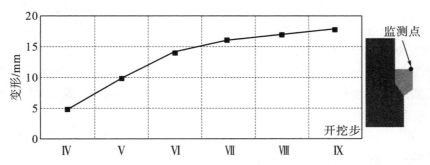

图 7.1.4-3 厂右 0+33m～0+47m 洞段随后续开挖岩锚梁变形图

整体上可以认为，厂右 0+33m～0+47m 洞段"节理密集发育/蚀变"等不利地质条件对岩锚梁的稳定性有一定影响，但影响程度相对较小，该洞段岩锚梁在施工期和运行期均具备一定的整体稳定性。

7.1.4.3 块体结构复核

鉴于主副厂房洞厂右 0+20m～0+47m 洞段下游边墙节理密集发育（轻微蚀变）分布在下游边墙中上部，且位于岩锚梁结构高程区域（2002.7～2006m），其岩体物理力学参数与常规洞段相比有所降低，为确保岩锚梁结构永久运行安全，设计需针对岩锚梁结构稳定性和岩锚梁锚杆长度进行复核计算。需要特别指出的是，本次岩锚梁结构稳定复核计算针对两方面进行：①岩锚梁结构沿岩/混凝土接触面的抗滑稳定；②岩锚梁结构沿顺洞向陡倾角优势结构面的抗滑稳定。

1）计算原则和假设

（1）本次计算采用概率理论为基础的极限状态设计方法、按分项系数设计表达式进行计算。

（2）岩壁吊车梁受拉锚杆应力及抗滑稳定验算，沿长度方向取 4.5m。

2）基本资料

（1）本工程厂房为 1 级建筑物，岩壁吊车梁结构安全级别为Ⅰ级。

（2）岩壁吊车梁一期混凝土强度等级为 C30，抗压强度设计值 f_c 为 14.3N/mm²，抗拉强度设计值 f_t 为 1.43N/mm²。

（3）岩壁吊车梁受拉锚杆采用预应力螺纹钢筋 PSB830 钢筋，抗拉强度设计值为 685N/mm²，抗压强度设计值为 400N/mm²。

（4）对于厂右 0+20m～0+47m 洞段的岩/混凝土物理力学参数，地质建议值摩擦系数 $f=0.65～0.75$，黏聚力 $c=0.55～0.65$MPa。本次计算摩擦系数 f 采用 0.65，黏

聚力 c 采用 0.55MPa，均为地质建议值下限。

（5）对于厂右 0+20m～0+47m 洞段发育的顺洞向陡倾角结构面（N15°～20°E NW ∠75°～80°），沿结构面存在轻度蚀变现象，地质建议值摩擦系数 $f=0.40～0.50$，黏聚力 $c=0.05～0.10$MPa。本次计算摩擦系数 f 采用中值 0.45，黏聚力 c 采用下限 0.05MPa。

（6）根据厂右 0+33m～0+47m 洞段下游边墙波速分布图，岩锚梁受拉锚杆锚固段（共 7m）约有 0.5m 位于 3500～4500m/s 波速范围内（Ⅲ2a 类围岩），其余 6.5m 均位于 4500m/s 波速以上区域内（Ⅲ1 类围岩）。依据《地下厂房岩壁吊车梁设计规范》（Q/CHECC 003—2008）附录 A，对于Ⅲ1 类围岩，水泥砂浆与孔壁间的黏结强度标准值 $f_{rb,k}$ 选取 1.1 N/mm²（中值）；对于Ⅲ2a 类围岩，水泥砂浆或水泥浆与孔壁间的黏结强度标准值 $f_{rb,k}$ 选取 0.8 N/mm²（下限）。水泥砂浆与钢筋间的黏结强度标准值 $f_{b,k}$ 均选取 2.0 N/mm²（下限）。

3）计算成果

经计算，复核成果汇总见表 7.1.4-3。

表 7.1.4-3　厂右 0+20m～0+47m 洞段岩锚梁稳定复核和锚固长度复核汇总表

复核项目	锚杆应力安全系数	岩锚梁抗滑稳定安全系数
岩锚梁稳定复核（岩/混凝土）	4.07>1.0	2.50>1.32
岩锚梁稳定复核（结构面）	2.60>1.0	1.44>1.32
岩锚梁受拉锚杆锚固长度	6360mm< 7000mm	

从计算成果看，厂右 0+20m～0+47m 区域岩锚梁抗滑稳定的控制滑动面为优势结构面，在考虑下拐点以下锚索作用及最大轮压的条件下，岩锚梁抗滑稳定安全系数为 1.44，满足规范要求。同时新增的一排预应力锚杆（Φ32@1.5m）和岩锚梁受拉锚杆（Φ32@0.7m）可进一步提高岩锚梁抗滑安全裕度。

7.1.4.4　加强支护方案

（1）从地质条件、现场开挖情况、补充物探成果来看，该洞段受节理密集带/蚀变影响，岩体具有浅层破碎、沿结构面轻微蚀变等特点。根据不良地质的分布，结合结构分区的要求，针对该洞段的支护分两个区域进行：①岩锚梁以上区域（厂右 0+10m～0+45m，高程 2010～2007m）；②岩锚梁区域（厂右 0+20m～0+45m，高程 2006～1998m）。

（2）对于岩锚梁以上区域（厂右 0+10m～0+45m，高程 2010～2007m），该区域存在的主要地质问题是：节理密集发育（未发现蚀变）。

在厂房第Ⅱ层开挖过程中，设计根据开挖揭示情况采取了在系统锚杆的基础上内插带垫板的普通砂浆锚杆措施，加强支护后，锚杆净间距为 1m。从厂右 0+33m 下游边墙监测数据来看，该区域发育的节理密集带对洞室稳定影响较小，该洞段在第Ⅲ层开挖完成后围岩整体稳定。

根据数值计算成果，厂房第Ⅲ层开挖完成后，高程 2007m 的位移总量为 28mm；

厂房全部开挖完成后，位移总量达到46mm，位移增量为总量的39%。设计认为：该节理密集发育区域高度不大（≤3m），延伸范围有限，在现有的支护条件下已经满足围岩稳定要求；后续开挖位移增量有所上升，设计认为有必要在第Ⅳ层开挖之前针对该区域进行预锚固措施，拟定针对该区域在高程2008.5m增设一排预应力锚索，$T=2000kN$，$L=20m$。

（3）对于岩锚梁以下区域（厂右0+20m～0+45m，高程2006～1998m），该区域存在的主要问题是：岩台基础局部发育节理密集带（Ⅲ2类）、岩锚梁抗滑稳定安全裕度不足、岩锚梁下拐点以下发育挤压破碎带J_{158}。

根据数值计算成果，厂房第Ⅲ层开挖完成后，该洞段高程2002.7m（岩锚梁下拐点）的位移总量达到31mm；厂房全部开挖完成后，高程2002.7m仍然有23mm的位移增量，位移总量达到54mm，增量为总量的43%。设计认为，该洞段的岩锚梁抗滑稳定由节理密集带内的不利优势结构面控制，作为岩锚梁基础，其承载能力和完整性是控制岩锚梁抗滑稳定的关键因素，而后续开挖将进一步增加岩锚梁基础节理密集带应力松弛，结合挤压破碎带J_{158}对下游边墙的不利影响，设计拟定采用扶壁墙+3排预应力锚杆+预应力锚索+1排岩锚梁受拉锚杆的措施（加强方案典型示意见图7.1.4-4）。

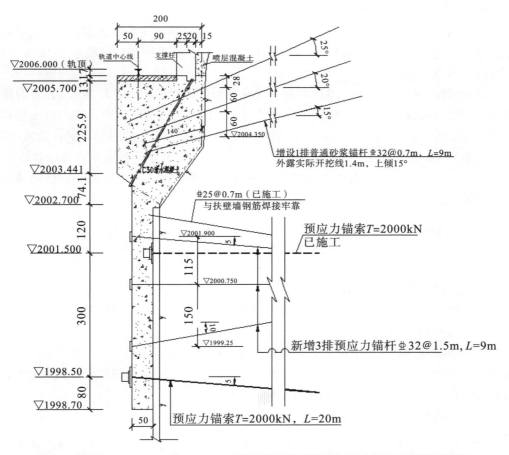

图 7.1.4-4 厂右 0+20m～0+45m 洞段下游边墙岩锚梁加强支护方案典型剖面图

在此，需要特别说明的是扶壁墙厚度的问题，设计扶壁墙厚度采用 50cm，主要有以下两点考虑：

（1）根据现场开挖情况，下拐点以下超挖量较小，喷射 15cm 厚混凝土后，扶壁墙厚度最大值为 85cm。如果直接采用 85cm 作为扶壁墙厚度，势必造成预应力锚索头外露至下游防潮墙的外侧，对厂房后期运行会造成一定的影响。设计采用 50cm 厚扶壁墙是考虑预留一定的后期变形量，厂房开挖完成后，锚索头外缘与防潮墙内缘基本齐平。

（2）根据计算分析，本洞段岩锚梁沿开挖岩台的抗滑稳定安全系数较高，岩锚梁抗滑稳定的控制性滑动面为岩台基础发育的顺洞向陡倾角优势结构面（N15°～20°E NW ∠75°～80°），设计之所以采用扶壁墙方案，主要是考虑岩台以下发育节理密集带（轻微蚀变，岩体破碎，波速约为 2800m/s，深入设计边墙约 2m），同时利用扶壁墙加大岩锚梁以下砌型滑块的厚度，确保岩台基础的完整性和预应力锚固措施的可靠性。设计认为，厂房后续下卧开挖可能会导致扶壁墙结构位移不协调，从而产生结构次应力，最终可能导致局部产生裂缝，裂缝的开展并不会削弱扶壁墙对破碎岩体的保护作用，也不会影响岩锚梁的抗滑稳定性，但会影响扶壁墙钢筋的耐久性，后期应注意扶壁墙混凝土裂缝的开展情况并及时进行封闭。

7.1.4.5　后续监测情况

2017 年 7 月 10 日，厂右 0+5m～厂左 0+35m 洞段系统支护和加强支护（包括岩锚梁混凝土）均施工完毕；2017 年 8 月 11 日，厂房开始第Ⅳ层开挖；截至 2018 年 6 月，厂房已全部开挖支护完毕。

该洞段除了厂右 0+00m 布设有永久观测断面外，设计要求在厂左 0+19m 洞段下游边墙增设位移计，布置高程为 1998m。厂右 0+19m 洞段下游边墙高程 1998m 位移计测值为 58.68mm，速率变为 0mm/d。该位移计受厂房后续开挖影响，呈台阶式上升，主要变形发生在距孔口 6～15m 区域。厂房开挖完成后，该测点的变形数据已收敛。

从以上分析可见，该洞段监测数据整体符合设计预期，说明加强支护措施满足要求，该洞段整体处于稳定状态。

7.1.5　岩锚梁结构加强措施

7.1.5.1　岩锚梁开挖成型情况

1）上游侧岩锚梁开挖情况
上游侧岩锚梁开挖整体成型较好，仅局部出现岩壁角下拐点缺失。

2）下游侧岩锚梁开挖情况
厂房下游侧边墙受应力集中、蚀变带、不利优势结构面影响，半孔率不高，整体开挖成型不如上游。下游岩锚梁区域开挖缺陷主要表现以下特征：斜岩台下拐点缺失、斜岩台局部存在结构光面、岩台底部缺失等。

7.1.5.2　岩锚梁加强支护措施

杨房沟主厂房选用两台 700t/150t 单小车桥机，桥机跨度 27m，单台桥机主梁每侧轮子数量 10 个；两台桥机总额定起重量 1400t，主梁的单个车轮轮压为 $P_{1max}=850kN$。

主副厂房洞上游侧岩壁吊车梁区域地质条件较好（Ⅱ类围岩），斜岩台开挖成型相对较好，仅局部出现斜岩台下拐点缺失；下游侧岩壁吊车梁区域发育顺洞向陡倾角优势结构面和节理密集带，地质条件相对较差（Ⅲ1类围岩为主，局部Ⅲ2类围岩），斜岩台开挖成型相对较差。为确保岩壁吊车梁结构永久运行安全，需对岩台缺陷、不良地质条件部位进行加强支护，主要措施如下：

（1）下游边墙系统处理方案：根据现场实际开挖揭示地质条件，下游岩锚梁区域发育顺洞向陡倾角优势结构面 N15°~20°E NW∠75°~80°，对岩锚梁稳定不利，结合岩锚梁稳定复核计算成果，要求在下游边墙高程 2001.5m 系统增设一排预应力锚杆 Φ32@1.5m（$T=120kN$，$L=9m$，外露 15cm）。增设锚杆垂直于岩面，与系统锚杆间隔布置。

（2）A 型处理方案：针对地质条件较好，开挖成型整体较好，岩锚梁部位局部出现少量超挖的情况。如岩锚梁直壁及斜壁座部位整体性产生不大于 20cm 的超挖，则超挖部位采用同标号混凝土填补并配置钢筋。超挖填补混凝土与岩壁吊车梁整体浇筑。

（3）B 型处理方案：针对岩壁吊车梁下拐点部位产生大于 20cm 的超挖，综合岩壁角较小。要求超挖部位采用同标号混凝土填补并配置钢筋，同时在高程 2004.35m 增设一排受拉锚杆，受拉锚杆采用普通砂浆锚杆 Φ32@0.7m（$L=9m$，外露 1.4m），锚杆上仰 15°布置。超挖填补混凝土与岩壁吊车梁整体浇筑。

（4）C 型处理方案：针对安装间下游侧厂右 0+178.5m~0+175.85m 段和厂右 0+170.55m~0+168.05m 段，其中厂右 0+170.55m~0+175.85m 段采用 A 型支护（无需增设锚杆）。该区域属于安装间副厂房和安装间段，开挖成型效果较差，岩壁角基本没有形成。主要措施如下：

①厂右 0+178.5m~0+175.85m 段和厂右 0+170.55m~0+168.05m 段采用钢筋混凝土墙体结构加强支护，墙体延伸至安装间底板。

②墙体与围岩之间布置插筋 Φ28@1.5m×1.0m，$L=6m$，外露 1.2m。

③施工顺序为：插筋施工→下部加强结构混凝土浇筑→上部岩壁吊车梁混凝土整体浇筑。

（5）D 型处理方案：针对进厂交通洞与主副厂房洞下游边墙交叉区域，该段岩锚梁斜壁座局部缺失，考虑进厂交通洞跨度较大，且安装场桥机使用频繁，各种桥机试验主要在安装间进行，有必要进行加强处理。施工步序为：插筋施工→下部支撑柱和扶壁墙浇筑→上部岩锚梁混凝土浇筑。

7.1.6 上游顶拱局部喷层脱落分析及处理

杨房沟主副厂房洞围岩岩性为浅灰色花岗闪长岩，呈微风化~新鲜状，岩石的单轴饱和抗压强度在 80~100MPa 之间。

根据前期地应力测试成果，厂区最大主应力 σ_1 值为 12.62~15.48MPa，最大主应力方向为 N61°~79°W，与厂房轴线夹角 66°~84°，属于中等地应力区。厂房中导洞开挖过程中，上游侧拱肩局部存在片帮、应力破裂现象。

在厂房顶拱（第Ⅰ层）开挖支护完成后，现场进行了顶拱专项验收，根据顶拱专项验收要求，针对厂房顶拱局部采取素混凝土复喷措施，以保证顶拱喷层相对平整、美观。在主副厂房洞第Ⅱ～Ⅴ层以上开挖支护过程中，厂房顶拱局部喷层脱落，结合考虑现场施工安全的重要性以及后续再加强措施的施工难度，现场针对厂房顶拱采用了全断面挂主动网的防护措施。在厂房Ⅴ～Ⅸ层开挖过程中，厂房顶拱陆续又出现了局部喷层开裂、脱落现象，但均被主动网兜住，未发生现场安全事故。厂房开挖完成后，为确保现场施工安全，设计要求在浇筑混凝土之前对顶拱主动网中的剥离喷层进行清理，并查明脱落、裂缝区域岩体损伤情况。

考虑到喷层脱落的原因很多，针对喷层脱落的分析主要从以下几个方面按顺序进行：①复核喷层脱落区域是否存在块体稳定问题；②研究杨房沟地下洞室群厂房开挖响应特征；③统计现场顶拱喷层脱落特征并明确处理方案。

根据数值反馈分析，杨房沟水电站地下厂房实测地应力最大值为15.52MPa，地应力回归分析显示最大主应力 σ_1 为 12～14MPa，花岗岩闪长岩饱和抗压强度 80～100MPa，因此可以认为主应力/岩石抗压强度比普遍为 0.12～0.17，并未普遍超过一般片帮破坏的阈值（$0.15 < \sigma_1/\sigma_c$），通过经验推断部分洞段可能具备产生应力型破坏的条件。具体的，该比值范围表明洞室开挖中的片帮破坏并不会是普遍现象，且破坏程度相对轻微（发展深度小于20cm）。但是，厂房第Ⅰ层开挖后和厂房全部开挖完成后，厂房上游拱肩集中应力由 20MPa 增加至 24MPa，且存在集中应力范围扩大调整现象。

从厂房顶拱喷层开裂、脱落的位置来看，大部分均位于上游顶拱；从现场来看，喷层开裂、脱落体均属于薄片形态；从围岩稳定复核情况来看，顶拱不存在围岩稳定问题；从数值反馈分析来看，厂房上游顶拱属于应力集中区，且随着厂房的下卧开挖，厂房上游顶拱应力逐步调整。

基于以上统计分析，厂房顶拱喷层脱落的原因为：①厂房上游顶拱属于应力集中区；②上游顶拱集中应力范围随厂房开挖扩大；③顶拱存在二次复喷情况，新老混凝土黏结较差，为二次复喷的素混凝土提供了开裂、脱落的有利条件。

从喷层清理后的照片来看，顶拱上游局部漏钢筋网，但钢筋网以下的喷层并未出现破坏，由此可见，厂房顶拱应力调整并未导致顶拱喷层出现系统性破坏。

鉴于以上分析，顶拱喷层脱落区域处理具体措施如下：考虑到后续混凝土转序的要求，为避免喷层脱落区域的修复工作与混凝土、机电施工相互干扰，针对顶拱喷层脱落位置和范围进行系统排查，同时要求持续定期巡查喷层脱落情况，并将主动网中脱落的喷层清理干净，确保人员和设备安全；针对主厂房顶拱喷层脱落并露钢筋网区域采取清理、复喷措施，复喷施工方案可采用后期小桥机作为施工平台，并要求在吊顶安装前完成。

7.2 主变洞边墙变形偏大问题

主变室和母线洞在 2017 年 5 月基本开挖完成，其后主变洞内无大规模开挖活动（仅为主变室上游侧沟槽开挖施工），但随着上下游主副厂房和尾调室大规模开挖施工，两侧高边墙逐渐形成，受洞群效应影响，2017 年 9 月以来，主变洞边墙两处监测点（厂右 0+66m 上游侧高程 1997m，厂右 0+00m 下游侧高程 1999m）的变形持续增长，且量值总体偏大。

考虑到主副厂房洞当时已经开挖至第Ⅶ层，尾水调压室已经开挖到第Ⅵ层，结合主变洞变形测值偏大的现场问题，为确保现场安全，有必要针对主变洞变形偏大原因进行研究分析，为明确加强处理方案提供参考和依据。

7.2.1 主变洞与其他两大洞室（主副厂房洞和尾水调压室）的开挖时序

根据地下三大洞室的开挖时段分析，主变洞关键开挖时序可以分为以下五个阶段。

（1）第一阶段：主变洞第Ⅰ～Ⅲ层开挖（2016 年 6 月 3 日～2017 年 3 月 1 日）。

（2）第二阶段：主变洞停止开挖，母线洞开挖支护（2017 年 3 月 1 日～2017 年 4 月 25 日）。

（3）第三阶段：主变洞停止开挖，母线洞开挖完毕，主副厂房洞停止开挖（施工岩锚梁），尾水调压室继续开挖（2017 年 4 月 25 日～2017 年 8 月 6 日）。

（4）第四阶段：主变洞停止开挖，母线洞开挖完毕，主副厂房洞和尾水调压室继续开挖（2017 年 8 月 6 日～2017 年 11 月 22 日）。

（5）第五阶段：主变洞开挖第Ⅳ层，主副厂房洞和尾水调压室继续开挖（2017 年 11 月 22 日～2017 年 12 月 25 日）。

7.2.2 主变洞厂右 0+66m 上游边墙高程 1997m 变形偏大分析

7.2.2.1 主变洞厂右 0+66m 洞段上游边墙地质条件

主变洞及 3♯ 母线洞开挖揭示厂右 0+66m 上游边墙围岩质量整体较好，未揭露明显的软弱结构面，主要发育 NNE、NW、NEE、NWW 向 4 组优势节理，其中 NNE 向优势节理倾角较陡，倾向上游侧，与洞室轴向呈小角度，对边墙稳定相对不利。

7.2.2.2 变形、支护受力、补充物探分析

从地质条件上看，主变洞厂右 0+66m 洞段上游边墙地质条件较好（Ⅱ类），未揭示明显的软弱结构面。本次变形偏大分析主要从变形监测过程线、区段应变分布、补充物探成果、支护受力监测过程线等几个方面进行分析研究。

1）变形分析

主变洞厂右 0+66m 洞段上游边墙高程 1997m 位移计实测变形增长显示边墙变形受"洞群效应"影响相对明显。从变形增长时间来看，2017 年 9 月中旬之前，该测点变形基本处于收敛状态，2017 年 9 月下旬，随着邻近洞段厂房第Ⅴ层开挖施工，该测点变形速率明显加快，由此可以判断该测点变形增长与厂房开挖施工有较大的关联性。

2）应变数据分析

根据多点位移计测点布置情况，按距主变洞上游边墙距离分五段（"0～1.5m""1.5～7m""7～15.5m""15.5～20.5m"和"20.5～28.5m"）进行应变增量（厂房第Ⅴ层开挖以来的应变增量）统计，距主变室上游边墙"15.5～28.5m"区段围岩应变明

显高于"0~15.5m"区段，表明该位移计深部测点主要发生了向厂房一侧的变形，数值分析同样表明，该部位的变形矢量主要是朝向厂房一侧。而当时"0~15.5m"区段围岩应变增长速率也明显提高。现场了解到，当时邻近洞段主变洞上游侧沟槽正在开挖施工，"0~15.5m"区段围岩当时的变形增长主要是受主变室上游侧沟槽开挖影响，属于正常的开挖卸荷响应。

3）深层支护分析

从主变洞上游边墙变形深度的分布特征来看，距厂房下游边墙 12~25m 深度范围内岩体均发生了相对较大幅度的变形增长。设计在厂房该洞段下游边墙采取了深层预应力锚索加强支护措施，该加强支护措施在厂房Ⅳ~Ⅴ层开挖期间施作完成，从后续厂房第Ⅵ、Ⅶ层引起的岩柱变形增量情况来看，加强支护起到了一定的效果，由厂房开挖引起的岩柱内部变形增幅有明显降低。

4）支护受力数据分析

从主变洞厂右 0+66m 上游边墙高程 2006m 锚索受力情况来看，厂房第Ⅴ、Ⅵ、Ⅶ层开挖期间，该测点锚索轴力同样处于增长状态，增量达到 220kN 左右，锚索累计荷载接近 1730kN，受力水平及增长幅度仍处于可控状态，且增长速率有变缓的趋势。

5）补充物探分析

从当时邻近部位（厂右 0+64.5m 上游边墙高程 1997m）补充钻孔摄像和岩体声波检测成果来看，岩体质量整体较好，但优势节理相对发育，距主变洞边墙 1.5m 深度岩体波速较低，属于开挖卸荷松弛区。与 2016 年 12 月（主变洞第Ⅱ层开挖后）的测试成果相比，当时主变洞上游边墙的松弛圈深度小于当时测试的最大值（1.6m），大于当时测试的平均值（1.04m）。由此可见，洞群效应对主变洞上游边墙松弛圈影响不大。

7.2.2.3　小结

综上所述，主变洞厂右 0+66m 洞段上游边墙高程 1997m 测点变形影响因素较多且相对复杂，厂房第Ⅴ、Ⅵ、Ⅶ层开挖应力释放导致厂房与主变洞之间岩柱一定深度（距主变洞上游侧 15.5~28.5m）围岩发生了向厂房方向的变形；而主变洞上游侧沟槽开挖施工也同样引起了一定深度（距主变室上游侧 0~7m）围岩向主变室方向的变形，但此变形占比相对较小。

该洞段变形量值总体相对偏大的原因如下：与该洞段发育的顺洞向断层、NNE 向优势节理及爆破开挖控制等因素有关，同时母线洞的存在在一定程度削弱了该洞间岩柱自身的整体承载能力；厂房第Ⅵ、Ⅶ层开挖高度均为 8m 左右，邻近部位大规模的开挖卸荷，是导致该监测变形近期持续增长的主要诱因。

考虑到该洞段在厂房下游边墙已及时采取了深层预应力锚索加强支护措施，并取得了一定的加固效果。综合判断认为，该监测点的变形属于正常洞群开挖卸荷响应，与预期变形特征也基本相符，该部位变形总体可控。

7.2.3 主变洞厂右0+00m下游边墙高程1999m变形偏大分析

7.2.3.1 主变洞厂右0+00m洞段下游边墙地质条件

主变洞厂右0+00m洞段下游边墙围岩质量整体较好，未揭露明显的软弱结构面，主要发育NNE、NW、NEE、NWW向4组优势节理，其中NNE向优势节理倾角较陡，倾向主变洞内，与洞室轴向呈小角度，对边墙稳定不利。

7.2.3.2 变形、支护受力、补充物探分析

从地质条件上看，主变洞厂右0+00m洞段下游边墙地质条件较好，未揭示明显的软弱结构面。本次变形偏大分析主要从变形监测过程线、区段应变分布、补充物探成果、支护受力监测过程线等几个方面进行分析研究。

1）变形数据分析

从变形增长时间来看，该测点当时变形增长与尾调室第Ⅴ～Ⅵ层开挖具有明显的关联性。尾调室第Ⅴ层开挖期间变形增长了约20mm，尾调室第Ⅵ层开挖期间变形增长了约12mm。

2）应变数据分析

从位移计各区段围岩应变增量来看，主变洞厂右0+00m洞段下游边墙变形增量主要发生在浅层岩体（1.5～4.5m）区域，深部岩体的变形量整体不高。

3）补充物探分析

从当时邻近部位（厂右0+1.5m下游边墙高程1999m）补充钻孔摄像和岩体声波检测成果来看，岩体质量整体较好，但优势节理相对发育，距主变洞边墙3.9m深度岩体波速较低，属于卸荷松弛区。与2017年1月和3月（主变洞第Ⅱ层开挖后）的测试成果相比，该洞段主变洞下游边墙的松弛圈深度较当时测试的最大值（1.6m）有较大增长。该测试成果与多点位移计揭示的变形主要发生在4.5m深度范围内具有较好的一致性，基本可以判断：主变洞厂右0+00m洞段下游边墙受主变洞下部开挖和尾调开挖影响较大，松弛圈深度已进一步发展。

4）支护受力监测分析

从锚杆应力计和锚索测力计成果来看，主变洞厂右0+00m下游边墙高程2003m锚杆应力随尾调持续下卧开挖影响较小，该锚杆应力计收敛值约为80MPa；而高程1997m的锚杆应力计和高程2000m的锚索测力计均在尾调第Ⅴ～Ⅵ层开挖期间有明显相应，而且在不同时段均有松弛迹象。出现应力松弛的锚杆应力计（高程1997m）测点位于距离孔口3.5m处，与松动圈增大的范围基本一致。

7.2.3.3 小结

综合地质情况及监检测成果，设计认为：主变洞下游边墙的变形增长主要是受当时尾调室持续下卧开挖的洞群效应影响导致。尾调室的持续下卧开挖卸荷，导致主变洞与尾调室洞间岩柱内的应力调整，呈现出水平方向应力释放、垂直方向应力集中的特点，结合主变洞下游边墙发育的顺洞向陡倾角结构面来看，岩柱浅层的受力状态和优势结构面的发育情况均对下游边墙较不利，从而表现出了一定的时效应力松弛特征，并逐步向

深部发展，声波检测成果对比也印证了这一结论。

结合支护受力监测情况来看，尾调第Ⅵ层开挖支护完成后，主变洞厂右 0+00m 洞段下游边墙高程 1997m 锚杆应力计和高程 2000m 的锚索测力计均表现出一定的持力衰减，说明浅层岩体对锚杆的锚固作用有所下降，对主变洞下游边墙稳定不利。考虑到当时尾调第Ⅵ层尚未开挖完毕，且主变洞监测数据未完全收敛，有必要采取一定的预应力加强锚固措施。

7.2.4 结论和加强处理措施

7.2.4.1 主变室厂右 0+66m 上游边墙高程 1997m

该洞段变形量值总体相对偏大的原因如下：厂房第Ⅴ、Ⅵ、Ⅶ层开挖应力释放导致厂房与主变室间岩柱一定深度（距主变室上游侧 15.5～28.5m，28.5m 测点为该位移计定义的不动点）围岩发生了向厂房方向的变形。

处理措施：考虑到该洞段在厂房下游边墙已及时采取了深层预应力锚索加强支护措施，并取得一定的加固效果，综合判断认为，目前该监测点的变形属于正常洞群开挖卸荷响应，与预期变形特征也基本相符，该部位变形仍总体可控。厂房在持续开挖，后续应加密该洞段位移计和支护测力的观测频次，动态复核该部位的围岩稳定和系统支护安全性。

7.2.4.2 主变室厂右 0+00m 下游边墙高程 1999m

该洞段变形量值总体相对偏大的原因如下：综合地质情况及监检测成果分析认为，该测点变形增长主要是受尾调室持续下卧开挖的洞群效应影响导致。尾调室的持续下卧开挖卸荷，导致主变洞与尾调室洞间岩柱内的应力调整，呈现出水平方向应力释放、垂直方向应力集中的特点，岩柱浅层的受力状态变得相对不利，并表现了出一定的时效变形和应力松弛特征。当局部支护强度偏弱时，岩柱浅层岩体的松弛变形可能会相对突出，并会逐步向深部发展，声波检测成果和支护受力情况均印证了这一结论。

处理措施：从测试成果来看，尾调洞 1# 井对应区域的主变洞下游边墙松动圈已经由 1.5m 扩展至 3.9m，考虑到尾调洞后续下卧（特别是 2# 尾调室）仍将持续影响洞间岩柱的应力状态，主变洞下游边墙松动圈存在进一步发展的可能性。通过以上分析论证，针对主变洞厂右 0+15m～厂左 0+15m 洞段分别在高程 1999.25m、高程 1997.75m 增设两排预应力锚杆 $\Phi 32@1.5m$（$L=9m$，$T=120kN$）。

7.2.5 后续监测成果

厂房全部开挖支护完成后，主变洞厂右 0+66m 洞段上游边墙高程 1997m 位移计测点最大测值为 67.68mm，当时多天平均变形速率为 0mm/d，变形已收敛。

随着尾调室全部开挖支护完成，主变洞厂右 0+00m 洞段下游边墙高程 1999m 位移计损坏，无法得到数据。但是，主变洞厂右 0+00m 洞段下游边墙高程 2000m 锚索测力计测点测值为 1734.48kN，当时多天平均变形速率为 0.02kN/d，锚索受力已收敛。

7.3 母线洞裂缝问题

7.3.1 母线洞裂缝概述

母线洞作为地下厂房与主变洞的衔接通道，布置于两大洞室间的岩柱之中，受洞群开挖扰动效应影响，洞间岩柱部位的应力状态和变形响应特征将十分复杂，且与厂房、主变洞的开挖施工过程及围岩条件密切相关，尤其两大洞室的高边墙围岩松弛变形问题将会明显影响到母线洞交叉洞口的围岩稳定性。

根据以往实践经验，在西部大型水电工程地下厂房洞室群建设中，出现的母线洞环向开裂现象是相对普遍的，并随着地下厂房规模的增大表现得更加突出。比如，在规模较小的十三陵抽水蓄能电站及广蓄、大朝山等水电站地下厂房中，在母线洞距厂房下游边墙 2～4m 范围内出现过 2～3 条裂缝；在规模较大的龙滩水电站、二滩水电站、拉西瓦水电站、锦屏二级水电站、长河坝水电站、猴子岩水电站以及在建的白鹤滩水电站中，在母线洞距离下游边墙 8～15m 范围出现多条裂缝，裂缝宽度达 10～20mm 以上。其中，拉西瓦水电站大型地下厂房洞室群规模大、地应力高，当主厂房第Ⅶ层开挖完成时，在母线洞上游 10m 左右范围的混凝土喷层中产生多条环向裂缝，最大缝宽达 15mm。长河坝水电站地下厂房 1#～4# 母线洞在厂房持续下挖期间均出现了多条环向裂缝，其中 4# 母线洞底板距下游边墙 6m 处裂缝宽度达到 3～4cm，同时 4# 母线洞底板下部 1470m 高程多点位移计变形速率未收敛。猴子岩水电站地下厂房洞室群，其环向裂缝主要发生在 2# 母线洞、6# 母线洞、副厂房联系洞、出线下平洞等洞室部位，裂缝范围距厂房或主变室边墙一般为 6～10m，最大距离约 15m。

杨房沟水电站主变洞和母线洞于 2017 年 4 月开挖支护完成（厂房开挖至第Ⅲ层）。

在主副厂房洞第Ⅳ～Ⅶ层开挖支护过程中，考虑到类似工程母线洞开裂问题，设计通过加密锚索、预应力锚杆锁口等相关措施预防母线洞内裂缝持续发展。现场实际过程中，与类似工程一样，母线洞内靠主副厂房洞一侧仍然逐步出现了多条喷层裂缝，其中靠厂房一侧的环向裂缝主要分布在距离厂房下游边墙 10m 区域，最大喷层裂缝宽度达 10mm 左右。

在厂房第Ⅶ层开挖基本结束阶段，开展了深化研究分析，并拟定了针对母线洞内环向裂缝的二次加强支护措施，其中包含对穿锚索、母线洞底板以下长锚索、母线洞底板倾向下游的斜插筋以及后续母线洞固结灌浆等。同时要求：在完成对穿锚索、母线洞底板以下长锚索、母线洞底板倾向下游斜插筋的支护措施完成后再进行厂房第Ⅷ～Ⅸ层的开挖。

在厂房机窝（第Ⅷ～Ⅸ层）开挖初期，现场先浇筑了母线洞底板垫层混凝土。在后续机窝开挖过程中，1#～4# 母线洞内均出现了一条垫层裂缝，该裂缝走向基本平行于厂房轴线方向，距离厂房下游边墙约 25m。

本节将针对母线洞内出现的两次裂缝情况进行研究分析，并提出处理措施。

7.3.2 母线洞第一次裂缝分析及处理措施

7.3.2.1 主副厂房洞与母线洞开挖进度关系梳理

2017 年 12 月 7 日，主副厂房洞开始进行第Ⅶ层（高程 1967.50m）中部拉槽；截至 2018 年 1 月 9 日，主厂房第Ⅶ层基本开挖完毕，仅剩厂右区域（厂右 0+115m～0+75m，共 40m）的下游保护层尚未开挖；截至 2018 年 6 月，主副厂房洞全部开挖支护完毕。

母线洞在 2017 年 4 月基本开挖完成，母线洞开挖完成时，主副厂房洞开挖至第Ⅲ-8 层（底面高程 1995.8m）。2018 年 2 月，主副厂房洞已开挖至第Ⅶ层（高程 1967.5m），在此期间，主副厂房洞开挖的高度为 28.3m。

7.3.2.2 厂房第Ⅳ～Ⅶ层开挖支护期间加强支护方案

在母线洞支护设计阶段（厂房第Ⅴ～Ⅶ层尚未开挖），考虑到厂房下游后期高边墙卸荷和洞内局部应力集中影响，设计主要以减小主副厂房洞下游边墙（母线洞交叉区域）应力松弛损伤、确保母线洞内施工安全为基本原则，分别针对主副厂房洞下游边墙和母线洞内围岩进行系统支护和加强支护设计。主要措施如下：

(1) 调整厂房下游边墙的母线洞锁口锚杆为预应力锚杆 Φ32@1.0m（$L=9$m）。

(2) 在厂房下游边墙 1989.5m 增设一排预应力锚索，同时调整母线洞对应位置底板以下的锚索高程至 1982.5m。

(3) 母线洞洞内（近厂房一侧 10m 范围内）增设工字钢。

(4) 在母线洞系统锚杆的基础上，内插预应力锚杆，加强支护后，锚杆间距为 0.75m×0.75m。

7.3.2.3 喷层裂缝情况

主副厂房洞第Ⅴ～Ⅶ层开挖期间，4 条母线洞喷层均内出现不同程度裂缝。

母线洞喷层裂缝分布特点如下：

(1) 母线洞内喷层裂缝分两种类型，第一种为环向裂缝，裂缝在母线洞边墙近似铅直方向开展；第二种为母线洞拱肩部位的水平裂缝。

(2) 靠厂房一侧的环向裂缝较靠主变室一侧发育，且裂缝开展宽度也相对较宽，靠厂房一侧的环向裂缝平均宽度约 3mm，靠主变室一侧的环向裂缝平均宽度约 0.5mm。

(3) 靠厂房一侧的环向裂缝主要分布在距离厂房下游边墙 10m 区域内，其中靠近厂房下游边墙 5m 区域均存在一条宽 8～10mm 的环向贯通性裂缝，该位置顶拱的环向裂缝开展宽度较边墙窄。

(4) 边墙的环向裂缝开展宽度明显大于顶拱的环向裂缝开展深度，且越往顶拱处延伸，裂缝宽度越小。推测贯穿裂缝可能是从母线洞底板产生，然后逐步延伸到边墙顶拱。

(5) 水平裂缝主要分布在右侧拱肩（顺水流方向）位置。

(6) 环向裂缝断口多呈现锯齿状，破坏模式表现为拉裂破坏。

(7) 水平裂缝断口多呈现刀刃状，破坏模式表现为应力性破坏。

7.3.2.4 现场物探成果

1）喷层裂缝和岩体裂缝

对比母线洞边顶拱喷层裂缝和母线洞底板岩体裂缝来看：①边顶拱喷层裂缝与底板岩体裂缝分布范围不同，边顶拱喷层裂缝分布范围较广，而底板岩体裂缝仅分布在距离厂房下游边墙 4.4～7.7m 范围内；②裂缝宽度不一样，边顶拱喷层裂缝最大宽度约 10mm，而底板岩体裂缝最大仅 2mm；③底板岩体裂缝均沿原生顺洞向陡倾角优势结构面发育，未发现岩石被拉裂现象。

为进一步了解母线洞边顶拱喷层裂缝与岩体裂缝的区别，针对喷层裂缝，向内凿开，沿裂缝凿开喷层的位置分别位于距离厂房下游边墙 5m、10m、15m 处。从现场来看，喷层裂缝与岩体裂缝的位置并不具有完全一致性，在距离厂房下游边墙 5m、10m 和 15m 处的喷层裂缝，凿开后并未发现岩体开裂现象，特别是距离厂房下游边墙 5m 处，喷层裂缝宽达 10mm，但是凿开后没有发现裂缝。

2）厂房下游边墙检测情况

厂房第Ⅶ层已开挖完成，针对母线洞开裂问题，现场安全监测项目部针对下游侧边墙开展了大量的松弛声波检测工作。

为进一步研究母线洞内环向裂缝的开展深度，在母线洞底板以下增设声波测试孔，同时要求在母线洞与母线洞之间的岩柱区域布置上下游方向的对穿孔，通过声波和孔内摄像获取岩柱质量信息。

现场布置有两个对穿物探孔（主副厂房洞与主变洞之间的），对穿物探孔布置高程均为 1989m，桩号分别为厂右 0+19m、厂右 0+45m。相关检测数据情况见表 7.3.2-1。

表 7.3.2-1　厂房下游侧边墙声波检测成果统计表

编号	下游边墙钻孔位置（cm）	孔口高程（m）	测试时间	松弛深度（m）
SBCGc0+77.5-6	厂右 0+77.5		2018/1/18	2.2
SBCGc0+45-6	厂右 0+45	2007.6	2018/1/18	1.8
SBCGc0-17.5-6	厂左 0+17.5		2018/1/18	2.6
SBCGc0+77.5-7	厂右 0+77.5		2018/1/16	2.6
SBCGc0+45-7	厂右 0+45	1993	2018/1/16	3.4
SBCGc0+13.5-7	厂右 0+13.5		2018/1/16	1.6
SBCGc0-17.5-7	厂左 0+17.5		2017/11/27	1.8
SBc0+77.5-3	厂右 0+77.5		2018/1/15	2.6
SBc0+45-3	厂右 0+45	1976	2018/1/13	1.8
SBc0+14-3	厂右 0+14		2018/1/12	4.6

编号	下游边墙 钻孔位置（cm）	孔口高程（m）	测试时间	松弛深度（m）
—	厂右0＋00	1978.5	2018/1/12	9.2
—	厂右0＋33		2018/1/15	10.0
—	厂右0＋66		2018/1/13	9.6
—	厂右0＋99		2018/1/15	9.6
SBc0＋72	厂右0＋72	1968	2018/1/15	5.0
SBc0＋37	厂右0＋37		2018/1/15	3.4
SBc0＋20	厂右0＋20		2018/1/12	1.0
对穿孔	厂右0＋19	1989	2018/2/20	9.0
	厂右0＋45		2018/2/20	8.0

对厂房下游侧边墙母线洞附近的声波检测成果展开综合分析，有以下认识：

（1）钻孔声波测试波速一般靠近厂房下游边墙处波速最低，往里声波波速曲线呈波状上升趋势，这也间接表明了围岩浅层松弛问题相对明显，整体上的岩体质量随着距开挖面深度的增加而逐渐变好的特征。另外，部分钻孔揭示的节理裂隙较发育，造成了声波波速起伏、稳定性差。

（2）从空间分布上看，下游边墙围岩松弛区具有较明显的分区分异特征，并与母线洞分布位置具有一定关联。其中，母线洞洞间岩柱中间（高程1993m/1976m）的松弛深度一般为1.6～4.6m，远离母线洞部位（高程2007.6m/1967m）的岩体松弛深度为1.0～5.0m。这些部位虽受厂房高边墙开挖卸荷影响，但深部的声波波速或岩体质量仍相对较好，未见明显松弛迹象，表明相应的系统支护起到了良好的加固效果。

（3）母线洞底板以下部位（高程1978.5m）的松弛深度普遍偏深，可达到9～10m左右，超出系统锚杆支护深度；母线洞与母线洞之间的岩柱受高边墙及高边墙影响，松弛深度偏深，达8～9m，超出系统锚杆支护深度。显然，这两个部位的松弛情况与母线洞边顶拱、底板开裂问题有直接相关性，受母线洞空间位置和厂房开挖卸荷影响，出现了较强烈开挖卸荷松弛损伤，围岩声波波速明显降低。

7.3.2.5 裂缝成因分析

1）水平裂缝成因

由于地下厂房与主变室之间的岩柱内布置了4条母线洞，整体挖空率相对较高，多个洞室开挖卸荷引起的二次应力调整相互叠加影响，导致岩柱内应力状态较复杂。受河谷偏压地应力特征影响，岩柱内应力集中区域主要位于母线洞右侧拱肩区域（从厂房向主变方向看）及左侧边墙墙脚区域，最大主应力一般为24～30MPa，存在一定的应力性破坏风险。同时其中的3♯、4♯母线洞围岩应力集中程度略偏强一些，并且现场表现出的应力性喷层破裂问题也相对明显。

可见，母线洞中部靠主变侧洞段出现的喷层水平裂缝，其主要成因偏向应力性开裂，实际上这在母线洞开挖初期就有所表现（相应部位出现了轻微应力性片帮破坏）。随着厂房的持续下卧开挖，洞间岩柱应力持续调整，该部位也进一步显现出围岩二次应力集中导致的喷层破裂问题，与母线洞喷层环向裂缝的形成应区别对待。

2）环向裂缝成因

母线洞环向裂缝的成因主要是厂区地应力偏高（属中等应力）、洞室结构体型（厂房和主变洞之间的岩柱受力机制复杂，加之 4 条母线洞影响，是地下洞室中的薄弱环节）决定的，而下游边墙发育的顺洞向陡倾优势结构面则为岩柱的侧向开挖卸荷变形提供了内部条件，这些陡倾结构面在厂房持续下卧卸荷过程中将出现法向张开、扩展甚至贯通现象，并会在一定程度上加大母线洞环向开裂的程度和影响深度等。

数值分析结果表明，从母线洞顶拱及底板沿线围岩变形分布特征看，靠近厂房下游边墙的变形问题相对突出，其主要影响区在距厂房下游侧边墙 10~15m 范围内。母线洞与厂房下游边墙交叉部位母线洞顶拱变形和应力释放主要发生在厂房第Ⅴ~Ⅶ层开挖期间（变形释放量占总变形的 65%~70%，水平变形增量可达到 30~50mm），而母线洞底板变形和应力释放主要发生在厂房第Ⅵ~Ⅶ层开挖期间（变形释放量占总变形的 70%左右，水平变形增量可达到 20~40mm），影响深度一般可以达到 10~15m。从现场母线洞环向裂缝开展的时间和位置来看，主要发生在厂房第Ⅴ~Ⅶ层开挖期间，环向裂缝（多为顺洞向陡倾优势结构面的法向张开变形）的主要分布位置一般在距厂房下游边墙 10~12m 距离以内，与数值分析基本一致。

另外，根据数值分析结果，杨房沟地下厂房洞室群母线洞围岩变形在厂房第Ⅶ层开挖完成后将逐渐趋于稳定（此阶段开挖后母线洞部位的围岩变形释放率可达到 80%~90%），厂房后续开挖（第Ⅷ和Ⅸ层开挖）对母线洞部位围岩的变形影响相对较小，变形增量一般为 10mm 左右。由此预见，后续母线洞环向裂缝仍一定程度上存在发生发展的可能。

综合来看，随洞室下卧开挖，厂房顶拱应力集中程度及范围呈现一定增长趋势，厂房洞室群开挖完成后厂房顶拱最大主应力一般为 24~28MPa。从最小主应力分布特征看，边墙围岩表现出了相对明显的应力松弛问题，且随着洞室持续下卧，高边墙效应显现，边墙应力松弛程度及范围逐步增大，厂房边墙浅部一定深度范围内围岩处于受拉状态，该区域可与围岩开挖松弛损伤区相关联。

在厂房第Ⅴ~Ⅶ层开挖期间，母线洞邻近部位围岩的应力松弛区或拉应力区均出现了较明显的扩大，此阶段厂房下游边墙（母线洞交叉洞口部位）围岩应力松弛深度一般可达到 8~15m，拉应力区分布范围一般为 5~10m。另外，由于主厂房一侧的开挖卸荷量远大于主变室，且两侧洞室底板高程差异较大，洞间岩柱靠厂房侧的松弛深度要明显大于主变室侧。这均可与现场揭示的母线洞环向裂缝开裂现象相对应。

7.3.2.6 母线洞第一次裂缝成因总结及处理方案

1）母线洞环向裂缝成因机制

厂房第Ⅶ层开挖完成后，高边墙形成，母线洞高程区域属于高边墙中部，变形和应力释放较为剧烈，浅层岩体处于受拉状态，导致喷层出现环向拉裂缝；厂房下游边墙发育顺洞向陡倾角优势结构面，结合岩体裂缝素描来看，母线洞围岩也出现沿结构面展开的现象。

2）监测、检测数据分析与总体评价

（1）厂房第Ⅵ、Ⅶ层开挖期间，厂房下游边墙绝大部分变形监测值在安全预警范围内，且具备收敛特征；下游边墙靠近母线洞区域的锚索受力绝大部分均小于设计荷载。综合判断认为，主副厂房洞下游边墙受第Ⅵ、Ⅶ层开挖响应特征符合设计预期，说明在开挖之前针对厂房下游边墙及母线洞内的支护对边墙的变形及稳定性起到了较好的控制作用和加固效果，施工期洞室围岩开挖变形整体可控。

（2）厂房下游侧边墙近期松弛声波检测成果表明，围岩松弛区具有较明显的空间分区分异特征，并与母线洞位置及高程具有关联性。下游侧边墙围岩整体松弛深度一般为1～5m，而母线洞底板以下部位（高程1978.5m）的松弛深度普遍偏深，可达到9～10m；且母线洞与母线洞之间的岩柱受高边墙及高边墙影响，松弛深度也偏深，达8～9m。以上两个部位超出系统锚杆支护深度。

针对以上存在的问题，为确保主副厂房围岩永久稳定，防止围岩松弛进一步向岩柱深部进一步扩展，有必要针对深松弛区域实施以预应力锚索加固为主的补强加固处理。

3）处理方案

（1）母线洞底板区域。

考虑到厂房下游边墙（母线洞底板以下）松弛深度达9～10m，结合系统锚索的布置，在厂房下游边墙高程1983.5m增设两根预应力锚索，$L=40$m，$T=2000$kN，锁定荷载1600kN；在厂房下游边墙高程1979m、高程1976m增设4根预应力锚索，$L=20/25$m，$T=2000$kN，锁定荷载1600kN。

从检测成果看，母线洞底板与主副厂房洞下游边墙相交区域属于双面卸荷，松弛深度也最深，因此也有必要针对母线洞底板（特别是近厂房一侧）采取系统锚杆支护。针对母线洞底板（距离厂房0～20m区域）增设倾向下游系统锚杆$\Phi28@1.5$m，$L=4.5$m，倾角60°。

（2）母线洞与母线洞之间岩柱。

考虑到厂房下游边墙（母线洞与母线洞之间）松弛深度达8～9m，结合系统锚索以及后期结构的布置，在主副厂房洞与主变洞之间增设对穿锚索，$L=45.5$m，$T=2000$kN，锁定荷载1600kN。同时要求增设一个锚索测力计。

（3）母线洞围岩结构面张开处理。

考虑到永久运行期母线洞内布置有高压封闭母线和其他设备，为确保母线洞防水处理效果，有必要针对母线洞内张开的结构面进行封闭处理或采取固结灌浆措施。同时，固结灌浆对厂房下游边墙松弛圈也有一定的加固效果。固结灌浆孔深5m，排内采用发散型布置，排距2.5m。

（4）考虑后续开挖对厂房下游边墙的影响。

厂房第Ⅶ层开挖完成后，开挖底面高程1967.5m，该高程距离厂房之间岩柱顶面距离3.4m，距离机窝底面高程20.57m。考虑到机窝开挖后，母线洞和尾水扩散段在厂房下游边墙同时贯通的不利影响，以及机窝开挖对高边墙的影响，要求在高程1976m增设一排锚索，1#机组段左侧集水井区域增设两排锚索，$L=35/40m$，@4.5m×4.5m。

7.3.3 母线洞第二次裂缝分析及处理措施

设计在母线洞第一次裂缝开展期间提出了加强支护措施，并要求：①在厂房机窝开挖之前完成对穿锚索、母线洞底板长锚索、下游边墙下部增设的1排锚索（局部两排）、母线洞底板斜向插筋等措施；②在母线洞衬砌完成后再进行固结灌浆；③针对母线洞围岩采用CT物探法，进一步探清主副厂房洞和主变洞之间岩柱损伤情况。

在加强措施完成后，厂房机窝（第Ⅷ~Ⅸ层）开挖初期，现场浇筑了母线洞底板垫层混凝土。在后续机窝开挖过程中，1#~4#母线洞内均出现了1~3条垫层裂缝，该裂缝走向基本平行于厂房轴线方向，距离厂房下游边墙22~35m。厂房机窝（第Ⅷ~Ⅸ层）开挖时间与垫层裂缝时间见表7.3.3-2。

表7.3.3-2 厂房机窝（第Ⅷ~Ⅸ层）开挖时间与垫层裂缝时间表

母线洞编号	厂房机窝开始开挖时间	垫层浇筑时间	发现垫层裂缝时间
1#母线洞	2018年1月25日	2018年4月9日	2018年4月19日
2#母线洞	2018年3月20日	2018年3月17日	2018年4月4日
3#母线洞	2018年4月6日	2018年3月26日	2018年4月10日
4#母线洞	2018年4月12日	2018年3月21日	2018年4月14日

7.3.3.1 母线洞底板垫层裂缝情况

1#母线洞底板垫层发现1条裂缝，2#母线洞底板垫层发现2条裂缝，3#母线洞底板垫层发现2条裂缝，4#母线洞底板垫层发现1条裂缝。垫层裂缝可以分为两种：第一种裂缝距离厂房下游边墙21.2~25.4m，该裂缝位于厂房下游边墙高程1982m位移计可监测范围内，该裂缝发育在2#、3#和4#母线洞内（以下简称"裂缝1"）；第二种裂缝距离厂房下游边墙32.9~35.9m，厂房下游边墙高程1982m位移计无法监测到，该裂缝发育在1#、2#和3#母线洞内（以下简称"裂缝2"）。

7.3.3.2 监测和检测成果

1）监测成果

（1）厂房下游边墙变形监测。

根据厂房监测布置情况，在每个母线洞底板以下高程1982m均布置有1个位移计，该位移计深入厂房下游边墙30m，对发育在距离下游边墙21.2~25.4m的母线洞垫层裂缝可监测区域变形情况。

受2#机窝开挖影响，该位移计各测点均出现一定的弹跳上升，其特点为距离孔口15m的点和孔口的点处于同步上升状态。根据数据分析，在垫层浇筑完成至发现裂缝期间（2018年3月17日~4月4日期间），以距孔口15m的测点为中心线，距孔口30m的测点位移差由2.41mm增长至6.47mm，增长量为4.06mm；孔口至15m的相对位移由12.59mm增长至16.68mm，增长量为4.09mm；两者基本相当。

从机坑开挖期间的变形示意图来看，深部与浅部的变形增量几乎相当，这种变化规律产生的直接原因是针对母线洞底板以下的加强支护措施（母线洞内距离厂房下游边墙0～20m 布置斜向插筋）有效地增加了岩体纵向刚度，在机坑开挖阶段有效地限制了厂房下游边墙 0～20m 区域的卸荷松弛程度。

从数据来看，母线洞底板以下高程 1982m 变形最大测值为 34.05mm，该测值小于安全预警指标（40mm），且该测点变形速率为 0.03mm，在厂房机坑开挖完成后，基本收敛。

（2）裂缝宽度监测。

由于裂缝 2 距离厂房下游边墙达 32.9～35.9m，超出了母线洞底板以下位移计监测范围。

从裂缝开合度来看，在机窝开挖阶段，裂缝 2 的开合度持续增长，后续，随着厂房开挖完毕，裂缝 2 开合度增长逐步降低，厂房开挖完成后，开合度增长量为 0.01mm/d，基本收敛。

2）检测成果

从测试成果看，在第一次母线洞裂缝处理方案完成的情况下，厂房第Ⅷ～Ⅸ层开挖对母线洞与母线洞之间的岩柱未造成明显损伤，后续测得的浅层松弛圈深度与机坑开挖前基本一致，深部波速也未出现明显降低。厂房第Ⅷ～Ⅸ层开挖前后对比显示全段波速平均值仅降低 2%～3%，距离厂房下游边墙 20～35m 区域（垫层裂缝区域）降低幅度1%～2%。由此可见，主厂房与主变洞之间岩柱受厂房第Ⅷ～Ⅸ层开挖影响较小。

7.3.3.3　母线洞底板垫层裂缝成因分析及处理意见

1）垫层裂缝 1 成因分析及处理意见

从厂房机窝开挖时间和垫层裂缝 1 形成时间对比来看，该裂缝的形成与厂房机窝开挖有密切关联。

从垫层浇筑时间和垫层裂缝形成时间来看，垫层裂缝均是在浇筑完成后 10～24d 内产生，垫层混凝土 C15 初期的极限拉伸值偏低，更加容易形成裂缝。

从裂缝素描情况来看，垫层裂缝 1 分布距离厂房下游边墙 21.2～25.4m，该区域属于母线洞底板斜向插筋范围（距厂房下游边墙 0～20m）以外。结合母线洞底板以下的监测数据来看，由机坑开挖引起的厂房下游边墙 0～15m 段和 15m～30m 位移增量几乎相当，该规律反映出母线洞底板 0～15m 段纵向刚度较强，有效地控制了厂房下游边墙0～15m 区域的卸荷松弛程度，开裂位置与母线洞底板斜向插筋布置范围有较好的对应性。

鉴于以上分析，垫层裂缝 1 成因总结如下：①厂房机窝开挖；②素浇混凝土 C15未达到龄期，极限拉伸率偏低；③距离厂房下游边墙 20～45m 未布置斜向插筋。

从现场来看，垫层裂缝并未持续向母线洞底板围岩开展，且母线洞两侧边墙也并未新增喷层裂缝。由此可以判断，厂房机窝开挖引起的岩柱应力调整并未导致岩柱围岩开裂损伤，在监测数据均基本收敛的条件下，不需要再加强支护。

2）垫层裂缝 2 成因分析及处理意见

从厂房机窝开挖时间和垫层裂缝 2 宽度监测情况来看，该裂缝的形成和发展与厂房机窝开挖有密切关联。

从垫层浇筑时间和垫层裂缝形成时间来看，垫层裂缝均是在浇筑完成后 10～24d 内产生，垫层混凝土 C15 初期的极限拉伸值偏低，更加容易形成裂缝。

从裂缝素描情况来看，垫层裂缝 2 分布距离厂房下游边墙 32.9～35.9m 处，不仅位于底板斜向插筋范围外，同时也位于母线洞底板以下加强长锚索锚固段范围内。母线洞底板以下加强锚索采用 35m/40m 交替布置，在锚固段区域形成了拉应力集中区，而母线洞底板距离锚固段最小距离仅 3m。由此可以判断，垫层裂缝 2 属于母线洞底板以下锚索锚固段影响区域，在母线洞底板以下锚索受力增长阶段，该区域锚固段拉应力也会持续上升，更加容易导致垫层素混凝土拉裂。

鉴于以上分析，垫层裂缝 2 成因总结如下：①厂房机窝开挖导致母线洞底板以下锚索荷载逐步增长；②距离厂房下游边墙 30～35m 区域属于锚索锚固段应力集中区域，且随着厂房机窝的持续开挖逐步变大；③素混凝土 C15 未达到龄期，极限拉伸率偏低。

从现场来看，垫层裂缝并未持续向母线洞底板围岩开展，且母线洞两侧边墙也并未新增喷层裂缝。由此可以判断，垫层裂缝 2 区域虽然属于母线洞底板以下锚索锚固段应力集中区，但该应力集中现象并未导致围岩张裂、损伤。结合裂缝 2 的监测数据来看，厂房机窝开挖完成后，裂缝 2 已停止继续扩张，也就表面应力集中区的围岩稳定情况良好。基于以上分析，不需要再加强支护。

7.4 尾水调压室

7.4.1 边墙变形偏大问题

2017 年 9 月以来，随着尾调室第 V 层和第 VI 层的开挖，尾调室上游边墙位移监测点 Mwt−0+000−5（厂右 0+00m，上游侧高程 2010m）、锚索应力监测点 DPwt−0+000−1（厂右 0+00m，上游侧高程 2022.5m）的测值持续增长。截至 2017 年 12 月 25 日，该部位位移测值已超安全预警值、锚索应力测值已超设计吨位值，为此对该部位进行了进行了专题分析，主要内容如下。

7.4.1.1 尾调室厂右 0+00m 上游边墙地质条件

尾调室上游边墙为块状～次块状结构，岩体以较完整为主，围岩整体稳定，上游边墙开挖残孔率高、成型好，主要为 II 类围岩，占 69%；部分边墙发育顺洞向陡倾角节理，易形成组合块体引发掉块，主要为 III1 类围岩，占 31%。

根据现场开挖揭露地质情况，尾调室厂右 0+00m 上游边墙高程 2010m 多点位移计埋设部位岩体质量较好，节理中等发育，属 II 类围岩。该范围未揭露断层等较大规模构造，主要见以下 3 组优势节理：①N10°～25°E NW∠75°～90°，闭合，面平直粗糙，延伸长，间距 1～2m；②N60°W NE∠50°～55°，闭合，面平直粗糙，延伸长，间距 1.5～2m；③N75°W SW∠35°～45°，闭合，断续延伸长，间距 20～60cm。其中，陡倾角节理①与尾调边墙夹角仅 10～15°，对边墙围岩稳定较不利。

7.4.1.2　尾调室厂右 0+00m 断面监测数据分析

1) 变形分析

截至 2017 年 12 月 25 日，多点位移计测点累计变形为 45.11mm，从该测点变形增长规律及与爆破开挖关系来看，在尾调室第Ⅲ、Ⅳ层开挖期间其变形增长幅度均较小，而从 2017 年 9 月下旬以来，该测点变形速率明显加快，且处于较长时间的不收敛状态，期间尾调室正在进行第Ⅴ层及以下的开挖施工，11 月上旬随着第Ⅴ层开挖完成及支护施作，该测点变形有一定放缓趋势。随着尾调室第Ⅵ层开挖施工，该测点变形速率又有明显加快。尾调室第Ⅴ、Ⅵ层开挖期间该测点变形增量分别达到 22.42mm、17.68mm。

2) 应变数据分析

从各区段围岩应变增长情况来看，浅层 1.5～3.5m 围岩应变最大，内部变形相对较小，围岩变形整体呈现由表及里的特征，说明随着边墙高度的增加，围岩卸荷后，围岩松弛变形逐步向深部发展。

3) 锚索受力监测分析

锚索测力计测值达到 2044.77kN，从该测点变形增长规律及与爆破开挖关系来看，在尾调室第Ⅲ、Ⅳ层开挖期间其变形增长幅度均较小，而从 2017 年 9 月下旬第Ⅴ、Ⅵ层开挖施工以来，该测点变形速率明显加快，其测值变化规律与桩号厂右 0+00m，高程 2010m 处多点位移计测值变化规律整体一致，说明两者测值增长原因应是相同的。

4) 补充物探分析

从尾调室第Ⅱ层开挖完成后声波检测成果来看，桩号厂右 0+00m 上游边墙高程 2014m 松弛深度一般为 2m，未松弛区域岩体波速较高，一般在 5000m/s 以上，均值为 5100m/s 左右，与该部位开挖揭示的Ⅱ类围岩具有一致性。2017 年 12 月 25 日对调压室上游边墙进行补充超声波检测，该声波孔位于桩号厂左 0+8m，从 PS1-3 廊道内斜向下 19°，孔深约 21m，该孔的声波检测成果揭示，该部位的围岩松弛深度较深，达到 5～6m，平均波速也有一定幅度降低，综合岩体质量已降为总体Ⅲ1 类、局部Ⅲ2 类。据此推测，该部位在尾调室第Ⅴ层之后持续下卧开挖过程中围岩出现了较明显的卸荷松弛损伤。

5) 原因分析

(1) 高边墙形成后的应力调整。

三大洞室开挖后，洞室间的岩柱承担了山体上部岩体重量，随着洞室边墙的增大，岩柱高度越来越大，尤其是尾调室第Ⅵ层与第Ⅶ层贯通后，尾调边墙总高度达 64.78m。随着高边墙的形成，岩柱内的应力必然调整，在应力作用下，岩柱两侧边墙围岩呈向外"鼓胀"的趋势，这是调压室高边墙形成后的一个总体变形特征。

数值计算成果也表明，随着尾调室的持续下卧开挖卸荷，高边墙应力逐步调整，呈现出水平方向应力释放、垂直方向应力集中的特点。随着边墙高度的增加，边墙围岩应力松弛深度不断加。

(2) 陡倾角节理发育。

根据尾调室实际开挖揭露的地质条件，桩号厂右 0+00m 洞段区域主要见以下 3 组优势节理：①N10°～25°E NW∠75°～90°，闭合，面平直粗糙，延伸长，间距 1～2m；

②N60°W NE∠50°～55°，闭合，面平直粗糙，延伸长，间距 1.5～2m；③N75°W SW ∠35°～45°，闭合，断续延伸长，间距 20～60cm。其中，陡倾角节理①与尾调边墙夹角仅 10°～15°，局部密集发育。尾调室高边墙形成后，在该陡倾角节理切割和围岩应力的双重作用下，边墙围岩易发生松弛变形。

根据尾调室超声波检测成果，1#尾调室第Ⅱ层挖完后，超声波检测孔 SBwt0＋00－3（上游边墙桩号厂右 0＋00m，高程 2014m）的检测成果表明，该部位边墙松弛深度约 2m；1#尾调室第Ⅵ层开挖完成后，2017 年 12 月 25 日从 PS1－3 廊道补充勘探的超声波检测孔（桩号厂左 0＋08m）检测成果表明，该部位边墙松弛深度 5～6m。从以上两次检测结果对比可以看出，在该陡倾角节理切割和围岩应力的作用下，该部位边墙围岩松弛深度有一定程度的增加。

此外，排水洞距离高程 2010m 多点位移计 Mwt－0＋000－5 较近，对尾调室上游边墙变形不利，这也是导致多点位移计测值较大的因素。

（3）施工原因。

尾调室第Ⅴ、Ⅵ层的开挖高度分别为 11m、11.5m，较第Ⅰ～Ⅳ层的开挖高度均有所增加，其中尾调室第Ⅴ层，为实现中隔墙 1#联系洞至尾调下层支洞的贯通，靠尾调室左端墙侧最大开挖高度达 16m。

另外值得特别关注的是，尾调室第Ⅵ层的开挖过程中，由于第Ⅶ层为尾水岔管，作为尾水连接管开挖施工的通道，该岔管中导洞于 2017 年 4 月已开挖完成。当第Ⅵ层与第Ⅶ层贯通后，尾调室边墙高度骤增 19.5m，上部边墙围岩在这种急剧卸荷的作用下，变形加速难以避免，从多点位移计 Mwt－0＋000－5（上游边墙桩号厂右 0＋00m，高程 2010m）的监测成果也佐证了以上变化，在尾调室第Ⅲ～Ⅳ层开挖过程中，围岩变形比较缓慢，但第Ⅴ、Ⅵ层开挖后，围岩变形急剧加速。

7.4.1.3 变形原因总结及加强支护措施

综上所述，引起尾调室厂右 0＋00m 上游边墙快速变形增长的主要原因是：①尾调室高边墙形成后的应力调整；②顺洞向陡倾角反倾优势节理发育，在尾调室高边墙形成后，在该陡倾角节理切割和围岩应力调整的双重作用下，围岩易发生松弛变形；③尾调室第Ⅴ层和Ⅵ层的快速开挖和卸荷是该部位围岩变形持续增长和岩体松弛损伤的主要诱因。

尾调室厂右 0＋00m 洞段围岩变形是高边墙形成后，一种由表及里的松弛变形。根据尾调室与排水廊道连接洞等洞室开挖过程中实际揭露及多次物探检测（含孔内电视、声波检测）的成果，尾调室厂右 0＋00m 洞段围岩内部无较大的不利地质构造，尾调室厂右 0＋00m 洞段围岩整体稳定是有保证的。但考虑到该部位部分围岩松弛深度达 5～6m，为约束围岩进一步快速变形和持续松弛，提高系统支护的有效支护力，有必要对该部位边墙进行加强支护。

根据以上分析成果及结合现场实际情况，决定在 1#尾水调压室上游边墙桩号厂左 0＋21m～厂右 0＋21m，高程 2015.75m 增加 9 根预应力锚索加强支护，可与排水廊道对穿布置。

7.4.1.4 后续监测成果

截至 2018 年 8 月 5 日，尾调室上游边墙位移监测点 Mwt−0+000−5 测值最大变形位移为 62.75mm，当时近 7d 平均变形速率为 0mm/d，变形已收敛；锚索应力监测点 DPwt−0+000−1 的测值为 2282.9kN，当时近 7d 平均变化速率为 0kN/d，锚索荷载增长速率也已收敛。变形监测成果和锚索应力监测成果均表明，该部位围岩变形已稳定，围岩整体是稳定的。

7.4.2 中隔墙顶部基岩局部变形开裂问题

2018 年 6 月 20 日，巡视发现尾调室中隔墙顶部基岩有开裂现象，随后对中隔墙顶基岩进行了清理和裂缝排查工作，根据基岩清理后的地质素描资料，中隔墙顶基岩共出现 5 条裂缝，均沿 NW 向（顺水流方向）陡倾角节理张裂。为研究尾调室中隔墙顶部基岩裂缝成因，展开了详细分析和研究，主要内容如下。

7.4.2.1 尾调室中隔墙的开挖支护情况

尾调室底部岔管流道以上中隔墙流道高 39.5m，流道以下中隔墙高 18m，总高 57.5m，厚 14.6m，高程 1995m 以上中隔墙宽 24m，高程 1995m 以下中隔墙宽 22m。根据尾调开挖施工方案，中隔墙上游侧 1991.5m 高程、下游侧 1971m 高程分别各布置 1♯、2♯联系洞，联系洞尺寸 4.7m×5.5m（宽×高）。

1）浅层系统支护

尾调中隔墙浅层系统支护采用系统锚杆 Φ28，$L=6$m，@1.5m×1.5m，系统挂网喷 C25 混凝土 15cm。

2）深层系统支护

中隔墙深层支护采用系统对穿预应力 $T=1000$kN，$L=14.6$m，间排距 4.5m×4.5m。中隔墙第一层开挖揭露后，根据揭露的地质条件的数值分析成果表明，中隔墙中部锚索应力水平较高，因此将中部锚索吨位由 1000kN 调整为 1500kN。

7.4.2.2 尾调室中隔墙的地质条件及顶部裂缝分布

尾调室中隔墙围岩类别以Ⅲ₁类为主，局部为Ⅲ₂类围岩，节理相对发育，主要发育 4 组优势节理：①N15°～25°E NW∠65°～75°；②N65°～75°E SE∠35°～50°；③N70°～80°W SW/NE∠80°～85°；④N80°～85°W SW/NE∠35°～45°。中隔墩共揭露 8 条Ⅳ级结构面，宽度 2～5cm，延伸长度一般 13～20m，为岩块岩屑型，未见大型软弱结构面。

中隔墙顶基岩共出现 5 条裂缝，均沿 NW 向（顺发电水流方向）陡倾角节理张裂，长度 1.2～3.5m，宽度 1～15mm。裂缝 L1：N70°W SW∠70°节理，张开 8～13mm；裂缝 L2：N80°W SW∠60°节理，张开 3～5mm；裂缝 L3：N80°～90°E SE∠80°节理，张开 3～6mm，局部 15mm；裂缝 L4：N85°W SW∠85°节理，微张 2～3mm，局部张开 5mm；裂缝 L5：N85°W SW∠85°节理，微张 1～3mm。

7.4.2.3 数值计算分析

根据计算，尾调室开挖完成后，中隔墙围岩变形一般为 35～50mm，局部结构面影响区域变形量值偏大，达到 50~60mm。受多向卸荷以及两侧高边墙挤压作用，中隔墩上部岩体松弛变形问题比较突出。中隔墙下部岩体应力集中程度较高，最大主应力一般可达到 25~30MPa，存在一定的应力性破坏风险。中隔墙岩柱塑性区基本处于贯通状态，根据相关工程实践，这种岩柱的塑性区贯通现象并不一定会导致岩柱总体承载力的丧失，也不一定引起施工期的围岩稳定性问题。中隔墙中部锚索荷载较高，一般在1300~1600kN，与实测锚索荷载也比较接近。

7.4.2.4　裂缝原因的分析

综上所述，尾调室中隔墙顶部围岩变形开裂的主要原因可归结为以下几点。

（1）受力条件：中隔墙岩柱处于三面卸荷，两端受上下游边墙挤压的不利受力状态。

（2）地质原因：开挖揭露中隔墙 NW 向（顺发电水流方向）陡倾角节理较为发育，在卸荷松弛及挤压作用下，易沿 NW 向陡倾角节理发生开裂。

（3）施工原因：中隔墙顶部开挖成形较差，两侧端墙局部超挖及爆破震动加剧了围岩松弛。

7.4.2.5　加强支护的措施

鉴于尾调室开挖已全部结束，且中隔墙监测成果表明，尾调室中隔墙上部围岩变化速率逐步减小，趋于平稳，说明中隔墙的支护强度是足够能保证中隔墙安全稳定的，但为了进一步控制中隔墙变形和提供围压，提高中隔墙围岩整体稳定安全裕度，决定采用如下加强支护措施：

1）中隔墙高程 1969.5m 以下增加预应力对穿锚索

在中隔墙高程 1969.5~1960.5m 自上而下增设 3 排（共 9 根）预应力对穿锚索，锚索设计吨位 2000kN，按 80%设计吨位锁定。

2）中隔墙顶高程 2008.5m 平台岩体局部开裂部位增设插筋

在中隔墙顶高程 2008.5m 平台桩号厂下 0+120.725m~0+136.475m 范围内，沿裂缝展布方向左右交叉布置插筋，插筋参数 $\Phi28$，$L=5m$，入岩 4.85m，倾角 45°，间距 1.5m。

7.4.2.6　后续监测成果

截至 2018 年 9 月 15 日，尾水调压室中隔墙上部多点位移计 Mwtz-2005-1（高程2005m）实测位移量 38.56mm，当时近 7d 平均变形速率为 0mm/d，已收敛，表明该部位围岩是安全稳定的。

7.5　尾水检修闸门室

考虑到尾闸室永久边墙较高，三维数值分析计算表明，尾闸室开挖完成后，边墙围岩最大变形塑性区深度将超过系统锚杆支护范围，因此为确保边墙围岩稳定，决定在尾闸室上、下游边墙高程 2019.76m、高程 2013.76m 分别各增设一排预应力锚索，$T=$

1500kN，$L=20/25$m，间排距 5m×6m，矩形间隔布置。

7.6 三大洞室端墙交叉口部位加强支护问题

地下厂房系统三大洞室平行布置，各主洞室左右侧端墙分别与进风洞、通风兼安全洞等洞室相交，在主洞室下卧过程中，受河谷应力和交叉洞口应力集中影响，各洞室均有不同的响应，针对现场情况，可设置必要的加强支护措施。

7.6.1 主副厂房洞左端墙

主副厂房洞左端墙顶拱区域与进风洞相交，在主副厂房洞第Ⅲ层下卧过程中，厂房进风洞与主副厂房洞左端墙交叉区域出现喷层开裂脱落现象。

喷层开裂脱落位置位于进风洞上游拱肩，且近主副厂房洞左端墙区域，破坏模式为应力性破坏。经系统排查，平行于厂房轴线方向的进风洞洞段仅此区域出现应力破坏现象。经过计算分析认为，对于平行于厂房轴线方向的洞室，受河谷应力影响，上游拱肩和下游边墙根部均会出现应力集中，结合厂房持续下卧，应力集中有所提高，局部出现应力性破坏现象。为防止应力性破坏持续发展，有必要针对交叉口区域进行加强支护，具体加强方案如下：

对进风洞靠厂房段（进风 0+565.51m～0+550.51m）顶拱进行加强支护。顶拱增设钢筋网 Φ6.5@15cm×15cm，挂网范围：沿两侧拱肩各下沿 1m；上游拱肩增设 2 排预应力锚杆 Φ28@2m×2m（$T=100$kN，$L=6$m），顶拱其他部位采用带垫板的普通砂浆锚杆 Φ28@2m×2m，$L=6$m，外露 5cm，加强锚杆与原系统锚杆内插交错布置。加强支护后，复喷 C25 混凝土 10cm。

7.6.2 主副厂房洞右端墙

主副厂房洞右端墙顶拱区域与通风兼安全洞相交，在主副厂房洞第Ⅲ层下卧过程中，通风兼安全洞与主副厂房洞右端墙交叉区域出线了喷层开裂脱落、底板混凝土开裂现象。

对于喷层开裂原因在 7.1.6 节已经叙述，这里不再重复。

对于通风兼安全洞两侧边墙和底板出现的环向裂缝，裂缝开展位置距主副厂房洞右边墙约 7m，裂缝连续性较好。从地质条件来看，该区域发育断层 f_{85}（N85°W NE∠45°～50°），断层走向垂直于通风兼安全洞，倾向厂房内，对厂房右端墙不利。这里要说明的是，断层在通风兼安全洞内出露迹线与洞内环向裂缝具有一定的对应性。从现场贴砂浆条来看，在厂房持续下卧过程中，出线持续裂开；从厂房右端墙现场情况来看，通风兼安全洞底部有渗水现象，说明厂房下卧过程中，爆破和应力释放对岩体质量有一定影响。鉴于以上分析，有必要针对该区域进行加强支护，具体方案如下：

（1）对通风兼安全洞 TA0+112.571m～0+97.571m 靠厂房段上游拱肩进行加强支护，加强锚杆采用 2 排预应力锚杆 Φ32@1.5m×1.5m（$T=120$kN，$L=6$m，外露

5cm）。对于现场已发生片帮部位，在加强支护后复喷 C25 混凝土 10cm。

（2）在主副厂房洞右侧端墙，在通风兼安全洞四周增设 10 根预应力锚索和 4 排预应力锚杆。

7.6.3　主变洞右端墙

主变洞右端墙顶部与主变排风洞相连，主变进风洞位于主变排风洞下部，平行于主变排风洞布置，两洞在端墙部位的岩体之间厚度仅为 8.15m。根据现场巡视情况，在主变洞右侧端墙，主变排风洞底板和主变进风洞顶拱均存在超挖现象，两洞实际岩体厚度仅 6m（约为主变进风洞一倍洞径），且两洞之间岩体存在渗水现象。

鉴于现场渗水严重、主变排风洞底板超挖区域已回填、主变进风洞尚未浇筑衬砌混凝土等不利因素，为保证施工期和永久运行安全，需加强支护，具体方案如下：

①对主变进风洞靠近主变洞（主进 0+34m～0+24m）段，采用加强支护措施，在原系统锚杆的基础上内插带垫板的普通砂浆锚杆 Φ25@2m×2m，$L=4.5m$，外露 15cm。

②对主变洞右端墙进行加强支护，加强锚杆采用 2 排预应力锚杆 Φ32@1.5m×1.5m（$T=120kN$，$L=9m$）。

7.6.4　主变洞左端墙

主变洞左端墙顶拱区域与主变顶层连接洞相交，在主变洞第Ⅲ层下卧过程中，主变顶层连接洞上游拱肩出现喷层开裂脱落现象。

喷层开裂脱落位置位于主变顶层连接洞上游拱肩，且靠近主变洞右端墙区域，其成因与主副厂房洞进风洞一致。

经设计复核研究，为防止片帮现象进一步发展，需加强支护，具体方案如下：

在主变顶层连接洞靠主变洞厂左 0+44m～0+29.2m 洞段上游拱肩增设 2 排预应力锚杆 Φ32@2m×2m（$T=120kN$，$L=6m$），顶拱其他部位采用带垫板的普通砂浆锚杆 Φ28@2m×2m，$L=6m$，外露 5cm，加强锚杆与原系统锚杆内插交错布置。加强支护后，复喷 C25 混凝土 10cm。

7.6.5　尾调室左端墙

厂房上层汇水洞与尾水调压室左端墙交叉口桩号位于厂左 0+39.8m 附近，岩性为浅灰色花岗闪长岩（$\gamma\delta_5^2$），微风化，次块状结构。节理密集发育，产状 N70°W SW ∠60°～70°，闭合，面平直光滑，延伸长，岩体完整性差，围岩局部稳定性差，属Ⅲ2 类围岩。由于节理密集发育及受开挖爆破影响，厂房上层汇水洞交叉口洞段顶拱及边墙喷层见多条环向裂缝。

为确保下层开挖后调压室左端墙围岩稳定，在厂房上层汇水洞靠近尾调室厂左 0+39.8m～0+45m 段增设 6 榀钢拱架支护，并在上层汇水洞洞口原锁口锚杆间增设一排 100kN 预应力锚杆 Φ32，$L=9m$，间距 1m，并要求在尾水调压室第Ⅲ层开挖前施工完成。

7.6.6 尾调室右端墙

尾调中支洞与尾水调压室右端墙交叉口位于桩号厂右 0+126.30m，在尾水调压室第 V 层下卧过程中，受断层 f_{28} 及开挖下卧的影响，尾调中支洞内靠近尾调室 3~5m 范围内断续发育多条环向裂缝。

为确保调压室右端墙稳定，在原系统锚杆和锁口锚杆支护基础上，沿尾调中支洞洞口增设 2 圈 120kN 预应力锚杆 Φ32，$L=9m$，并沿断层 f_{28} 增设一排锁口锚杆，在调压室第 V 层开挖前施工完成。

7.7 三大洞室锚索超限问题

7.7.1 预应力锚索设计承载力

根据杨房沟水电站地下洞室群预应力锚索结构，2000kN、1500kN 和 1000kN 锚索采用的钢绞线根数分别为 13 根、10 根、7 根，每根钢绞线由 7 根钢丝捻制而成。

根据《水电工程预应力锚固设计规范》（DL/T 5176—2003）第 6.4.1 条："对于岩体锚固工程，锚束中的各股钢丝或钢绞线的平均应力，施加设计张拉力时，不宜大于钢材抗拉强度标准值的 60%。"

依据以上原则，各吨位预应力锚索设计承载力见表 7.7.1-1。

表 7.7.1-1 杨房沟地下洞室预应力锚索实际承载力计算统计表

项目	单位	2000kN 锚索	1500kN 锚索	1000kN 锚索
钢材强度利用系数 m		0.6	0.6	0.6
钢绞线根数 n	根	13	10	7
单根钢绞线截面面积 S_n	mm²	140	140	140
钢绞线抗拉强度 R_m	MPa	1860	1860	1860
锚索设计承载力 N_t	kN	2000	1500	1000
锚索实际承载力	kN	2032	1563	1094
锚索承载力设计裕度	kN	32	63	94

根据以上复核计算，2000kN、1500kN 和 1000kN 锚索的实际承载力分别为 2032kN、1563kN 和 1094kN。

7.7.2 锚索超限统计

1) 锚索超限率

截至三大洞室开挖完成，厂房内施工锚索数量为 640 根，设计荷载均为 2000kN，安装锚索测力计 30 台，锚索测力超过 2032kN 的个数为 3 个，厂房内锚索超限率为 10%。

主变洞内施工锚索数量为 132 根，设计荷载均为 2000kN，安装锚索测力计 4 台，锚索测力均未超过 2032kN，主变洞内锚索超限率为 0%。

尾水调压室内施工锚索数量为 504 根，其中 2000kN 设计荷载的锚索有 470 根，1000kN 设计荷载的锚索有 18 根，1500kN 设计荷载的锚索有 16 根，共安装锚索测力计 17 台，测值超过（或基本达到）锚索实际承载力的测力计个数为 4 个，尾水调压室内锚索超限率为 23.5%。

总体而言，三大洞室整体锚索超限率为 13.7%。三大洞室锚索超限率统计见表 7.7.2-1。

表 7.7.2-1 三大洞室锚索超限率统计表

洞室名称	已施工锚索数量	已安装锚索测力计数量	测值已超（基本达到）锚索实际承载力的数量	锚索超限率
主副厂房洞	640	30	3	10.0%
主变洞	132	4	0	0.0%
尾水调压室	504	17	4	23.5%
三大洞室汇总	1276	51	7	13.7%

2）单根锚索超限幅度

三大洞室共有 7 个测点锚索测值超限，具体分布位置、超限幅度及速率统计见表 7.7.2-2。

表 7.7.2-2 超限锚索统计表

超限锚索位置		设计荷载（kN）	锁定荷载（kN）	实际承载能力（kN）	测值（kN）	超限幅度	速率（当时近 5～7d 平均值）（kN/d）
主副厂房洞	厂右 0+00m 洞段下游边墙高程 1997m	2000	1400	2032	2238.1	10.1%	-0.2
主副厂房洞	厂右 0+33m 洞段下游边墙高程 1997m	2000	1400	2032	2124.9	4.6%	-0.1
主副厂房洞	厂右 0+33m 洞段上游边墙高程 2011m	2000	1400	2032	2366.7	16.5%	0.2
尾水调压室	厂右 0+00m 洞段上游边墙高程 2022.5m	2000	1400	2032	2283.6	12.4%	-0.1
尾水调压室	厂右 0+66m 洞段上游边墙高程 2022.5m	2000	1400	2032	2208.6	8.7%	0.7
尾水调压室	中隔墙上部高程 2005.5m	1000	700	1094	1170.4	7.0%	0.2
尾水调压室	中隔墙上部高程 1991m	1500	900	1563	1717.3	9.9%	—

根据统计，三大洞室最大超限幅度为 16.5%，测值为 2366.7kN，该测点位于厂房厂右 0+33m 洞段上游边墙高程 2011m（厂房拱肩高程为 2013.95m）。

7.7.3　锚索超限区域地质条件

1）主副厂房洞厂右 0+00m 洞段下游边墙高程 1997m 区域地质条件

主副厂房洞厂右 0+00m 洞段下游边墙高程 1997m 区域发育挤压带 J_{148}，产状为 N60°～80°E NW∠20°～30°，宽 1～3cm，充填碎裂岩、岩屑，见蚀变，面扭曲，平行节理发育，两侧岩体较完整。节理中等～较发育，主要发育 N35°～45°E NW∠40°～50°，节理面局部见蚀变现象，岩体完整性差，属Ⅲ2 类围岩。该洞段边墙随机节理切割形成的浅层块体较发育，不存在深层大型组合块体问题。

2）主副厂房洞厂右 0+33m 洞段下游边墙高程 1997m 区域地质条件

主副厂房洞厂右 0+33m 洞段下游边墙高程 1997m 区域发育挤压带 J_{141}，产状为 N60°E NW∠40°挤压带，宽 1～3cm，充填碎裂岩、岩屑，上下盘影响带宽 10～30cm。节理中等～较发育，主要见以下 4 组：①N85°E NW∠40°～55°；②N40°E NW∠45°；③N10°E NW∠45°～60°；④N30°W NE∠30°～35°。岩体完整性差～较破碎，属Ⅲ2 类围岩。该洞段边墙随机节理切割形成的浅层块体较发育，不存在深层大型组合块体问题。

3）主副厂房洞厂右 0+33m 洞段上游边墙高程 2011m 区域地质条件

主副厂房洞厂右 0+33m 洞段上游边墙高程 2011m 区域发育断层 f_{49}，产状为 N75°～80°E SE∠25°，宽 1～5cm，带内充填碎块岩、岩屑，带内岩体挤压破碎，强度低，见绿泥石化蚀变，两侧蚀变带宽 10～40cm 不等，面平直，局部渗水。节理中等发育，主要见以下 4 组：①N15°～20°E NW∠75°～80°；②N65°～75°W SW∠65°～70°；③N30°～35°E SE∠70°～75°；④N25°E NW∠55°～60°。边墙潮湿，岩体较完整～完整性差，属Ⅲ1 类围岩。该洞段边墙未揭示明显的不利组合块体。

4）尾水调压室厂右 0+00m 洞段上游边墙高程 2022.5m 区域地质条件

尾水调压室厂右 0+00m 洞段上游边墙高程 2022.5m 区域节理中等发育，主要见以下 4 组：①N10°～25°E NW∠75°～90°；②N60°W NE∠50°～55°；③N75°W SW∠35°～45°；④N70°～80°E NW∠40°～50°。边墙潮湿，岩体完整性差，局部表层组合块体稳定性差，属Ⅲ1 类围岩。

2017 年 12 月 21 日～25 日，在上层排水廊道 PS1-3 内桩号厂右 0+5.25m 和厂左 0+8.25m 分别布置了 WZK1 和 WZK2 二个物探孔，孔深 19～22m，进行孔内摄像及声波测试工作。根据上述地质素描成果和补充 2 个物探成果，该范围未揭露断层等较大规模构造，也未揭露顺倾洞内的不利结构面，但发育多条 NNE 向陡倾的逆向优势节理。

5）尾水调压室厂右 0+66m 洞段上游边墙高程 2022.5m 区域地质条件

尾水调压室厂右 0+66m 洞段上游边墙高程 2022.5m 区域发育断层 f_{3-3}，产状为 N50°～55°E SE∠80°～85°，宽 1～2cm，充填碎屑岩。节理中等发育，主要见以下 3 组：①N10°～25°E NW∠75°～90°；②N60°W NE∠50°～55°；③N80°W SW∠50°。边墙潮湿，岩体完整性差，局部组合块体稳定性差，属Ⅲ1 类围岩。该洞段边墙未揭示明显的不利组合块体。

2018 年 3 月 14 日，在上层排水廊道 PS1−3 内桩号厂右 0+67.5m 布置了一个物探孔，孔深 21m，进行孔内摄像及声波测试工作。根据上述地质素描成果和补充物探成果，该范围未揭露断层等较大规模构造，也未揭露顺倾洞内的不利结构面。

6）尾水调压室中隔墙区域地质条件

尾水调压室中隔墙区域发育断层 f_{3-1}、f_{3-14}、f_{3-18}、f_{3-31}、f_{3-47}，挤压带 J_{3-3}、J_{3-4}。其中，f_{3-1} 产状为 N60～65°W NE∠45～55°，宽 2～5cm，局部宽 8cm，带内充填片状岩、岩屑，局部石英脉贯入，面扭曲，干燥；f_{3-14} 产状为 N80°W NE∠70～75°，宽 2～4cm，带内充填碎块岩、片状岩、岩屑；f_{3-18} 产状为 N15～20°W NE∠50～60°，宽 1～3cm，带内充填蚀变片状岩、岩屑，面平直光滑；f_{3-31} 产状为 N15～20°W NE∠50～60°，宽 5～8cm，带内充填碎裂岩、片状岩、岩屑，干燥；f_{3-47} 产状为 N50°W NE∠45～50°，宽 2～5cm，局部宽 8cm，带内充填片状岩、岩屑；J_{3-3} 产状为 N50～60°E SE∠50°，宽 2～5cm，带内充填片状岩、岩屑，面见蚀变现象；J_{3-4} 产状为 N40°W NE∠70～85°，宽 1～2cm，带内充填片状岩、岩屑，面见蚀变现象。节理中等发育，主要见：① N10～25°E NW∠65～75°；② N80°W SW∠80～85°；③ N40°W NE∠35°；④N60～70°E SE∠40～50°。边墙潮湿，岩体完整性差～较完整，局部组合块体稳定性差，以Ⅲ1 类围岩为主。

7）小结

锚索超限区域地质条件汇总见表 7.7.3−1。

表 7.7.3−1　锚索超限区域地质条件汇总表

超限锚索位置		围岩类别	深层组合块体
主副厂房洞	厂右 0+00m 洞段下游边墙高程 1997m	Ⅲ2 类	不存在
主副厂房洞	厂右 0+33m 洞段下游边墙高程 1997m	Ⅲ2 类	不存在
主副厂房洞	厂右 0+33m 洞段上游边墙高程 2011m	Ⅲ1 类	不存在
尾水调压室	厂右 0+00m 洞段上游边墙高程 2022.5m	Ⅲ1 类	不存在
尾水调压室	厂右 0+66m 洞段上游边墙高程 2022.5m	Ⅲ1 类	不存在
尾水调压室	中隔墙中部	Ⅲ1 类	不存在

从三大洞室超限锚索区域的地质条件看，可以得出如下结论：

（1）三大洞室上述几处超限锚索区域的围岩类别总体为Ⅲ1～Ⅲ2，区域内不存在较大规模的不利地质结构面发育和较大的不利块体组合问题。

（2）三大洞室上述超限锚索区域虽不存在较大规模的不利地质结构面发育，或较大的不利块体组合问题，但不同程度的发育顺洞向陡倾角节理，特别是主副厂房洞厂右 0+00m 洞段下游边墙高程 1997m 区域、主副厂房洞厂右 0+33m 洞段下游边墙高程 1997m 区域、尾水调压室厂右 0+00m 洞段上游边墙高程 2022.5m 区域顺洞向陡倾角节理中等～较发育。

7.7.4　锚索超限区域监测分析

7.7.4.1　主副厂房洞厂右 0+00m 洞段下游边墙高程 1997m 区域监测分析

主副厂房洞厂右 0+00m 洞段下游边墙高程 1997m 锚索测力计最大测值为 2238.08kN，当时速率已为 ±0.1kN/d；多点位移计最大测值为 4.31mm，当时速率已为 0mm/d。

锚索测力计和多点位移计测值变化过程基本一致，随着厂房的逐层下卧，变形和锚索测值逐步增大，两者测值的增长均主要发生于厂房第Ⅴ～Ⅶ层开挖期间。

7.7.4.2　主副厂房洞厂右 0+33m 洞段下游边墙高程 1997m 区域监测分析

主副厂房洞厂右 0+33m 洞段下游边墙高程 1997m 锚索测力计最大测值为 2124.90kN，当时速率已为 ±0.07kN/d；多点位移计最大测值为 65.51mm，当时速率已为 0mm/d。

锚索测力计和多点位移计测值变化过程基本一致，随着厂房的逐层下卧，变形和锚索测值逐步增大，两者测值的增长均主要发生于厂房第Ⅴ～Ⅶ层开挖期间。最大应变发生在距离厂房下游边墙 6～12m 处。

7.7.4.3　主副厂房洞厂右 0+33m 洞段上游边墙高程 2011m 区域监测分析

主副厂房洞厂右 0+33m 洞段上游边墙高程 2011m 锚索测力计最大测值为 2366.74kN，当时速率已为 ±0.18kN/d；多点位移计最大测值为 33.29mm，当时速率已为 0mm/d。

锚索测力计和多点位移计测值变化过程基本一致，两者测值的增长均主要发生于厂房第Ⅴ～Ⅶ层开挖期间。最大应变发生在距离厂房下游边墙 1～3m 处，以浅表层变形为主。

7.7.4.4　尾水调压室厂右 0+00m 洞段上游边墙高程 2022.5m 区域监测分析

尾水调压室厂右 0+00m 洞段上游边墙高程 2022.5m 锚索测力计最大测值为 2278.92kN，当时速率已为 1kN/d；多点位移计最大测值为 60.89mm，当时速率已为 0.08mm/d。

锚索测力计和多点位移计两者开始监测时间起点不同，但测值变化过程基本一致，两者测值的增长均主要发生于尾水调压室第Ⅴ～Ⅵ层开挖期间。最大应变发生在距离尾调上游边墙 1.5～3.5m 处，以浅表层变形为主。

7.7.4.5　尾水调压室厂右 0+66m 洞段上游边墙高程 2022.5m 区域监测分析

尾水调压室厂右 0+66m 洞段上游边墙高程 2022.5m 锚索测力计最大测值为 2168.37kN，当时速率已为 1.48kN/d；多点位移计最大测值为 31.55mm，当时速率已为 0.05mm/d。

锚索测力计和多点位移计两者开始监测时间起点不同，但测值变化过程总体规律一致，两者测值的增长均主要发生于尾水调压室第Ⅴ～Ⅵ层开挖期间，随着爆破开挖施工的停止，锚索测力计和多点位移计测值逐步趋于平稳。最大应变发生在距离尾调上游边墙 7.5～14.5m 处，以深层变形为主。

7.7.4.6　尾水调压室中隔墙区域监测分析

1) 高程 2005m 区域监测分析

尾水调压室上部高程 2005m 锚索测力计最大测值为 1170.4kN，当时近 7d 平均变化速率为 0.2kN/d；多点位移计最大测值为 38.36mm，当时近 7d 平均变化速率为 0.01mm/d，该区域锚索测力计和多点位移计测值均已收敛。

2) 高程 1991m 区域监测分析

尾水调压室上部高程 1991m 锚索测力计最大测值为 1742.7kN，当时近 7d 平均变化速率为 0.3kN/d；多点位移计最大测值为 33.14mm，当时近 7d 平均变化速率为 0.03mm/d，该区域锚索测力计和多点位移计测值均已收敛。

7.7.4.7　小结

综上所述，从三大洞室锚索超限区域的监测资料看，可以得出如下结论：

（1）锚索测力计和相应邻近区域多点位移计测值变化过程基本一致，说明锚索测力计的监测数据是可靠的。

（2）锚索测力计和多点位移计的测值变化过程与地下洞室开挖过程吻合，测值变化过程体现了地下洞室开挖影响的正常响应。

（3）从多点位移计的分析来看，主副厂房洞下游边墙应变较大区域为距离厂房下游边墙 6～12m 处，主副厂房洞和尾调洞上游拱座部位应变较大区域为距离上游边墙 1～3m 处。

7.7.5　锚索超限原因分析

总体来看，三大洞室超限锚索的分布区域可以分为上游边墙拱座区域、下游边墙腰部区域和尾调中隔墩。

综合锚索超限区域地质条件、监测数据、检测成果以及反馈分析成果来看：

（1）厂房厂右 0+00m 和厂右 0+33m 洞段下游边墙高程 1997m 锚索超限的原因分析为：随着主副厂房洞和尾水调压室的逐层下卧，厂房和尾水调压室的高边墙效应逐步显现，反应最剧烈的集中在边墙腰部（母线洞洞口区域），该区域变形较大，塑性区开展深度较深，锚索测力值也普遍较高。综合对比厂右 0+00m、厂右 0+33m、厂右 0+66m、厂右 0+99m 洞段区域的地质条件，厂右 0+00m 和厂右 0+33m 为Ⅲ2 类围岩，而厂右 0+66m 和厂右 0+99m 为Ⅲ1 类围岩，这也就是厂右 0+00m 和厂右 0+33m 洞段变形和锚索测力均大于厂右 0+66m 和厂右 0+99m 洞段的主要原因。

综上所述，厂房厂右 0+00m 和厂右 0+33m 洞段下游边墙高程 1997m 锚索略微超限的原因归结为：①高边墙应力释放；②锚索位于高边墙腰部；③地质条件偏差（Ⅲ2

类围岩)。

(2) 厂房厂右0+33m、尾调0+00m和尾调0+66m洞段上游拱座锚索超限的原因分析为:随着主副厂房洞和尾水调压室的逐层下卧开挖,主副厂房洞和尾水调压室的上游拱肩及拱座部位发生明显的应力调整和应力集中现象。该现象主要表现为厂房上游局部拱肩喷层脱落、拱座区域位移偏大;结合主副厂房洞和尾水调压室上游拱座部位应力分布特点,厂房和尾调的持续下卧开挖,导致高边墙和拱座部位的应力调整,呈现水平应力释放,垂直应力集中的特点,且三大洞室边墙普遍发育的顺洞向陡倾角结构面为该区域的岩体松弛提供了更加有利的条件,特别是顺洞向陡倾角结构面较发育区域,松弛圈深度明显增加。该现象主要通过松弛圈测试对比显现,例如,尾调0+00m上游拱座区域,尾调第Ⅱ层开挖完成后的松弛圈深度一般在2m;而尾调第Ⅵ层开挖完成后的松弛圈深度达6m。

综上所述,厂房厂右0+33m、尾调0+00m和尾调0+66m洞段上游拱座锚索超限的原因归结为:①开挖引起的上游拱肩和拱座区域应力调整;②顺洞向陡倾角节理发育;③松弛圈范围扩大,地质条件进一步恶化导致该区域变形和锚索测力偏大。

(3) 尾调中隔墙。

技施阶段,根据前期地质勘察和围岩稳定数值分析成果,尾水调压室中隔墙布设系统预应力对穿锚索支护,预应力对穿锚索设计吨位1000kN,锚索间排距4.5m×4.5m。尾调中隔墙第一层揭露后,根据第一层根据实际揭露的地质条件,设计进行围岩稳定反馈分析,根据分析成果,随着洞室开挖高边墙逐渐形成,受开挖卸荷、两侧高边墙挤压及多组结构面切割影响,尾调室开挖完成后,中隔墙对穿锚索受力水平普遍较高,部分锚索超出设计荷载,存在较大的锚索应力超限风险。根据上述分析成果,将尾调中隔墙预应力对穿锚索设计吨位由1000kN提高至1500kN,但由于当时中隔墙第一排(高程2005.5m)预应力对穿锚索已施工完成,因此中隔墙第一排(高程2005.5m)预应力对穿锚索的设计吨位仍为1000kN。综上所述,尾水调压室中隔墙顶部高程2005.5m锚索超限主要原因为原锚索设计吨位偏小。

中隔开挖完成后,根据有限元反馈分析成果,中隔墙中下部围岩应力集中程度较高,最大主应力一般可达到30~35MPa,洞室开挖完成后,中隔墙中部锚索荷载较高,一般为1300~1700kN,与后期实测锚索荷载比较接近。因此,尾水调压室中隔墙中部高程1991m锚索超限主要原因为围岩应力集中。

7.7.6 类似工程锚索超限统计及处理方案

杨房沟地下厂房洞室群为硬岩地下厂房,地应力水平属中等水平,地下工程地质条件总体较好,但在局部洞段也出现了预应力锚索荷载超设计荷载值的工程问题。从工程类比角度,表7.7.6-1中统计了我国西部地区部分与杨房沟水电站地下厂房洞群工程地质条件类似或相近的已建典型工程案例,各工程地下厂房的规模、岩性、实测地应力、岩体变形模量、岩块抗压强度等主要参数指标见表中所列。

表 7.7.6－1　我国西部地区典型水电站地下厂房工程条件情况统计

水电站名称	修建情况	厂房洞室尺寸（m）	岩性	实测地应力（MPa）		变形模量（GPa）	抗压强度（MPa）	
				最大	最小		干	湿
锦屏一级	已建	293.14×29.3×68.8	大理岩	35.7	3.26	9～14	—	60～75
锦屏二级	已建	352.4×28.3×72.2	大理岩	10.1～22.9	4.9～14.3	7～14	80～90	65～80
白鹤滩左岸地下厂房	已开挖	453×31×88.7	玄武岩	19～23	8～10	14～20	约150	
小湾	已建	298.1×30.6×82	黑云花岗片麻岩和角闪斜长片麻岩	16～26.7	6.9～10.1	10～25	130～170	90～135
龙滩	已建	388.5×30.3×76.4	砂岩泥板岩	12～13	0.44～4.68	16～22	砂岩130泥板岩40～80	
杨房沟	在建	230×30×75.57	花岗闪长岩	12～14	6～8	9～19	Ⅱ类80～100Ⅲ类60～80	

1）超限比例

图 7.7.6－1 给出了上述工程地下厂房锚索超限率的基本统计情况，可作为地下洞室群锚索荷载超限问题分析及安全评价的参考依据。

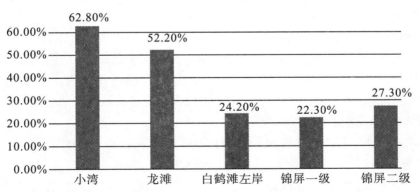

图 7.7.6－1　西部地区典型地下工程主厂房锚索超限比例统计

图中统计情况表明，西部中（高）地应力硬岩条件地下厂房开挖施工，其系统锚索的超限问题普遍存在，并且这些工程的锚索超限比例一般大于 20%。考虑到各工程地下厂房地应力水平（强度应力比）、开挖支护设计方案均存在一定差别，锚索的超限率统计结果也存在明显差异，其中小湾水电站地下厂房的锚索超限率甚至达到 62.80%。

2）单根锚索超限幅度

对于地下洞室群的锚索预警标准，该标准相对经验化，目前不具备理论计算条件。普遍认为，类似已建设、正常运行多年的电站统计可作为锚索测力预警标准的重要参考依据。鉴于此，可针对已建的小湾水电站、龙滩水电站、锦屏二级水电站锚索测力情况进行分析统计，见表 7.7.6－2。

表 7.7.6－2　小湾水电站、龙滩水电站、锦屏二级水电站锚索测力情况统计表

电站名称	最小超限幅度	最大超限幅度	平均超限幅度
小湾水电站	0.80％	44.50％	17.60％
龙滩水电站	0.10％	35.00％	19.42％
锦屏二级水电站	3.20％	42.10％	20.27％

从小湾水电站、龙滩水电站、锦屏二级水电站锚索测力情况统计表来看，三个水电站单根锚索的平均超限幅度分别为 17.60％、19.42％、20.27％，最大超限幅度分别为 44.50％、35.00％、42.10％。

3）类似工程处理方案

瀑布沟水电站地下厂房锚索的实测拉力值超过设计张拉力的 15％～20％时，在其周围进行锚杆或锚筋束加固；超过 20％时，视情况在其附近补充设置锚索，以避免锚索断裂后应力突然释放导致洞室失稳。

锦屏一级水电站地下厂房实测锚索拉力值按超过设计张拉力小于 10％、10％～25％和大于 25％为限，分别以加强监测暂不处理、进行必要的锚杆或锚筋束加固和适当补充锚索加固处理的方案。

7.7.7　相关规范要求

1）《岩土锚杆与喷射混凝土支护工程技术规范》（GB 50086—2015）

《岩土锚杆与喷射混凝土支护工程技术规范》（GB 50086—2015）第 13.5.1 条针对锚索支护系统安全评价提出了分析和判断方法，其中对于预加力小于锚杆（索）拉力设计值的，锚杆（索）预应力增长幅度的安全控制预警值的规定为：小于 10％的锚杆（索）拉力设计值，即锚索超限不宜大于 10％的锚索设计荷载，说明锚索荷载超限比例在 10％以内时，锚索自身仍是安全可控的。

2）《水电站地下厂房设计导则》（Q/HYDROCHINA 009—2012）

《水电站地下厂房设计导则》（Q/HYDROCHINA 009—2012）第 7.7.4 章节针对地下洞室预应力锚索超限的建议如下："当单根或局部锚索的实测拉力值超过设计张拉力的 15％时，应结合监测成果，在其周围采取适当的加强措施，必要时还应补充设置锚索，应避免锚索失效后应力突然释放导致洞室位移突变或失稳。"

3）《水工预应力锚固设计规范》（SL 212—2012）

《水工预应力锚固设计规范》（SL 212—2012）第 8.0.10 章节针对预应力锚索超限的建议如下："当实测锚索拉力值超过设计张拉力的 20％时，应及时分析原因。"

7.7.8　对杨房沟水电站超限锚索的认识和处理原则

在杨房沟水电站地下洞室群全部开挖支护完毕的情况下，杨房沟水电站三大洞室锚

索超限率为 13.7%，单根锚索最大超限幅度为 16.5%，锚索增长速率均不大于 1kN/d，最大增长速率 0.7 kN/d（仅一根），其他锚索增长速率均不大于 0.2 kN/d。

基于分析计算、原因分析、类似工程统计分析以及规范要求，对杨房沟水电站超限锚索的认识如下：

从锚索的设计原理来看，锚索最大测力为 2366.7kN（超限幅度为 16.5%），对应钢绞线的平均应力为钢绞线抗拉强度标准值的 70%，仍然具备 30% 的安全裕度。

与类似工程相比，杨房沟水电站锚索超限率较小，单根锚索最大超限幅度较低。

对照规范，杨房沟水电站单根锚索最大超限幅度满足行业规范的建议控制标准，仅一根锚索略微超过水电顾问集团公司企业标准。

结合类似工程处理方案，杨房沟水电站锚索超限处理原则见表 7.7.8-1。

表 7.7.8-1　杨房沟水电站锚索超限处理原则表

预警级别		锚索荷载等级	工程对策
Ⅰ	安全性好	$\leqslant 1.0 f_s$	锚索安全
Ⅱ	安全性一般	$(1.0 \sim 1.15) f_s$	加密观测，关注收敛情况
Ⅲ	安全性较差	$(1.15 \sim 1.2) f_s$	结合监测情况，采取增设锚杆或锚筋桩措施
Ⅳ	安全性差	$\geqslant 1.2 f_s$	结合监测情况，采取增设预应力锚索措施

注：f_s 为锚索设计张拉力。

7.8　三大洞室块体问题

杨房沟水电站地下洞室群现场开挖揭示岩性为花岗闪长岩，厂区顺洞向小断层、挤压破碎带、陡倾优势节理等不利结构面较发育，对边墙变形及稳定较为不利。大量工程实践表明，在诸如花岗闪长岩这类的坚硬岩体中的开挖工程，无论是边坡还是洞室都会遇到块体稳定问题。

7.8.1　地下洞室群块体问题分析评价

局部块体失稳是地下工程围岩破坏的一种重要形式，尤其对于硬质岩体中的大型地下洞室，块体稳定问题是影响洞室稳定、施工安全的关键环节。因此，研究洞室围岩的不利结构面组合、关键块体结构形式、失稳模式、稳定性等十分重要，也有利于确定支护形式，使随之采取的工程措施具有针对性和有效性。

随着杨房沟水电站地下洞室群三大洞室开挖完成，针对地下厂房洞室群的块体稳定问题展开分析复核工作，主要包括以下两个方面：

（1）厂区随机块体稳定性分析复核：在可研阶段，根据厂区探洞的结构面统计信息，对厂区的随机块体稳定问题进行了分析。随着三大洞室开挖完成，具备条件开展厂房洞室群随机块体稳定性分析复核工作，此项工作可作为洞室系统支护体系的可靠性和合理性复核的重要参考指标之一。

（2）厂区典型定位/半定位块体稳定性复核：对于杨房沟地下厂房洞室群，现场开挖揭示了一些具有一定规模、性状或产状相对不利的Ⅳ级结构面（比如断层 f_{49}、f_{83} 等），与其他结构面组合后可形成相对不利的定位或半定位块体，影响了工程施工安全和局部围岩稳定性，因此也是实际施工过程中的重点关注对象。

本节将根据地下洞室群现场开挖揭示的岩体结构面统计资料，开展定位/半定位块体及随机块体的稳定性分析复核工作，此项分析可作为地下洞室群开挖完成后围岩稳定性总结性评价的重要支撑之一。

7.8.2　地下洞室块体分类、分析方法与控制标准

1）块体分类

块体稳定问题是硬岩条件下大跨度地下洞室开挖中需要重点关注的问题之一，块体稳定一般由结构面控制，岩体结构面如断层、层面、节理等的强度往往显著低于岩块，在重力或其他外力作用下，结构面上的应力超过其强度时，将产生失稳破坏。

岩体工程开挖之前，通过块体理论可以预测分析不同开挖面上可能失稳块体及关键块体的类型、几何特征及稳定性状况，但此时块体是不定位（结构面位置均未知）或半定位（构成块体的某一结构面位置已知，如特定的断层）的。岩体开挖后，可通过调查实际出露结构面性状及位置，分析块体的几何特征及稳定性，此时块体是可定位的。另外，由于岩体中节理的发育具有随机性的特点，通过对节理的产状、间距、长度等进行统计分析，可获得随机分布信息，按一定规则组合后可形成大量的随机块体。因此，块体可分为定位块体、半定位块体以及随机块体。

此外，块体稳定问题也可依据其失稳风险或安全性的不同，分为失稳块体、松动块体和潜在不稳定块体。

（1）失稳块体：多发生在洞室开挖施工过程中，比如厂房顶拱或边墙均出现了局部块体破坏问题（多为楔形体）。理论上，这些块体一般由确定性结构面组合切割而成，安全系数小于1，在爆破开挖扰动影响下，最终发生块体失稳破坏。通常情况下，这些不稳定块体一般会造成工程超挖，对顶拱拱圈和边墙围岩的完整性和承载力均有不利影响，且存在一定的施工安全隐患。工程人员可根据现场揭露地质信息对潜在失稳块体进行风险评估和超前预报，必要时可进行针对性的超前支护。

（2）松动块体：这类块体的安全系数基本处于临界状态（略大于1），一般需由现场施工人员和地质工程师进行辨识。若在洞室顶拱或高边墙部位的松动块体清理不彻底或支护不到位，后续会存在较大的失稳掉块或滑塌风险。现场可针对顶拱和高边墙部位的松动薄层、小型块体先予以清除后再实施系统喷锚支护，保证施工安全和围岩稳定。

（3）潜在不稳定块体：是指安全裕度不高或不能满足规范要求的块体。根据块体规模，可分为浅层小型潜在块体和深层大型潜在块体。这类块体一般不会在施工过程中发生失稳破坏，但需要技术人员搜索识别并进行针对性的加强支护，以满足规范规定安全系数的基本要求。

2）块体分析思路与方法

在不定位块体或随机块体分析中，通过对优势节理的产状、间距、长度等分区域、

部位进行统计分析，按一定规则组合形成随机块体，以确定块体几何形态特征，并根据各优势节理的统计平均迹长拟定潜在组合块体的一般尺度规模。基于上述确定的地下洞室块体具体空间几何形态特征，分析块体的破坏模式，并结合各块体边界的力学参数，开展块体稳定性及所需的锚固力的分析计算工作。

在定位/半定位块体分析中，通过调查实际结构面出露情况，并主要关注延伸较长、性状较差、交切关系不利的结构面，分析关键组合块体的实际形态和出露部位，进行稳定性分析与支护参数校核。

从工程经验角度，现场技术人员和地质工程师一般可以通过分析块体的空间几何形态，直观地筛选出需要在工程支护中予以考虑的关键块体，经验地给出是否需要进行加强支护。筛选方法是，若块体的形态显得尖长，即组合块体中某些结构面的交棱线接近平行，岩块受到镶嵌和咬合作用，一般不易失稳；若尖长的块体与临空面紧贴（某一交棱线与临空面产状相近），其壁后延伸不大，块体体积较小，该类块体在洞室开挖后可能自行脱落，或是采取一般喷锚支护措施即可保证该类块体的稳定。因此，分析块体稳定时，对上述类型块体的设计方案可以快速决策。

从现场实践角度，在杨房沟厂房洞室群第Ⅰ层开挖过程中，顶拱部位出现了一些局部小型块体失稳破坏现象，块体深度一般小于 0.5m，规模一般不大于 1m³，通过现场及时的排险加固，在工程现场未发生因块体失稳导致的安全事故。另外，还有一些由不利结构面组合切割形成浅层潜在块体，分布于围岩松动区或损伤区内，在无支护下的安全裕度偏低，一般也难以完全辨识，这类块体具有一定的随机性和不确定性。在实际工程建设过程中，应对措施是进行系统性喷锚支护，如顶拱围岩在系统支护完成后可形成一定厚度的锚固区或承载圈，可有效解决顶拱浅层块体稳定问题。当然，解决上述风险的关键是要保证系统支护的及时性、可靠性和合理性。

从计算分析角度，当前块体分析方法一般基于关键块体理论，采用刚体极限平衡方法进行分析计算。通用的计算程序，包括如 E. Hoek 等开发了 Unwedge 程序，该程序被设计成一种快速、互动、简单的开发工具，可用于分析地下块体的几何特征及其稳定性。然而，该软件本身具有较多的局限性，比如块体只能由三组结构面组成，其应用受到较大的限制。本节将主要用其进行随机块体和简单块体的稳定性分析。对于超过三个面组合的复杂的块体，可首先采用 CAD 或 3DEC 实现空间块体几何分布的三维可视化，得到组合切割块体的几何参数（如块体体积、面积、空间点坐标等），再利用三维刚体极限平衡法进行稳定性计算和锚固设计分析。另外，由于块体计算涉及大量岩体结构面的空间交切关系，而三维块体离散元方法可以模拟大量结构面的分布特征，也可通过采用强度折减法，搜索不同安全系数条件下潜在块体的分布特征。因此，也可利用三维块体离散元方法来计算分析地下洞室的块体稳定性和锚固方案。

3）块体安全控制标准

参考《水电站地下厂房设计规范》《NB/T 35090—2016》，地下洞室群块体安全系数控制标准见表 7.8.2-1。

表 7.8.2－1　地下洞室群块体安全系数控制标准

失稳模式	组合形式	安全标准	稳定性计算思路	说明
滑移型块体	确定性块体	1.80	区分为单滑面式块体和双滑面式块体进行计算	①不考虑地应力的有利影响；②挂网喷层作为强度储备；③各类结构面参数取地质建议值低值；④大型非定位块体的不完全切割边界应考虑其连通率
	半确定性块体			
	随机块体			
悬吊型块体	确定性块体	2.00	按悬吊式理论计算	
	半确定性块体			
	随机块体			
临时块体	—	1.50	—	

4）岩体结构面计算参数

根据地下洞室群开挖揭示实际情况和监测、检测情况，杨房沟地下洞室群主要结构面抗剪参数建议值见表 7.8.2－2。

表 7.8.2－2　杨房沟地下洞室群主要结构面抗剪参数建议值一览表

结构面类型		充填物特征	结合程度	两侧岩体	抗剪参数			
					$f_剪$	$c_剪$	f	c (MPa)
节理	无充填型	节理面无充填	好～较好	完整～较完整	0.60～0.65	0.15～0.2	0.50～0.60	0
节理或断层、挤压破碎带	岩块岩屑型	充填碎块、角砾和岩屑，粉黏粒含量少	好～较好	完整～较完整	0.50～0.60	0.1～0.15	0.40～0.50	0
	岩块岩屑夹泥型	充填以岩块和岩屑为主，夹泥膜或泥质条带	一般～较差	较完整～较破碎	0.35～0.40	0.05～0.1	0.30～0.40	0
	泥夹岩屑型	充填以泥质为主，夹岩屑、碎块	差～很差	较破碎～破碎	0.20～0.30	0.01～0.05	0.20～0.30	0

7.8.3　地下厂房随机块体稳定性分析复核边界条件

1）顶拱

杨房沟地下厂房顶拱尺寸为 230m×30m（长×宽），桩号为厂右 0＋178.5m～厂左 0＋51.5m，高程为 2013.95～2022.5m，岩性为花岗闪长岩，呈微风化～新鲜。

地下厂房顶拱岩体发育 3 组优势节理：①N15°～20°E NW∠75°～80°；②N85°E NW∠40°～45°；③N65°～75°W SW∠65°～70°，与洞轴线的夹角分别为 15°、80°、75°。杨房沟地下厂房顶拱优势节理发育情况见表 7.8.3－1。

表 7.8.3-1 杨房沟地下厂房顶拱优势节理发育情况

优势节理	产状	迹长（m）	f'	c（MPa）
①	N15~20°E NW∠75~80°	8~12	0.6	0.15
②	N85°E NW∠40~45°	8~12	0.6	0.15
③	N65~75°W SW∠65~70°	8~12	0.6	0.15

2）上游边墙

上游边墙走向为 N5°E，全长 230m，桩号为厂右 0+178.5m~厂左 0+51.5m，高程为 2013.95~1967.5m（桩号厂右 0+178.5m~0+115m，高程 1991.1m 为安装间平台），岩性为花岗闪长岩，呈微风化~新鲜。

上游边墙，节理轻度~中等发育，主要见以下 4 组：①N85°E NW∠40°~55°节理，闭合，面平直粗糙，断续延伸，间距 0.5~3m；②N65°~75°W SW∠65°~70°节理，闭合，面平直，局部面附钙质，断续延伸较长，平行发育，间距 0.8~2m；③N15°~20°E NW∠75°~80°节理，闭合，面平直，断续延伸；④EW S∠40°~50°节理，闭合，面平直粗糙，断续延伸。杨房沟地下厂房上游边墙优势节理发育情况见表 7.8.3-2。

表 7.8.3-2 杨房沟地下厂房上游边墙优势节理发育情况

优势节理	产状	迹长（m）	f'	c（MPa）
①	N85°E NW∠40°~55°	8~12	0.6	0.15
②	N65°~75°W SW∠65°~70°	10~15	0.6	0.15
③	N15°~20°E NW∠75°~80°	8~10	0.6	0.15
④	EW S∠40°~50°	8~10	0.6	0.15

3）下游边墙

下游边墙走向为 N5°E，全长 230m，桩号为厂右 0+178.5m~厂左 0+51.5m，高程为 2013.95~1967.50m（桩号厂右 0+178.5m~0+115m，高程 1991.1m 为安装间平台），岩性为花岗闪长岩，呈微风化~新鲜，断层影响带呈弱风化。

下游边墙，节理中等发育~较发育，主要见以下 5 组：①N15°~20°E NW∠75°~80°节理，闭合~微张，面平直，断续延伸，间距 0.4~2m；②N65°~75°W SW∠65°~70°节理，闭合，面平直，局部面附钙质，断续延伸较长，平行发育，间距 0.8~2m；③N85°E NW∠40°~55°节理，闭合，面平直粗糙，断续延伸，间距 0.5~3m；④N30°~40°E NW∠40°~50°，微张~闭合，局部夹岩屑，面起伏粗糙，断续延伸较长；⑤N0°~20°E NW∠30°~45°，微张~闭合，面稍扭，延伸长。杨房沟地下厂房下游边墙优势节理发育情况见表 7.8.3-3。

表 7.8.3－3　杨房沟地下厂房下游边墙优势节理发育情况

优势节理	产状	迹长（m）	f'	c（MPa）
①	N15°~20°E NW∠75°~80°	8~12	0.6	0.15
②	N65°~75°W SW∠65°~70°	10~15	0.6	0.15
③	N85°E NW∠40°~55°	8~12	0.6	0.15
④	N30°~40°E NW∠40°~50°	10~15	0.6	0.15
⑤	N0°~20°E NW∠30°~45°	12~18	0.6	0.15

4）右端墙

右端墙走向为 N85°W，宽 30m（厂上 0＋12.9m~厂下 0＋17.1m），高程为 2013.95~1986m，岩性为花岗闪长岩，呈微风化~新鲜，岩质坚硬。

右端墙，节理轻度~中等发育，主要见以下 4 组：①N85°E NW∠40°~45°，闭合，面平直粗糙，平行发育多条，断续延伸，间距 1~3m，与端墙夹角 10°；②N15°~20°E NW∠75°~80°，闭合，面平直，断续延伸，平行发育，间距 1~2m，与端墙夹角 75°~80°；③N80°W SW∠50°~55°，闭合，断续延伸，平行发育多条，间距 1~2m，与端墙夹角 5°；④N60°~70°W NE∠70°节理，面平直粗糙，局部挤压破碎，见于高程 1999~2004m，与端墙夹角 15°~25°。杨房沟地下厂房右端墙优势节理发育情况见表 7.8.3－4。

表 7.8.3－4　杨房沟地下厂房右端墙优势节理发育情况

优势节理	产状	迹长（m）	f'	c（MPa）
①	N85°E NW∠40°~45°	8~12	0.6	0.15
②	N15°~20°E NW∠75°~80°	8~12	0.6	0.15
③	N80°W SW∠50°~55°	8~12	0.6	0.15
④	N60°~70°W NE∠70°	8~12	0.6	0.15

5）左端墙

左端墙走向为 S85°E，宽 28m（厂上 0＋11.9m~厂下 0＋16.1m），高程为 2013.95~1986m，岩性为花岗闪长岩，呈微风化~新鲜，岩质坚硬。

左端墙，节理中等发育，主要见以下 4 组：①N80°~90°W NE/SW∠85°~90°，闭合，面平直粗糙，延伸长，与端墙夹角 0°~5°；②N65°~75°W SW∠65°~70°，闭合，面平直，延伸较长，与端墙夹角 15°~20°；③N60°~70°E NW∠65°~75°，闭合，面平直，延伸较长，间距 0.5~1m；④N20°E NW∠40°~45°，闭合，面平直粗糙，延伸较长，与端墙夹角 65°。杨房沟地下厂房左端墙优势节理发育情况见表 7.8.3－5。

表7.8.3-5 杨房沟地下厂房左端墙优势节理发育情况

优势节理	产状	迹长（m）	f'	c（MPa）
①	N80°~90°W NE/SW∠85°~90°	12~18	0.6	0.15
②	N65°~75°W SW∠65°~70°	10~15	0.6	0.15
③	N60°~70°E NW∠65°~75°	10~15	0.6	0.15
④	N20°E NE∠40°~45°	10~15	0.6	0.15

7.8.4 主变室随机块体稳定性分析复核边界条件

1）顶拱

主变洞顶拱尺寸为156m×18m（长×宽），桩号为厂右0+126.8m~厂左0+29.2m，高程为2012.7~2007.135m，岩性为花岗闪长岩，呈微风化~新鲜状，岩质坚硬。

顶拱岩体发育3组优势节理：①N20°~30°E NW∠75°；②EW S∠45°；③N55°W NE∠50°，与洞轴线的夹角分别为20°、85°、60°。杨房沟主变室顶拱优势节理发育情况见表7.8.4-1。

表7.8.4-1 杨房沟主变室顶拱优势节理发育情况

优势节理	产状	迹长（m）	f'	c（MPa）
①	N20°~30°E NW∠75°	8~12	0.6	0.15
②	EW S∠45°	8~10	0.6	0.15
③	N55°W NE∠50°	6~10	0.6	0.15

2）上游边墙

上游边墙走向为N5°E，第Ⅰ~Ⅲ层全长156m，桩号为厂右0+126.8m~厂左0+29.2m，高程为2007.135~1992.4m，岩性为花岗闪长岩，呈微风化~新鲜。

上游边墙，节理轻度~中等发育，主要有以下4组：①N20°~30°E NW∠75°~85°，闭合，面平直粗糙，延伸长；②N85°W⊥，闭合，面平直粗糙，断续延伸；③EW S∠45°，闭合，面平直粗糙，延伸长，间距0.5~1m；④N55°W NE∠40°~50°，闭合，面平直粗糙，延伸长。杨房沟主变室上游边墙优势节理发育情况见表7.8.4-2。

表7.8.4-2 杨房沟主变室上游边墙优势节理发育情况

优势节理	产状	迹长（m）	f'	c（MPa）
①	N20°~30°E NW∠75°~85°	12~18	0.6	0.15
②	N85°W⊥	8~12	0.6	0.15
③	EW S∠45°	12~18	0.6	0.15
④	N55°W NE∠40°~50°	12~18	0.6	0.15

3）下游边墙

下游边墙走向为 N5°E，第Ⅰ～Ⅲ层全长 156m，桩号为厂右 0＋126.8m～厂左 0＋29.2m，高程为 2007.135～1992.4m，岩性为花岗闪长岩，呈微风化～新鲜。

下游边墙，节理轻度～中等发育，主要有以下 4 组：①N20°～30°E NW∠75°～85°，闭合，面平直粗糙，延伸长；②N85°W⊥，闭合，面平直粗糙，断续延伸；③N80°W SW∠40°～45°，闭合，面平直粗糙，延伸长；④N80°～85°W NE∠50°～55°，闭合，面平直粗糙，延伸长。杨房沟主变室下游边墙优势节理发育情况见表 7.8.4－3。

表 7.8.4－3　杨房沟主变室下游边墙优势节理发育情况

优势节理	产状	迹长（m）	f'	c（MPa）
①	N20°～30°E NW∠75°～85°	12～18	0.6	0.15
②	N85°W⊥	8～12	0.6	0.15
③	N80°W SW∠40°～45°	12～18	0.6	0.15
④	N80°～85°W NE∠50°～55°	12～18	0.6	0.15

4）右端墙

右端墙走向为 N85°W，宽 18m（厂下 0＋61.1m～0＋79.1m），高程为 2004～1992.4m，岩性为花岗闪长岩，呈微风化～新鲜，岩质坚硬。

右端墙，节理轻度～中等发育，主要见以下 4 组：①N20°～30°E NW∠75°～85°；②N55°W NE∠40°～50°；③N70°～80°W SW∠50°～60°；④N5°～10°E NW∠55°～60°。杨房沟主变室右端墙优势节理发育情况见表 7.8.4－4。

表 7.8.4－4　杨房沟主变室右端墙优势节理发育情况

优势节理	产状	迹长（m）	f'	c（MPa）
①	N20°～30°E NW∠75°～85°	12～18	0.6	0.15
②	N55°W NE∠40°～50°	8～12	0.6	0.15
③	N70°～80°W SW∠50°～60°	12～18	0.6	0.15
④	N5°～10°E NW∠55°～60°	12～18	0.6	0.15

5）左端墙

左端墙走向为 S85°E，宽 18m（厂下 0＋61.1m～0＋79.1m），高程为 2004～1992.4m，岩性为花岗闪长岩，呈微风化～新鲜，岩质坚硬。

左端墙，节理轻度发育，主要见以下 4 组：①N20°～30°E NW∠75°～85°；②N45°W SW∠45°；③N85°E SE∠45°；④N80°E SE∠85°～90°。杨房沟主变室左端墙优势节理发育情况见表 7.8.4－5。

分析上述主变室左端墙的优势结构面组合情况，未见明显不利组合块体。

表7.8.4－5　杨房沟主变室左端墙优势节理发育情况

优势节理	产状	迹长（m）	f'	c（MPa）
①	N20°～30°E NW∠75°～85°	12～18	0.6	0.15
②	N45°W SW∠45°	8～12	0.6	0.15
③	N85°E SE∠45°	12～18	0.6	0.15
④	N80°E SE∠85°～90°	12～18	0.6	0.15

7.8.5　尾调室随机块体稳定性分析复核边界条件

1）顶拱

尾调室顶拱尺寸为166.1m×24m（长×宽），桩号为厂右0+126.3m～厂左0+39.8m，高程为2030.75～2024.5m，岩性为花岗闪长岩，呈微风化～新鲜状，岩质坚硬。

顶拱岩体发育3组优势节理：①N20°～25°E NW∠75°～85°；②N75°～90°W SW∠30°～40°；③N60°～90°W NE∠45°～55°，与洞轴线的夹角分别为15°、80°、70°。杨房沟尾调室顶拱优势节理发育情况见表7.8.5－1。

表7.8.5－1　杨房沟尾调室顶拱优势节理发育情况

优势节理	产状	迹长（m）	f'	c（MPa）
①	N20°～25°E NW∠75°～85°	8～12	0.6	0.15
②	N75°～90°W SW∠30°～40°	8～12	0.6	0.15
③	N60°～90°W NE∠45°～55°	8～12	0.6	0.15

2）上游边墙

上游边墙走向为N5°E，全长166.1m，桩号为厂右0+126.3m～厂左0+39.8m，高程为2024.5～1986m（厂右0+42.2～0+56.8m，高程2008.5m以下为中隔墩），岩性为花岗闪长岩，呈微风化～新鲜。

上游边墙，节理轻度～中等发育，主要有以下4组：①N15°～20°E NW（SE）∠75°～90°，闭合，面平直，断续延伸，与洞向夹角10°～15°；②N80°W SW∠35°～50°，闭合，面平直粗糙，延伸较长，与洞向夹角约85°；③N60°W NE∠50°～55°，闭合，面平直粗糙，延伸较长，与洞向夹角约65°；④N80°W SW∠75°～85°，闭合，面平直粗糙，延伸较长，与洞向夹角约85°。杨房沟尾调室上游边墙优势节理发育情况见表7.8.5－2。

表7.8.5－2　杨房沟尾调室上游边墙优势节理发育情况

优势节理	产状	迹长（m）	f'	c（MPa）
①	N15°～20°E NW（SE）∠75°～90°	8～12	0.6	0.15
②	N80°W SW∠35°～50°	10～15	0.6	0.15
③	N60°W NE∠50°～55°	10～15	0.6	0.15
④	N80°W SW∠75°～85°	10～15	0.6	0.15

3）下游边墙

下游边墙走向为 N5°E，全长 166.1m，桩号为厂右 0＋126.3m～厂左 0＋39.8m，高程为 2024.5～1986m（厂右 0＋42.2～0＋56.8m，高程 2008.5m 以下为中隔墩），岩性为花岗闪长岩，呈微风化～新鲜。

下游边墙，节理轻度～中等发育，主要有以下 4 组：①N15°～20°E NW（SE）∠75°～90°，闭合～微张，面平直，延伸长，与洞向夹角 10°～15°；②N80°～90°W SW∠35°～50°，闭合，面平直粗糙，延伸长，与洞向夹角约 80°；③N50°～60°W NE∠35°～40°，闭合，面平直粗糙，断续延伸长，与洞向夹角约 65°；④N60°～80°W SW/NE∠75°～90°，闭合，面平直光滑，延伸较长，与洞向夹角约 85°。杨房沟尾调室下游边墙优势节理发育情况见表 7.8.5－3。

表 7.8.5－3 杨房沟尾调室下游边墙优势节理发育情况

优势节理	产状	迹长（m）	f'	c（MPa）
①	N15°～20°E NW（SE）∠75°～90°	8～12	0.6	0.15
②	N80°～90°W SW∠35°～50°	10～15	0.6	0.15
③	N50°～60°W NE∠35°～40°	10～15	0.6	0.15
④	N60°～80°W SW（NE）∠75°～90°	10～15	0.6	0.15

4）右端墙

右端墙走向为 N85°W，宽 24m（厂下 0＋121.1m～0＋145.1m），高程为 2024.5～1986m，岩性为花岗闪长岩，呈微风化～新鲜，岩质坚硬。

右端墙，节理轻度～中等发育，主要见以下 4 组：①N10°～25°E NW∠75°～90°，闭合，面平直粗糙，延伸长，间距 1～2m，与端墙夹角 70°；②N60°W NE∠50°～55°，闭合，面平直粗糙，延伸长，与端墙夹角 25°；③EW S∠35°～40°，闭合，面平直光滑，延伸长，与端墙夹角 5°；④EW N∠85°～90°，闭合，面平直粗糙，延伸长，与端墙夹角 5°。杨房沟尾调室右端墙优势节理发育情况见表 7.8.5－4。

表 7.8.5－4 杨房沟尾调室右端墙优势节理发育情况

优势节理	产状	迹长（m）	f'	c（MPa）
①	N10°～25°E NW∠75°～90°	12～18	0.6	0.15
②	N60°W NE∠50°～55°	12～18	0.6	0.15
③	EW S∠35°～40°	12～18	0.6	0.15
④	EW N∠85°～90°	12～18	0.6	0.15

5）左端墙

左端墙走向为 S85°E，宽 24m（厂下 0＋121.1m～0＋145.1m），高程为 2024.5～1986m，岩性为花岗闪长岩，呈微风化～新鲜，岩质坚硬。

左端墙，节理中等发育，主要见以下 5 组：①N75°～80°E SE∠45°～50°，闭合，面平直粗糙，延伸长，间距 1～3m，与端墙夹角 15°～20°；②N15°～20°E NW∠75°～80°，

闭合，面平直，断续延伸，平行发育多条，与端墙夹角 75°～80°；③N60°～70°W SW ∠30°～40°，闭合，断续延伸长，平行发育多条，间距 1～2m，与端墙夹角 25°～35°；④N40°W SW ∠45°～50°，闭合，面平直粗糙，延伸长，平行发育多条，与端墙夹角 45°；⑤N30°E NW ∠45°～55°，闭合，面平直粗糙，延伸较长，与端墙夹角 70°。杨房沟尾调室左端墙优势节理发育情况见表 7.8.5－5。

表 7.8.5－5　杨房沟尾调室左端墙优势节理发育情况

优势节理	产状	迹长（m）	f'	c（MPa）
①	N75°～80°E SE∠45°～50°	12～18	0.6	0.15
②	N15°～20°E NW∠75°～80°	8～12	0.6	0.15
③	N60°～70°W SW∠30°～40°	10～15	0.6	0.15
④	N40°W SW∠45°～50°	12～18	0.6	0.15
⑤	N30°E NW∠45°～55°	10～15	0.6	0.15

7.8.6　三大洞室随机块体稳定性评价

通过对三大洞室随机块体稳定性展开分析，总体上有如下认识：

（1）在考虑系统支护的情况下，各洞室随机块体稳定性均能满足规范要求。

（2）顶拱坠落型块体无支护下的安全系数为 0，块体体积一般不大（6～10m³），在系统支护情况下安全系数有明显提升；单面滑动模式的随机块体安全系数一般为 3～10，双面滑动模式的随机块体安全系数普遍要偏高一些，一般可达到 10 以上，少数为 6～10。

（3）从计算分析角度，顶拱坠落型块体的安全系数一般是偏保守的（考虑地应力、拱效应等），而分布于围岩松弛区内体型偏小、偏薄的滑移型块体因易受到爆破开挖扰动影响，计算安全系数一般偏高。

（4）从工程经验角度，现场设计人员和地质工程师一般会通过分析块体的空间几何形态，直观地筛选出需要在工程支护中予以考虑的关键块体，快速决策是否需要进行加强支护，尤其对坠落型和尖长状、薄层状块体一般会给予较强且十分及时的针对性支护。实践表明，这一做法通常是偏于保守的。

7.8.7　厂房洞室群典型定位/半定位块体稳定性分析

在厂房洞室群开挖施工过程中，通过及时对地下洞室群开挖揭示的确定性地质结构面（断层、挤压破碎带等）和优势节理进行组合分析，可得到洞室关键部位需要关注的定位块体和半定位块体空间信息，接着可针对这些块体（主要是潜在不利块体）进行稳定性分析评价。实际上，此部分工作可始终贯穿于整个洞室开挖施工过程中。杨房沟水电站主变室开挖过程中未见明显块体稳定问题，接下来主要介绍地下厂房和尾调室部位的典型定位/半定位块体稳定问题。

1）地下厂房定位/半定位块体破坏模式分析

表 7.8.7-1 为地下厂房典型定位/半定位块体，表 7.8.7-2 为组成地下厂房典型块体的结构面边界地质信息。后续计算中，结构面强度参数均取地质建议低值。图 7.8.7-1 给出了地下厂房顶拱典型半定位块体（厂房 1#）。

表 7.8.7-1 杨房沟地下厂房典型定位/半定位块体

块体编号	所在位置	构成边界	
		主控结构面	切割结构面
厂房 1#	顶拱厂右 0+13m～厂左 0+25m，高程 2014～2022.5m	f_{1-49}，N75°～80°E SE∠25°	(24) N15°～20°E NW∠75°～80°；f_{1-68}，N80°W SW∠50°；f_{1-83}，N10°～20°E NW∠75°～85°
厂房 2#	上游边墙厂右 0+81m～0+94m，高程 1998～2001.5m	f_{1-91}，N35°E SE∠60°	(20) N85°E NW∠40°～55°；(26) N65°～75°W SW∠65°～70°
厂房 3#	下游边墙厂右 0+96m～0+102m，高程 1994～2001m	f_{1-98}，N40°～50°E SE∠35°	(20) N85°E NW∠40°～55°；(24) N15°～20°E NW∠75°～80°；(26) N65°～75°W SW∠65°～70°
厂房 4#	下游边墙厂右 0+87m～0+95m，高程 1985～1995m	J_{1-253}，N40°E NW∠85°	J_{1-254}，N0°～10°E NW∠40°～50°；(26) N65°～75°W SW∠65°～70°；(53) N35°～45°E NW∠40°
厂房 5#	下游边墙厂右 0+69m～0+78m，高程 1996～2002m	f_{1-123}，N15°～20°E NW∠55°	(26) N65°～75°W SW∠65°～70°；(132) SN W∠10°～15°
厂房 6#	下游边墙厂右 0+49m～0+66m，高程 1977～1986m	J_{1-329}，N15°E NW∠40°	(261) SN W∠10°；(324) N50°～55°E NW∠45°；(325) N50°W SW∠35°～45°
厂房 7#	下游边墙厂左 0+10m～0+24m、高程 2004～2011m	J_{1-145}，N5°E NW∠60°～65°	(2) N70°E NW∠40°～50°；(26) N65°～75°W SW∠65°～70°；(59) N55°E SE∠35°～40°
厂房 8#	下游边墙厂左 0+33m～0+51m、高程 1976～2002m	f_{1-83}，N10°～20°E NW∠75°～85°	f_{1-277}，N45°W SW∠50°；(55) N75°～80°E SE∠25°；(93) N50°～60°W NE∠50°～55°

表 7.8.7-2 杨房沟地下厂房典型块体结构面边界地质信息

编号	产状	宽度（cm）	描述	抗剪断强度	
				f'	c'（MPa）
f_{1-49}	N75°～80°E SE∠25°	1～5	带内充填碎块岩、岩屑，带内岩体挤压破碎，强度低，见绿泥石化蚀变，两侧蚀变带宽 10～40cm 不等，面平直，局部渗水	0.35～0.40	0.05～0.10
f_{1-68}	N80°W SW∠50°	1～3	带内充填碎块岩、岩屑，面潮湿。	0.50～0.60	0.10～0.15

编号	产状	宽度(cm)	描述	抗剪断强度	
				f'	c'（MPa）
f_{1-83}	N10°～20°E NW∠75°～85°	3～15	带内充填碎块岩、岩屑，见擦痕SW195°∠50°，2010m 高程以下断层两侧影响带宽 0.5～3.4m 不等，影响带内断层伴生节理发育，间距10～30cm，沿节理面有挤压蚀变现象，影响带岩体完整性差～较破碎	0.35～0.40	0.05～0.10
f_{1-91}	N35°E SE∠60°	1～2	带内充填碎裂岩、岩屑，面平直光滑，带内岩体见蚀变现象，干燥	0.40～0.50	0.05～0.10
f_{1-98}	N40°～50°E SE∠35°	2～3	带内充填片状岩、岩屑，局部石英脉贯入	0.50～0.60	0.10～0.15
f_{1-123}	N15°～20°E NW∠55°	1	带内充填碎裂岩、碎块岩，面稍扭	0.50～0.60	0.10～0.15
f_{1-277}	N45°W SW∠50°	1～2	带内充填片状岩、岩屑	0.50～0.60	0.10～0.15
J_{1-145}	N5°E NW∠60°～65°	2～3	局部 10～20cm，带内充填碎裂岩、岩屑，面起伏粗糙	0.50～0.60	0.10～0.15
J_{1-253}	N40°E NW∠85°	0.5～1	带内充填岩屑	0.50～0.60	0.10～0.15
J_{1-254}	N0°～10°E NW∠40°～50°	2～3	带内充填碎块岩、岩屑	0.50～0.60	0.10～0.15
J_{1-329}	N15°E NW∠40°	1～2	带内充填片状岩、岩屑	0.50～0.60	0.10～0.15
L_{1-36}	N50°～55°E SE∠30°	—	面平直粗糙，附岩屑	0.50～0.60	0.10～0.15
（2）	N70°E NW∠40°～50°	—	节理，闭合，面平直粗糙，延伸长，局部密集发育	0.60～0.65	0.15～0.20
（20）	N85°E NW∠40°～55°	—	节理，闭合，面平直粗糙，平行发育多条，断续延伸，间距1～3m	0.60～0.65	0.15～0.20
（24）	N15°～20°E NW∠75°～80°	—	节理，闭合，面平直，断续延伸，平行发育多条	0.60～0.65	0.15～0.20
（26）	N65°～75°W SW∠65°～70°	—	节理，闭合，面平直，局部面附钙质，断续延伸较长，间距1～2m	0.60～0.65	0.15～0.20
（53）	N35°～45°E NW∠40°	—	节理，闭合，面平直粗糙，延伸长	0.60～0.65	0.15～0.20
（55）	N75°～80°E SE∠25°	—	节理，闭合，面平直粗糙，延伸较长	0.60～0.65	0.15～0.20
（59）	N55°E SE∠35°～40°	—	节理，微张，面平直粗糙，充填少量岩屑，面潮湿	0.60～0.65	0.15～0.20
（93）	N50°～60°W NE∠50°～55°	—	节理，闭合，面平直粗糙，延伸较长，发育多条	0.60～0.65	0.15～0.20
（132）	SN W∠10°～15°	—	节理，闭合，面平直粗糙，延伸长	0.60～0.65	0.15～0.20

编号	产状	宽度(cm)	描述	抗剪断强度	
				f'	c'（MPa）
(261)	SN W∠10°	—	节理，闭合，面平直粗糙，延伸长	0.60～0.65	0.15～0.20
(324)	N50°～55°E NW∠45°	—	节理，闭合，面起伏粗糙，延伸较短	0.60～0.65	0.15～0.20
(325)	N50°W SW∠35°～45°	—	节理，闭合，面平直粗糙，延伸较短	0.60～0.65	0.15～0.20

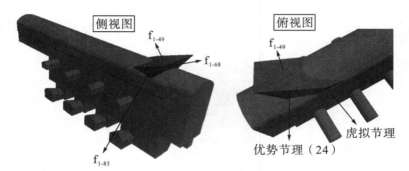

图 7.8.7－1　杨房沟地下厂房顶拱典型半定位块体（厂房1♯）

表 7.8.7－3 为地下厂房典型块体的稳定性一览表。总体上，地下厂房典型块体的整体稳定性较好，部分块体在无支护阶段稳定性稍差，但在系统支护后都能满足规定要求。其中，缓倾断层 f_{49} 在顶拱出露，组合形成了体型较大的块体，通过对该洞段进行针对性加强支护后（包括深层支护和浅层支护），已满足该部位整体和局部围岩稳定性要求。

表 7.8.7－3　杨房沟地下厂房典型块体稳定性一览表

块体编号	体积（m³）	失稳模式	安全系数	稳定性
厂房1♯	2037.00	沿 f_{1-68} 滑动	3.02	满足规范要求
厂房2♯	70.17	沿 f_{1-91} 滑动	3.05	满足规范要求
厂房3♯	24.44	沿节理（24）和（26）滑动	6.95	满足规范要求
厂房4♯	99.80	沿 J_{1-253} 和 J_{1-254} 滑动	1.73（3.35）	系统支护后满足规范
厂房5♯	60.30	沿 f_{1-123} 滑动	4.43	满足规范要求
厂房6♯	624.11	沿 f_{1-329} 滑动	2.47	满足规范要求
厂房7♯	66.80	沿 f_{1-145} 滑动	3.55	满足规范要求
厂房8♯	103.10	沿 J_{1-277} 和 J_{1-83} 滑动	1.85（4.12）	系统支护后满足规范

2）尾调室定位/半定位块体破坏模式分析

表 7.8.7－4 为尾调室典型定位/半定位块体，表 7.8.7－5 为组成尾调室典型块体的结构面边界地质信息。图 7.8.7－2 中给出了地下厂房顶拱典型半定位块体（尾调1♯

和尾调 2#）。

表 7.8.7-4 杨房沟尾调室典型定位/半定位块体

块体编号	所在位置	构成边界	
		主控结构面	切割结构面
尾调 1#	顶拱厂右 0+6m~0+32m，高程 2025~2030.75m	(18) N10°~25°E NW∠75°~90°	f_{3-7}，N60°W NE∠85°~90°；f_{3-9}，N70°W NE∠80°~85°
尾调 2#	顶拱厂右 0+10m~厂左 0+6m，高程 2025~2030.75m	f_{3-13}，N45°~55°W NE∠15°~25°	f_{3-9}，N70°W NE∠80°~85°；(18) N10°~25°E NW∠75°~90°
尾调 3#	上游边墙厂右 0+19m~0+41m，高程 1998~2012m	f_{3-4}，N25°~35°W NE∠40°~45°	(2) N60°W NE∠50°~55°；(34) N75°W SW∠35°~45°
尾调 4#	下游边墙厂右 0+82m~0+92m，高程 1980~1971m	f_{3-41}，N50°~60°E SE∠60°~70°	J_{3-31}，N65°W NE∠65°

表 7.8.7-5 杨房沟尾调室典型块体结构面边界地质信息

编号	产状	宽度（cm）	描述	抗剪断强度	
				f'	c'（MPa）
f_{3-4}	N25°~35°W NE∠40°~45°	2~5	带内充填片状岩、碎屑岩，面干燥	0.50~0.60	0.10~0.15
f_{3-7}	N60°W NE∠85°~90°	0.5~1	带内充填碎裂岩、岩屑	0.50~0.60	0.10~0.15
f_{3-9}	N70°W NE∠80°~85°	1~3	带内充填片状岩、岩屑，面潮湿	0.50~0.60	0.10~0.15
f_{3-13}	N45°~55°W NE∠15°~25°	1~2	带内充填碎裂岩、片状岩、岩屑，面见擦痕	0.50~0.60	0.10~0.15
f_{3-14}	N80°W NE∠70°~75°	2~4	局部宽 10cm，带内充填碎块岩、片状岩、岩屑，面平直潮湿	0.50~0.60	0.10~0.15
f_{3-41}	N50°~60°E SE∠60°~70°	3~5	带内充填碎块岩、岩屑、石英脉，局部见蚀变现象	0.40~0.50	0.05~0.10
J_{3-31}	N65°W NE∠65°	0.5	带内充填岩屑	0.50~0.60	0.10~0.15
(2)	N60°W NE∠50~55°	—	节理，闭合，面平直粗糙，延伸长，间距 1.5~2m	0.60~0.65	0.15~0.20
(18)	N10°~25°E NW∠75°~90°	—	节理，闭合，面平直粗糙，延伸长，间距 1~2m	0.60~0.65	0.15~0.20
(34)	N75°W SW∠35°~45°	—	节理，闭合，断续延伸长，间距 20~60cm	0.60~0.65	0.15~0.20

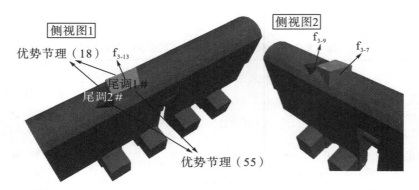

图 7.8.7－2　杨房沟尾调室顶拱典型半定位块体（尾调 1♯ 和尾调 2♯）

表 7.8.7－6 为尾调室典型块体的稳定性一览表，顶拱处存在两处较大的半确定性块体组合（尾调 1♯ 和尾调 2♯），由 f_{3-7}、f_{3-9}、f_{3-13} 和优势节理（18）等切割组成，方量分别为 2264.00m³ 和 229.50m³ 这两个块体在无支护条件下，安全系数分别为 2.01 和 4.69，均满足规范要求。同时现场在实际开挖过程中也针对性地进行了加强支护，进一步提高了该部位的安全裕度，现阶段该部位的监测数据均正常。另外，尾调室下游边墙 2♯ 尾水洞处存在一悬吊式定位块体（尾调 4♯），其在考虑系统支护后的安全系数可满足规范要求。

表 7.8.7－6　杨房沟尾调室典型块体稳定性一览表

块体编号	体积（m³）	失稳模式	安全系数	稳定性
尾调 1♯	2264.00	沿 f_{3-7} 滑动	2.01	满足规范要求
尾调 2♯	229.50	沿 f_{3-9} 滑动	4.69	满足规范要求
尾调 3♯	63.74	沿 f_{3-4} 滑动	10.62	满足规范要求
尾调 4♯	95.10	悬吊型	0（2.52）	系统支护后满足规范

7.8.8　小结

根据地下洞室群现场开挖揭示的岩体结构面统计资料，杨房沟水电站开展了定位/半定位块体及随机块体的稳定性分析复核工作。主要结论如下：

（1）对地下洞室群不同部位开挖揭示的优势节理进行统计分析和随机组合，得到各部位典型随机块体的空间形态和力学边界条件，并据此展开了块体稳定性分析工作。从对随机组合而成的约 30 个块体的计算结果来看，主要以滑移型破坏模式为主，悬吊型块体分布很少，块体方量为 1～100m³。同时各随机块体在当前支护体系下，稳定性均能满足规范要求。

（2）在厂房洞室群开挖施工过程中，通过及时对地下洞室群开挖揭示的确定性地质结构面（断层、挤压破碎带等）和优势节理进行组合分析，可构成规模不等的典型定位/半定位块体，并针对这些块体（主要是潜在不利块体）进行稳定性计算分析评价，结果显示在现有支护体系下均能满足规范要求。

（3）整体来看，地下厂房洞室群区域的岩体结构面较发育，但完全切割围岩形成能够脱离母岩的可动块体的不利组合较少。通过对地下洞室群的定位/半定位块体和随机块体进行深入分析复核，在当前系统支护措施和施工过程中的针对性动态支护方案下，杨房沟水电站洞室块体稳定问题已得到了较好的控制和解决，各块体的安全系数均可满足规范要求。随着三大洞室开挖完成，洞室各部位的安全监测情况均已处于收敛或趋于基本收敛状态，表明现场已实施的开挖方案、系统支护和针对性补强支护方案具备合理性和可靠性。

8 监测反馈分析

8.1 动态监测反馈分析技术路线与现场实施体系

8.1.1 动态监测反馈分析技术路线

杨房沟水电站地下厂房洞室群的反馈分析工作需要结合工程的具体特点，从基础的地质资料分析、监测数据分析、基于三维离散元模型的数值验证和预测等多个方面工作入手，全面把握地下洞室群开挖过程中的围岩稳定问题和控制性影响因素，并为制定相应处理措施提供技术支持。该项目所采用的技术路线是以项目组前期对杨房沟的研究工作为基础，以服务地下洞室群建设为核心，注重监测反馈分析的及时性和全面性，并随着洞室开挖进展不间断同步实施的动态研究过程。

该技术方案整合了岩石力学的最新研究成果、三维复杂地质建模、采用离散元二维及三维数值分析等手段，以现场监测、检测数据为根本，结合地质条件、施工信息、支护设计等形成一个完整的监测反馈工作流程。其基本的思路是在"依泰斯卡"公司前期大量基础研究基础上，建立数值分析反馈模型，采用合理的岩体本构、岩体参数和地应力场特征，形成一个由②→③→④→⑤→⑥→⑦→⑧→⑨→⑩→②的地下洞室群快速监测反馈分析流程。具体内容如下：

①根据开挖施工进度，分别建立典型断面、三大洞室的数值计算模型，在前期对岩体特性和地应力的认识基础上，对围岩的相关参数和地应力进行微调。

②根据最新地质资料和监测信息，对监测数据的合理性进行宏观分析，找出施工和其他条件变化导致的监检测数据异常所在断面，整体把握监测数据所解释的围岩变形和稳定特征。

③建立复杂三维地质模型和施工仿真数值计算模型，反映实际的开挖揭露地质信息、开挖施工过程和最终的支护方案，以及监测布置情况和分析处理后的监检测数据。

④基于上述修正更新的模型或平台，分析监测仪器所在断面位置处的复杂地质条件可能对监测成果的影响程度和范围，分析当前开挖步骤导致的围岩响应特征（变形大小、应力状态、松弛区深度、支护系统受力等），在此基础上对地下洞室群开挖过程中的潜在围岩稳定问题进行宏观评价，并分析控制性主要影响因素。

⑤在建立的数值分析模型中考虑实际的支护手段和施工方案等，分析该层开挖过程

中数值模型所揭示的围岩稳定特征以及支护系统的受力特征，并与现场实际的围岩开挖响应特征进行对比，在此过程中可能需要对地应力以及岩体力学参数进行多次调整，最终目标是使得数值分析所获得的相关成果与现场实际围岩破坏特征以及监检测数据所揭示的规律一致。

⑥根据确定的地应力以及围岩力学参数，分析该开挖步骤下的围岩整体稳定性以及结构面和岩性等条件差异导致的围岩局部稳定问题，并对锚杆、锚索等支护系统的受力状态进行全面的评价和分析。根据典型围岩破坏特征，建立相应的局部分析模型，分析其破坏机理和控制性影响因素。同时结合围岩监测成果、现场围岩变形破坏程度、数值分析成果、工程类比等，研究并动态调整围岩安全监测管理标准。

⑦在分析当前开挖步骤洞室群围岩稳定性基础上，采用离散元方法预测洞室后续1~2个开挖步骤的围岩响应特征（围岩变形量、变形规律、应力状态等）、支护系统受力（锚索、锚杆轴力水平）以及围岩可能的破坏模式和破坏影响深度等。

⑧根据开挖预测所揭示的围岩开挖影响特征，对开挖支护方案、监测方案布置以及局部需要加强支护的深度和范围进行评价。

⑨将优化的结果和局部支护方案建议、监测布置优化、开挖施工顺序等反馈给设计、监测和现场施工方，为下一步开挖与支护改进提供参考和依据。

⑩当下一层开挖完成后，继续从②开始，重新循环至⑨。

⑪在多次反馈分析的过程中，对岩体力学参数和地应力场进行复核修正。检测反馈分析模型的正确性。

在反馈分析项目执行过程中，在反馈数值分析中需要根据不同的要求，建立相应的模型，主要包括以下几个方面。

1）厂房区洞群整体模型

厂房区地下洞室群包含主厂房、主变洞、尾调以及底部的尾水管等多个洞室，同时还包含出线竖井、排水廊道等洞室。

整体模型主要考虑岩性差别、围岩类别、主要的Ⅳ级结构面等，以反映洞室群中岩体质量与长大结构面对洞室开挖变形及稳定的影响。

整体模型中对系统支护的模拟主要包括系统锚索、锚杆，不直接模拟其他支护手段（喷层+钢筋网片）等。

用于反馈分析的整体模型根据当前开挖分层的监测成果和实际围岩的破坏形式，通过微调岩体、结构面力学参数以及地应力特征等来获得与现场实际一致的围岩开挖响应特征。通过调整后的相关参数和地应力特征对下一层或下几层的围岩开挖响应特征进行预测，同时对锚杆、锚索的受力增长情况进行评估预测，综合判断是否需要针对局部洞段进行加强支护以及帮助确定需要加固的范围和深度。

分析后续分层开挖的围岩稳定特征以及支护系统受力特征，从变形量、围岩开挖响应破坏方式、塑性区深度、锚杆及锚索轴力等方面，评估下层开挖过程中系统支护是否存在优化调整的空间，同时评价优化前后围岩变形特征、支护系统受力特征等，为最终的优化设计方案提供定性和定量的技术支撑。

2）厂房区洞群局部模型

在整体模型分析的基础上，针对特殊问题（如节理裂隙发育洞段、岩体蚀变带、变形监测和锚杆锚索受力异常洞段、高应力破坏洞段等）建立精细化的局部分析模型，重点分析和解译局部围岩变形破坏机理，以及分析研究变形监测、锚杆锚索受力异常原因和可能的影响因素。

（1）节理裂隙影响：根据实际的地质素描情况，模型中模拟现场开挖过程中实际揭露的裂隙，以及随机裂隙，分析节理裂隙发育洞段在后续开挖过程中对围岩稳定和支护系统受力的影响机制。

（2）块体问题：主要断层、长大节理裂隙以及与优势结构面组合后可能形成的不稳定块体，分析潜在块体的方量、安全系数以及对支护深度和支护强度的要求，对一般块体确定锚杆长度以及锚杆数量提供依据，对大块体可能需要增加锚索，确定锚索的长度和数量。

（3）针对厂房洞室群开挖过程中，不同的开挖方案和先后次序也会对围岩稳定产生影响，针对不同的围岩破坏问题，分析开挖施工方案、开挖顺序、支护时机等可能产生的影响，如岩锚梁这一层的开挖，开挖施工方案可能会对最终的岩台成型产生重要影响，通过对比不同开挖施工方案和系统支护方案下围岩变形、塑性区深度、锚杆受力等特征，为及时调整优化开挖支护方案提供技术支撑。

充分结合现场实际的地质信息、实际支护方案、监测方案建立反馈分析模型，同时在模型中考虑布置与实际监测方案一致的监测点，支护方案以及岩性和结构面信息，进行开挖支护分析。通过后处理模块对比数值模型所获得的信息与现场监测、检测信息和围岩破坏特征，调整地应力与岩体力学参数，最终标定相关参数预测下一层的开挖；同时根据数值分析以及现场监测成果和围岩实际的开挖响应，建立并更新围岩稳定分级预警系统。

8.1.2 现场动态反馈分析实施策略

大型地下洞室群是一个复杂和系统的工程，复杂地质条件无法事先准确预测。因此，特别需要从全局角度出发将洞室群围岩稳定性反馈分析和动态设计放在一个完整的体系内进行考虑，并通过必要的制度建设确保目标的有力执行。杨房沟水电站工程是国内第一个大型水电 EPC 总包项目，与常规项目相比，其洞室群施工期科研工作有条件也应当与地质、设计、施工、监测和质量控制更为紧密地结合。因此，在工程建设之初，EPC 项目部即开始研究和探索如何通过科学的多方协作和有效组织与管理，将施工期的动态设计与监测反馈分析工作形成常态化和体系化的特色运作机制，更好地服务于地下工程开挖实践。

在实际工作中，现场通过成立"地下厂房洞室群施工期开挖稳定性快速动态设计与监测反馈分析工作小组"，利用快速动态反馈分析手段，把动态优化调整的围岩变形管理标准作为核心联系载体，通过现场定期技术交流讨论会等方式，建立了地质、监测、设计、科研、施工的现场联合技术团队，相互密切配合，全程跟踪现场开挖过程中的围岩响应特征，把岩石力学的科研成果快速及时的应用到工程实践中，保证复杂大型洞室群的工程建设进度与工程安全风险控制，实现反馈分析与设计优化的高效执行力和科学性。

8.2 施工期主要洞室监测数据分析

安全监测是了解地下工程围岩潜在问题与工程危害程度最直接、通常也是最可靠的手段，其有利于对潜在问题的早期发现和对潜在问题程度的诊断。针对地下洞室围岩开挖响应特征，常规的监测方法如多点位移计、收敛观测、锚杆应力计、松动圈测试等监测、检测手段可以及时反映围岩稳定状态的信息，为制定工程加固和相关处理措施提供最直接的参考依据。

8.2.1 杨房沟地下洞室群监测布置情况

杨房沟地下洞室群监测布置情况见图8.2.1-1。

1) 主厂房

主厂房共布置5个监测断面：厂左（右）0+00m（1#机组）、厂右0+33m（2#机组）、厂右0+66m（3#机组）、厂右0+99m（4#机组）、厂右0+145m（安装场）。

机组监测断面：每个断面在顶拱布置3套多点变位计，上下游边墙不同高程各布置4套多点变位计，共计7套多点位移计；每个断面上、下游边墙各布置2台锚索测力计；同时在1#、3#机组断面各布置11组锚杆应力计，在2#、4#机组断面各布置7组锚杆应力计。

安装场监测断面：布置于进厂交通洞中心线轴线，顶拱布置3套多点变位计，上下游边墙各布置1套多点变位计，共计5套多点位移计；同时布置5组锚杆应力计。

上述5个监测断面共布置多点变位计49套，锚杆应力计41组，锚索测力计18台。

后续根据现场开挖揭露的地质情况，在厂左0+11m顶拱、厂左0+38m顶拱和厂左0+19m下游边墙高程2009m/1998m分别补增了一套多点位移计，用以监测洞室群中不利地质条件洞段围岩的变形特征。

2) 主变洞

主变洞共布置2个监测断面：厂左（右）0+00m（1#机组）、厂右0+66m（3#机组）。

每个断面在顶拱布置3套多点变位计、3组锚杆应力计，上下游边墙不同高程各布置2套多点变位计、2组锚杆应力计；每个断面上、下游边墙各布置2台锚索测力计。

3) 其他洞室

尾水调压室高程2008.5m以上共布置2个变形监测断面（1#机、3#机）、4个应力监测断面，高程2008.5m以下共布置4个变形监测断面、4个应力监测断面。

压力管道共布置6个监测断面，分别在1#、3#压力管道的上平段、竖井段及下平段各布置一个监测断面。

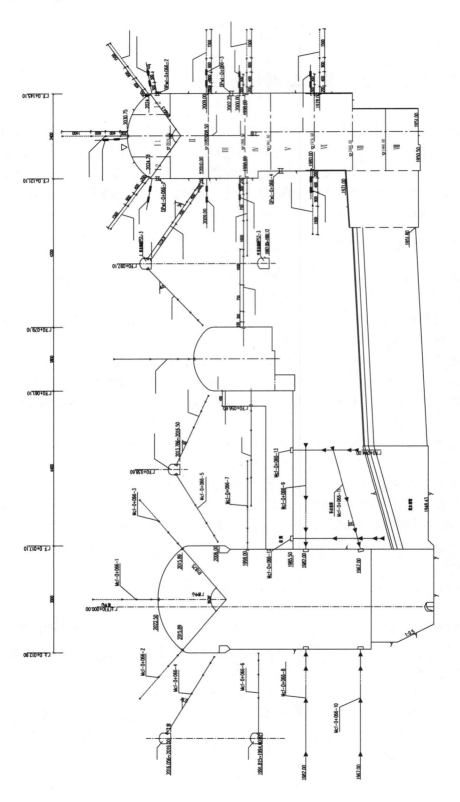

图8.2.1-1 杨房沟地下厂房洞室群监测布置情况

尾水洞共布置4个监测断面,1♯、2♯尾水洞内各布置2个监测断面。

尾水闸门室分别在RW0+57.5m(1♯尾水洞中心线)、RW0+10.5m(2♯尾水洞中心线)共布置2个监测断面。

母线洞共布置4个监测断面,1♯~4♯母线洞内各布置一个监测断面。

出线下平洞共布置1个监测断面,出线竖井分别在高程2110m、2050m各布置1个监测断面。根据修改通知,后续将高程2110m部位的2组多点位移计、2组锚杆应力计调整至高程2090m。

8.2.2　主副厂房洞监测数据分析

1) 变形监测数据分析

主副厂房洞开挖完成后,绝大部分监测断面顶拱及边墙变形趋于稳定或收敛。

主副厂房洞多点位移计累计变形为−3.41~69.12mm,89%以上测点围岩变形都小于40mm,大于50mm的仅占6.25%。围岩位移分布统计见表8.2.2−1。

表8.2.2−1　主副厂房围岩位移分布统计表

围岩位移区间	数量(套)	比例
小于10mm	23	35.94%
10~20mm	12	18.75%
20~30mm	12	18.75%
30~40mm	10	15.63%
40~50mm	3	4.69%
大于50mm	4	6.25%
合计	64	100%

顶拱及上下游拱肩变形一般在10mm以内,最大累计变形为37.54mm,位于厂左(右)0+00m断面上游拱肩。边墙变形一般在40mm以内,下游边墙变形整体高于上游侧,实测最大变形69.12mm,位于厂左(右)0+00 m断面下游2006m高程。

从各监测断面变形分布特征来看,围岩变形较大区域主要位于边墙中上部,即岩锚梁上下区域。

从变形增长的时间分布特征及其与开挖支护关系来看,各测点变形增长与开挖具有明显关联性,测点变形随开挖过程呈现"台阶状、跳跃状"上升趋势,随着系统支护施作、开挖作业完成,大部分测点监测位移速率能够快速收敛。

2) 锚杆应力监测数据分析

截至2018年6月6日,主厂房在400MPa的系统支护锚杆上共安装锚杆应力计51组99支。应力值为100MPa以内的有66支,占66.67%;应力值为100~200MPa的有19支,占19.19%;应力值为200~300MPa的有6支,占6.06%;应力值为300~360MPa的有3支,占3.03%;应力值大于360MPa的有5支,占5.05%,测值分别为470.18MPa、451.21MPa、427.82MPa、426.34MPa、425.11MPa。

3）锚索测力计监测数据分析

截至 2018 年 6 月 6 日，主厂房共安装锚索测力计 30 台，设计荷载均为 2000kN，锁定荷载一般为 70%，开挖结束后锚索荷载为 1274.2~2350.93kN，其中 66.7% 的锚索测力计测值为 1400~1800kN，有 3 台锚索测力计荷载超过设计荷载，占比为 10%，超限锚索主要分布在下游边墙高程 1997m，开挖结束后的变化速率基本在 1kN/d 以内，趋于稳定状态。另外，极个别锚索出现不同程度的荷载损失情况，但锚索荷载损失量总体较小，其中厂右 0+99m 上游边墙锚索荷载损失率最大，达到−8.4%。

8.2.3　主变室监测数据分析

1）变形监测数据分析

主变室顶拱监测变形为 0.07~11.19mm，边墙监测变形为 19.6~67.65mm，最大变形位于厂右 0+66 断面上游边墙高程 1997m。主变室上下游边墙均为洞间岩柱，从典型测点围岩变形时序过程线来看，围岩变形不仅受到主变室自身开挖卸荷影响，同时洞群效应也会对围岩变形产生影响，并可能占据较大的比例。

2）锚杆应力监测数据分析

主变洞共有锚杆应力计 10 支，当前锚杆应力为 33.24~368.29MPa，有 5 支锚杆应力计测值小于 100MPa，其中超限锚杆 1 支，位于厂右 0+66 断面上游拱肩，开挖完成后该锚杆应力达到 368.29MPa，略超出其设计抗拉强度（360MPa）。

3）锚索测力计监测数据分析

主变室锚索测力计共 4 台，设计荷载均为 2000kN，开挖完成后锚索荷载为 1490.8~1819.3kN。

8.2.4　尾水调压室监测数据分析

1）变形监测数据分析

尾水调压室顶拱、上下游拱肩、上下游边墙多点位移计累计变形为 −0.70~58.48mm，其中 89% 以上的多点变位计测值小于 30mm，大于 50mm 多点变位计仅 1 套，占 3.57%，位于厂左（右）0+00m 断面上游边墙高程 2010m 处，累计位移最大为 58.48mm。围岩位移分布统计见表 8.2.4−1。

表 8.2.4−1　尾水调压室围岩位移分布统计表

围岩位移区间	数量（套）	比例
小于 10mm	12	42.86%
10~20 mm	7	25.00%
20~30 mm	6	21.43%
30~40mm	2	7.14%
40~50mm	0	0.00%
大于 50mm	1	3.57%
合计	28	100%

2）锚杆应力监测数据分析

截至 2018 年 6 月 6 日，尾调室共安装锚杆应力计 34 组 68 支。开挖完成后应力值在 100MPa 以内的有 36 支，占 52.94％；应力值为 100～200MPa 的有 21 支，占 30.88％；应力值为 200～300MPa 的有 5 支，占 7.35％；应力值为 300～360MPa 的有 2 支，占 2.94％；应力值大于 360MPa 的有 4 支，占 5.88％。

3）锚索测力计监测数据分析

截至 2018 年 6 月 6 日，尾调室共安装锚索测力计 17 台，其中 3 台位于中隔墩，除中隔墙为 1 台 1000kN 和 2 台 1500kN 外，其余尾水调压室锚索测力计设计荷载均为 2000kN，开挖完成后锚索荷载为 1153～2251.0kN，有 4 台锚索测力计超设计荷载，其中 2 台位于厂右 0+00m、厂右 0+66m 断面上游边墙高程 2020m，2 台位于中隔墙高程 2005m、高程 1991m。

8.3　主要洞室声波检测数据分析

8.3.1　主副厂房洞松弛声波测试成果分析

8.3.1.1　地下厂房声波检测数据汇总分析

主副厂房洞共布置了 5 个声波测试断面，声波测试成果统计见表 8.3.1－1。

表 8.3.1－1　主副厂房洞钻孔声波测试成果统计表

部位		松弛深度（m）			
		最大值	最小值	平均值	统计个数
拱顶	上游拱肩	2.0	0.7	1.6	5
	拱顶中心	1.4	0.7	1.1	5
	下游拱肩	1.8	0.9	1.4	5
第Ⅱ层边墙	上游边墙	1.8	0.6	1.0	4
	下游边墙	2.6	1.8	2.1	4
第Ⅳ层边墙	上游边墙	1.0	0.8	0.9	2
	下游边墙	3.4	1.6	2.5	4
第Ⅵ层边墙	上游边墙	1.6	0.8	1.2	4
	下游边墙	3.5	1.8	2.5	4
第Ⅷ层边墙	上游边墙	1.2	0.6	0.9	3
	下游边墙	3.2	1.2	2.1	3

第Ⅰ层开挖完成后（2016 年 11 月）进行了顶拱松动圈测试，声波测试结果显示，厂房顶拱松弛深度为 0.7～2m，平均松弛深度为 1.6m，上游拱肩平均松弛深度最大，

下游拱肩次之，顶拱最小；松弛区岩体平均波速为4165m/s，非松弛区岩体平均波速为5150m/s。

第Ⅱ层开挖完成后（2016年12月）首次进行了边墙高程2008m松动圈测试，后经过3次历时测试，统计最终的松弛数据，声波测试结果显示，上游边墙高程2008m松弛深度为0.6～1.8m，平均松弛深度为1m，下游边墙高程2008m松弛深度为1.8～2.6m，平均松弛深度为2.1m，下游边墙松弛深度大；松弛区岩体平均波速为4042m/s，非松弛区岩体平均波速为4892m/s。

第Ⅳ层开挖完成后（2017年7月）进行了边墙高程1993m松动圈测试，后经过3次历时测试，统计最终的松弛数据，声波测试结果显示，上游边墙高程1993m松弛深度为0.8～1.0m，平均松弛深度为0.9m，下游边墙高程1993m松弛深度为1.6～3.4m，平均松弛深度为2.5m，下游边墙松弛深度大；松弛区岩体平均波速为3964m/s，非松弛区岩体平均波速为5100m/s。

第Ⅵ层开挖完成后（2017年12月）进行了边墙高程1976m松动圈测试，声波测试结果显示，上游边墙高程1976m松弛深度为0.8～1.6m，平均松弛深度为1.2m，下游边墙高程1976m松弛深度为1.8～3.5m，平均松弛深度为2.5m，下游边墙松弛深度大；松弛区岩体平均波速为3788m/s，非松弛区岩体平均波速为5172m/s。

第Ⅷ层开挖完成后（2018年6月）进行了边墙高程1964.6m松动圈测试，声波测试结果显示，上游边墙高程1964.6m松弛深度为0.6～1.2m，平均松弛深度为0.9m，下游边墙高程1964.6m松弛深度为1.2～3.2m，平均松弛深度为2.1m，下游边墙松弛深度大；松弛区岩体平均波速为3426m/s，非松弛区岩体平均波速为5094m/s。

母线洞下方布置了4个检测断面，其松弛深度范围为9.2～10m，松弛区平均波速为4119m/s，非松弛区平均波速为5189m/s。

主厂房与主变洞对穿共布置了2个检测孔，松弛深度范围为8～9m，松弛区平均波速为3831m/s。

8.3.1.2 厂房下游边墙岩体蚀变/节理密集带的声波检测数据分析

针对厂房第Ⅲ层下游侧边墙"厂右0+5m～厂左0+35m""厂右0+33m～0+47m"两处典型洞段开挖揭露的岩体蚀变、节理密集发育问题，现场安全监测项目部对上述区域先后布置了22个补充地勘钻孔进行声波测试和孔内摄像（实际共完成20孔测试，未完成的2个孔，其中1孔施工后塌孔，另外1孔不具备实施条件）。一方面，期望通过单孔声波测试，确定钻孔岩体声波速度，评价孔壁岩体的完整性；另一方面，借助钻孔电视摄像技术，用以描述孔壁岩体地质现象，确定主要节理、蚀变带位置和性状。

现场针对该洞段区域实际完成的补充勘探钻孔包括12个水平钻孔和8个垂直钻孔。已实施的水平孔分布桩号为：厂右0+38m、厂右0+43m、厂右0+50m、厂左0+28m、厂右0+53m、厂左0+23.5m、厂左0+30.3m、厂左0+17.5m、厂左0+5.8m、厂左0+5m、厂左0+16.5m、厂左0+30m。已实施的垂直孔分布桩号为：厂右0+38m、厂右0+43m、厂右0+50m、厂左0+28m、厂右0+29m、厂左0+30.3m、厂左0+17.5m、厂左0+5.8m。

1）厂右 0+29m～0+53m 洞段检测成果分析

在厂房"厂右 0+29m～0+53m"洞段下游侧边墙，共布置 4 个水平孔和 4 个垂直孔，水平孔孔口高程范围为 2005～2004m，垂直孔孔口高程为测试时底板高程，约为高程 2000m。

对厂房"厂右 0+29m～0+53m"洞段下游侧边墙围岩的声波检测和钻孔摄像成果展开综合分析，有如下认识：

水平检测孔的声波测试和钻孔摄像成果表明：①此洞段边墙围岩声波波速 v_p 基本在 3000m/s 以上，永久边墙围岩波速基本在 3500m/s 以上，较深部岩体波速普遍可达到 4500m/s 以上；②"厂右 0+33m～0+47m"洞段岩体蚀变程度轻微，较深部岩体的蚀变现象不明显。声波波速低于 4500m/s，分布深度一般为 2～3.5m，深入永久边墙 1～2.5m；③"厂右 0+47m～0+53m"洞段未见明显蚀变特征，声波波速低于 4500m/s 分布深度一般为 2～2.5m，深入永久边墙 1～1.5m；④水平钻孔内揭示的结构面多为 NW 向中倾角节理，局部存在破碎带，是造成钻孔深部岩体波速偏低的主要原因。

垂直检测孔的声波测试和钻孔摄像成果表明：①高程 2000m 以下岩体质量整体较好，4 个垂直孔中超过 2m 深处的岩体声波波速普遍较高，可达到 4500～5500m/s。孔口浅层 1～2m 深度受开挖卸荷影响较明显，表现出一定的松弛破裂特征，波速一般为 3000～4500m/s。②当前开挖阶段，受节理密集/岩体蚀变/爆破松弛损伤等因素影响相对明显的围岩分布范围，在竖直方向一般不超过高程 1998m。

钻孔声波测试波速随孔深的变化趋势具有一定规律：①靠近洞室边墙处波速一般最低，往里声波波速曲线呈波状上升趋势，间接表明了围岩浅层松弛问题相对明显，整体上的岩体质量随着距开挖面深度的增加而逐渐变好的特征；②在部分测试段节理裂隙较发育，会造成该段波速起伏较多、稳定性差，平均声波值一般也会有较大幅度下降。

部分测点揭示开挖面浅部岩体受爆破开挖影响相对明显，围岩卸荷损伤和松弛问题相对突出，其声波检测曲线在临近孔口测试段表现为波速低、衰减快、降幅大的特点。个别孔其波速—深度曲线显示该孔孔深 1.5m 以内的波速急剧降低，波速低于 3000m/s。

2）厂右 0+5m～厂左 0+35m 洞段检测成果分析

在厂房"厂右 0+5m～厂左 0+35m"洞段下游侧边墙（f_{83} 断层下盘），共布置 8 个水平孔和 4 个垂直孔，水平孔孔口高程 2000～2010.5m，垂直孔孔口高程 1999.7～2007m。

对厂房"厂右 0+5m～厂左 0+35m"洞段下游侧边墙围岩现有的声波检测和钻孔摄像成果展开综合分析，有如下认识：

根据现场开挖揭露情况和物探成果，此洞段受 f_{83} 断层影响，节理裂隙较发育，岩体蚀变现象较明显，影响范围相对较广。在断层影响带或节理密集带内的岩石蚀变程度较强、力学指标较低，其他部位的岩体蚀变程度多以轻微～中等蚀变为主。洞段蚀变岩分布具有较大的随机性和不均匀性，一般沿岩体结构面发育。

水平检测孔的声波测试和钻孔摄像成果表明：①"厂右 0+5m～厂左 0+35m"洞段下游侧永久边墙高程 2014～2006m，断层 f_{83} 下盘围岩存在波速为 2500～3000m/s 的

"低波速带"，分布深度一般为1~2m。边墙围岩波速 v_p<4500m/s的深度一般小于4m。②"厂右0+5m~厂左0+35m"下游边墙高程2004m边墙围岩波速基本在3000m/s以上，永久边墙围岩（岩锚梁设计边线）波速基本在3500m/s以上，较深部岩体波速普遍可达到4500m/s以上。声波波速低于4500m/s分布深度一般为3~5m，深入永久边墙2~4m。该成果是在岩锚梁保护层开挖前测试获得的，后续岩锚梁保护层开挖，受爆破振动和卸荷影响，该高程下游边墙浅层岩体进一步松弛，波速进一步降低。③"厂右0+5m~厂左0+35m"下游边墙高程2000m边墙围岩存在波速为2800~3000m/s的"低波速带"，分布深度一般为1.8~2.5m，声波波速低于4500m/s分布深度一般为4~5m。④水平钻孔内揭示的结构面多为NW向中倾角节理，局部存在破碎带，是造成钻孔深部岩体波速偏低的主要原因。

垂直检测孔的声波测试和钻孔摄像成果表明：①高程1999.8m以下岩体质量整体较差，岩体声波波速低于4500m/s的分布深度可达到5~6m；②开挖阶段，受"断层f83/节理密集/岩体蚀变/爆破松弛损伤"等因素影响相对明显的围岩分布范围，在竖直方向可达到高程1994m。

钻孔声波测试波速随孔深的变化趋势具有一定规律：①靠近洞室边墙处波速一般最低，往里声波波速曲线呈波状上升趋势，这也间接表明了围岩浅层松弛问题相对明显，整体上的岩体质量随着距开挖面深度的增加而逐渐变好的特征；②在部分测段节理裂隙较发育，会造成该段波速起伏较多、稳定性差，平均声波值一般也会有较大幅度下降。

部分测点揭示开挖面浅部岩体受爆破开挖影响相对明显，围岩卸荷损伤和松弛问题相对突出，其声波检测曲线在临近孔口测试段表现为波速低、衰减快、降幅大的特点。个别孔整体声波波速均低于4500m/s，波速低于3000m/s的深度也达到3m以上。

8.3.2 主变洞松弛声波测试成果分析

主变洞共布置了4个声波测试断面，声波测试成果统计见表8.3.2-1。

表8.3.2-1 主变洞各层钻孔声波测试成果统计表

部位		松弛深度（m）			
		最大值	最小值	平均值	统计个数
拱顶	上游拱肩	2.0	1.0	1.5	4
	拱顶中心	1.5	0.8	1.2	4
	下游拱肩	2.0	0.9	1.3	4
第Ⅱ层	上游边墙	1.6	0.6	1.1	6
	下游边墙	3.9	0.8	1.9	8
第Ⅲ层	下游边墙	3.0	0.8	2.2	7

声波测试结果显示，主变洞拱顶松弛深度0.8~2m，平均松弛深度为1.3m，上游拱肩平均松弛深度最大，下游拱肩次之，拱顶最小；松弛区岩体平均波速为4189m/s，非松弛区岩体平均波速为5233m/s。

　　第Ⅱ层开挖完成后进行了边墙高程 2000m 松动圈测试，声波测试结果显示，上游边墙高程 2000m 松弛深度为 0.6～1.6m，平均松弛深度为 1.1m，下游边墙高程 2000m 松弛深度为 0.8～3.9m，平均松弛深度为 1.9m，下游松弛深度较上游深；松弛区岩体平均波速为 3997m/s，非松弛区岩体平均波速为 5174m/s。

　　主变室开挖完成后，在下游边墙高程 1994m 新增了一排声波监测点，结果显示，下游边墙高程 1994m 松弛深度为 0.8～3m，平均松弛深度为 2.2m；松弛区岩体平均波速为 3459m/s，非松弛区岩体平均波速为 5219m/s。

8.3.3　尾水调压室松弛声波测试成果分析

　　尾水调压室共布置了 4 个声波测试断面，声波测试成果统计见表 8.3.3-1。

表 8.3.3-1　尾水调压室各层/部位钻孔声波测试成果统计表

层/部位		松弛深度（m）			
		最大值	最小值	平均值	统计个数
拱顶	上游拱肩	2.1	0.7	1.3	4
	拱顶中心	2.0	1.0	1.3	4
	下游拱肩	2.3	0.5	1.4	4
第Ⅱ层	上游边墙	2.0	1.0	1.4	4
	下游边墙	2.2	0.5	1.1	4
第Ⅲ层	下游边墙	1.2	1.0	1.1	4
中隔墙		4.6	2.2	3.7	3

　　声波测试结果显示，尾水调压室拱顶松弛深度为 0.5～2.3m，平均松弛深度为 1.32m，上游拱肩、拱顶中心、下游拱肩松弛深度基本相当；松弛区岩体平均波速为 4405m/s，非松弛区岩体平均波速为 5173m/s。

　　第Ⅱ层开挖完成后进行了边墙高程 2014m 松动圈测试，声波测试结果显示，边墙高程 2014m 松弛深度为 0.5～2.2m，其中上游边墙平均松弛深度为 1.4m，下游边墙平均松弛深度为 1.1m；松弛区岩体平均波速为 4148m/s，非松弛区岩体平均波速为 5099m/s。

　　第Ⅲ层开挖完成后进行了边墙高程 1999m 松动圈测试，声波测试结果显示，边墙高程 1999m 松弛深度为 1.0～1.2m，平均松弛深度为 1.1m；松弛区岩体平均波速为 3852m/s，非松弛区岩体平均波速为 5000m/s。

　　中隔墙部位共三个高程进行了松动圈测试，分别位于高程 1999m、1978m 和 1971m，松弛深度范围为 2.2～4.6m，平均松弛深度为 3.7m；松弛区岩体平均波速为 3703m/s，非松弛区岩体平均波速为 4607m/s。

8.4 小结

本章主要对杨房沟地下厂房洞室群施工期监测、检测数据进行了汇总分析，以充分了解洞室群开挖过程中围岩响应特征，并类比相关工程经验，为洞室整体稳定性分析和评价提供了基础资料和参考依据：

（1）从监测数据来看，主副厂房拱顶变形一般在10mm以内，边墙变形一般在40mm以内，变形量大于40mm的多点位移计占比不到11%。围岩变形较大区域主要位于边墙中上部，岩锚梁上下区域，施工期洞室最大变形69.12mm，位于厂左（右）0+00断面下游2006m高程，主要受控于局部洞段发育的顺洞向陡倾结构面和岩体蚀变等不利地质条件。在洞室开挖期间，围岩变形历时曲线大多呈台阶状，围岩变形随邻近部位厂房下部开挖变形增长明显，开挖工作面远离监测断面时变形逐渐趋于稳定，符合一般规律。主副厂房锚杆应力一般不大，大部分锚杆应力计测值在200MPa以内，占比约86%，个别测点锚杆应力计超设计强度，占比约5%。主副厂房锚索荷载为1274.2~2350.93kN，其中66.7%的锚索测力计测值为1400~1800kN，有3台锚索测力计荷载已超过设计荷载，占比为10%，超限锚索主要分布在下游边墙高程1997m高程。

（2）主变室顶拱最大变形11.19mm，上下游边墙均为洞间岩柱，受洞群效应影响明显，边墙最大变形达67.65mm，总体上变形已趋于收敛。主变室支护受力水平整体不高，锚杆应力一般在200MPa以内，仅1跟锚杆应力计超出其设计强度，锚索荷载为1490.8~1819.3kN，无超限情况。

（3）尾水调压室洞周围岩最大变形58.48mm，一般部位变形0~30mm，锚杆应力一般在200MPa以内，个别锚杆应力超出其设计强度，占5.88%，属合理范围内。边墙部位锚索荷载为1426.3~2251.0kN，有2台锚索测力计超出设计荷载，位于厂右0+00m、厂右0+66m断面上游边墙高程2020m，已采取了针对性加强支护处理，目前锚索受力基本稳定。中隔墩由于受力条件相对不利，卸荷松弛问题突出，变形量值也相对偏大，最大变形达到36.56mm，最大锚索荷载1661kN（设计荷载1500kN），且受下部尾水岔管段开挖影响处于增长状态，开挖完成后，趋于收敛。

（4）从物探测试成果来看，主副厂房岩体爆破松弛卸荷深度一般在浅表部位，顶拱松弛深度一般为0.7~2m，上游边墙松弛深度一般为0.6~1.8m，下游边墙松弛深度整体高于上游侧，一般为1.2~3.5m，局部区域，包含岩体蚀变影响区域和1♯~4♯母线洞正下方，受地质条件和多个洞室开挖卸荷影响，松弛深度相对偏大，最大接近10m。主变室物探测试成果表明，主变室岩体爆破松弛卸荷深度位于浅表部位，除个别孔松弛卸荷深度超过3m外，一般介于0.6~2m之间。尾水调压室物探测试成果表明，洞室围岩爆破卸荷松弛深度多位于浅部，卸荷松弛深度一般介于0.5~2.3m之间，而中隔墩卸荷松弛深度相对偏大，平均超过3.7m。

（5）整体上，杨房沟水电站三大洞室围岩变形及支护受力水平均不高，符合对类似工程的一般认识，局部存在的变形量值偏大、支护受力超限、松弛深度偏深等问题，主要是受局部不利地质条件控制的，在采取针对性的加强支护措施后，变形及支护受力均得到了有效的控制，上述情况说明，地下洞室群围岩处于稳定状态。

9 围岩稳定反馈分析

9.1 中高地应力地下厂房围岩监测数据的统计规律分析

9.1.1 顶拱变形特征

    地下工程围岩的变形破坏特征受到围岩条件（岩性、岩体结构和地应力等）、开挖施工方案、支护方案等因素的综合影响。针对大型水电站地下厂房，由于其开挖跨度大、延伸较长，不同洞段的围岩地质条件可能存在较大差异，这将导致地下厂房开挖过程中表现出多种变形破坏模式，不同洞段围岩变形特征存在明显差异，尤其当顶拱发育缓倾断层、缓倾层间错动带、节理密集带等不利岩体结构时，技术人员应分析其影响顶拱围岩变形及稳定的力学机制和潜在工程风险，并提出针对性的处理措施。

    杨房沟地下厂房洞室群围岩条件为硬质岩，地应力水平属中等水平，地下工程地质条件总体较好，但在局部洞段也出现了一些较复杂的工程问题。从工程类比角度，表9.1.1-1统计了我国西部地区部分与杨房沟地下厂房洞群工程地质条件类似或相近的已建典型工程案例，各工程地下厂房的规模、岩性、实测地应力、岩体变形模量、岩块抗压强度等主要参数指标见表中所列。图9.1.1-1~图9.1.1-3分别给出了上述工程厂房顶拱、拱肩部位的实测变形特征，可作为厂房地下洞室群开挖变形响应特征分析和稳定性评价的参考依据，但使用这些数据时，还需要注意多点位移计的埋设时机。

表9.1.1-1 我国西部典型水电站厂房工程条件情况统计表

电站名称	修建情况	厂房洞室尺寸（长×宽×高）/m	岩性	实测地应力（MPa）		变形模量（GPa）	抗压强度（MPa）	
				最大	最小		干	湿
瀑布沟	已建	294.1×26.8×70.1	花岗岩	21.1~27.3	—	8	100	
溪洛渡	已建	439.7×31.9×77.6	斑状玄武岩	14.79~21.06	4.05~7.59	17~36	200~300	
官地	已建	243.5×31.1×76.3	斑状玄武岩	25~35.2	3.9~10.9	10~20	—	115~225

电站名称	修建情况	厂房洞室尺寸（长×宽×高）/m	岩性	实测地应力（MPa）		变形模量（GPa）	抗压强度（MPa）	
				最大	最小		干	湿
锦屏二级	已建	352.4×28.3×72.2	大理岩	10.1~22.9	4.9~14.3	7~14	80~90	65~80
大岗山	已建	226.6×30.8×74.6	花岗岩	11.37~19.28	2.9~4.58	8~21	80	
龙滩	已建	388.5×30.3×76.4	砂岩泥板岩	12~13	0.44~4.68	16~22	砂岩 130泥板岩 40~80	
小湾	已建	298.1×30.6×82	黑云花岗片麻岩和角闪斜长片麻岩	16~26.7	6.9~10.1	10~25	130~170	90~135
向家坝	已建	245×33×85.5	砂岩	8.2~12.2	—	12~20	130	75~80
杨房沟	在建	230×30×75.57	花岗闪长岩	12~15	6~8	9~19	Ⅱ类 80~100Ⅲ类 60~80	

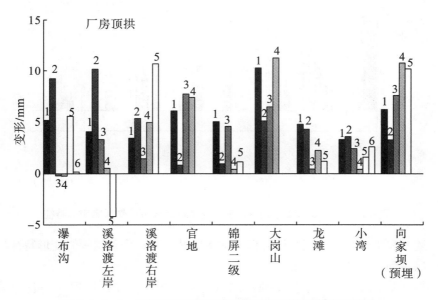

图 9.1.1-1　典型工程地下厂房不同监测断面顶拱变形特征

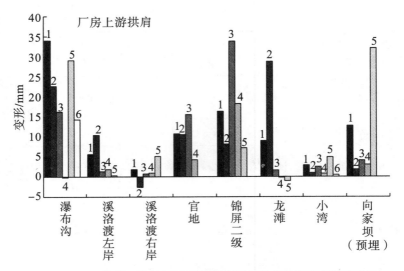

图 9.1.1-2　典型工程地下厂房不同监测断面上游侧拱肩变形特征

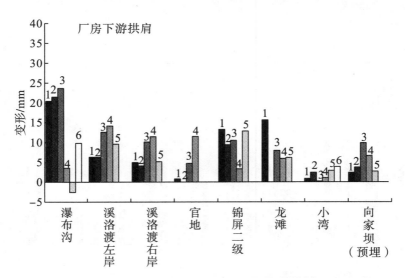

图 9.1.1-3　典型工程地下厂房不同监测断面下游侧拱肩变形特征

对上述典型中（高）地应力硬岩条件下水电站地下厂房顶拱围岩变形特征展开系统分析，可以得到如下认识：

（1）根据常规经验，地下厂房顶拱围岩变形主要发生在顶拱层（一般为洞室第Ⅰ层）开挖期间，之后随着洞室开挖高程下降，拱效应显现，顶拱变形问题将逐步趋缓。洞室第Ⅰ层开挖时，正顶拱部位的变形一般约占洞室开挖完成后总变形量的 80％以上。在分析相关变形监测数据时，应密切关注多点位移计的具体安装和监测时机，注意仪器即埋或预埋的区别，工程中多采用即埋方式，该监测变形存在部分丢失，这一丢失变形在进行数值反馈分析和围岩稳定性评价时应予以考虑。

（2）统计表明，中（高）地应力硬岩条件下，厂房正顶拱部位的变形一般为 4～10mm，通常不超过 12mm；厂房拱肩部位的变形一般为 10～20mm，通常不超过

35mm。在一般情况下，应力水平越高，整体变形量也将越大，并且这种与应力相关的变形具有时间效应。此外，存在不利地质条件洞段，变形相对较大。

（3）厂房顶拱围岩变形特征主要受邻近部位的爆破扰动和围岩开挖卸荷影响，并与系统支护强度和施作时机关系密切。另外，洞室分层分幅下挖、洞群效应也将是顶拱围岩监测变形变化的主要影响因素。

（4）在围岩完整性好、均一的洞段，围岩变形随深度的增加，将表现出一定的连续性和由表及里的渐变性，该部位多点位移计的监测位移值在沿深度方向上将呈现出均匀减小的规律性变形特征。在厂房顶拱围岩完整洞段，监测的变形量值通常很小，有时难以采用变形指标进行围岩稳定性评价或预警，比如对于围岩高应力破坏问题，一般需从应力的角度进行分析。

（5）围岩中软弱结构面、岩性显著差异分界面或松弛破裂区等的存在可能导致围岩变形的不连续性，其中岩体中广泛分布的结构面对围岩变形的影响最为常见。通常情况下，结构面都会对岩体变形造成一定影响，但并非所有的结构面都会导致围岩产生大变形，结构面对围岩变形及稳定影响特征与其性状、空间位置以及具体的开挖支护措施等因素有关。多点位移计监测成果一般较容易体现岩体的非连续或不均匀的变形特征。

（6）部分中高应力条件下地下洞室开挖可能会表现出较明显的围岩时效变形和围岩破裂时间效应特征。一般在低岩石强度应力比条件和结构面发育部位，围岩的时效变形特征会更为明显。

9.1.2　边墙变形特征

对于大跨度、高边墙地下工程或洞室群，《水电站地下厂房设计规范》（NB/T 35090—2016）中有如下说明：考虑到水电站地下厂房跨度大、边墙高的特点，应根据向洞内收敛位移、收敛比、收敛速率、洞室跨度、高跨比等指标，进行综合分析评判和工程类比进行修正。图9.1.2-1和表9.1.2-1为国内部分已建和在建地下厂房计算和实测周边位移相对值，其高跨比一般大于2，跨度大于20m。可以看出，部分大中型地下厂房计算和实测周边位移相对值为0.3%~0.8%。

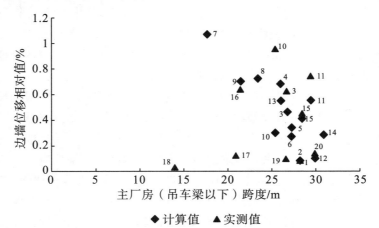

图 9.1.2-1　部分地下厂房边墙计算位移相对值

表 9.1.2-1　国内已建和在建地下厂房实测围岩变形

工程名称	主厂房 (吊车梁以上/下) 跨度 (m)	洞室高度 (m)	顶拱位移 (mm)	上游边墙位移 (mm)	下游边墙位移 (mm)
二滩	30.70/25.50	65.38	13.98	118.19	125.37
小湾	30.60/29.50	78.00	3.57~31.63	115.18	101.40
琅琊山	21.50	46.20	6.44	112.50	25.00
龙滩	30.30/28.50	74.60	10.00	84.95	41.35
瀑布沟	30.70/26.80	70.10	25~40	64.03	103.96
广州抽水蓄能	21.00	44.54	1.74	9.40	16.00
渔子溪一级	14.00	33.30	1.60~3.20	—	4.06
大朝山	26.40/24.90	67.30	1.95	14.37	26.94
溪洛渡左岸	31.90/28.40	77.60	14.20	30.71	47.21
溪洛渡右岸	31.90/28.40	77.60	11.58	33.40	22.80
官地	31.10/29.00	76.30	15.60	66.47 (即埋)	27.28
长河坝	30.80/27.30	73.30	8.00	125.80 (即埋)	113.30 (即埋)
猴子岩	29.20	68.70	48.05	105.28	156.60 (即埋)
大岗山	30.80	74.60	11.29	47.87	24.82
锦屏一级	28.90/25.90	68.80	33.45	58.17 (即埋)	92.90 (预埋)
锦屏二级 (主变室)	19.30	32.70	41.49 (预埋)	69.40 (即埋)	234.04 (预埋)

9.1.3　锚杆应力的一般特征

　　与围岩位移监测数据相比，锚杆应力监测多代表局部某一点应力特征，其涵盖的监测范围相对多点位移计要小很多。传统锚杆应力计的读数受到围岩变形机理和仪器埋设技术的影响，锚杆应力计读数变化通常是传感器所在部位围岩变形的结果，理想情况下，希望锚杆应力计所在部位围岩变形方向与锚杆轴向方向一致，这样锚杆应力监测结果就可以与该部位多点位移计的监测成果具有一致性。

　　在中高地应力硬岩条件下，由于地质结构的空间变异性，地下厂房全长黏结埋设方式的锚杆应力分布规律性一般较差，无论对同一锚杆上的不同测点或是不同位置的锚杆而言，均很难寻求一致的变化规律。很多时候一些测点的监测结果是准确的，但当这些测点附近发育断层、层间错动带、节理裂隙等岩体结构面时，锚杆应力计传感器读数将会明显受到邻近结构面的影响，这些测值更多反映的是局部围岩变形或应力特征。显然，由于岩体中广泛存在不连续结构面及其不确定性的特点，单一锚杆应力计监测值所指示的工程问题通常也具有其局限性，技术人员需客观地看待局部锚杆应力偏大或超限问题，并分析其发生的可能原因。

（1）对我国西部水电站工程大量中、高地应力硬岩大型地下洞室工程实例的锚杆应力监测成果进行统计，有如下几个特征：

①锚杆中的最大应力可以发生在锚杆上的任何部位，一般靠近开挖面或位于围岩浅部的杆体出现最大应力的概率大。大量统计资料表明，地下厂房顶拱普通砂浆锚杆应力一般在 100MPa 以下，边墙系统锚杆受力一般比顶拱部位略高一些；锚杆应力为 100～200MPa 的较少，超过 200MPa 的很少；在多点式锚杆应力测值中，应力量值偏大的测点一般位于围岩浅部。对于围岩整体稳定较好的地下厂房开挖，顶拱锚杆应力大部分小于 50MPa，锚杆具有较高的整体安全裕度，锚杆受力很少见有超过设计荷载的情况或者超设计荷载的比例非常小。

②与围岩变形特征具有一致性，锚杆应力计的应力增长主要受邻近洞段的爆破开挖扰动作用影响。部分中高应力条件下洞室围岩时效变形和破裂特征较显著时，也会导致锚杆应力增长表现出时间效应特征。

③洞室的系统锚杆整体受力特征受到围岩应力水平、岩体结构、围岩时效变形或破裂特征、洞室开挖规模及系统支护时机等因素的综合影响，在高地应力水平条件下或围岩有明显时效变形和破裂特征时，均会导致洞室整体锚杆应力量值偏高。相关工程经验表明，在高应力条件下，锚杆应力计对微裂隙张开以及岩体破裂等围岩响应的反应比多点位移计更加敏感，锚杆邻近部位出现岩体破裂以及微裂隙张开时锚杆应力增量一般较大，直观表现为围岩浅部的锚杆应力一般偏大，个别情况下会出现锚杆应力计读数异常或超量程。

④在完整岩体洞段，会遇到受邻近洞段爆破开挖引起单一锚杆应力计受力明显增长的情况，这可以由局部存在的隐伏结构面影响导致。如厂房洞室顶拱部位发育缓倾裂隙的情况，尽管这些结构面延伸长度可能不大，或者没有在开挖面上揭露，但可以较明显影响到该部位锚杆应力测值的增加，甚至可使在与其交切位置的锚杆应力计传感器读数出现异常或超限。经验表明，隐伏结构面的存在，可导致锚杆杆体较深部位的应力出现显著增长。在分析具体部位的锚杆受力特征时，不能抛开该锚杆应力计局部的围岩地质条件，其中应重点关注仪器安装部位的岩体结构特征。

⑤从影响锚杆受力机制上看，在高应力条件下硬岩地下洞室开挖，部分锚杆应力计的显著增长很可能主要反映了该部位围岩高应力破裂程度的影响或者结构面非连续变形机制的影响，有时是两者的综合影响。

（2）另外，针对中高应力条件下地下厂房顶拱围岩锚杆应力计出现显著增长的情况，可区别性的分为浅层或深层两种情况进行针对性分析。有如下特征：

①当锚杆应力计布置在厂房顶拱围岩浅部区域，尤其在围岩松弛深度以内时，一般锚杆应力计读数会普遍偏大，个别断面锚杆会存在超限问题，这可能与浅层围岩破裂、微裂隙或结构面影响相关，在多种因素综合作用时会加剧锚杆应力增长幅度。

②当锚杆应力计在厂房顶拱围岩的埋设深度较深时，受围岩破裂松弛影响较小，此时影响锚杆应力显著增长的主要可能因素为不利结构面影响。上述分析表明，结构面的存在可以明显影响到锚杆应力测值的增加，甚至导致锚杆应力在与其交切位置的传感器读数出现异常。

③在围岩相对完整、节理裂隙相对不发育洞段，也会遇到受邻近洞段爆破开挖引起单一锚杆应力计受力明显增长的情况，这可以由局部存在的隐伏结构面影响导致。考虑到隐伏结构面对围岩稳定的影响一般局限在浅表围岩，一般不会对顶拱围岩的整体稳定性产生决定性的影响，相关监测成果一般不能代表该洞段整体系统锚杆受力特性，现场一般可根据情况针对性地进行局部补强支护，并以浅层支护为主。

④考虑到隐伏结构面的发育情况较难确定，现场可通过钻孔电视摄像或声波松动圈测试等手段进行进一步复核这些锚杆应力计部位的围岩情况。

9.2 围岩时间效应特征分析

围岩时间效应，即在空间条件不发生变化的情况下，围岩应力和变形随时间推移而持续变化的现象。一般在高地应力条件下，地下洞室围岩的变形会或多或少的表现出一定的时效变形特征。参考大量类似工程经验，针对中高地应力硬岩条件下洞室开挖，围岩时间效应有如下几个典型特点：

（1）中高地应力硬岩条件下，洞室围岩时效特征是较为常见的工程现象。地下洞室开挖卸荷后围岩应力调整一般会持续较长时间，而且不利岩体结构面的存在一般也会导致围岩应力调整的范围更大、时间相对更长，具体表现为围岩变形要经历较长时间才能趋于稳定。另外，当高地应力导致洞室围岩发生普遍脆性破坏（破裂、剥落、岩爆等）时，还需要关注围岩破坏的时间效应问题。在长期高应力条件下，这些应力性破坏现象可能会随时间推移而持续出现或加剧。

（2）围岩时间效应的发生发展，与围岩岩性、岩体结构、初始和二次应力场、开挖卸荷损伤、支护、工程环境（如温度和湿度）等因素均有一定的关联性，这导致了围岩时效演化机制极其复杂，其中涉及微观、细观层次的围岩破裂问题。因此对具体工程而言，一般很难预测其时间效应全过程，而且同一工程、甚至同一洞室不同部位表现出的围岩时间效应特征通常也不尽相同。在低岩石强度应力比条件和结构面发育部位，围岩的时效变形特征一般更为明显。当应力水平不高、围岩条件较好时，围岩时效变形占洞室开挖变形的比重较少，持续时间一般较短。

（3）围岩时间效应一般可通过岩体变形监测、锚杆应力监测、松弛波速测试等手段加以体现，借此分析围岩开挖的时效变形特征，并作为评价洞室围岩长期稳定性的重要指标之一。

（4）针对高应力引起的围岩时效变形和破坏问题，确保系统支护的及时性、施作质量和足够的强度均十分关键。及时施作系统支护可在洞室开挖后提供一定的围压，一定程度上限制高应力导致的围岩破裂扩展时间效应。

杨房沟地下厂房洞室群为花岗闪长岩，岩体以Ⅱ类围岩和Ⅲ类围岩为主，属中等初始地应力水平，经验判断该工程环境下的岩体时效变形特征不明显。从地下厂房洞室群变形监测以及岩体声波检测成果来看，围岩变形主要发生在洞室开挖期间，非开挖期变形一般能够快速收敛，揭示了洞室开挖后围岩总体的变形时效特征不明显。洞室局部受不利岩体结构面影响洞段（如高边墙中部区域），围岩卸荷变形松弛问题相对明显，受开挖扰动影响大，围岩二次应力调整持续时间较长，表现出了一定的时效变形特征。另外，洞室顶拱局部个别监测点（如厂房厂左 0+38m 顶拱测点）收敛时间相对偏长，表现出轻微的时效变形特征，可能与局部地质条件、支护强度等因素有关。

　　总体上，杨房沟地下厂房洞室群围岩质量整体较好，随着三大洞室开挖支护完成，各洞室监测变形已逐步趋于收敛，围岩时效变形现象并不突出，可以认为岩体时间效应特征对杨房沟地下洞室围岩的整体变形和稳定性的影响相对有限。

9.3　三维数值计算模型与围岩初始条件

9.3.1　三维数值计算模型

　　图 9.3.1－1 为杨房沟地下洞室群的三维数值计算模型。该模型包含了地下洞室群的主要洞室，如主副厂房洞、主变室、母线洞、尾调室、尾水洞、出线竖井及部分排水廊道等，并充分覆盖了三大洞室及其开挖影响区。该模型的坐标系 Y 轴与厂房洞轴线重合。地下洞室群主要支护形式包括普通砂浆锚杆、预应力锚杆、预应力锚索和喷混凝土等，在数值计算中分别采用了 Cable 杆单元对主要支护系统加以模拟，见图 9.3.1－2。

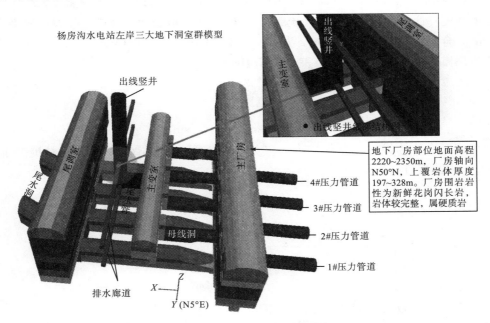

图 9.3.1－1　杨房沟地下洞室群的三维数值计算模型

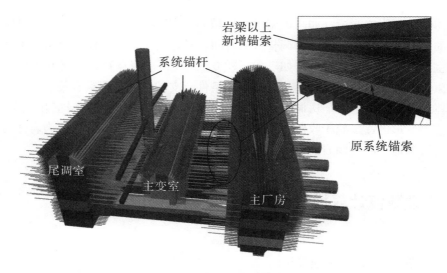

图 9.3.1－2　杨房沟地下洞室群支护系统模拟

9.3.2　岩体本构模型及物理力学参数

三维数值计算模型中岩体物理力学参数主要基于可研地质建议值和前述监测反馈分析成果，并结合实际开挖揭示围岩条件、声波检测成果等综合拟定。岩体本构模型采用 3DEC 中的 Mohr－Coulomb 弹塑性本构模型（见图 9.3.2－1），未考虑岩体发生塑性屈服后的强度降低特性。该准则是传统 Mohr－Coulomb 剪切屈服准则与拉伸屈服准则相结合的复合屈服准则。图 9.3.2－2 为 Mohr－Coulomb 屈服准则包络线。

本构模型中的剪切屈服准则和抗拉屈服准则分别为

$$f_s = \sigma_3 - \sigma_1 N_\phi + 2c\sqrt{N_\phi} \tag{9-1}$$

$$f_t = \sigma_t - \sigma_1 \tag{9-2}$$

$$N_\phi = (1 - \sin\phi)/(1 + \sin\phi) \tag{9-3}$$

式中，σ_1，σ_3 分别为最大、最小主应力；ϕ 为内摩擦角；c 为黏聚力；σ_1 为岩石抗拉强度；N_ϕ 为与内摩擦角有关的参数。

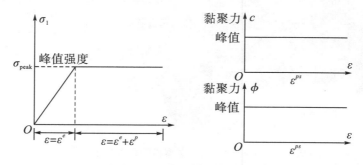

图 9.3.2－1　岩体理想弹塑性本构模型

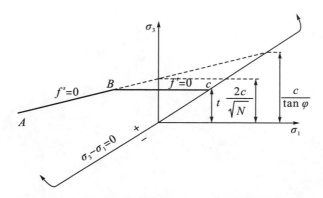

图 9.3.2－2　3DEC 中的 Mohr－Coulomb 屈服准则包络线

9.3.3　岩体结构面本构模型与参数

地下工程的数值分析中对于不连续结构面的模拟基本上采用软弱夹层（实体单元）和接触分析（无厚度单元）两种分析方法。两种方法各有优缺点，且存在"变形等效"的基础，因此对变形计算结果的影响不大。其中，考虑为无厚度节理单元方法反映的变形特征和破坏形态更为直观，能够较好地描述结构面的张开、压缩、剪切滑移等基本现象。在本次研究中，针对结构面的模拟将选用接触面模型，接触面的破坏准则基于库仑剪切强度准则。

库仑剪切强度准则满足下式：

$$F_{smax} = cA + \tan\varphi F_n \tag{9-4}$$

式中，c 为接触面的黏聚力；φ 为接触面的摩擦角；F_{smax} 为最大剪切力；F_n 为法向力。

基于可研阶段地质专业提供的岩体力学参数取值范围，结合杨房沟现场开挖揭露的实际地质情况、同类工程经验，及对岩体参数反演分析结果，综合拟定了表 9.3.3－1 中所示的结构面力学参数建议值，并作为三维数值模拟中采用的主要初始参数。

表 9.3.3－1　结构面物理力学参数

结构面类型	充填类型	法向刚度 K_n（GPa/m）	剪切刚度 K_s（GPa/m）	摩擦系数 f	黏聚力 c（MPa）
Ⅳ级断层、破碎带	岩块岩屑	1～10	0.5～5	0.37～0.55	0.05～0.15

9.3.4　岩体结构特征

在厂房洞室群第Ⅰ～Ⅸ层开挖过程中现场地质工程师对开挖面揭露的各类结构面进行了详细的地质编录和描述。其结构面多为中、陡倾角结构面，少量缓倾角断层在顶拱部位出露，如 f_{1-49}、f_{3-2}、f_{3-13}，揭露性状相对较差，对顶拱开挖成型和围岩稳定有一定影响。部分结构面（f_{1-83}、J_{1-145}、J_{1-164}、J_{1-158}、f_{3-36} 等）与洞室轴线呈小角度相交，与优势结构面组合后对边墙的稳定较为不利。数值模拟分析中对部分延伸较长、性状较差、影响较大的结构面进行直接模拟，对于延伸较短、性状较好、影响较小的结构面，在岩体力学参数取值时综合考虑。三维模型中主要岩体结构面空间分布情况见图 9.3.4－1。

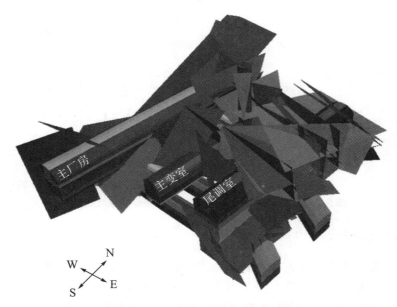

表 9.3.4－1　地下洞室群主要岩体结构面空间分布情况

9.3.5　数值计算中采用的初始地应力场

岩体地应力场是地下工程最为重要的荷载之一，数值计算最基本的基础是荷载—位移或应力—应变关系，因此地应力场的准确性直接影响计算成果的可靠性。将地应力反演分析成果在高程方向上进行线性拟合，可得到适用于地下洞室群工程区域的初始地应力场分布规律：

$$\begin{cases} \sigma_1 = -0.020h + 53.8 \\ \sigma_2 = -0.020h + 51.8 \\ \sigma_3 = -0.030h + 67.2 \end{cases} \qquad (9-5)$$

式中：h 为高程，适用范围为 1900～2100m。需要补充说明的是，由于厂区大范围内初始应力随深度的变化不具备简单线性分布特征，所以，以上公式仅适用于地下厂区，而不能应用于浅层边坡岩体和其他工程部位。

9.4　地下洞室群开挖围岩响应特征分析

9.4.1　变形特征

厂房洞室群开挖规模巨大，三大洞室开挖完成后，群洞效应显现，主副厂房洞和尾调室高边墙中部均存在较明显的围岩变形和松弛问题，各洞室洞间岩柱的变形问题相对明显。

1) 主副厂房洞

(1) 厂房整体开挖完后，顶拱及拱肩部位累计变形一般为 15~25mm，以卸荷回弹变形为主。其中缓倾断层 f_{1-49} 影响洞段的顶拱变形较大，该断层对顶拱变形及稳定存在较不利影响，累计最大变形可达到 20~35mm，表现出一定的卸荷松弛变形现象。

(2) 厂房开挖完成后高边墙高度达 66m，边墙围岩的开挖卸荷变形响应较明显。厂房上游边墙累计变形一般为 35~60mm，洞室中部高程 1990~1975m 附近的围岩变形偏大。厂房下游侧边墙的整体变形量要大于上游侧，累计变形一般为 40~70mm。在下游侧边墙岩体蚀变/节理密集带影响部位，围岩累计变形量可达到 60~75mm。下游侧边墙顺洞向中陡倾角不利结构面（f_{1-123}、J_{1-145}、J_{1-158}、J_{1-164}、J_{1-254} 等）发育，加之受主厂房、主变室、母线洞、尾水管等洞群效应影响，边墙变形问题相对突出，局部区域的最大变形可达 70~80mm。

(3) 总体来看，在地下厂房系统支护和对局部变形较大区域的针对性补强加固工作全面完成后，洞室处于整体稳定状态。

2) 主变洞

主变洞规模相对较小，且顶拱和边墙区域未见明显不利断层发育，围岩整体变形量值低于主厂房，累计变形一般为 15~28mm。边墙高度较小，边墙围岩整体变形量也相对较小，上游边墙变形一般为 10~25mm，下游边墙变形一般为 5~24mm。主变室的整体稳定性较好。

3) 尾调室

(1) 尾调室开挖完成后，尾调室顶拱围岩累计变形一般为 15~25 mm，上游侧拱肩累计变形一般为 15~25 mm，下游侧拱肩累计变形一般为 20~35mm。

(2) 尾调室开挖高度较大，高边墙变形问题相对明显，开挖完成后上游侧边墙累计变形一般为 35~55mm，其中厂右 0+00m 区域（高程 2002~2018m 附近）累计变形较大，可达到 55~65mm；下游侧边墙累计变形一般为 45~65mm，其中 f_{3-36} 断层下盘浅部岩体最大变形可达 60~75mm，该部位边墙浅层围岩变形松弛问题相对突出。

(3) 总体来看，尾调室开挖卸荷变形量值整体可控，局部变形偏大部位已施作针对性加强支护，洞室围岩处于整体稳定状态。

9.4.2　应力特征

地下厂房洞室群开挖完成后三大洞室围岩最大、最小主应力分布特征，受河谷应力场影响，围岩应力集中区主要分布在各洞室的顶拱靠上游侧拱肩部位，主厂房和尾调室顶拱应力集中程度相对明显。同时主厂房和尾调室的边墙开挖高度较高，边墙围岩应力松弛深度相对较深。

1) 主副厂房洞

(1) 从最大主应力特征看，受河谷应力场特征影响，厂房洞室围岩应力集中区主要分布在顶拱靠上游侧拱肩部位，主厂房顶拱应力集中水平整体不高，最大主应力一般为 20~26MPa。

(2) 从最小主应力分布特征看，主厂房顶拱应力松弛深度一般为 1~2m，断层 f_{1-49}

影响洞段应力松弛深度较大，一般为 2～4m。另外，由于厂房边墙开挖高度较高，高边墙应力松弛较明显，边墙应力松弛深度一般为 3～6m，受顺洞向陡倾不利结构面（如 f_{1-83}、f_{1-123}、J_{1-145}、J_{1-158}、J_{1-164} 等）影响，下游边墙应力松弛深度普遍较大，局部洞段可达到 4～10m。

2）主变室

受洞群效应影响，主变室顶拱应力无明显应力集中，边墙应力松弛程度也相对较弱，局部（母线洞扩大段）受开挖体型影响应力松弛问题相对明显。

3）尾调室

尾调室的应力场分布特征与主厂房相似，最大主应力一般为 20～26MPa。边墙则表现为典型的高边墙应力松弛，一般为 4～8m，在不利结构面影响部位表现相对突出，边墙应力松弛深度一般为 6～10m。

9.4.3 塑性屈服区特征

三大洞室整体开挖完成后屈服区分布特征，总的来看，洞室顶拱围岩塑性区深度相对较小，高边墙的塑性区较深，并与边墙高度直接相关，部分洞段受结构面影响塑性屈服区深度较深，但洞室间塑性区并无贯通现象，整体稳定性较好。

1）主副厂房洞

厂房洞室顶拱围岩塑性区深度相对较小，高边墙的塑性区较深，部分洞段受结构面影响塑性屈服区深度较深。具体地，厂房顶拱一般洞段顶拱塑性区深度在 2～3m，其中断层 f_{1-49} 影响洞段塑性区深度一般为 4～5m。厂房上游边墙塑性区深度一般为 6～9m，厂房下游边墙塑性区深度普遍较大，一般为 6～10m，受顺洞向陡倾不利结构面影响，局部洞段可达到 8～13m。

2）主变室

顶拱塑性区深度基本在 2m 以内，边墙塑性区深度 3～6m。

3）尾调室

尾调室顶拱围岩塑性区深度 1.5～3m，由于高边墙形成，边墙中部区域塑性区深度一般为 7～10m，局部受不利结构面影响洞段可达到 10～12m。尾调室中隔墙部位存在塑性区贯通现象，其整体安全裕度偏低。

9.4.4 支护系统受力特征分析

本小节将通过数值反馈分析手段，分析地下厂房洞室群开挖后的支护系统受力情况，据此评价系统支护的可靠性。

由于全长粘结埋设方式的锚杆沿其长度方向上受力不均且十分复杂，为与常规锚杆应力监测数据或相关工程经验具有对比性，本次分析针对锚杆典型部位（锚杆应力计一般安装位置对应）进行受力统计：对于 6m 长度锚杆，分别统计距孔口 1.5m 和 3.5m 处锚杆受力情况；对于 9m 长度锚杆，分别统计距孔口 2m 和 6m 处锚杆受力情况。

（1）开挖完成后，厂房顶拱普通砂浆锚杆应力基本为 0～200MPa，拱肩预应力锚杆应力基本为 100～250MPa。上游边墙锚杆应力大部分为 0～200MPa，少量锚杆应力超出其设计强度（360MPa），整体超限比例较低，一般在6%以内。下游侧由于受顺洞向陡倾不利结构面（f_{1-123}、J_{1-145}、J_{1-158}、J_{1-164}等）影响，边墙锚杆应力水平较上游侧整体偏高，锚杆应力一般在0~300MPa，局部锚杆应力超出其设计强度，整体超限比例一般在10%以内。厂房上游侧边墙锚索荷载不高，基本在1800kN以内，下游边墙锚索荷载较上游侧略高，受局部结构面影响区域（厂右0+66m附近）锚索荷载超过2000kN，超限比例达到8%。

（2）开挖完成后，主变室顶拱普通砂浆锚杆应力基本为0~150MPa，拱肩预应力锚杆应力基本为100~250MPa；上游侧边墙锚杆应力基本为0~250MPa，极少量锚杆超限；下游侧边墙锚杆应力多集中在50~300MPa，部分锚杆超限，整体超限比例在3%以内。整体来看，锚杆支护系统受力水平均在合理范围。主变室上游边墙锚索荷载基本为1500~1700kN，下游侧锚索荷载基本为1500~1800kN，主变室的锚索支护系统受力水平均在合理范围。

（3）开挖完成后，尾调室顶拱普通砂浆锚杆应力基本在0~200MPa，拱肩预应力锚杆应力基本在100~250MPa，上下游侧边墙锚杆应力水平较接近，大部分为0~250MPa，局部锚杆存在超限，超限比例不高，整体在8%以内。上游边墙锚索荷载大部分在1800kN以内，局部洞段（厂右0+00m附近）少量锚索存在超限问题；下游边墙锚索荷载大部分在1800kN以内，局部受结构面影响洞段极少量锚索存在超限问题。

9.5 小结

根据杨房沟地下厂房洞室群开挖现场揭露的围岩地质条件和破坏特征，以及监测成果，对三维数值模型初始条件进行了适当的更新和修正，包括根据开挖揭露情况重构三维岩体结构面网络，依据反馈分析手段复核和修正主要岩体物理力学参数等。基于最新的三维数值计算模型，对地下厂房洞室群开挖围岩响应特征及稳定性进行分析，主要认识如下：

（1）主副厂房洞。

①厂房整体开挖完后，顶拱及拱肩部位累计变形一般为15~25mm，以卸荷回弹变形为主。其中缓倾断层f_{1-49}影响洞段的顶拱变形较大，累计最大变形可达到20~35mm。边墙围岩的开挖卸荷松弛变形问题较突出，厂房上游边墙累计变形一般为35~60mm，厂房下游侧边墙的整体累计变形一般为40~70mm，下游边墙岩体蚀变/节理密集带影响部位累计变形量可达到60~75mm。在下游侧边墙中部区域，围岩顺洞向中陡倾角不利结构面（f_{1-123}、J_{1-145}、J_{1-158}、J_{1-164}、J_{1-254}等）发育，加之受主厂房、主变室、母线洞、尾水管等洞群效应影响，变形问题相对突出，局部区域的最大变形可达70~80mm。

②受河谷应力场特征影响，厂房洞室围岩应力集中区主要分布在顶拱靠上游侧拱肩部位，主厂房顶拱应力集中水平整体不高，最大主应力一般为20~26MPa。主厂房顶拱应力松弛深度一般为1~2m，断层f_{1-49}影响洞段应力松弛深度一般为2~4m。厂房高

边墙应力松弛较明显，边墙应力松弛深度一般为 3~6m，局部洞段可达到 4~10m。

③厂房顶拱一般洞段顶拱塑性区深度在 2~3m，其中断层 f_{1-49} 影响洞段塑性区深度一般为 4~5m。厂房上游边墙塑性区深度一般为 6~9m，厂房下游边墙塑性区深度普遍较大，一般为 6~10m，受顺洞向陡倾不利结构面影响，局部洞段可达到 8~13m。

（2）主变洞。

①主变洞规模相对较小，围岩条件相对较好，围岩整体变形量值低于主厂房，顶拱累计变形一般为 15~28mm，上游边墙变形一般为 10~25mm，下游边墙变形一般为 5~24mm。

②主变室顶拱应力无明显应力集中，边墙应力松弛程度也相对较弱，局部（母线洞扩大段）受开挖体型影响应力松弛问题相对明显。

③顶拱塑性区深度基本在 2m 以内，边墙塑性区深度 3~6m。

（3）尾调室。

①尾调室开挖完成后，尾调室顶拱围岩累计变形一般为 15~25mm，上游侧拱肩累计变形一般为 15~25mm，下游侧拱肩累计变形一般为 20~35mm。上游侧边墙累计变形一般为 35~55mm，其中厂右 0+00m 区域（高程 2002~2018m 附近）累计变形较大，可达到 55~65mm；下游侧边墙累计变形一般为 45~65mm，其中 f_{3-36} 断层下盘浅部岩体最大变形可达 60~75mm，该部位边墙浅层围岩松弛问题相对突出。

②尾调室的应力场分布特征与主厂房相似，最大主应力一般为 20~26MPa。高边墙应力松弛深度一般为 4~8m，在不利结构面影响部位表现相对突出，边墙应力松弛深度一般为 6~10m。

③尾调室顶拱围岩塑性区深度 1.5~3m，边墙中部区域塑性区深度一般为 7~10m，局部受不利结构面影响洞段可达到 10~12m。尾调室中隔墙部位存在塑性区贯通现象，其整体安全裕度偏低。

（4）厂房洞室群支护系统受力特征：厂房洞室群开挖完成后的系统支护受力水平均在合理预测范围之内，与同类工程经验支护结构受力分布规律和现场监测情况基本具有一致性，锚杆应力/锚索轴力超限率总体可控，表明了洞室具备一定的整体稳定性。洞室开挖过程中在地下厂房和尾调室中存在局部锚索和锚杆超限现象，多受局部不利地质条件或爆破开挖卸荷影响所致，现场通过对这些潜在风险部位及时采取针对性加强支护处理的措施，有效地提升了洞室围岩的安全裕度。

（5）总体而言，杨房沟厂房洞室群开挖规模巨大，三大洞室开挖完成后，群洞效应显现，高边墙部位围岩开挖卸荷变形响应相对明显。类比同类工程经验，地下洞室群围岩累计变形量总体不大，围岩开挖二次应力水平属中等，围岩的塑性屈服区深度整体可控，主要洞室之间的岩柱塑性屈服区均未见贯通，支护整体受力基本在设计范围内，地下洞室群围岩处于整体稳定状态。当然，各洞室开挖施工过程中均存在一些局部工程问题，现场通过开展实时动态设计和反馈分析工作，及时调整和优化开挖支护方案，或采取针对性补强加固措施，有效地提升了洞室围岩的整体和局部稳定性。